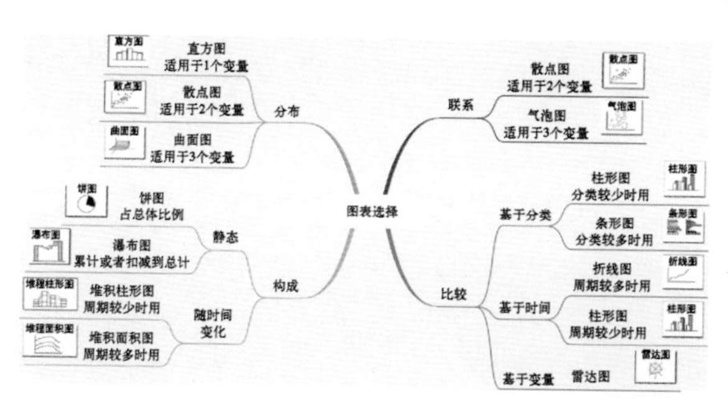

图 5-1

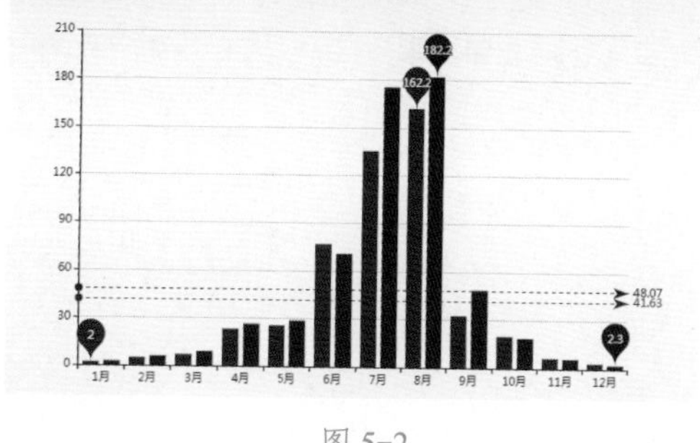

图 5-2

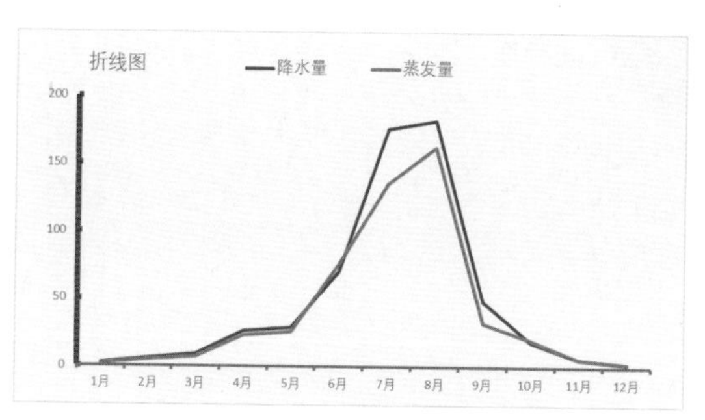

图 5-3

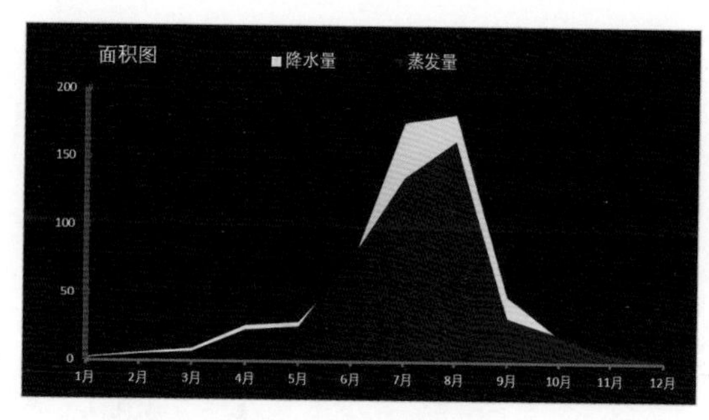

图 5-4

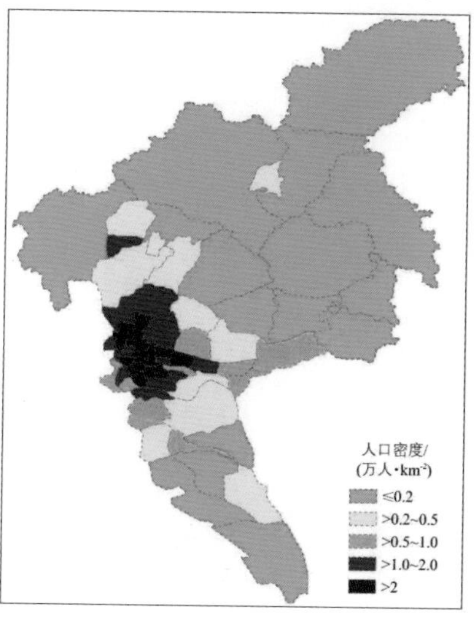

图 5-5

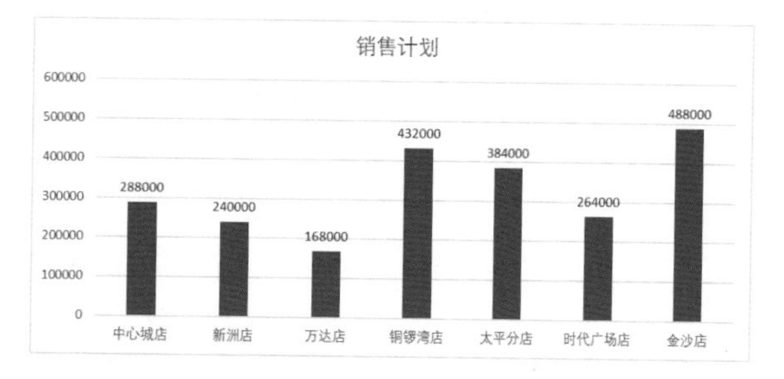

图 5-6a

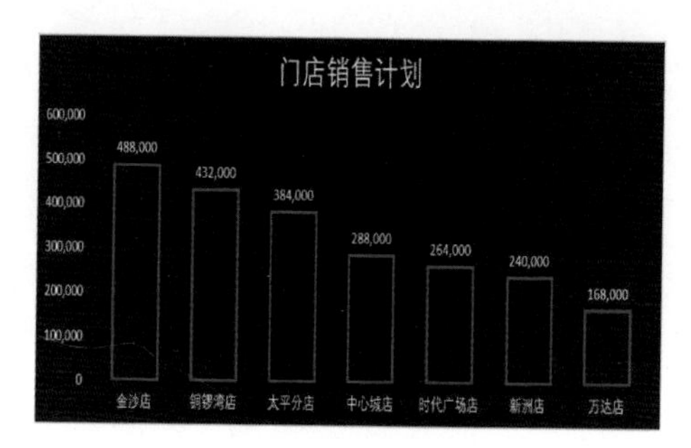

图 5-6b

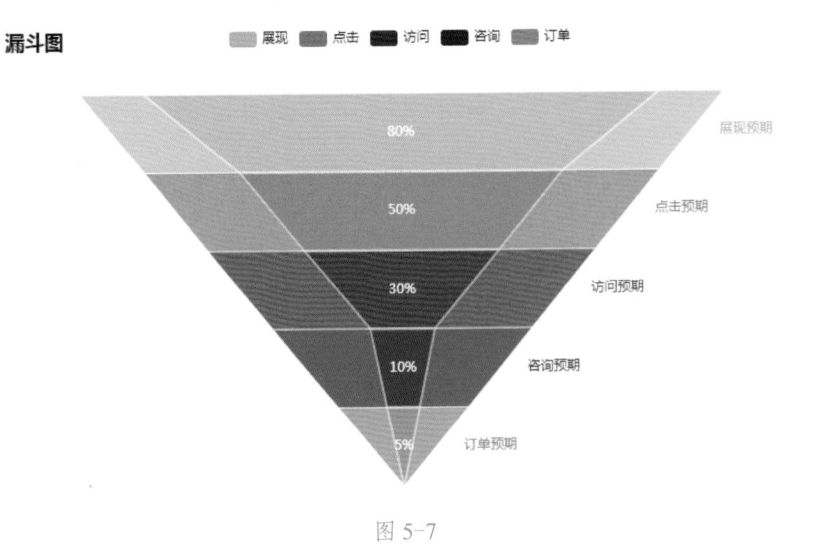

图 5-7

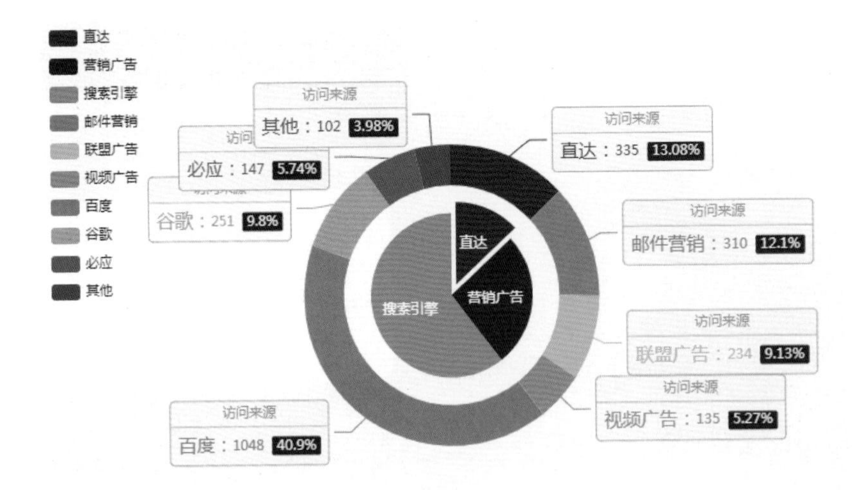

图 5-8

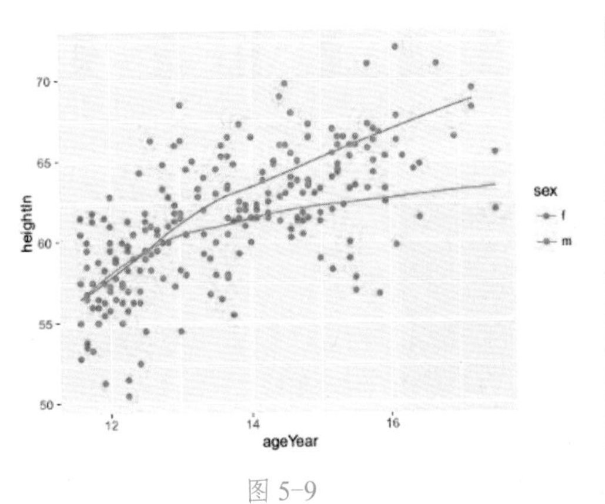

图 5-9

图 5-10

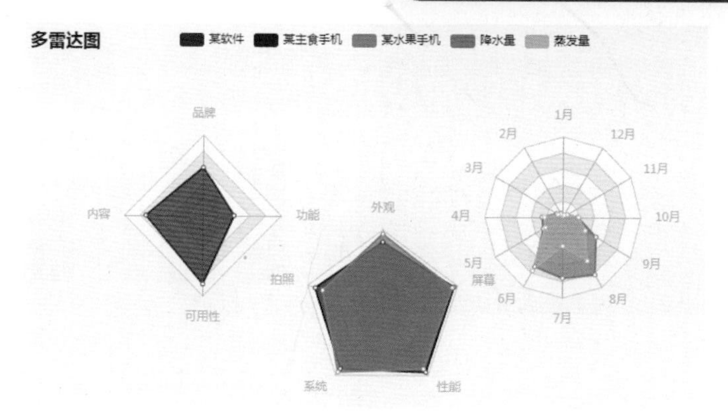

图 5-11

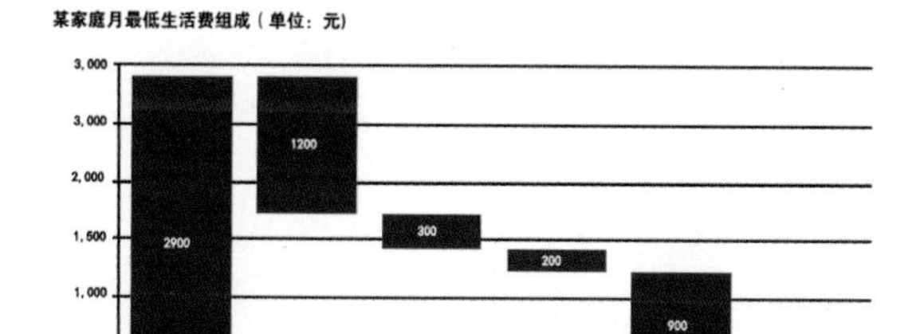

图 5-12

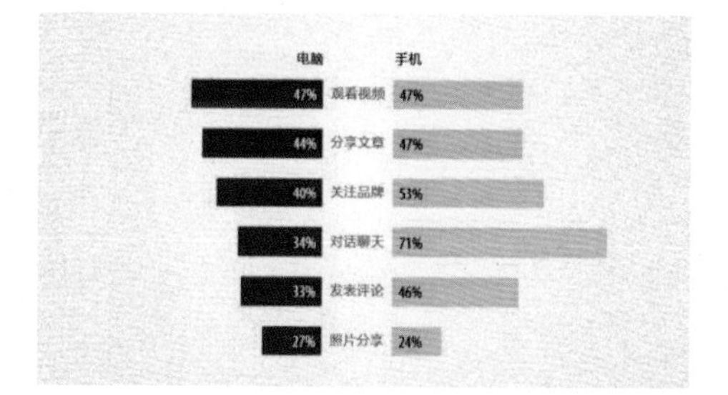

图 5-13

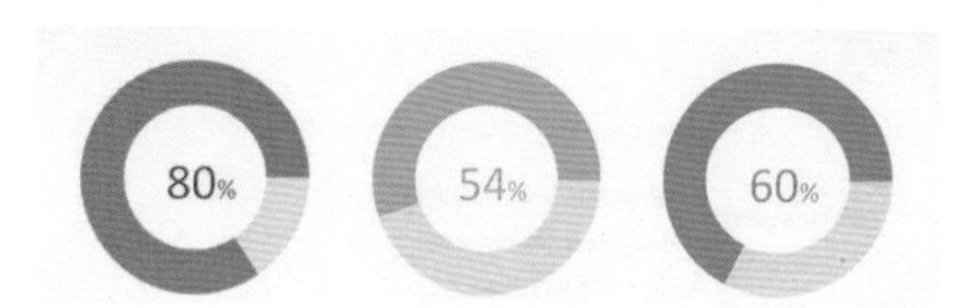

图 5-14

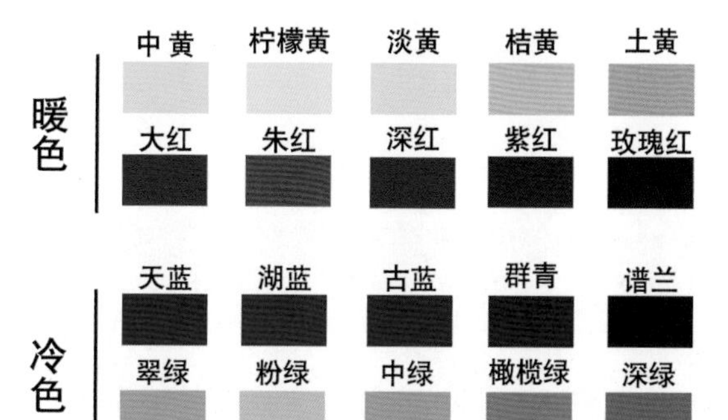

图 5-15

图 5-17

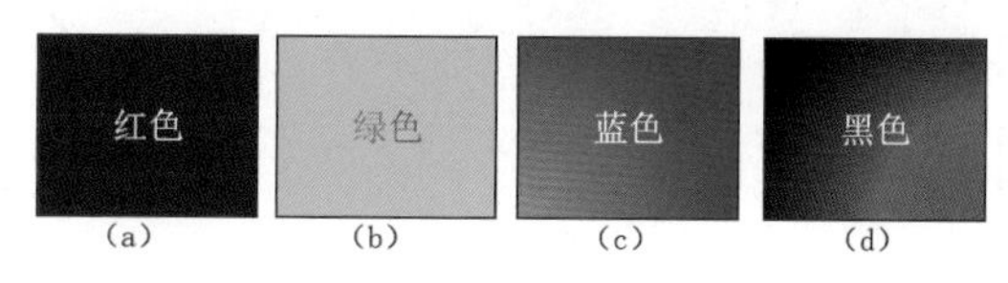

图 5-16

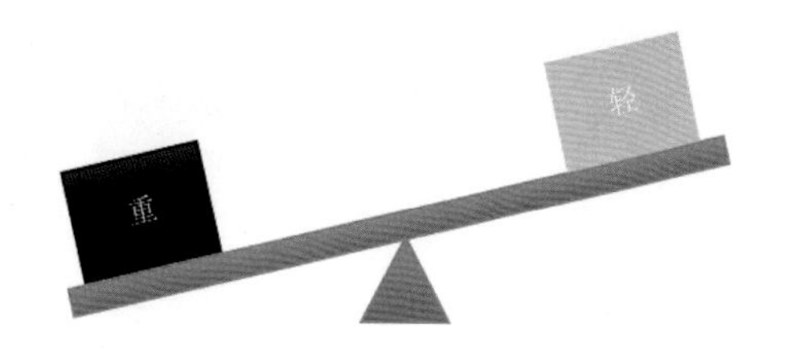

图 5-18

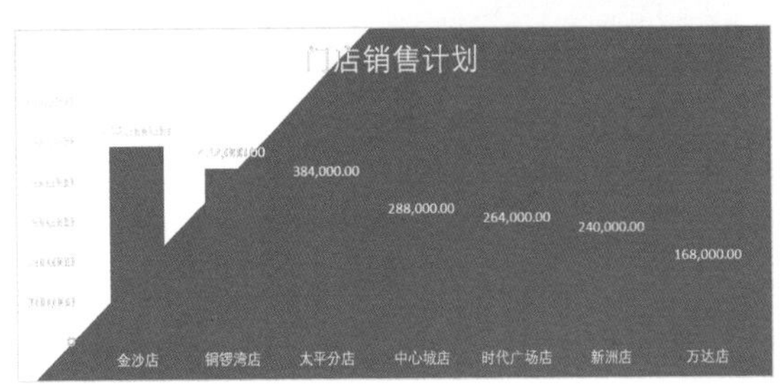

图 5-19

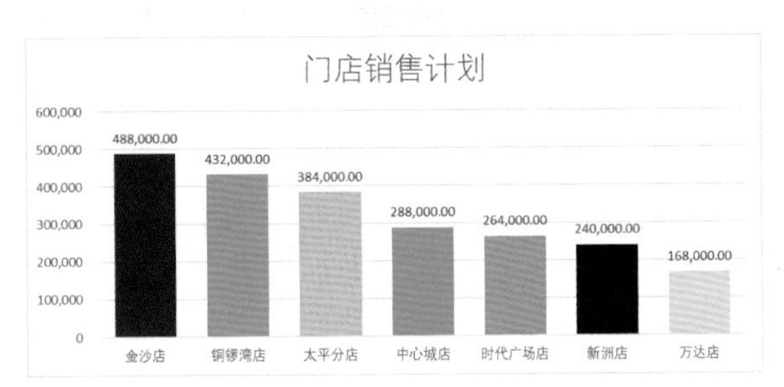

图 5-20

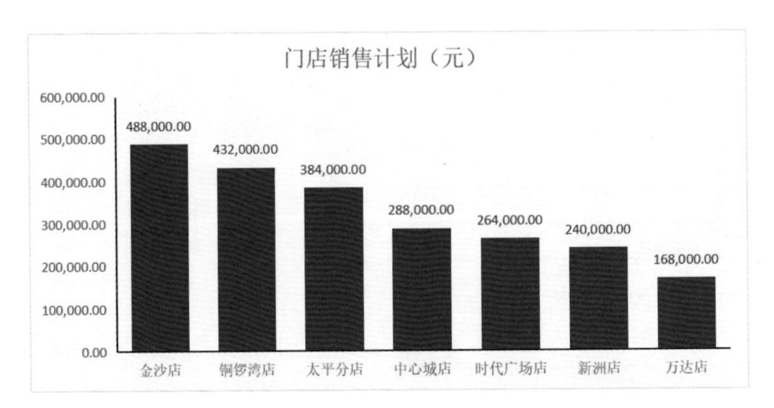

图 5-21

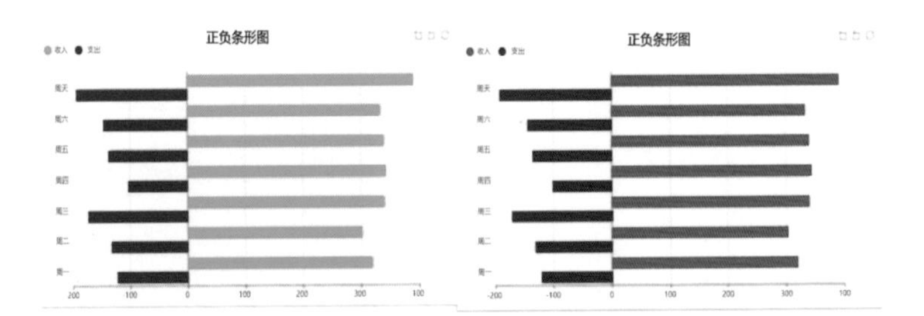

图 5-22

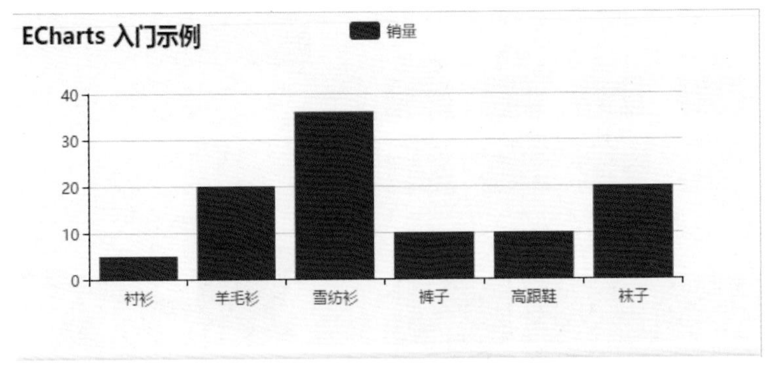

图 5-23

BIG DATA ANALYST INTERVIEW AND WRITTEN EXAMINATION

大数据分析师面试笔试宝典

猿媛之家／组编
周炎亮　刘志全　楚秦／等编著

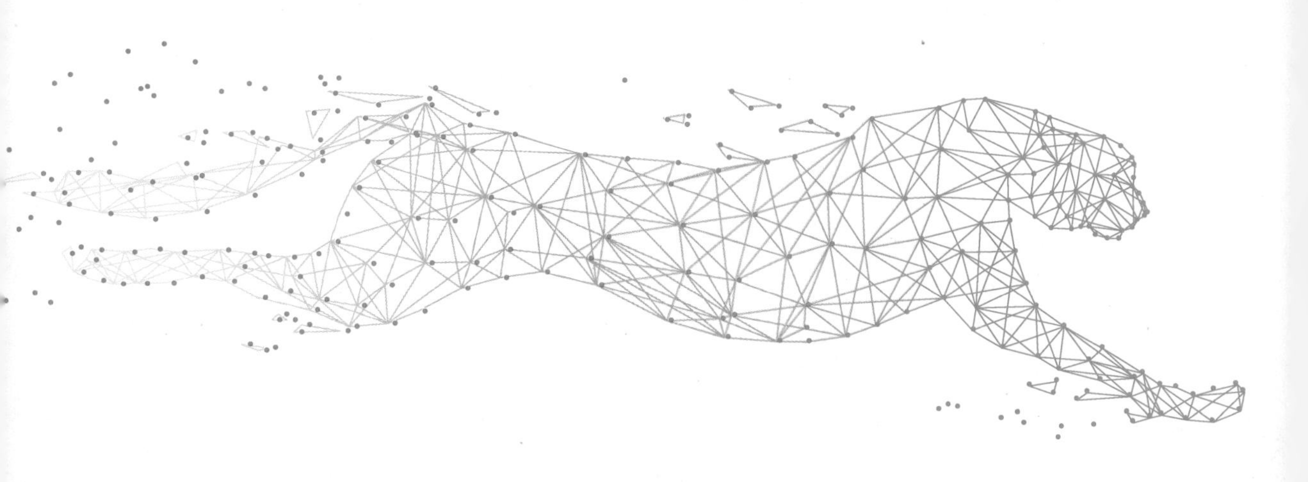

本书旨在帮助读者了解大数据分析师的工作内容、技能要求、各类常用技术的原理和可能应用的场景。

大数据分析是一个多学科交叉的领域，包含了统计学、计算机科学、运筹学乃至市场营销学等。本书并没有介绍大数据分析领域涉及的所有方面，而是根据当前用人单位对大数据分析师的需求，选择了其中较为重要的内容进行解析，将当前大数据分析涉及的热点技术一网打尽。

阅读本书需要具备一定的数理统计知识基础和计算机编程背景。本书尽量不去证明一些在理论界已有的结论，而是用浅显的语言来解释复杂的公式，以便读者更为轻松地掌握全书的知识，从而能够从容面对面试以及日常工作。

图书在版编目（CIP）数据

大数据分析师面试笔试宝典 / 猿媛之家组编，周炎亮等编著. —北京：机械工业出版社，2022.7

ISBN 978-7-111-71211-4

Ⅰ. ①大… Ⅱ. ①猿… ②周… Ⅲ. ①数据处理－资格考试－自学参考资料 Ⅳ. ①TP274

中国版本图书馆 CIP 数据核字（2022）第 125546 号

机械工业出版社（北京市百万庄大街 22 号 邮政编码 100037）

策划编辑：尚 晨 张淑谦　　责任编辑：张淑谦 丁 伦

责任校对：张艳霞　　责任印制：张 博

北京联兴盛业印刷股份有限公司印刷

2022 年 8 月第 1 版 • 第 1 次印刷

184mm×260mm • 16.75 印张 • 2 插页 • 410 千字

标准书号：ISBN 978-7-111-71211-4

定价：89.00 元

电话服务

客服电话：010-88361066

010-88379833

010-68326294

网络服务

机 工 官 网：www.cmpbook.com

机 工 官 博：weibo.com/cmp1952

金 书 网：www.golden-book.com

机工教育服务网：www.cmpedu.com

“大数据分析”这个职业在当前可谓炙手可热，几乎所有的公司都需要这样一个岗位来协助公司管理层运筹帷幄，一个具有三年工作经验的大数据分析师，年薪可达 30 万以上，对初入职场的人来说，非常有吸引力。

在人工智能技术日益发达的今天，有些职业通过引入“大数据分析”技术后形成了新的工作内涵，从而保证该职业长盛不衰。以会计职业为例，在计算机技术还不像今天这么发达时，其等同于记账，而加了“数据分析”技能后，该工种已经衍生出了像“财务分析”这样的新职业。

很多人不明白“数据分析”和“大数据分析”有什么区别，这两个职业称呼看上去一样，其实具体内涵还是有差别的。加了“大”字实际上是突出的数据规模，在小规模数据量下进行数据分析和在大规模数据量下进行数据分析是有很大不同的。

这里从三个方面进行简单说明：第一，小规模数据用 Excel 电子表格、关系型数据库就可以处理，而大规模数据需要用到复杂的分布式数据处理技术；第二，小规模数据意味着抽样，抽样就有风险，因此需要运用复杂的统计技术对数据结论进行验证，而大规模数据往往意味着全量，无须抽样，直接统计就可以代表总体的实际情况，得出错误结论的风险极低；第三，小规模数据往往维度较少，很难掌握业务的全貌，无法对业务进行精准预测，其结论往往只有参考价值，而无一锤定音的价值，而大规模数据可以帮助企业更为全面地掌握业务的状况，从而做出更为精准的预测——对业务进行预测才是最有价值的。

目前大部分公司招聘的都是大数据分析师，这样的人要可以胜任在大规模甚至超大规模数据集上进行数据分析的工作，这对传统数据分析师提出了很大的挑战——需要掌握大数据知识，但是还不能在技术路线上研究得过于深入，否则就变成了程序员。

可是，当你去问一个大数据分析师“成为一名大数据分析师要学什么”时，他/她很难给出一个准确的答复。这个和“程序员”有很大的区别，程序员的学习目标非常明确，学“Java”、学“C 语言”……然后，深入学习……最后成为一名“高级软件工程师”。

大数据分析师这个职业很特别，需要用到数学知识、业务知识、营销知识、产品知识、编程知识、大数据知识……而且大部分知识都在不断更新。

事实上，真正的“数据分析技术”在中国的发展才不到 10 年，目前开设相关课程的大学也并不多。很多刚毕业的同学即使想主动学习相关技术，但是由于网络知识的零散特征，也很难体系化掌握。

基于以上所述的各种原因，再结合当前招聘公司公布的岗位需求，本书全面剖析了“大数据分析师”职业的技能，并引导读者对各类知识进行更深入的学习。

本书有别于各类培训教程，很少对理论进行推导，而是采用“拿来主义”，只求解决问题，因为工作中一般也不会进行理论推导。本书还有别于市面上其他同类型图书，对于知识点的讲解既不会“蜻蜓点水”，也不会过于深入，而是力求恰到好处，让读者能够刚好明白其中的原理，在工作和面试中均能用上。本书还有别于形形色色的互联网博客内容，要想在纷繁芜杂的互联网中获取正确的内容，是一件非常困难的事情，而本书作者通过查阅大量资料，结合自己十多年的工作经验，对所有知识点都以实战为基础进行了取舍。

希望读者朋友阅读本书后，能对相关职业有更深入的理解，从而在茫茫的职业大海中找到属于自己的那盏“明灯”。

本书共 5 章，从职业方向剖析、面试技巧解析，到数据分析最基础的统计学、算法知识，再到大数据处理技术，最后到数据可视化，贯穿解析了整个数据分析流程中的各个重要环节所需要的知识点。

第 1 章，讲解大数据相关职业需要的技能、工作流程以及面试方法，让读者对相关岗位有一个较为清晰的认识，从而找到更适合自己的职业方向。

第 2 章，讲解统计学基础知识。本章内容特点有三个：1）大部分知识点都和面试相关，同时考虑了知识点之间的衔接关系，以便形成一个完整的知识体系；2）重点讲解了使用统计学知识可以解决哪些实际问题，对于相关问题直接给出公式或者计算方法，由于舍弃了理论推导，因此要求读者具备一定的统计学基础；3）尽量使用一些生活当中的例子辅助读者理解相关统计学知识。

第 3 章，讲解有关数据挖掘算法的相关知识。大部分数据挖掘算法的原理非常简单，相关知识也非常容易从各种途径获得，但关于算法分析和评估的知识则比较稀少，因此本章对算法的原理和流程讲解较少，而以较大篇幅来讲解有关算法评估的知识，这些知识相比算法原理来说实战性更强，也是在面试过程中最能体现应聘者水平的地方。

第 4 章，讲解大数据相关知识。本章内容主要讲解了数据采集方法、数据仓库、ETL 数据质量提升方法以及主流的两种分布式数据处理技术。限于篇幅，本章主要结合面试题对这些内容最为精华的部分进行了讲解。这些内容不仅适合相关开发人员阅读，而且也适合需要主动获取和处理大数据的纯数据分析人员学习。

第 5 章，讲解数据可视化相关知识。制作简洁易懂、美观大方且富有商业气息的图表可以说是每个大数据分析师的职业需求。本章以柱状图为例，教大家如何制作更加符合商业化图表要求的柱状图。

最后，本书还根据一线互联网公司的面试题总结了三套真题，供读者检验自己的水平。

本书在撰写过程中得到了很多同事、同学、家人以及出版社编辑老师们的鼓励和支持，在此表示感谢。由于编者水平有限，书中难免存在不足之处，欢迎读者批评指正。

编　者

目　录

第1章 面试经验

本章知识点思维导图

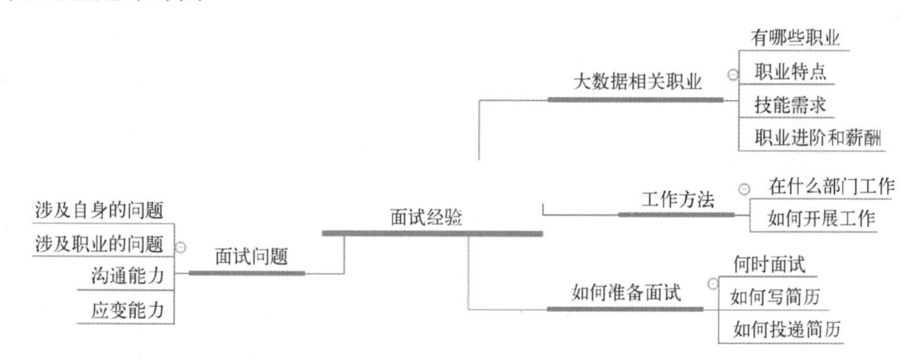

1.1 大数据分析技能要求

毫无疑问，大数据分析是目前最受关注的职业之一，特别是在互联网领域，大数据分析师已经成了企业的标配。

就目前而言，大数据分析并不一定特指某个岗位，事实上，其代表的是一类岗位或者一种工作流程，即围绕数据这个核心进行的一系列数据收集、清洗、转换、提取、生成可视化图表，再由相关人员进行进一步分析、提炼结论来指导业务发展的流程。在这个流程中的几乎所有参与者都可以被称为大数据分析师。为了不引起歧义，本书所述的“大数据分析师”中的“大”字，并不特指数据量大，而是“范围广”的意思，泛指数据分析相关的各种数据类岗位，包括但不限于各招聘网站上展示的“数据分析师”职位。

数据分析是一种跨学科、跨领域的工作，如果进行职责区分，主要有四种：第一种是纯分析，即通过数据对业务进行现状描述、诊断，对业务的发展趋势做出预测判断；第二种是纯挖掘，从海量数据中找出对目标业务有价值的信息，比如“啤酒和尿布”的案例、用户画像、文本特征提取等；第三种是数据开发，即从事采集数据、清洗数据、存储数据的编程开发工作，比如设计一个海量数据采集和处理系统；第四种是数据产品设计，比如设计一套 BI 系统或者考虑数据的商业化运作等，主要要求产品设计能力和数据分析能力。其中前三种属于研发岗位，第四种属于产品类岗位。

本章着眼于研发岗位，通过对主流招聘网站上公布的数据相关岗位进行分析后，试着从数据分析、数据挖掘、数据开发三个方向分析它们的岗位职责和技能要求，以期给读者一定的参考。

1.1.1 数据分析师

1. 职业特点

数据分析是指根据分析目的，用适当的统计分析方法及工具，对收集来的数据进行处理与分析，提取有价值的信息，发挥数据的作用。

数据分析主要实现三大作用：对业务的现状进行分析从而发现问题；对事件发生的原因进行分析从而促成解决方案；对业务的走势进行预测分析从而形成决策依据。

数据分析有明确的目标，分析的过程是先做假设，然后通过数据分析来验证假设是否正确，从而得到相应的结论。

数据分析主要采用对比分析、分组分析、交叉分析、回归分析等常用分析方法。从而得到一个或者一系列指标统计量的值，如总和、平均值等，这些指标数据都需要与业务结合进行解读才能发挥数据的价值与作用。

2. 工作内容

数据分析师的职责范围要分为以下几个方面。

（1）分析方面

最基本的就是根据业务需求提取数据，制作报表，临时性数据需求，日报、周报、月报等。

专题性数据分析，比如营销活动总结、网站改版前后效果评估。

课题研究，比如用户分析、业务健康度诊断、行业趋势分析。

全面性业务监控和诊断，主要是构建业务监控、预警指标体系，对业务进行事前、事中、事后的分析评估，并从数据的角度给出决策建议。

（2）技术方面

临时性业务数据提取支持，进行常规的数据处理、检查与清洗等工作。

对海量数据进行处理。

参与数据库、BI 建设。

（3）项目管控

推动分析成果落地，制订数据、分析挖掘的方案。

（4）产品方面

对数据进行可视化、形成数据产品、建设数据中心等。

以上职责范围，因不同公司的业绩业务在不同的发展阶段，对数据分析师的要求都不一样，但是第一项分析方面的职责一般都是核心职责。

3. 技能要求

对于数据分析师的技能要求如下（如图 1-1 所示）。

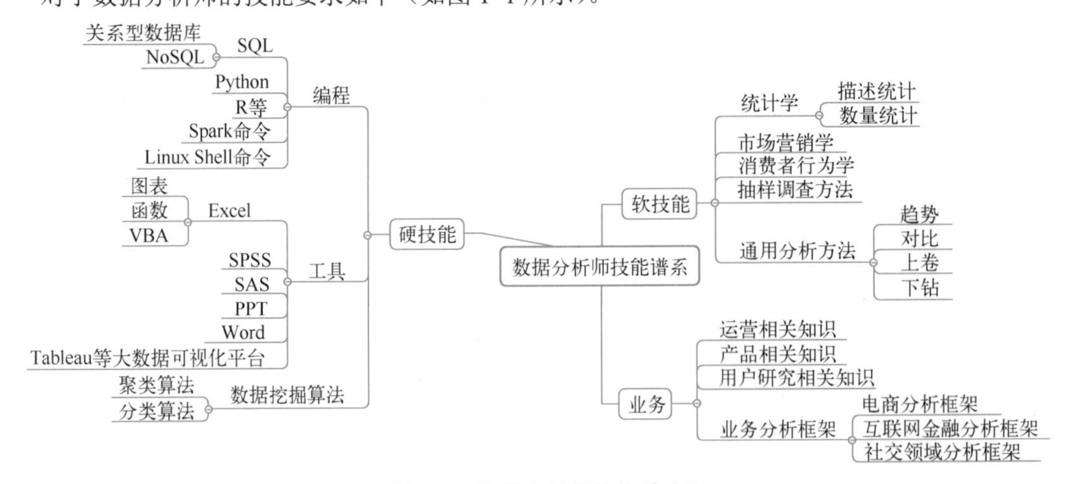

● 图 1-1 数据分析师技能谱系图

1）算法：挖掘算法。
2）工具：R、MLlib、SPSS、SAS、MATLAB、Tableau、PowerBI。
3）数据库：Oracle、MySQL。
4）大数据：Hadoop、NoSQL。
5）行业：互联网、金融、医疗。
6）模型：用户行为、征信评分、漏斗转化、用户生命周期等。
7）办公软件：Excel、Word、PPT。
8）编程：Java、Scala、Python、Shell 等编程语言。
9）业务分析框架：比如社交领域、互联网金融领域、电商领域等有不同的业务分析框架。
10）深入理解业务：业务的运作流程、盈利模式、关键指标，所处行业地位、行业周期。

4. 职业发展和薪酬

数据分析师的发展路径大致分为三步，初级数据分析师→中级数据分析师→高级数据分析师，如图 1-2 所示。

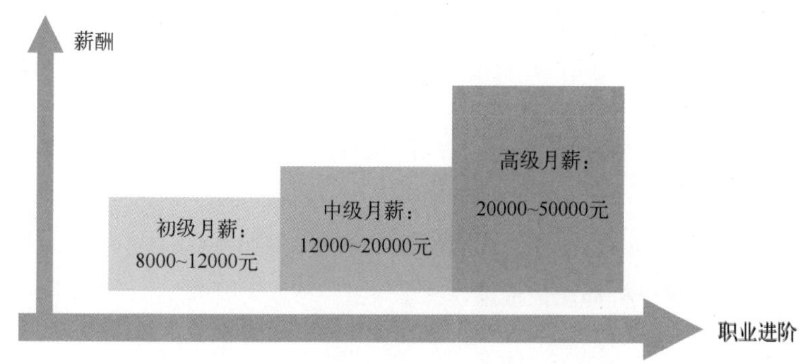

● 图 1-2 数据分析职业进阶和薪酬发展

- 数据分析员/初级数据分析师：一般指有基本的统计知识，会制作简单的报表，能解决一些简单的数据分析问题。起薪 8000 元左右。
- 中级数据分析师：精通主流的报表工具，对某一行业有较为深入的理解，能解决大多数数据分析问题。起薪 12000 元左右。
- 高级数据分析师：能够灵活运用各种数据分析方法，有自己独特的数据分析框架，具有较强的数据预判能力，对数据的价值有很深的理解。起薪 20000 元左右。

一般来说，数据分析师入门并不难，只要大学毕业，学过高等数学、数理统计等知识就可以胜任。

招聘岗位举例 1

某互联网汽车公司初级数据分析师职位描述

薪资：8000～12000 元/月。

职责描述：

1）从事新能源汽车产业数据分析工作。
2）协助课题组完成数据分析工作，能独立完成相关报告撰写任务。
3）参与帮助完成部门的其他研究工作。

任职要求：

1）熟练使用 SPSS、SAS、Python 等数据分析软件。
2）统计学、机械、汽车、电力、自动化、计算机等相关专业或研究方向，硕士及以上学历。
3）具备良好的分析能力，优秀的中英文写作、表达能力。

4）熟练掌握应用 Office 办公软件。

5）能够承受较大的工作压力、不定期出差和加班。

6）2 年及以上汽车产业数据分析或咨询等工作经验。

7）有新能源汽车数据分析工作经验者优先。

招聘岗位举例 2

某互联网公司中级数据分析师职位描述

薪资：20000～30000 元/月。

职责描述：

1）负责本公司商业化业务线的产品定价及促销活动方面数据分析驱动工作。

2）对互联网某几项领域有深入的了解，能从行业趋势和产品形态等角度，探索商业预运营策略。

3）全面分析各项影响收入提升与增长的因素，通过假设及检验指导用收入提升和产品决策。

4）与产品、运营、研发等配合，推进优化方案落地执行，带来业务的实际提升增长。

任职要求：

1）统招本科或以上学历，3 年或以上工作经验。

2）有金融投资或产品定价方面成功经验优先，有过成功商业化或者定价策略经验者优先。

3）精通 SQL、Python、R、Tableau 中的一种或几种。

4）好奇心强，有数据探索精神，对数据分析有强烈兴趣，性格严谨细致认真。

备注：该职位简历评估通过后，需要进行笔试。

招聘岗位举例 3

某互联网公司高级数据分析师职位描述

薪资：30000～40000 元/月。

职责描述：

1）建立事业群数据体系，为管理层及各业务部门提供决策支持。

2）负责收集整理各业务数据，对多种数据源进行深度诊断性组合分析、挖掘、深度分析和建模，对相关数据进行深度挖掘分析。

3）对公司业务的运营进行评估和建议，从数据的角度推动公司运营决策、产品方向和运营。

4）深入理解业务，发现业务特征潜在机会，并给出有效的行动建议。

↗1.1.2 数据开发工程师

1. 职业特点

数据开发工程师也叫数据工程师、数据治理工程师等，在大数据行业中，其扮演的角色举足轻重，甚至可以说是不可或缺的。所谓数据开发工程师，本质上还是软件工程师，他们是整个大数据系统的构建者和优化者，职责就是保证数据接收、转移的准确性，维护系统的安全与稳定。和数据分析师不同的是，数据开发工程师的工作重点在于数据的架构、运算以及存储等方面，所需要具备的技能一般也就是超强的编程能力以及编写数据查询程序的能力。数据开发工程师的核心价值在于他们通过清晰数据创建数据管道的能力。充分了解文件系统、分布式计算与数据库是成为一位优秀数据开发工程师的必要技能。

尽管数据开发和业务系统开发都是通过编程语言，但还是有一些区别的。业务系统开发主要是“对数据库的各种增删改查操作”，并保证系统稳定运行；而数据开发重在“对数字或者字符串的处理，包括计算、转换等”，保证数据的准确性，同时兼顾数据处理的高效性和及时性。

2. 工作内容

数据开发工程师的工作内容如下。

1）参与常规数据平台的前端或者后台开发，比如负责某一个统计模块功能的开发。

2）负责数据采集工作，比如开发和部署数据埋点代码等，开发各种爬虫程序等。

3）负责数据清洗工作，比如开发 ETL 程序。

4）数据挖掘算法实现、调优、结果验证和解释。

5）参与 Hadoop、Spark、Storm 等大数据平台设计和开发、运维。

6）负责高吞吐、高可用数据实时和离线采集、高并发的大数据业务架构设计。

3. 技能要求

对数据开发工程师的技能要求如下（如图 1-3 所示）。

1）编程技能：Java、Python、Scala、MapReduce。

2）数据库技能：SQL、NoSQL。

3）Linux 系统：Shell 脚本。

4）分布式计算：Hadoop 生态、Spark 生态等。

5）机器学习计算平台：Mahout、Spark-graphy。

6）实时计算：Storm、SparkStreaming、Flink、Kafka。

7）数据接入技术：友盟、百度统计等。

8）网站页面布局：HTML、CSS、JS。

9）可视化：ECharts 等。

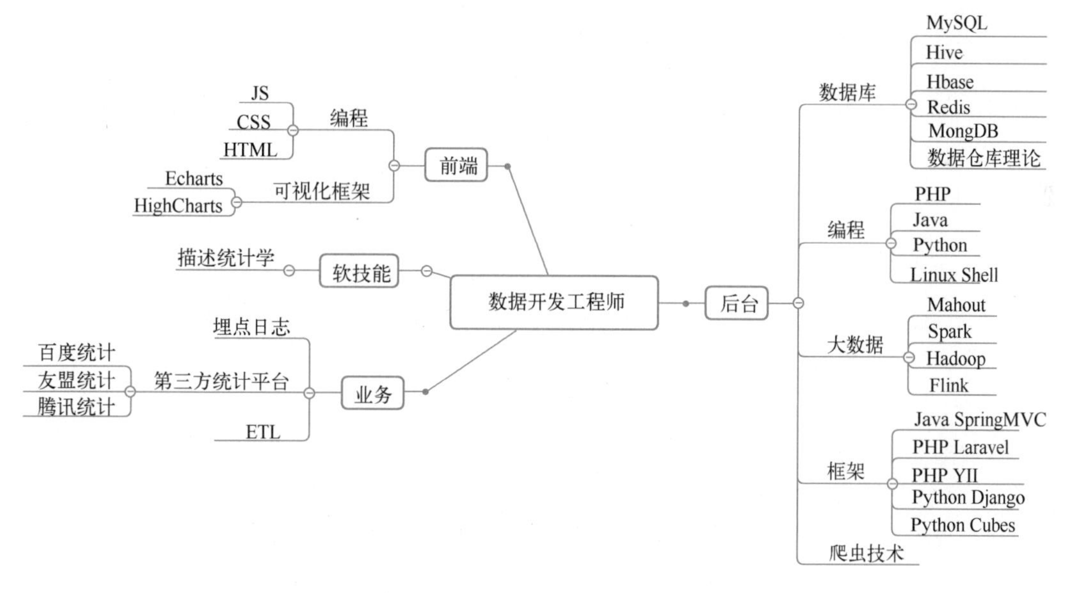

● 图 1-3　数据开发工程师技能谱系图

4. 职业发展和薪酬

数据开发工程师的发展路径大致为：数据开发工程师→大数据开发工程师→大数据架构师，如图 1-4 所示。

刚入行的数据开发工程师几乎和刚入门的初级程序员没有什么不一样的地方，主要是根据需求通过编程来对数据进行处理，以及掌握编程的技巧和提升理解需求的能力；大数据开发工程师主要是体现在数据量上，能够灵活采用不同的技术手段对不同规模的数据进行处理；大数据架构师主要是负责大数据平台架构，能根据不同的业务特点设计出相适应的大数据平台。这个职业的能力成长相对其他的职业来说有较强的递进关系，即刚入行的新人应该着重提升编程能力，随着编程经验的提升，逐步具备处理不同规模数据的能力，通过不同的项目锻炼和学习后，就可以具备架构师的能力了。

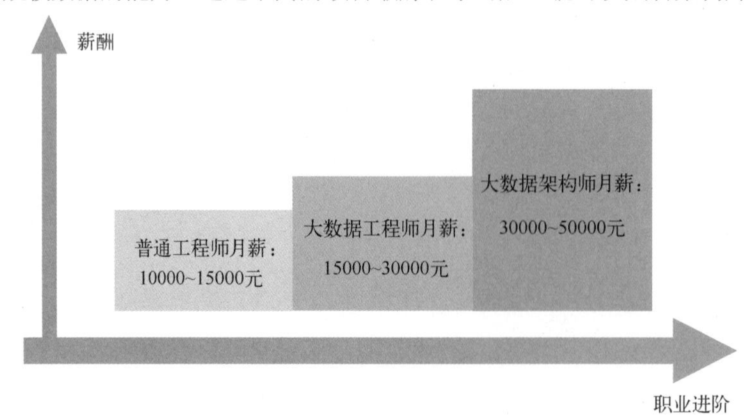

● 图 1-4　数据工程师职业进阶和薪酬发展

招聘岗位举例 1

某互联网公司数据开发工程师职位描述

薪资：10000～15000 元/月。

职责描述：

1）负责数据域数据采集及分析工作。

2）负责支持数据产品的后台设计、研发，并给出相关的技术支持。

任职要求：

1）本科及以上学历，计算机相关专业，应届毕业生。

2）熟悉主流大数据产品和数据分析技术，掌握 SQL 开发技能。

3）具备 Hadoop、Hbase、Hive、Redis、Spark 等大数据系统建设、数据挖掘和系统开发经验者优先考虑。

4）具有较强的团队意识与良好的沟通能力，高度的责任感，对工作积极严谨，勇于承担压力，较强的学习能力以及快速解决问题的能力。

招聘岗位举例 2

某互联网公司大数据开发工程师职位描述

薪资：15000～30000 元/月。

职责描述：负责大数据平台消息中间件/Hadoop/实时计算/OLAP 的运营支撑和架构优化。

任职要求：

1）计算机或相关专业本科及以上学历，5 年以上大数据运维或开发工作经验。

2）熟悉 Linux 开发环境，熟练掌握 Java/G/Python 语言中的一种。

3）熟练掌握大数据常用开源组件的技术原理，有现网的 Hadoop、Kafka 等开源大数据组件运维或开发经验。

4）有较强的逻辑思维能力，思想上开放，主动积极有责任感，能够承担工作压力。

5）有 Hadoop、Kafka、Spark、Flink 等开源组件源码优化经验优先。

招聘岗位举例 3

某互联网公司大数据架构师职位描述

薪资：30000～50000 元/月。

职责描述：

1）负责基于 Hadoop 大数据平台的海量数据处理、数据计算、数据开发。

2）参与大数据平台系统的搭建和重构，提高其易维护性、稳定性、可用性、吞吐量和效率等。

3）独立进行系统功能模块的分析设计和核心功能的开发。

4）负责大数据实时、离线处理程序开发，根据产品需求，设计开发数据处理程序。

5）开发规范等文档的编写与维护，以及其他与项目相关的研发工作。

任职要求：

1）统招本科及以上学历，计算机相关专业，3 年及以上相关工作经验，有扎实的计算机理论基础。

2）熟悉 Hadoop 生态相关技术，包括 Hadoop、Hbase、Spark、Hive、Kafka、Vue 等。

3）熟悉 Java/Python/Scala 等编程语言，熟练使用 SQL，有良好的编码习惯，对分布式有深刻理解。

4）熟悉 RPC，有微服务开发经验。

5）熟悉 Linux 环境、Shell、Python 脚本编写，熟练使用 Idea、Maven、SVN 等开发工具。

6）善于沟通和逻辑表达，拥有优秀的分析问题和解决问题的能力，良好的团队合作精神和积极主动的沟通意识。

↗1.1.3 数据挖掘工程师

1. 职业特点

数据挖掘是数据库知识发现中的一个步骤。数据挖掘一般是指通过算法从大量的数据中搜索隐藏于其中信息的过程。数据挖掘通常与计算机科学有关，并通过统计、在线分析处理、情报检索、机器学习、专家系统（依靠过去的经验法则）和模式识别等诸多方法来实现上述目标。

数据挖掘主要侧重解决四类问题：分类、聚类、关联和预测（定量、定性）。数据挖掘的重点在于寻找未知的模式与规律。

如我们常说的数据挖掘案例：啤酒与尿布，这就是事先未知的，但又是非常有价值的信息。数据挖掘主要采用决策树、神经网络、关联规则、聚类分析等统计学、人工智能、机器学习等方法进行。数据挖掘的产出为输出模型或规则，并且可相应得到模型得分或标签，模型得分如流失概率值、总和得分、相似度、预测值等，标签如高中低价值用户、流失与非流失、信用优良中差等。

数据挖掘和数据分析最容易混淆，两者都是从数据里面发现有价值的信息，从而帮助业务运营、改进产品以及帮助企业做更好的决策。两者不同在于：数据分析更加依赖于思维层面，通过逻辑推理，并借助一些数学统计知识对假设进行验证，从而支持原假设或者推翻原假设；而数据挖掘更偏向技术层面，主要是运用一定的编程技巧和统计知识从海量数据中发现字段之间的相关关系，元素的聚散程度，数据里包含的关键特征等。数据挖掘和数据分析互为手段，对于数据分析而言，数据挖掘不过是进行假设验证过程中的一个步骤而已，对于数据挖掘而言，数据分析不过是为了寻找更有效率、更准确和更容易解释的算法的一种方法。

2. 工作内容

数据挖掘工程师的工作内容如下。

1）算法挖掘：运用算法从海量数据中寻找有价值信息，并能优化算法。

2）编程：算法实现、对于算法程序的优化，提升程序的运行效率。

3）分析：测试和验证算法程序，并对于算法挖掘结果做出合理的解释，可能会加入数据分析职能。

4）业务：参与爬虫、搜索、个性化推荐、广告、流量变现等课题。

5）产品：负责大数据挖掘等新产品的设计与开发中的模型和算法部分。

6）数据开发：数据仓库设计、处理海量数据，可能会加入数据开发职能。

3. 技能要求

对数据挖掘工程师的技能要求如下（见图 1-5）。

1）数据挖掘算法、机器学习、自然语言处理、人工智能、个性化推荐。

2）数据结构和程序算法。

3）数据处理和编程：Java、Python、C++、SQL。

4）Linux 操作系统。

5）数据挖掘工具：SPSS、SAS、R。

6）大数据：Hadoop、Spark、Mahout、MLlib。

7）行业经验：金融、医疗、空间地理等。

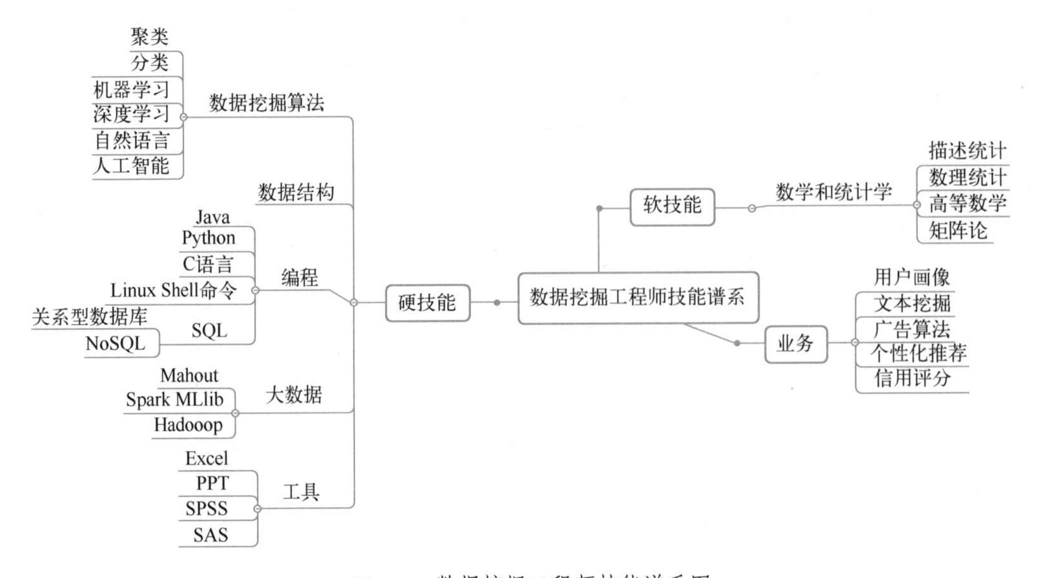

● 图 1-5　数据挖掘工程师技能谱系图

4. 职业发展和薪酬

数据挖掘工程师相比其他职业的起薪会高一些，但是入门难度也更大一些。主要因为这个职业需要两个相对硬核的能力：一个是数据挖掘算法能力，另一个是编程能力，这两个技能的学习曲线都较长。

刚入行的数据挖掘工程师需要较为精通数据结构和各种数据挖掘算法，这样基本能够胜任团队内的一些工作；进入高级阶段后，必须能够独当一面，能够制订各种模型策略来推动业务；如果继续往专业方向走，就是往人工智能（如机器学习）方向走，这类职位通常需要高学历来支撑，工资收入也非常可观。当然这种发展路线并不是一成不变的，也可以一开始就往人工智能方向走，随着经验的增长，逐步从初级职位转到高级职位，如图 1-6 所示。

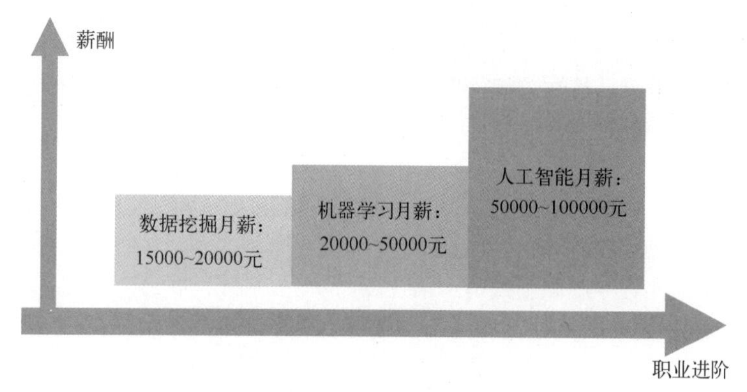

● 图 1-6 数据挖掘职业进阶和薪酬发展

招聘岗位举例 1

某互联网公司数据挖掘工程师职位描述

薪资：15000～25000 元/月。

职责描述：

1）基于海量数据（主要是石油勘探开发类数据），深度挖掘关键特征模式，最终产生行业价值。

2）负责大数据应用算法的设计、研发与产品化。

任职要求：

1）硕士及以上学历，计算机专业方向优先。

2）良好的逻辑思维能力，能够从海量数据中发现有价值的规律。

3）熟悉大规模图挖掘、机器学习、自然语言处理、分布式计算等相关技术，并具备工程实践经验。

4）熟练运用各种常用算法和数据结构，有独立的实现能力。

5）熟练使用 Java 语言、Python、Oracle/MySQL 数据库系统、Linux 操作系统者优先。

6）熟悉 Hadoop/Spark 等一个或多个分布式计算框架。

招聘岗位举例 2

某互联网公司高级数据挖掘工程师职位描述

薪资：30000～50000 元/月。

职责描述：

1）负责装修业务中的资源分配，调度算法，用户增长策略模型的研究与开发。

2）结合装修业务流程，分析与挖掘各种潜在关联，不断优化模型效果，用技术标准化产业服务者，提高业务指标。

3）追踪前沿技术，结合装修业务特点，探索将前沿的算法技术赋能业务。

任职要求：

1）本科及以上相关学历，具有 3 年以上研发工作经验。

2）优秀的数据分析能力，扎实的数据结构和算法功底。

3）有较强的学习能力，具备较好的沟通和表达能力，能完成跨部门沟通与协作。

4）至少熟练掌握编程语言 Java、Scala、Python、C++中的一种，并可以熟悉各种算法模型的实现与接口调用。

5）熟悉分布式计算开发（Hive、Storm、Spark）至少某一方面，有较深的理论研究和实践经验者优先。

6）有智能设计、用户增长、Feed 流推荐、全局调度优化等项目经验者优先。

招聘岗位举例 3

某互联网公司机器学习、算法工程师职位描述

薪资：50000～70000 元/月。

任职要求：

1）一线互联网公司 3 年以上机器学习算法开发实际经验，熟练使用经典机器学习算法，包括但不限于 LR，GBDT，随机森林和神经网络。

2）计算机/数学/工程类专业硕士或博士学位。

3）具备扎实的代码能力和数据结构基础，熟练使用 Python、C++、Java 开发和部署线上机器学习算法。

加分项：

1）一线互联网公司 3 年以上广告、搜索或推荐系统算法开发经验。

预测、点击、转化、搜索算法：离线模拟器替代真实用户点展反馈生产大量生成探索样本来提升融合模型能力，在线序列探索策略，生产更富多样性的随机去偏探索序列，利用用户的标注拓展序列生成空间。

广告算法：效果类广告 CTR 模型优化，从 GBDT 到 FM 的模型迁移，广告流量预估，在线流量分配。图片搜索 Rank 算法等。

2）对最新技术趋势保持追踪，了解最近两年机器学习领域的最新研究成果，包括深度学习算法和 TensorFlow 平台。

3）熟练使用大数据技术做数据加工、特征提取和机器学习算法的开发及上线。

4）具备良好的沟通能力，对业务和新技术的好奇心，具备优秀的解决问题能力和逻辑思维。

1.1.4 职业能力模型

综合各职业特点、工作内容和招聘要求，我们可以从产品设计、编程能力、数据处理、数学统计、数据挖掘算法、创新能力、数据思维、沟通能力和业务理解 9 个方面对数据分析师、数据开发工程师、数据挖掘工程师进行能力建模，如图 1-7 所示。

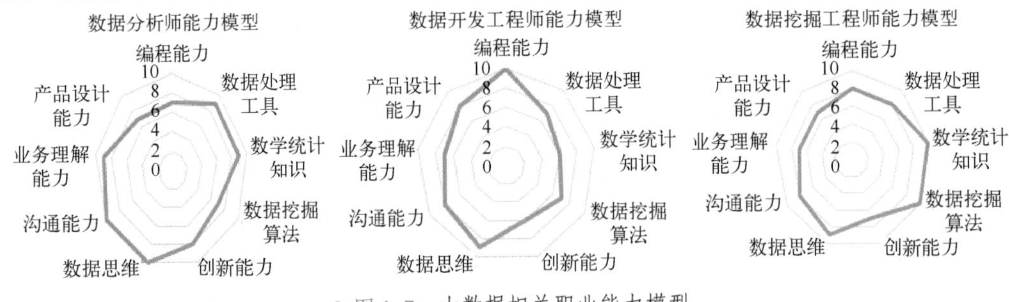

● 图 1-7 大数据相关职业能力模型

1.2 数据分析工作流程

1.2.1 组织架构

数据分析人员要怎样分配才能既满足各个业务方的需求，又能使团队本身价值最大化呢？

目前，实践中不同的公司有不同的分配方法，总结起来主要有分散式、集中式和数据 BP 制三种形式，且各有优缺点。

（1）分散式

分散式是将分析师分散于各业务部门的数据分析，分析师归属于具体业务部门管理，与需求方工作在一起。比如，做运营分析与运营人员在一起，通过运营团队向 COO（首席运营官）汇报工作。做营销分析与营销人员在一起，同样也是通过营销团队向营销负责人汇报。

优点是更了解真实的业务场景，分析结论及解决方案更有实操价值。将分析师放在最需要的地方，使他们沉浸在解决问题当中。

缺点也很明显。长期来看，分析人员会遍布在公司各个业务部门，他们技能和背景相似却不属于同一个部门。由于分析师长期负责一个固定模块的分析，个人成长空间有限。分析师之间交流和学习机会很少，这种模式下分析人员普遍缺少晋升通道。有上升规划的分析师一般不会喜欢这种组织结构，其不算是一种吸引人的职业发展道路。这种模式比较适合初级分析师，待在一线业务方，可以更快地了解业务。这种分散式的分析结构可以充当短期解决方案，长期来看并不合适。

（2）集中式

集中式是将分析师集中于专门的数据分析部门。在公司的组织架构里，只有一支专门的分析团队存在，如"商业分析部"，支撑公司所有业务部门的数据分析需求，向 COO 或 CFO 汇报。

优点是可以依据各业务方需求的工作量及重要程度按需分配分析人员，方便合理调配。可以给分析人才提供机会，获得跨部门的经验，接触多种类型的分析，这对分析人员来说是一种挑战，可以快速提升技能。

缺点是离实际业务太远，没有深入特定的业务场景，最后会造就一批通才，即什么都了解，但什么都不精通。不同的分析人员，若在同一个业务项目中换来换去，则会对业务部门造成损害。

（3）BP 制

数据 BP 制是指在组织架构上，分析人员属于唯一专业的数据分析部门。在具体工作内容和场景上，属于具体业务需求方。这样一方面分析师没有脱离业务，数据分析更接地气；另一方面便于公司从全局考虑，形成数据需求的沉淀，为未来数据中台的建设打下基础。缺点是在数据分析师少而业务线很多时，人力资源调配可能存在困难。

1.2.2　分析流程

数据分析的工作方法和销售、运营等工作不同，必须遵守一套流程，否则就会事倍功半甚至南辕北辙。

从大的流程来说，分为明确需求、获取数据、整理数据、分析数据、得出结论，如图 1-8 所示。

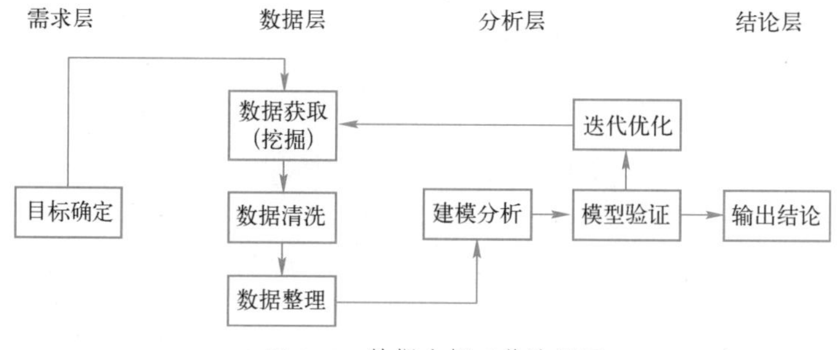

● 图 1-8　数据分析工作流程图

需求是数据分析的开始，也是分析的目标方向。如果你不知道要分析什么，还怎么谈如何分析？

数据分析需求的来源往往有 3 种场景：1）监控现有的指标出现了异常情况，需要通过数据分析去找原因；2）公司要对现有的运营模式或者某个产品进行评估确定是否需要进行调整、优化；3）公司下达了战略目标或短期目标需要通过分析看如何达成。

要确定需求就必须与需求方进行沟通，清楚确认需求的内容或者自己要分析前必须要清楚想要的结果是什么方向。

业务部门提的需求往往都是表面化的，甚至词不达意，作为数据分析师要从专业的角度去分析这个需求是否合理，是否能解决问题。比如业务方想看看前几天的订单总量，作为分析师应该就有这种敏感性，即为什么要连续看几天的订单总量？是否业务出了什么问题？而不是把一连串的数字扔给需求方了事，否则不能体现数据分析的专业性。可能业务方感觉昨天做了个调整不是很理想，是想看看差距有多大，然而他更深层次的需求可能是要找出原因，是否有这个必要进行调整，需要多大的代价来找出这个原因。这是数据分析师和需求方进行沟通的问题。

要想清晰地了解需求，需要做足功课：1）深入了解业务机制、产品的逻辑、需求的背景；2）初步判断自身的知识、技能储备和需求如何进行结合；3）和需求方沟通需求，并主要就自己无法理解的、双方理解不一致的需求进行深入讨论，直至问题解决。

明确需求后，下一步就要分析这个需求，具体需要哪些数据去满足这个需求，哪些数据是现成的，哪些数据还需要临时去采集。

如果有需要临时去采集的数据，比如需要通过调研得到数据或者找开发工程师进行数据采集代码的开发部署才能获取到数据（这可能需要较长的周期），此时就要和需求方进一步沟通，双方是否可以就数据分析的期限达成一致。

采集的数据可能来源不一，格式、字段名等都不统一，数据和数据之间的逻辑关系也可能是混乱的，数据里还有缺失、错误等情况，那么就要在整理数据的阶段去解决这些问题，一般称这个过程叫数据清洗。小数据量的时候，可以通过手工来完成数据清洗，大数据量的时候，需要靠专业的数据处理工具或者编程来解决了，如果这种数据需求是持续性的，不是偶发性的，还有可能需要专门建立一个数据处理系统来做这个事情。

整理完数据后，就需要对数据进行透视分析，最终得出数据结论。大多数情况下，需求使用方都不会关心分析使用的工具是 SPSS 还是 SAS，也不太关心你使用了什么分析方法，因此在分析时尽量采用自己熟悉的工具和分析方法，以需求为导向，能解决问题即可。

分析的思路都是“由浅入深”。数据分析一般的步骤为：描述分析——锁定方向——建模分析——模型测试——迭代优化——模型加载——洞察结论。

描述分析是最基本的分析统计方法，在实际工作中也是应用最广的分析方法。描述统计分为两大部分：数据描述和指标统计。

1）数据描述：用来对数据进行基本情况的刻画，包括数据总数、时间跨度、时间粒度、空间范围、空间粒度、数据来源等。如果是建模，还要看数据的极值、分布、离散度等内容。

2）指标统计：分析实际情况的数据指标，可粗略分为变化、分布、对比、预测四大类。以下分别解析这四类指标的含义。

- 变化：指标随时间的变动，表现为增幅（同比、环比等）。
- 分布：指标在不同层次上的表现，包括地域分布（省、市、区县、店/网点）、用户群分布（年龄、性别、职业等）、产品分布（如动感地带和全球通）等。
- 对比：包括内部对比和外部对比，内部对比分为团队对比（团队 A 与 B 的单产对比、销量对比等）和产品线对比（ARPU、用户数、收入对比）；外部对比主要是与市场环境和竞争者对比。这一部分和分布有重叠的地方，但分布更多用于找出好或坏的地方，而对比更偏重于找到好或坏的原因。
- 预测：根据现有情况，估计下个分析时段的指标值。

描述分析之后，就是进行深入的数据挖掘分析了，有较多的分析模型和方法，比如漏斗分析、聚类分析、行为路径分析、表单分析等，这里就不一一列举了。

分析过程中如果用到了数学模型，就必须要对模型进行测试验证。把从模型分析出的结果带到实际中，看是否有用，再去检查我们整个数据分析流程是否准确，检查是否在某个环节出现了错误，是否陷入了某种统计陷阱，比如幸存者偏差、确认性偏差、缺失值处理是否正确，从而不断地迭代优化。

分析后一定会得到一个结论，洞察结论这一步是数据报告的核心，也是最能看出数据分析师水平的部分。初级分析师和高级分析师拿到同样的图表，完全有可能解读出不同的内容。

举个如下的例子。

初级分析师：2013 年 1 月销售额同比上升 60%，迎来开门红。2 月销售额有所下降，3 月大幅回升，4 月持续增长。

高级分析师：2013 年 1 月、2 月销售额去除春节因素后，1 月实际同比上升 20%，2 月实际同比上升 14%，3 月、4 月销售额持续增长。

这两者的区别在于：2013 年春节在 2 月，2012 年则在 1 月，因此需要各去除一周的销售额，再进行比较。如果不考虑这一因素，那么后续得出的所有结论都是错的。挖掘数字变化背后的真正影响因素，才是洞察的目标。

最后一步是输出分析结论，在非正式的情况下，可以直接向需求方报告数据结论，在正式的情况下，需要出具一份分析报告，以严格的形式证明自己的数据结论。

如果是要做正式的报告，就需要保证数据报告内容的完整性。一个完整的数据报告，应至少包含以下几块内容：报告背景、报告目的、数据来源、数量等基本情况、分页图表内容及本页结论、各部分小结及最终总结、下一步策略或对趋势的预测。其中，背景和目的决定了报告逻辑（解决什么问题）；数据基本情况告诉对方用了什么样的数据，可信度如何；分页内容需要按照一定的逻辑来构建，目标仍然是解决报告目的中的问题；小结及总结必不可少；下一步策略或对趋势的预测能为报告加分。

如果可能，在输出结论的同时，数据分析师还可以给出解决方案。有一种观点认为数据分析师所从事的工作是给出业务方相应的数据结果，而不是解决方案。虽然也有分析两个字，但是如何设计解决方案是业务部门的事。但是当下专业的数据分析师需要比业务方更了解业务，不了解业务下的结论，领导或者需求方是不敢信任的。所以，一个业务技术双精通的数据分析师可以替业务方解决大部分问题，不依赖业务方的判断，因为他自己就是个业务高手，有丰富的实战经验与业务能力。

1.3 数据分析师临场面试

1.3.1 如何准备面试

不管是什么职业求职，都要讲究天时、地利、人和，这三个方面缺一不可，如图 1-9 所示。

1. 天时

找一个适合求职的时间段，每年秋招（10、11 月份）和春招（3、4 月份）是各大企业招聘的黄金时期，在这个时候会涌现大量的岗位需求，当然也包括大数据分析师（如图 1-10 所示）。并且，由于需求的突然涌现，一般都会带来一定程度的供不应求的状态，企业也会根据需求的紧急程度来适当调整入职门槛。大部分互联网公司都在这个阶段完成招聘。当然，这段时间招聘公司释放的岗位较多，但是求职的人数更多，面试官每天要处理大量的简历和面试，难免会看花眼，错失良才的情况也是有的。对于有才能的人来

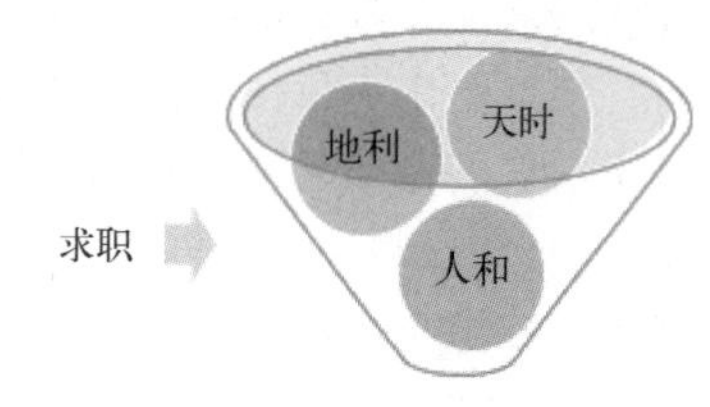

图 1-9 面试准备

说，任何时候都是找工作的好时机。

2. 地利

写一份好的简历，让简历审核者眼前一亮，从而使自己占据一定优势。因此，写简历是需要非常慎重的，鉴于此，本章通过调查众多职场面试高手，抛砖引玉，仅供读者参考（见图 1-11）。

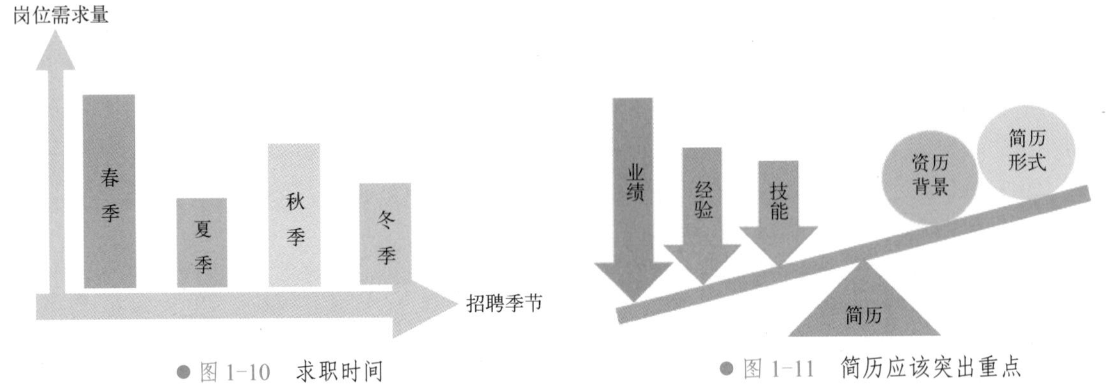

● 图 1-10 求职时间　　● 图 1-11 简历应该突出重点

写简历是求职人员在准备面试过程中不可避免的一个事情，那么该如何写呢？其实，不管是什么求职哪方面的工作，简历的要求都是大同小异的。作为求职者，不仅应该努力发现自身的闪光点，还应该设身处地地从 HR 的角度、用人部门的角度去想想简历该如何写。

1）从总体布局来说，应该先让别人了解你的基本信息，如姓名、年龄、性别、最高学历，简明扼要即可，可以的话附上照片，这些信息只是让 HR 对你有一个初步的印象，形成一种画面感，并不能决定什么，但是如果不让人首先了解这些，直入主题介绍自己的能力和经验，则显得过于突兀。

2）应该有层次的、简明扼要介绍自己的能力，让 HR 了解你是否和岗位的要求符合。描述应简练，这点主要是从 HR 的角度去考虑，HR 毕竟不能代表用人部门（除非招的是 HR 相关岗位），她或他对用人部门的业务了解可能并不深。毕竟 HR 并非业务专家，对自己业务经验进行长篇大论详细描述，HR 也许根本看不懂，进而也不知道你的能力是否符合招聘岗位的需求，或者说这样的简历其实是在浪费 HR 的宝贵时间。何为简明扼要？不同的人可能有不同的看法，本章给出的建议是，可以描述某个工具有多长时间的使用经验，或者用熟悉、熟练等词语来修饰对于某些技术的掌握程度。

3）应该按时间顺序从近到远逐一列出自己的工作经历，简明扼要阐述自己的工作职责和工作业绩，让 HR 知道你过往的工作经历是否和招聘岗位需求匹配，理由同上。工作职责和业绩的描写尽量向职位描述靠拢，能自圆其说即可。重要的职位往往会针对这些经历进行背景调查，一般来说，只要人缘和业绩不是太差，上家公司的老板和同事都会如实陈述的。

4）绝大部分人的工作内容都会和项目挂钩，所以应该有项目经验的介绍。对于 HR 来说，可能就看看你有没有相关的项目经验，因为 HR 仅关注表面的职位匹配度，无法深入到专业领域去了解。而对于用人单位来说，项目经验非常关键，通常能决定用人单位是否聘用你。项目经验最能体现求职者的技能水平，写项目经验的目的，主要是说明我们在项目中做过什么，掌握了哪些技能，是否还可以到其他公司复用。通过 HR 的简历筛选后，用人单位也会就项目经历对候选人进行深入考察。在这里，编者认为对项目经验可以有一定程度的“美化”，但绝不能不懂装懂，否则只能在面试阶段留下尴尬的结局。即在项目经验的描述中，只要合理体现自己的能力即可。这是因为项目有其特殊性，一个多人参与的项目，总会有分工，自己分担的角色不一定是自己擅长的，自己擅长的任务可能由别人在承担，但这并不影响自己从项目中吸收经验。项目经验较多的，可以择其重要的列出来，否则几十个项目列出来，HR 有可能没有耐心看完就把简历扔掉了。项目经验可以紧跟每份工作经历之后，也可以单独列在最早一份工作经历之后。

5）关于个人的教育经历，兴趣爱好是简历中比较次要的内容，不应该占据主体地位，既不能长篇大论，更不要放在突出的位置来显示，一般放在简历的最后展示比较妥当。如果简历的前半部分能够引起HR的兴趣，HR自然能把你的简历看完，教育经历和兴趣爱好才会作为候选资格参考。

当然，上面所说的这些写简历的方法，并不能一概而论。比如应届生可能没有工作经历和项目经验，应该多多展现自己的学业成果和社会实践内容，HR 和用人部门往往对应届生考察的是基本理论是否扎实，学习能力、可塑性是否比较强等。总而言之，写简历要投其所好，用人单位需要具有哪方面能力的人，我们就突出自己哪方面的能力，但切记不能无中生有，以免给自己和用人单位造成不必要的麻烦。

有的同学可能会在简历的设计感上下功夫，其实，初入职场的人可以考虑花些精力在这上面，以博 HR 的眼前一亮，久经职场的人还这么做，就显得不够稳重，是对自己能力的不自信，可能会适得其反。

以下是一份简历制作方案。

```
                         数据分析师简历模板
姓名：张xx|年龄:29岁|性别：男（女）|学历：本科
联系方式：137xxxxxxxx ;xxx@mail.xxx.com
能力介绍：
    统计学等理论知识扎实。
    熟练使用xxx等工具。
    SQL熟练，并具有一定的编程能力。
    从事5年互联网用户分析研究。
工作经历：
    xxxx年xx月–xxxx年xx月 xx公司 任职数据分析师
    工作职责
        1）xxxxxxxx。
        2）xxxxxxxx。
        3）xxxxxxxx。
    项目经验
            xxx项目：起止时间：xxxx年xx月–xxxx年xx月。
            技术架构：Excel、SPSS、Python、MySQL等。
            担任角色：项目经理。
            项目描述：项目内容，我做了什么工作，结果如何。
            项目业绩：提升了xxxx。
教育背景：
    xxxx年xx月–xxxx年xx月 xx大学主修xx专业。
兴趣爱好：
    平时喜欢做xxxxx。
```

对于有经验的职场老手来说，写简历应该留有余地，内容过于详细，可能让人没有耐心看完，也会有编造之嫌。而且用人单位不可能单凭一份简历就录用你，绝大多数情况下，还是会进行面试的，简历中没有写详细的地方，可以在面试过程中进行阐述，如果有真才实学，根本不用担心面试过程出现意外。

3．人和

写完简历之后，并不是见一个公司就投一份简历，符合自己定位的先投，不太符合的也可以投，但不建议作为主选目标公司。求职者应该根据自己的真实情况对想去的公司进行详细了解，然后决定投什么公司和什么岗位。

首先是看行业和自己的经验是否匹配；其次是想要应聘的职位要求和自己的能力是否相符，看自己有些什么欠缺，如果属于硬性指标欠缺，而自己并不是能力出众，建议放弃（比如学历差太多，公司要求博士，自己仅有专科学历），如果属于技能欠缺，看能不能尽快弥补等；再次最好能了解下公司的业务，比如公司的网站、App 之类的，看能不能发现有价值的信息以供面试之用，数据分析类职位，面试官往往会提一些和公司业务相关的问题，如果能够提前有所准备，面试时自然不会慌神。

如果很幸运地接到面试通知了，最好能了解下面试的流程，比如有几轮面试，什么时候是用人部门面试等，这样可以做更充分的心理准备，同时也便于安排其他的面试。

1.3.2 面试问题

一般来说，刚入行的大数据分析师不会遇到特别难的问题，主要问理论基础知识，比如数学统计、算法（挖掘算法、数据结构、程序算法）、基本编程语法、分析挖掘工具的掌握程度、了解什么分析方法论等，看应聘者对职业要求的一些基本技能掌握情况是否扎实。

对于已经有多年经验的大数据分析师，会遇到比较有深度的问题，如海量数据问题，或者会给一个实际业务场景问题让应聘者现场给出解决方案，这主要测试的是应聘者过去的经验和思维是否和企业匹配。比如海量数据问题，有实战经验的和没有实战经验的人给出的解决方案有很大不同，没有实战经验的人可能会想到用足够大的内存和硬盘空间来支撑，高明一点的人可能会想到分库分表，而有实战经验的人可能会想到分治的思想、MapReduce 等。因而，一些没有实战经验的应聘者想冒充有经验的，是很难成功的。再比如面试官会问欺诈检测问题，因为公司可能正面临这个问题，而这类问题的答案在互联网上已经很多了，其实面试官想知道的并不是这个问题的答案，而是想了解应聘者对这个问题的理解、经验之谈（因为互联网上提供的那些答案可能并不适合本公司的业务），以及从你的回答中发现个人思维的严密性、深度。

大数据分析面试的内容可以总结成六大类。

1）沟通能力和思维逻辑的考察。通常是自我介绍，以及在回答各种问题时是否能够简明扼要地阐明自己的观点。

2）理论的考察。比如数学统计知识、挖掘算法原理、大数据系统的原理以及编程语法等。

3）技能熟练度的考察。主要是一些细节，比如对算法、系统的优化，当一个问题存在多个解决方案时，应该如何选择最优方案等。

4）对工作经验的考察。比如使用什么分析、编程工具，做过什么项目，自己如何承担相应职责，遇到过什么有价值的问题，为项目做了些什么贡献等。面试官极有可能就你所述的项目进行深入了解。对于这类问题，求职者最好采用 STAR 法则来回答，STAR 法则是 Situation Task Action Result 的缩写。其中 Situation 的含义是事情是在什么情况下发生的；Task 的含义是如何明确你的任务；Action 的含义是应采取什么行动方式；Result 的含义是产生了什么结果以及学习到了什么。

5）解决问题能力的考察。面试官可能会模拟一个业务场景，让求职者现场给出解决方案。

6）一些开放性问题。比如就热点问题，开展情商测试、智商测试、职业向性测试、职业稳定性测试等。

对于第 1 类和第 4 类问题，求职者应该据实陈述，突出优点，并适当拔高即可，切忌过分吹嘘。特别是对于第 4 类问题，平时应该在工作中多留心和总结，对于数据规模、数据采集处理方案、在处理过程中遇到的问题等应该比较熟悉。

对第 2 类、第 3 类和第 5 类问题，本书将在后续的第 2～5 章进行详细解答。

至于第 6 类问题，完全看求职者的性格、兴趣以及平时涉猎知识的广度和深度了，并没有通用的答案，本章收集了一些相关问题，供读者思考。通常这类问题是要考察应聘者的性格、表达能力、知识面以及临场发挥，并没有标准的回答。针对数据分析这样的职业要求来说，主要是要突出自己沉稳、细致，不能过于浮夸。回答时思路要清楚，语言要简练，重点要突出。这就要求求职者不仅要有过硬的技术，还要对自身和要从事的职业进行充分了解，知道自己的优势是什么，短板在哪，面试中要做到扬长避短，才能吸引面试官。

下面这些问题是在面试中经常会遇到的。主要分成四类问题：自我了解（对自身能力和性格的了解）、职业了解（对职业的了解和规划）、沟通表达（人际关系处理）和临场应变（开放性话题）。

（1）自我了解

俗话说，知己知彼才能百战不殆。

从应聘者的角度来说，如果不能对自己的性格、优点、缺点、兴趣以及未来的目标有足够了解，可能对待工作的态度也同样会不求甚解，这对从事数据分析这个职业是非常不利的，因为数据分析要求工作者有冷静的头脑和刻苦钻研了解事实真相的精神。

从面试官的角度来说，需要充分了解求职者的性格是否能够融入团队，求职者的优点是否能和团队其他成员形成互补。

面试官关于个人方面所提的尖锐问题会对应聘者的心理造成压力，但这些问题并没有标准答案，面试官可能仅仅是为了测试你的抗压能力，看看你在压力下的反应。

下面是面试官常常会问到的问题。

1）自我介绍。

2）说说你的家庭。

3）你觉得自己最大的优势或优点是什么？

4）介绍一下遇到过的比较有挑战性的工作或难题，如何克服它？

5）描述一下你在工作中把事情搞砸了的情况。

6）有想过创业吗？

7）你的业余爱好是什么？

8）你五年内的计划是什么？

（2）职业了解

前文对数据分析师的职业进行了较为详细的解析，其实际上是一个非常需要综合能力的职业，尽管如此，数据分析师也有不同的发展方向，绝大多数人都不可能全部掌握这些能力。所以准备从事这个职业的人应该对此有很深的了解，结合自己的优势，选择其中一个方向进行深度学习和练习。

从大多数用人单位的角度来说，更需要求职者具有从事某一个方向的精湛的技能，而不是万事通。

下面这些问题是非常有代表性的，它们特点是很难从专业书籍中找到答案，但是确实能够体现一个数据分析从业者的专业素养。

1）你认为数据分析师应该具备哪些能力？

2）你对自己的职业定位什么？

3）你的工作经历有一段空白期，能解释一下吗？

4）为什么你想来这儿工作？关于我们公司你了解多少？

5）你的工作经验欠缺，如何能胜任这项工作？

6）对于上一份工作，有哪些不满意的地方？为什么离职？

7）什么是效率曲线？其缺陷是什么？你如何克服这些缺陷？

8）什么是大数据的诅咒？

9）哪位数据科学家你最佩服？从什么时候开始的？

10）你是怎么开始对数据科学感兴趣的？

11）你认为怎样才能成为一个好的数据科学家？

12）你认为数据科学家是一个艺术家还是科学家？

（3）沟通表达

沟通表达是所有职业都会遇到的问题，但是数据分析师相对更需要沟通表达。

数据分析师在公司里往往充当多个角色，这和程序员有很大不同。大多数程序员都是需求的承接者，仅仅按照需求方的要求编写出相应的程序即可。数据分析师可能是需求的承接者，比如运营经理需要数据分析师制作一份数据分析报告，也可能是需求的制订者，比如数据分析师可能需要向程序员提需求进行数据处理或者数据埋点。

复杂的身份，繁重的工作任务，使得数据分析师很容易与其他同事产生各种沟通障碍，如何化解这些障碍，对于数据分析师而言非常重要。

下面这些问题，可能是应聘者需要在面试前进行准备的。

1）同事或上司的什么问题会令你感到困扰？

2）如果跟上级意见不一致，你会怎么办？

3）如果下属跟你的意见不一致，你会怎么办？

4）你是否认识我们的员工？

（4）临场应变

临场应变问题一般都是较为开放的问题，且往往是和应聘者切身利益相关的一些问题。面试官一方面想测试应聘者的应变能力，另一方面想了解应聘者对新公司抱有的态度。对于这些问题的回答需要具有一定的艺术性。但是不管如何回答，求职者必须把握好一个度，既不能过于浮夸，也不要过分讨好面试官而委屈自己。

下面这些问题，应聘者应该结合自己的实际情况进行回答。

1）谈谈你对跳槽的看法。

2）求职时，你最看重的是什么？

3）谈谈你对薪资的要求。

4）谈谈你对加班的看法。

5）如果我们录用你，何时可以到岗？

6）你还有什么问题要问吗？

1.4 本章总结

本章主要针对数据分析师这个职业进行了相关分析，目的是让打算从事该职业的人对数据分析有一个基本的认识。

早期大部分数据分析岗位需求都集中在咨询类公司。随着市场竞争的加剧，企业信息化建设越来越受到重视，很多企业积累了大量的数据，如何让这些数据发挥价值成为行业内一个共同的课题。于是很多企业开始设置数据分析岗位，特别是在互联网企业，已经产生了大量运用数据分析解决经营问题的成功案例。由于数据分析类岗位需求量变得越来越大，因此数据分析师几乎成了企业运营中必不可少的岗位。

相比开发岗位来说，数据分析师的入门门槛是比较高的，需要掌握的技能知识也比较多，如编程技能、业务知识、数学统计知识，以及管理营销学、美学、心理学等。对于知识掌握的侧重不一样，意味着职业方向也不同。早期的数据分析师往往身兼数职，随着数据分析职业的发展，其也变得越来越成熟，逐渐衍生了很多细分岗位，如业务分析师、数据分析师、报表开发工程师、数据开发工程师、算法工程师等。这些衍生出来的新岗位在技能要求方面有很多相似点，如果相关从业者对自己的职业没有较为清晰的认识和规划，很难在数据分析这个复杂的岗位体系中找到属于自己的位置，也很难在面试中体现自己的核心优势。

第2章 统计学知识

本章知识点思维导图

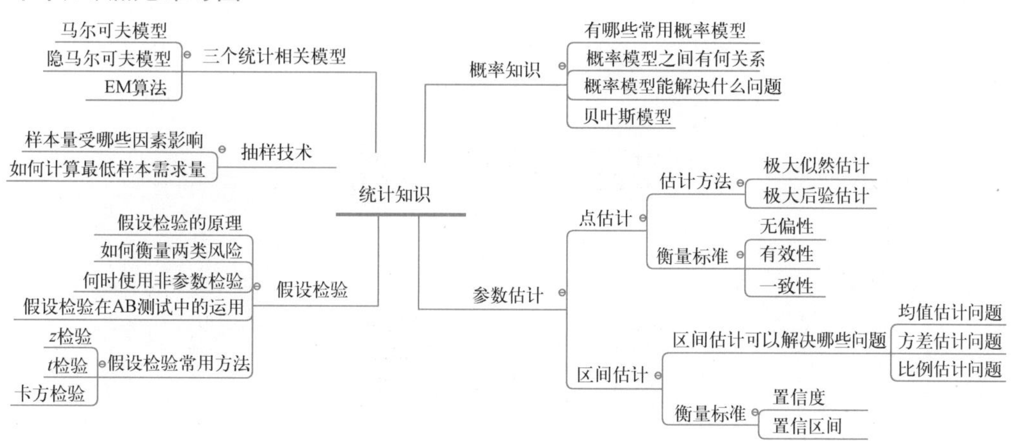

2.1 概率知识

2.1.1 概率模型之间的关系解析

概率论中涉及的概率模型虽然很多，但是大部分模型彼此之间是存在一定联系的，一些模型是对基本模型从数学形式上进行推广得到的，一些模型是从某一个问题出发，通过提出相似问题的解决办法得到的。本文以古典概型为基础逐步展开解析不同概率模型之间的关系，并同时讲解各模型的作用。

古典概型是最简单的概率模型，它对随机试验出现的结果有两个要求：第一，结果数是有限的；第二，结果出现的概率是相等的（如图 2-1 所示）。

比如抛一枚硬币，它出现的结果只有两种可能——正面或者反面朝上，如果硬币质地均匀，那么出现任何一种结果的概率都是 50%，这就是等可能性。

我们把古典概型应用的两个条件做两次调整，可以分别得到两种不同的概率模型。

第一次调整：保持第二个要求不变，对第一个要求进行扩展，把结果数量的有限性扩展至无限的情形（如图 2-2 所示），比如两人约定晚上 7 点到 8 点之间在某地方会面，并约定先到者要等候另一人 20 分钟，过时即可离去，求两人能会面的概率，那么这种概率模型就变成了几何概型。由于结果数无限，而每个结果出现的概率是等可能的，那么就可以

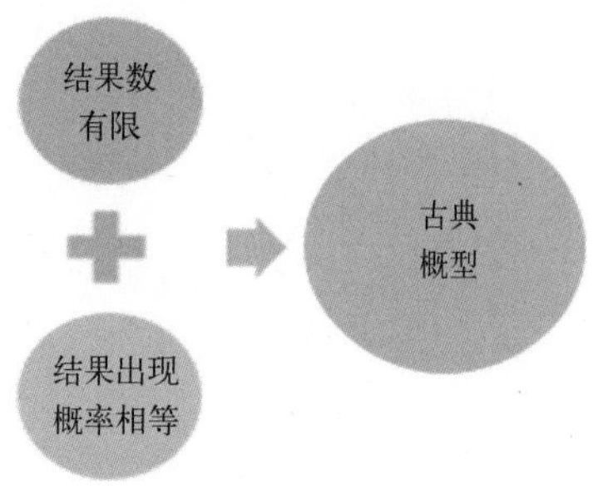

图 2-1 古典概型

用一个区域图形来描述这种模型，这就意味着实验结果在一个区域内呈现均匀分布。

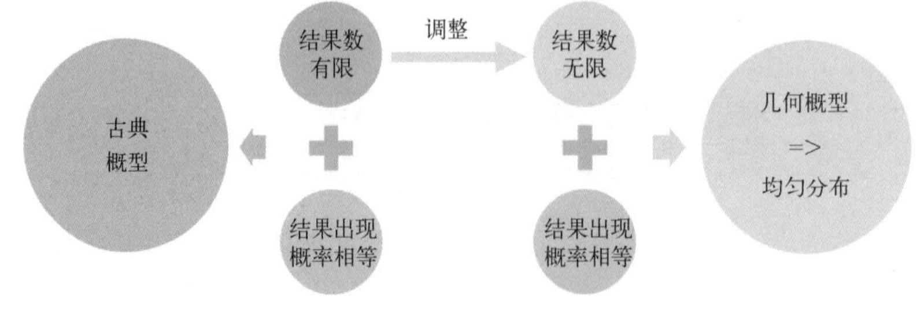

● 图 2-2 均匀分布

第二次调整：如果对第一个要求进行限制，将结果数限制为 2 个；对第二个要求进行扩展，不要求出现的概率是等可能的，那么就可以用伯努利试验概型来描述了，它也叫两点分布（如图 2-3 所示）。

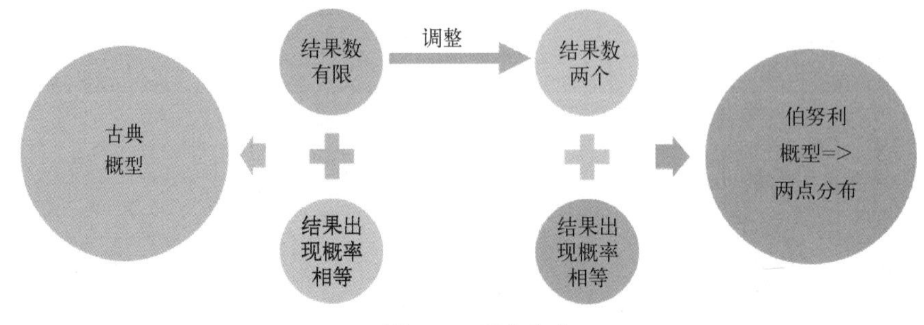

● 图 2-3 两点分布

如果把伯努利试验进行 n 次，且每次都不相关，那么就称之为 n 重伯努利试验，此时就可以用二项分布来进行描述（如图 2-4 所示）。

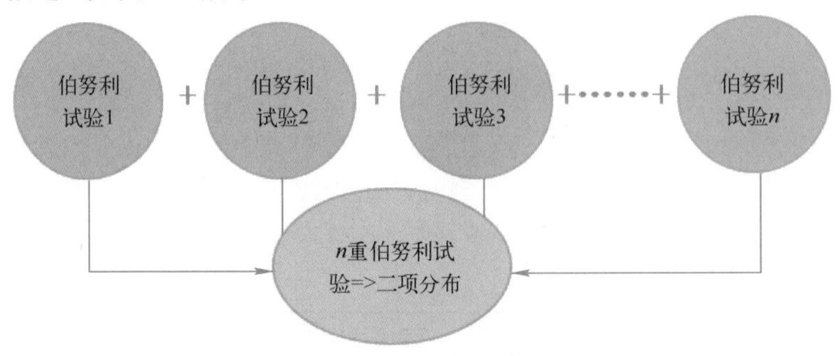

● 图 2-4 二项分布

二项分布的分布律公式如下：

$$P(X=i)=\mathrm{C}_n^i p^i q^{n-i}。$$

其中 $0<p<1, q=1-p$ ，$i=0,1,2,\cdots,n$ ，则称离散型随机变量 X 服从参数为 n，p 的二项分布。记为 $X\sim B(n,p)$。

从二项分布开始，概率模型的演化就开始复杂起来。

第一，二项分布要求结果数为 2 个：A 和 B，如果结果数是多个，其他条件仍然不变，就要用多项分布来描述（如图 2-5 所示）。

第二，可以把 n 重伯努利试验看成有放回抽样，如果是无放回抽样，那么就要用超几何分布来描述（如图 2-6 所示）。但是如果试验次数很多时，二项分布和超几何分布计算得到的概率非常接近，可以近似把超几何分布认为是二项分布。超几何分布属于离散型随机变量的概率分布问题，随机变量可以取有限个值，在每取一个值时可以求出一个概率，此时求解的方法就是采用古典概型公式。

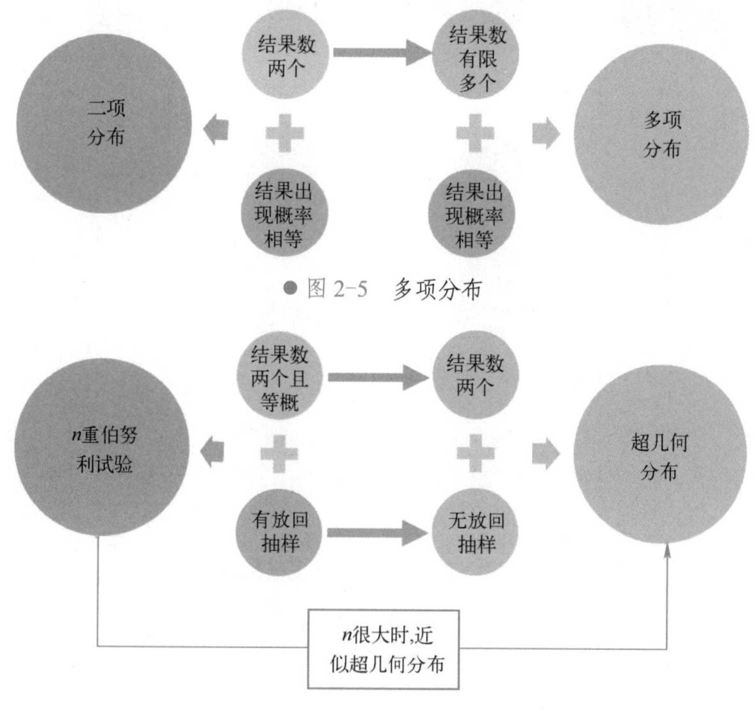

● 图 2-5　多项分布

● 图 2-6　超几何分布

第三，二项分布描述的问题是：已知 n 次试验和出现结果 A 的次数，求整体结果出现的概率，对于这个问题可以进行如下扩展（如图 2-7 所示）。

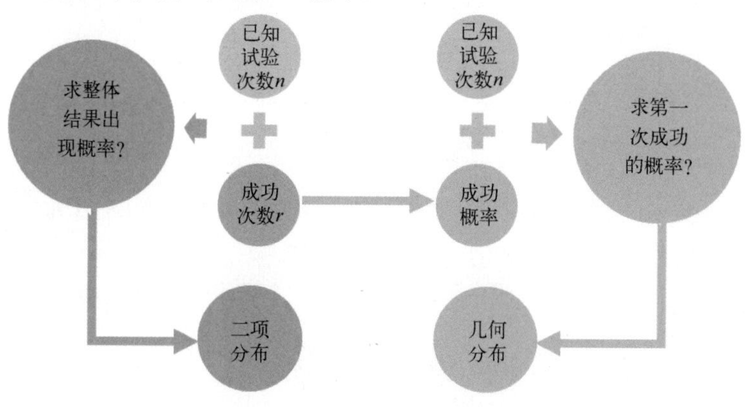

● 图 2-7　二项分布与几何分布的关系

1）已知 n 次试验和 A 出现概率，第一次出现结果 A 的概率，要用几何分布来求解（如图 2-8 所示）。

这里需要区别几何概型和几何分布，几何概型中的几何和图形有关，几何分布中各项概率是等比数列，而等比数列又叫几何数列，因此这个分布名称中含有“几何”这个词。

2）如果想让结果 A 出现 r 次，求解需要多少次实验，要用帕斯卡分布来求解，而帕斯卡分布是负二项分布的正整数形式。

第四，当试验次数 n 很大时，大数定律棣莫弗 | 拉普拉斯定理证明了二项分布的极限分布是正态分布，从而可以大大简化计算。如果二项分布满足 $p<q$，$np \geqslant 5$（或 $p>q$，$np \geqslant 5$）时，就可以认

为二项分布接近正态分布（如图 2-9 所示）。

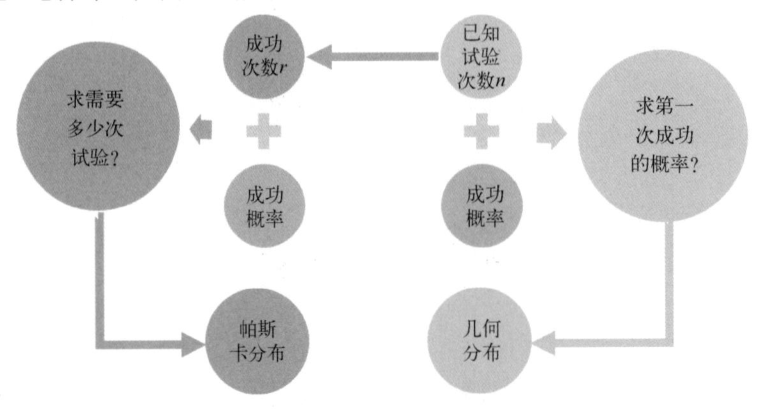

● 图 2-8　帕斯卡分布与几何分布的关系

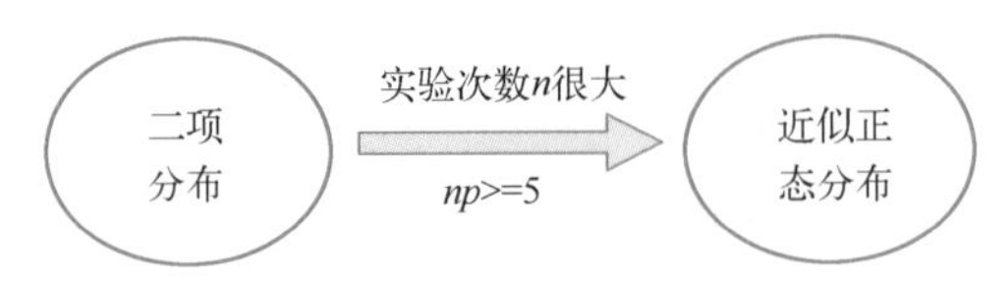

● 图 2-9　二项分布与正态分布的关系

第五，当试验次数 n 很小时，直接用最大似然法估计二项分布的参数可能会出现过拟合的现象（比如，扔硬币三次都是正面，那么最大似然法预测以后的所有抛硬币结果都是正面）。为了避免这种情况的发生，可以考虑引入先验概率分布来控制参数，防止出现过拟合现象。这个时候就可以用到贝塔分布（如图 2-10 所示）。

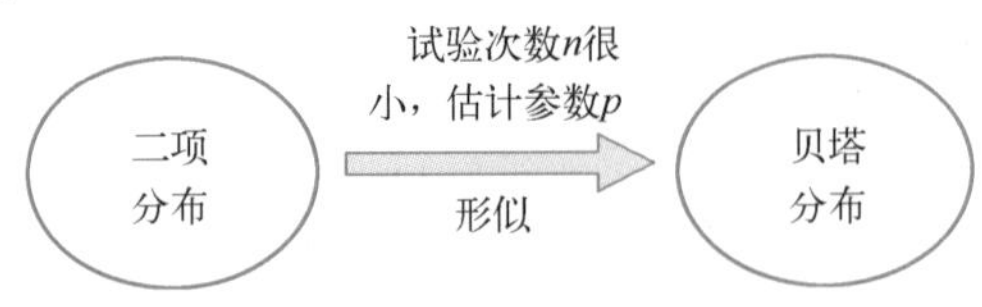

● 图 2-10　二项分布与贝塔分布的关系

贝塔分布函数的形式为：$\mathrm{B}(\alpha,\beta)=\int_0^1 x^{\alpha-1}(1-x)^{\beta-1}\mathrm{d}x$。

贝塔分布里的参数 α、β，被称为形状参数，其中 α 为成功次数加 1，β 为失败次数加 1。当它们取值都为 1 时，贝塔分布就退化为均匀分布。

伽马函数的形式为：$\Gamma(\theta)=\int_0^{\infty} x^{\theta-1}\mathrm{e}^{-x}\mathrm{d}x$。

贝塔函数和伽马函数的关系为：$\mathrm{B}(\alpha,\beta)=\dfrac{\Gamma(\alpha)\Gamma(\beta)}{\Gamma(\alpha+\beta)}$。

贝塔分布的概率密度函数为：$f(x;\alpha,\beta)=\dfrac{1}{\mathrm{B}(\alpha,\beta)}x^{\alpha-1}(1-x)^{\beta-1}$。

可以看出，它和二项分布的公式形式上非常相似，这意味着贝塔分布的后验概率分布函数与先验概率分布函数具有相同形式，因此，贝塔分布是一个作为二项式分布的共轭先验分布。

贝塔分布是一个连续分布，由于它描述的是概率的分布，因此其取值范围为 0～1。它最重要的应用是为某项试验的成功概率建模。

贝塔分布可以看作一个概率的概率分布，当你不知道一个东西的具体概率是多少时，它可以给出所有概率出现的可能性大小。

第六，当试验次数 n 很大，而其中一个结果出现的概率极小时，可以用泊松分布来近似二项分布（如图 2-11 所示）。

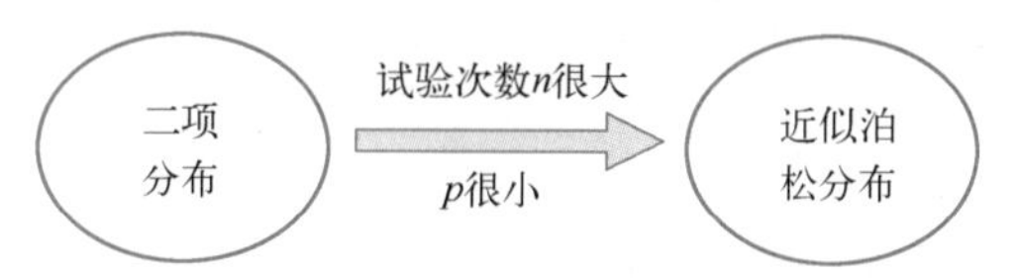

图 2-11 二项分布与泊松分布的关系

泊松分布是单位时间内，稀有独立事件发生次数的概率分布。泊松分布的概率分布公式如下：

$$P(X=k)=\frac{\lambda^k}{k!}\mathrm{e}^{-\lambda},\ k=0,1,2,\cdots。$$

参数 λ 是单位时间（或单位面积）内随机事件的平均发生次数。

参数 k 是指某随机事件发生了 k 次。而且，当泊松分布的参数 $\lambda \geqslant 20$ 时，泊松分布接近于正态分布；当 $\lambda \geqslant 50$ 时，可以认为泊松分布呈正态分布。

指数分布无论是在数学形式上还是在含义上都和泊松分布比较相似。

指数分布的概率分布公式如下：

$$f(x)=\begin{cases}\lambda \mathrm{e}^{-\lambda x} & x \geqslant 0, \\ 0 & x<0。\end{cases}$$

一般情况下，我们使用指数分布的累积分布函数，

$$F(x;\lambda)=\begin{cases}1-\mathrm{e}^{-\lambda x} & x \geqslant 0, \\ 0? & x<0。\end{cases}$$

式中：x 是时间间隔；e=2.71828；λ 的含义和泊松分布中的一致。

泊松分布和指数分布的关系是：指数分布是描述泊松过程中的事件之间的时间的概率分布，即事件以恒定平均速率连续且独立地发生的过程（如图 2-12 所示）。

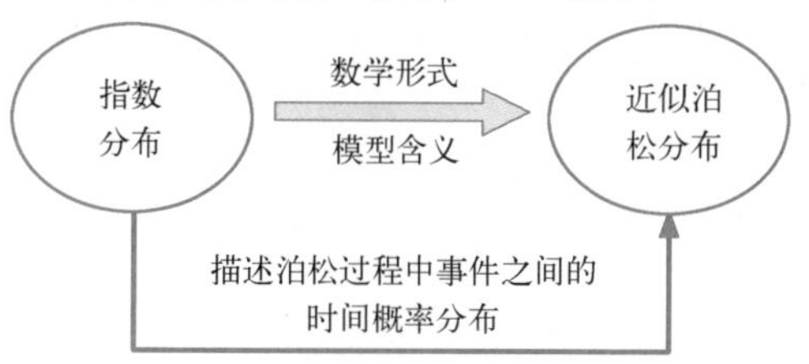

图 2-12 指数分布与泊松分布的关系

接下来，我们对指数分布进行演化。

泊松分布是单位时间内独立事件发生次数的概率分布，指数分布是独立事件的时间间隔的概率分布。注意，泊松分布和指数分布的前提是“独立事件”，事件之间不能有关联。

指数分布和前面的几何分布也有一定的关系。我们知道指数分布属于连续型分布，如果随机变量 X 服从指数分布，对随机变量取整，那么指数分布就退化成几何分布了（如图 2-13 所示）。

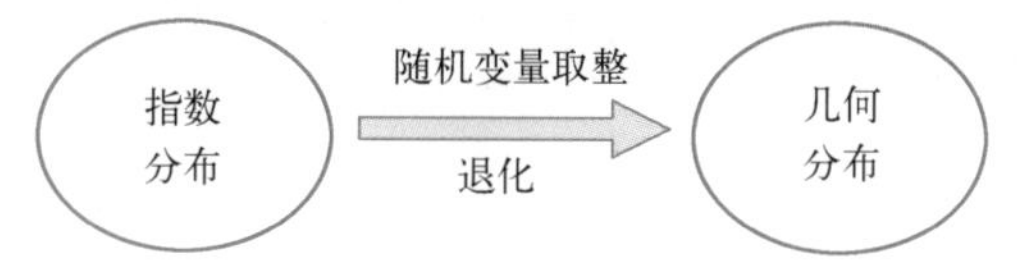

图 2-13 指数分布与几何分布的关系

从上面的分析可以看出，指数分布要解决的问题是：如果某事件会重复出现，发生的频率稳定，且前后独立，求该事件以某间隔时长出现$\alpha=1$次的概率。

指数分布是有适用条件的，首先是事件之间是相互独立的，其次事件发生的频率应该是稳定的，还有两个事件不能同时发生（$\alpha=1$）。这三个条件实质上也是使用泊松分布的前提条件。如果不满足上述条件，就需要使用韦布尔分布或者伽马分布。

根据上述条件，对问题进行扩展。

1）当多个事件可以同时发生时，即$\alpha>1$时，就要用伽马分布来求解（如图 2-14 所示）。

$$f(x,\beta,\alpha)=\frac{\beta^{\alpha}}{\Gamma(\alpha)}x^{\alpha-1}\mathrm{e}^{-\beta x},x>0。$$

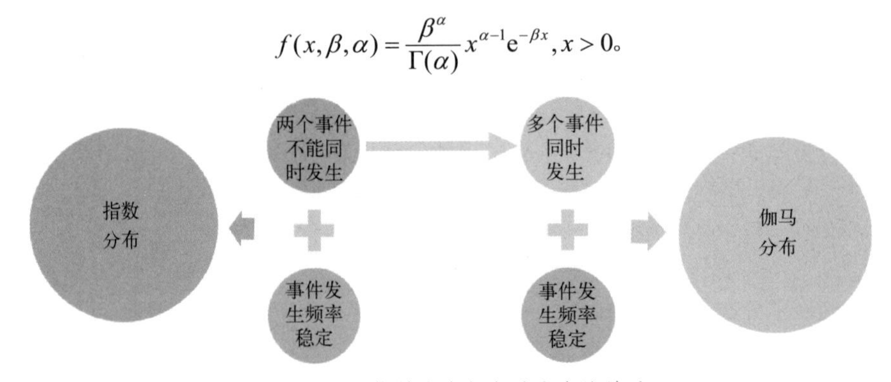

● 图 2-14　指数分布与伽马分布的关系

伽马分布中的参数α称为形状参数，β称为逆尺度参数。“指数分布”和“χ^2分布”都是伽马分布的特例。

当形状参数$\alpha=1$时，伽马分布就是参数为γ的指数分布，$X\sim \mathrm{e}^{\gamma}$。实际上伽马分布可以看作是$n$个指数分布的独立随机变量的加总。

当形状参数$\alpha=n/2$，$\beta=1/2$时，伽马分布就是自由度为n的卡方分布。

伽马分布与泊松分布在数学形式上很相似。其实，如果把泊松分布的λ看成一个变数，这个变数用伽马函数来代替，那么得到的分布就是伽马分布了（如图 2-15 所示）。只是泊松分布是离散的，而伽马分布是连续的。

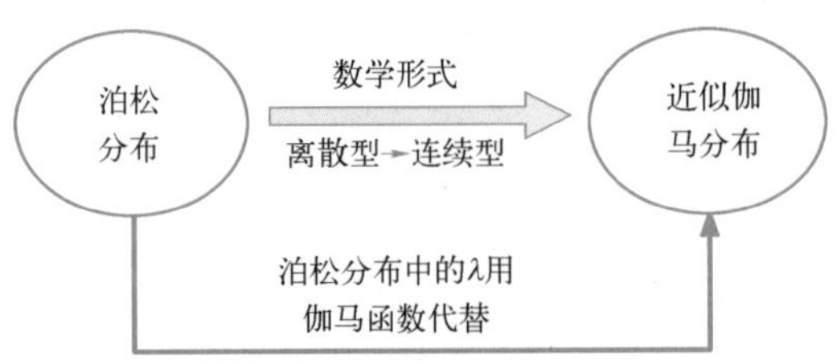

● 图 2-15　泊松分布与伽马分布的关系

2）如果事件发生的频率不稳定，且和时长有关系，比如机械故障率随着时长增大而增大，那么就需要用韦布尔分布来求解。因此，韦布尔分布常用于可靠性分析、寿命检验和产品的需求分析。指数分布可以描述一些机器或者元器件的使用寿命，而不能用于描述人类和动物的寿命时长（如图 2-16 所示）。

从概率密度函数的形式来看，韦布尔分布与很多分布都有关系。它的概率密度函数如下：

$$f(x;\lambda,k)=\begin{cases}\frac{k}{\lambda}\left(\frac{x}{\lambda}\right)^{k-1}\mathrm{e}^{-\left(\frac{x}{\lambda}\right)^{k}} & x\geqslant 0,\\ 0 & x<0\end{cases}。$$

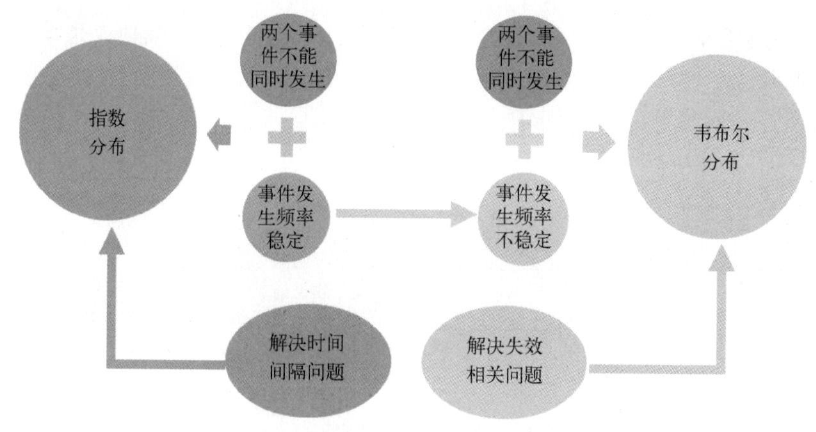

● 图 2-16 指数分布与韦布尔分布的关系

其中，x 是随机变量，$\lambda > 0$ 是比例参数，$k > 0$ 是形状参数。

对于韦布尔分布的 k 值进行进一步说明如下。

$k<1$ 的值表示故障率随时间减小。如果存在显著的"婴儿死亡率"或有缺陷的物品早期失效，并且随着缺陷物品被除去群体，故障率随时间降低，则发生这种情况。在创新扩散的背景下，这意味负面的口碑：危险功能是采用者比例的单调递减函数。

$k=1$ 的值表示故障率随时间是恒定的。这可能表明随机外部事件正在导致死亡或失败。即韦布尔分布减小到指数分布。

$k>1$ 的值表示故障率随时间增加。如果存在"老化"过程，或者随着时间的推移更可能失败的部分，就会发生这种情况。在创新扩散的背景下，这意味着积极的口碑：危险功能是采用者比例的单调递增函数。且当 $k=2$ 时，是瑞利分布；当 $k=3.44$ 时近似为正态分布。

通常指数分布可以用于解决下列问题：婴儿出生的时间间隔、来电的时间间隔、奶粉销售的时间间隔、网站访问的时间间隔、世界杯比赛中进球的时间间隔、超市客户中心接到顾客来电的时间间隔、流星雨发生的时间间隔、机器发生故障的时间间隔、癌症病人从确诊到死亡的时间间隔。

韦布尔分布主要应用在以下领域：工业制造、研究生产过程和运输时间关系、极值理论、预测天气、可靠性和失效分析、雷达系统、对接收到的杂波信号的依分布建模、拟合度、无线通信技术中衰减频道建模、量化寿险模型的重复索赔、预测技术变革、描述风速的分布。

我们知道，正态分布是现实生活中最为常见的分布，从图形上看类似"钟"型，相比而言，韦布尔分布具有长尾分布，即右偏分布的特点，更接近现实情况。

由于正态分布具有良好的特性，人们对它进行了非常深入的研究，并衍生出了三大抽样分布，即 t 分布、卡方分布和 F 分布。其中卡方分布还是伽马分布的特例。三大抽样分布的主要用途是用于参数估计和假设检验。

如果把以上各种概率分布之间的关系描绘成一幅图，关系图如图 2-17 所示。

2.1.2 概率相关面试题

（1）古典概型面试真题【某互联网公司面试题 2-1：古典概型的运用】

在一轮狼人杀游戏中，4 个人互相投票，每个人投一票，有一个人被其他 3 个人一起投出局的概率是多少？假设每个人都不会投自己，投其他每个人是等概率的。

答案：

1）判断是否适用于古典概型。

根据题意，这是一次随机试验，基本事件就是每个人向其他某个人投票，总人数是有限的，每个人投票数也是有限的，因此基本事件数是有限的。题目中还交代了投其他人是等概率的，因此适用于古典概型来求解。

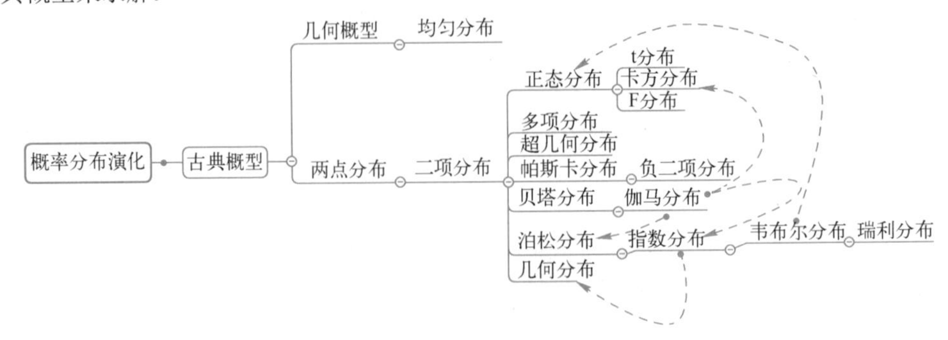

● 图 2-17 概率模型相互联系图

2）求基本事件总数。

假设为甲、乙、丙、丁互相投票，每个人都可以投其他 3 个人，就是 3 种可能，一共有 4 个人，那么就是 3*3*3*3=81 个基本事件。

3）求事件 A 中包含的基本事件数

每个人同时被其他 3 个人投中时算 1 个基本事件，总共 4 个人，那么就包含 1+1+1+1=4 个基本事件。

4）求概率：$P(A)$=4/81。

（2）帕斯卡分布面试真题【某互联网公司面试题 2-2：巴拿赫火柴盒问题】

历史上有个经典的巴拿赫火柴盒问题。某数学家有两盒火柴，每盒都有 n 根火柴,每次用火柴时他随机地在两盒中任取一盒并从中抽出一根，求该数学家用完一盒时另一盒还有 r 根火柴的概率。

将这个问题进行一下转化，从一盒中取一次火柴视为一次成功试验，从另一盒中取一次火柴视为一次失败的试验，从而转化为帕斯卡分布。对于这个问题，根据不同的假设，会有两个不同的答案。

答案一

假设该数学家能够看到火柴盒里的火柴，且甲盒为空，则他一共在此盒里取了 n 次火柴，在乙盒里取了 $n-r$ 次火柴，且最后一次取火柴是从甲盒里取出里面最后一根。由于数学家取火柴是随机的，所以从甲盒或乙盒取一次火柴的概率相等，都是 1/2。取火柴问题即为 $2n-r$ 重伯努利试验，其中有 n 次成功，$n-r$ 次失败，且最后一次试验是成功，这就是帕斯卡分布问题：

$$P\left(2n-r,n,\frac{1}{2}\right)=\mathrm{C}_{2n-r}^{n-1}(1/2)^{n-1}(1/2)^{n-r}(1/2)^{1}=\mathrm{C}_{2n-r-1}^{n-1}(1/2)^{2n-r}。$$

由甲、乙两盒的对称性，得：P{用完一盒时另一盒还有 r 根火柴}=

$$2P\left(2n-r,n,\frac{1}{2}\right)=\mathrm{C}_{2n-r-1}^{n-1}(1/2)^{2n-r-1}。$$

答案二

不妨设该数学家不能看到火柴盒里的火柴，且甲盒为空，则他一共在此盒里取了 $n+1$ 次火柴，在乙盒里取了 $n-r$ 次火柴，且最后一次取火柴是在已空的甲盒里又取了一次但发现已空，没能取到火柴。此问题转化为 $2n-r+1$ 重伯努利试验，其中有 $n+1$ 次成功，$n-r$ 次失败，且最后一次试验是成功，这就是帕斯卡分布问题：

$$P\left(2n-r+1,n+1,\frac{1}{2}\right)=\mathrm{C}_{2n-r}^{n}(1/2)^{n}(1/2)^{n-r}(1/2)^{1}=\mathrm{C}_{2n-r}^{n}(1/2)^{2n-r}。$$

由甲、乙两盒的对称性。得：P{用完一盒时另一盒还有 r 根火柴}=

$$2P\left(2n-r+1,n+1,\frac{1}{2}\right)C_{2n-r}^{n}(1/2)^{2n-r}。$$

（3）几何概型真题【某互联网公司面试题 2-3：几何概型的运用】

快递员和收件人确定好了送货的时间为上午 9:00—10:00 之间送货，收件人在 9:30—10:30 之间极有可能外出，请问能收到货的概率。

答案：设快递员到达的时间为 x，收件人离家的时间为 y，以横坐标表示货送到时间，以纵坐标表示收件人离家时间。

则样本空间 $\Omega=\left\{(x,y)\begin{cases}9\leqslant x\leqslant 10\\9.5\leqslant y\leqslant 10.5\end{cases}\right\}$。

该收件人在离家前能收到货的事件 $A=\left\{(x,y)\begin{cases}9\leqslant x\leqslant 10\\9.5\leqslant y\leqslant 10.5\\y\geqslant x\end{cases}\right\}$。

根据这三个不等式，可以作图如图 2-18 所示。

则，收货概率为 $P=1-\dfrac{\frac{1}{2}\times\frac{1}{2}\times\frac{1}{2}}{1\times 1}=\dfrac{7}{8}$。

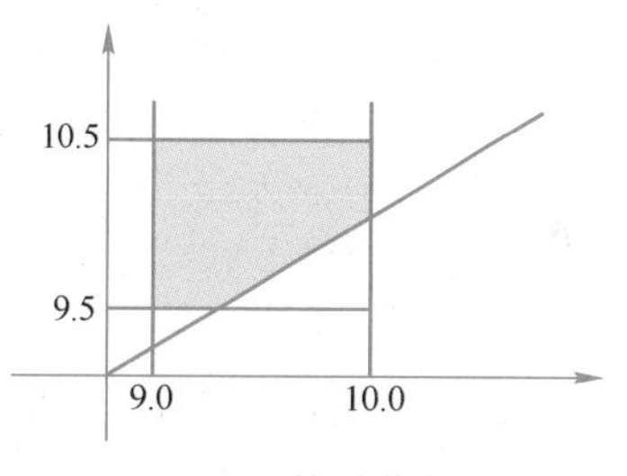

图 2-18 快递收货问题

（4）泊松分布面试真题【某互联网公司面试题 2-4：泊松分布的运用】

假如你在经营一个奢侈品店，生意好的时候一天可能能卖出 6～7 件商品，生意不好的时候可能只能卖出 1 件商品，平均下来也就卖 3～4 件商品，假设我们收集了奢侈品最近一周的销量数据表（表 2-1）。

表 2-1 奢侈品销量数据记录

星期	周一	周二	周三	周四	周五	周六	周日
销量（件）	1	3	2	5	4	5	8

那你该如何进货？

答案：用泊松分布。计算销量均值 $\lambda=4$，从而我们可以根据泊松分布的概率分布公式得到一个累积概率分布表（表 2-2）。

表 2-2 奢侈品销售量累积概率分布

销量（件）	0	1	2	3	4	5	6	7	>7
概率	0.02	0.07	0.15	0.2	0.2	0.16	0.1	0.06	0.05
累积概率	0.02	0.09	0.24	0.43	0.63	0.79	0.89	0.95	1

从这个表可以看出，该奢侈品店销 7 件以上的概率仅为 5%，属于小概率事件，一般而言，仅需要保证 95%以上的概率就可以不缺货了，即使偶尔缺货，也表明本店生意兴隆，这反而有利于品牌宣传。结论是，该店进 7 件货就可以保证大概率不缺货了。

如果没有学过泊松分布，也许我们会采取平均值进货的方案，这样导致的问题是，库存过低，经常缺货，缺货概率达到 37%，或者采取最大值进货的方案，虽然保证了销量，这样导致的问题是浪费资金，而且即使采取了这个方案，也不能百分百保证不缺货。

（5）指数分布面试真题【某互联网公司面试题 2-5：指数分布的运用】

你准备去参加一个很重要的会议，不能迟到，而在准备会议资料的过程中，又浪费了很多时间，导致赶车去会议地点的时间很紧张，不巧的是又赶上了约车高峰期。

假设高峰期叫车间隔为 15 分钟，已经等了 5 分钟了，此时的极限是再等 5 分钟，再等 5 分钟后约车平台还没有给派车的话，你准备坐公交车过去。请问，打车去参加会议的概率有多大？

答案：用指数分布

$\lambda = 1/15$，表示高峰期内平均每 15 分钟就可以打到一辆网约车，那么就可以求出等候 5 分钟，等候 10 分钟，以及等候 15 分钟打到车的概率。分别是：

等候 5 分钟时，$p(x \leqslant 5) = 1 - e^{-1*5/15} = 28.3\%$。

等候 10 分钟时，$p(x \leqslant 10) = 1 - e^{-1*10/15} = 48.7\%$。

等候 15 分钟时，$p(x \leqslant 15) = 1 - e^{-1*15/15} = 63.2\%$。

如果已经等了 5 分钟还没有等到车，再等 5 分钟打到车的概率就是：

$$p(x \leqslant 10) - p(x \leqslant 5) = 20.4\%$$

根据这个结果来看，再等 5 分钟等到车的概率是很低的，所以应该换乘公交车比较保险。

（6）几何分布面试真题【某互联网公司面试题 2-6：几何分布的运用】

有一个赌博游戏，猜硬币的正反面，如果赌局只进行 10 次，其中某位赌徒采取了一个大胆的策略，即一直猜正面，而且每次都加注一倍，到底进行多少局游戏，该赌徒才能以不低于 90%的概率获胜？

答案：根据几何分布的概率公式可以计算出下面的概率分布表（表 2-3）。

表 2-3 猜硬币概率分布表

连续猜错的次数	0	1	2	3	4	5	6	7	8	9	10
猜中概率	0.50	0.25	0.13	0.06	0.03	0.02	0.01	0.00	0.00	0.00	0.00

显然，随着赌局的持续进行，连续猜错 n 次，且第 n+1 次猜中的概率是不断下降的。而实际上赌徒们并不这么想，他们总认为，前面我都输了那么多次了，总该要赢了吧，即错误地认为出现某个结果的概率上升了。然而结局却总是事与愿违，这有两个原因：第一，每一局出正面还是反面，与前一局没有关系，即前面不管出多少次正面，接下来一次出反面的概率仍然是 50%；第二，随机独立实验中，连续 n 次出同样一个结果，n 越大，概率越低。

因此，可以回答该赌徒的第二个问题，这样的赌局永远也不可能使得出现正面的概率提升到 90%以上。

2.1.3 贝叶斯公式

概率论中贝叶斯理论的地位无疑是很高的，其理论的核心就是贝叶斯定理，这个定理对机器学习也产生了深远的影响。

贝叶斯公式可以从条件概率的公式推导得到。条件概率的定义是这样的：如果有两个关联事件 A 和 B 先后发生，B 发生后，A 才发生，那么 B 是 A 发生的前提条件，$P(A|B)$就被称为 A 的条件概率。

下面通过一个面试例子来说明条件概率的用法。

【某互联网公司面试题 2-7：条件概率计算题】

假如你认识了一个朋友，她说有两个孩子，其中一个是女孩，那么她的两个孩子都是女孩的概率是多少（如图 2-19 所示）。

● 图 2-19 猜性别

答案：两个孩子 A 和 B，在不知道大小顺序的情况下，性别组合有四种情况“女男，男女，女女，男男”，所以正常情况下：

其中 B（也可以选 A）是女孩的概率：$P(B)=3/4$。

两个都是女孩的联合概率：$P(AB)=1/4$。

因为 B 是女孩了，因此可以用条件概率看另外一个孩子 A 也是女孩的概率：$P(A|B)=P(AB)/P(B)=1/3$。

【某互联网公司面试题 2-8：用贝叶斯定理来解决三门问题】

三门问题（如图 2-20 所示）亦称为蒙提霍尔问题、蒙特霍问题或蒙提霍尔悖论，大致出自美国的电视游戏节目 Let's Make a Deal。问题名字来自该节目的主持人蒙提•霍尔（Monty Hall）。参赛者会看见三扇关闭了的门，其中一扇的后面有一辆汽车，选中后面有车的那扇门可赢得该汽车，另外两扇门后面则各藏有一只山羊。当参赛者选定了一扇门，但未去开启它的时候，节目主持人（主持人知道答案）开启剩下两扇门的其中一扇，露出其中一只山羊。主持人其后会问参赛者要不要换另一扇仍然关上的门。问题是：换另一扇门会否增加参赛者赢得汽车的概率？

● 图 2-20 三门问题

答案：这个问题对于没有条件概率知识的人来说，很多人会觉得猜中的概率是 50%，因为主持人打开一扇空门后，只剩下两扇门了，自然就是 1/2。

这其实存在一个心理博弈的问题，也可以转化为概率问题。

先来讲这个博弈过程。

假设是 A、B、C 三个门，一开始，参赛者随机选了 A 门，选完这个门后，这个门不会被打开，选中汽车的概率为 1/3。

接下来，主持人会打开一个门，打开哪个门，对主持人最有利呢？

打开有汽车的门，那么相当于直接公布了答案，游戏就没得玩了。

打开参赛者选择的门，无疑相当于告诉参赛者的选择是错误的，参赛者必须要重新进行选择，1/3 的中奖概率硬生生被提升到 1/2 了，这很显然对主持人不利。

因此，主持人必定会打开一个没有汽车，且没有被参赛者选择的门。

主持人打开一个空门后，假设为 C 门。主持人选 C 的概率为：

当参赛者选择 A 门且 A 中奖时，主持人打开 C 的概率是 1/2，所以 $P(C|A)=1/2$。

当参赛者选择 A 门且 B 中奖时，主持人打开 C 的概率是 1，所以 $P(C|B)=1$。

当参赛者选择 A 门且 C 中奖时，主持人打开 C 的概率是 0，所以 $P(C|C)=0$。

那么 $P(C)= P(A)*P(C|A)+ P(B)*P(C|B)+P(C)* P(C|C)=1/3*1/2+1/3*1+1/3*0=1/2$。

接下来，轮到参赛者再次做出选择了。

参赛者的选择分为两种情况：

第一种，参赛者决定不重选，那么主持人直接宣布答案。

也就是参赛者中奖的概率没有受到任何影响，仍然是 1/3。

$$P(A|C)=P(A)*P(C|A)/P(C)=(1/3*1/2)/(1/2)=1/3。$$

第二种，参赛者决定重选，那么他需要从主持人选剩下的两个门 A 和 B 中重新选一个，既然是重选，肯定就选 B。

也就是参赛者中奖的概率受到了影响，这个影响就是来自主持人的，因为主持人给了他额外的信息参考，从概率学角度来说，参赛者拥有了来自主持人的先验概率，即在参赛者选 A 的情况下，主持人选 C 的概率 $P(C)$ 。

$$P(B|C)=P(B)*P(C|B)/P(C)=(1/3*1)/(1/2)=2/3。$$

也就是说当主持人在打开门 C 后，对于 A 来说，其本身的概率是没变的，还是原来的 1/3，改变的是事件 B 的概率，即 $P(B|C)$是 2/3。因此，此时参赛者应该换门，因为剩下的另一道门的概率变为了 2/3，这样获奖概率变为了原来的两倍。

当然，运用贝叶斯公式的时候，要注意一个“陷阱”，来看下面一个例子。

已知某种疾病的发病率是 0.001，即 1000 人中会有 1 个人得病。现有一种试剂可以检验患者是否得病，它的准确率是 0.99，即在患者确实得病的情况下，它有 99%的可能呈现阳性。它的误报率是 5%，即在患者没有得病的情况下，它有 5%的可能呈现阳性。现有一个病人的检验结果为阳性，请问他确实得病的可能性有多大？

假定 A 事件表示得病，那么 $P(A)=0.001$。这就是“先验概率”，即没有做试验之前，预计的发病率。再假定 B 事件表示阳性，$P(B)$的全概率为一个人没有得病但被检查为阳性和一个人得病被检查为阳性的概率之和，即 $P(B)=P(B|A)*P(A)+P(B|\overline{A})*P(\overline{A})=0.05094$。

那么要计算的就是 $P(A|B)$。这就是“后验概率”，即做了试验以后，对发病率的估计。而且我们还知道一个人发病，且检查为阳性的概率为 $P(B|A)=0.99$，根据贝叶斯公式，如果一个人检查为阳性，那么他得病的概率是：

$$P(A|B)= P(B)*P(B|A)/P(A)=0.019。$$

于是，我们得到了一个惊人的结果，$P(A|B)$约等于 0.019。也就是说，即使检验呈现阳性，病人得病的概率，也只是从 0.1%增加到了 2%左右。这就是所谓的“假阳性”，即阳性结果完全不足以说明病人得病。

需要注意的是，由于贝叶斯定理中引入了一个基础比率（先验概率），导致计算出来的结果往往都远小于 1。拿前文发病率的例子来说，真实发病率为 0.1%，检测为阳性，那么发病的可能性仅有 2%，和我们的现实感觉很不同，现实情况是，如果被检测为阳性了，那么真实得病的概率是很高的，至少高于 50%吧，而现在结果显示仅为 2%，这是为什么呢？

原因是，贝叶斯定理把真实发病率 0.1%作为一个基准先验概率，后验概率 2%是对它的一个修正，2%其实代表了一个相对严重的情况。

修正的思想是，既然现在有新证据了，那么要看看一个人被检测出阳性的概率是多大，前文计算的结果是 5%。

我们看下这个计算公式 $P(B)=P(B|A)*P(A)+P(B|\overline{A})*P(\overline{A})=0.001*0.99+0.999*0.05=0.00099+0.04995=0.05094$，其中 $P(B|A)*P(A)$的意思是说如果一个人真的有病，那么被检测出阳性的概率就是 0.00099，连 0.1%都不到。

$P(B|\overline{A})*P(\overline{A})$的意思是说如果一个人没有病，被检测出阳性的概率为 0.04995，因此真正的

问题就在于检测结果有 5%的误报率，如果降低误报率，就能提升最终计算得到的贝叶斯概率值。极限情况下，如果是零误报，此时算出来的贝叶斯概率就是 1，意味着可以百分百信任检测结果。

通过这个分析可以注意到，如果实验的误差很大，那么计算出来的贝叶斯概率很可能不可信，但是并不影响我们对结果做出倾向性判断。还是用上面这个例子来说明，在有先验概率的情况下，通过检测手段可以帮我们进一步甄别事情的真伪，这种检测结果的可信度和检测手段的误差有很大关系。误差越小，可信度越高，检测出来的患病概率就越接近真实概率。

2.2 参数估计

为了估计未知函数的真值或者所在区间，就要从总体 X 中抽取样本，然后用样本构造某种统计量，来估计未知参数的值或其范围，这种方法就称为参数估计。

2.2.1 点估计

点估计就是根据样本构造的一个统计量（称为估计量）来估计总体的真实参数值。要进行点估计，主要有点估计、极大似然估计和极大后验估计三种方法。

（1）极大似然估计

由于样本集中的样本都是独立同分布，可以只考虑一类样本集 D，来估计参数向量 θ。记已知的样本集为：

$$D=\{x_1,x_2,\cdots,x_N\}\text{。}$$

似然函数（linkehood function）：联合概率密度函数 $p(D\,|\,\theta)$ 称为相对于 $\{x_1,x_2,\cdots,x_N\}$ 的 θ 的似然函数。

$$l(\theta)=p(D\,|\,\theta)\{x_1,x_2,\cdots,x_N\,|\,\theta\}=\prod_{i=1}^{N}p(x_i\,|\,\theta)\text{。}$$

如果 $\hat{\theta}$ 是参数空间中能使似然函数 $l(\theta)$ 最大的 θ 值，则 $\hat{\theta}$ 应该是“最可能”的参数值，那么 $\hat{\theta}$ 就是 θ 的极大似然估计量。它是样本集的函数，记作：

$$\hat{\theta}=d(x_1,x_2,\cdots,x_N)=d(D)\text{。}$$

$\hat{\theta}(x_1,x_2,\cdots,x_N)$ 称作极大似然函数估计值。

极大似然估计（MLE）是建立在极大似然原理的基础上的一个统计方法，是概率论在统计学中的应用。极大似然估计提供了一种给定观察数据来评估模型参数的方法，即：“模型已定，参数未知”。通过若干次试验，观察其结果，利用试验结果得到某个参数值能够使样本出现的概率为最大，则称为极大似然估计。

总结起来，极大似然估计的目的就是：利用已知的样本结果，反推最有可能（最大概率）导致这样结果的参数值。

求极大似然估计量 $\hat{\theta}$ 的一般步骤分为四步。

1）写出似然函数 $p(x\,|\,\theta)$。

2）对似然函数取对数并整理。

3）求导数。

4）解似然方程。

【某互联网公司面试题 2-9：举例说明极大似然估计的原理】

答案：很多中学会把学生分入不同的班型，成绩拔尖的分入重点班，其余的分入普通班。高考时，该学校出了个全国状元，那么大家的第一印象是这个孩子很大可能是来自重点班的，因为重点班最容易出高分学生，这就是典型的最大似然估计。

这个问题属于反向推理问题，即在已知结果的情况下，推理造成结果的背景。用数学语言来说，就是求先验概率的问题。这种思维在大多数时候都会影响人们的决策。比如我们生病时要去最好的医院，找最好的医生给自己看病；我们要把孩子送入最好的学校中最好的班级。

【某互联网公司面试题 2-10：极大似然估计计算题】

假如一个盒子里面有红黑共 10 个球，每次有放回的取出，取了 10 次，结果为 7 次黑球，3 次红球。问拿出黑球的概率 p 是多少？

答案：假设 7 次黑球，3 次红球为事件 A，一个理所当然的想法就是既然事件 A 已经发生了，那么事件 A 发生的概率应该最大。所以既然事件 A 的结果已定，我们就有理由相信这不是一个偶然发生的事件，这个已发生的事件肯定一定程度上反映了黑球在整体中的比例，也就是拿出黑球概率 p 一定的情况下，我们采取放回抽取，结果是 7 次黑球，3 次红球。

那么如何体现“极大”呢，极大的意思是，我们把这 10 次抽取看成一个整体事件 A，让模型产生这个整体事件的概率最大，很明显事件 A 发生的概率是每个子事件概率之积。我们把 $P(A)$看成一个关于 p 的函数，求 $P(A)$取最大值时的 p，这就是极大似然估计的思想。

写出似然函数为 $P(A)=p^7*(1-p)^3$。接下来就是取对数转换为累加，然后通过求导令式子为 0 来求极值，求出 p 的结果。

由上面这个例子可以看出，求极大似然估计，关键是求出似然函数。

极大似然估计具有无偏性或者渐近无偏，而且当样本数目增加时，收敛性质会更好。缺点是较为依赖模型的正确性，如果假设的类条件概率模型正确，则通常能获得较好的结果，但如果假设模型出现偏差，将导致非常差的估计结果。

使用极大似然估计方法的样本必须需要满足的前提假设：训练样本的分布能代表样本的真实分布。每个样本集中的样本都是所谓独立同分布的随机变量，且有充分的训练样本。

（2）最大后验估计

上一节中，介绍了极大似然估计法来估计先验概率，它的前提是我们可以获得似然函数，但是万一样本的数据量少或者数据不靠谱呢，则可能无法获得似然函数，或者获得的似然函数和实际有很大的偏差，因此不能一味地依靠数据样例。最大后验估计（MAP）就可以解决这个问题。

最大后验估计依然是根据已知样本，来通过调整模型参数使得模型能够产生该数据样本的概率最大，只不过对于模型参数有了一个先验假设，即模型参数可能满足某种分布，或者叫先验概率分布。所以最大后验估计可以看作是规则化的极大似然估计。

极大似然估计是求参数 θ，使似然函数 $P(x_0|\theta)$ 最大。最大后验估计则是想求 θ 使 $P(x_0|\theta)P(\theta)$ 最大。求得的 θ 不只是让似然函数大，θ 自己出现的概率也得大。

最大后验估计是以贝叶斯概率模型为基础的。

仍然用硬币举例，硬币一般都是均匀的，也就是 $\theta=0.5$ 的概率最大，那么这个参数该怎么估计？

这个时候就用到了我们的最大后验概率。MAP 的基础是贝叶斯公式：

$$P(\theta|X)=\frac{P(X|\theta)*P(\theta)}{P(X)}$$

其中，$P(\theta|X)$ 是 θ 的后验概率，$P(X|\theta)$ 就是之前讲的似然函数，$P(\theta)$ 是先验概率，是指在没有任何实验数据的时候对参数 θ 的经验判断，$P(X)$ 是一个标准化常量，$\frac{P(X|\theta)}{P(X)}$ 也被称为标准似然度。

假设硬币抛了 10 次，得到 7 次正面，3 次反面，用极大似然来估计的结果就是：

第一步，写出似然函数

$$f(x_0|\theta)=\theta^7(1-\theta)^3。$$

第二步，写出对数形式

$$7\ln(\theta)+3\ln(1-\theta)=\ln(f(x\_0|\ \theta))。$$

第三步，求导，并令结果为 0

$$7/\theta-3/(1-\theta)=0。$$

解得 $\theta=0.7$

很显然这个结果和人们的常识不同，硬币如果是均匀的，结果应该是 0.5，这是因为 θ 本身是有先验分布的，因此要用最大后验估计对这个结果进行优化。

假设 θ 取值服从均值为 0.5，方差为 0.1 的正态分布。

即 $P(\theta)=\frac{1}{\sqrt{2\pi}}\mathrm{e}^{-\frac{(\theta-0.5)^2}{2*0.1}}$。

那么对于这个函数 $P(x_0|\theta)P(\theta)=\theta^7(1-\theta)^3\frac{1}{\sqrt{2\pi}}\mathrm{e}^{-\frac{(\theta-0.5)^2}{2*0.1}}$。

$$7\ln(\theta)+3\ln(1-\theta)+\ln\frac{1}{\sqrt{2\pi}}-\frac{(\theta-0.5)^2}{2*0.1}=\ln(P(x_0|\theta)P(\theta))。$$

求导，并令导数为 0

$$\frac{7}{\theta}-\frac{3}{1-\theta}-2*(\theta-0.5)/0.2=0。$$

解得 θ=0.558。

很显然这个结果比极大似然估计得出的结果更合理一些。当然，如果我们不知道 $P(\theta)$ 的概率分布，还可以用贝塔分布来估计。

【某互联网公司面试题 2-11：说明最大后验估计和极大似然估计的区别】

答案：举个例子，抛一枚硬币 10 次，有 10 次正面朝上，0 次反面朝上。问正面朝上的概率 p。

如果利用极大似然估计可以得到 p=10/10=1.0。显然当缺乏数据时极大似然估计可能会产生严重的偏差。

如果我们利用最大后验概率估计来看这件事，认为大概率下这个硬币是均匀的（例如最大值取在 0.5 处的贝塔分布），那么 $P(\theta|X)$ 是一个概率分布，最大值会介于 0.5～1，而不是武断地给出 p=1。

显然，随着数据量的增加，参数分布会更倾向于向真实数据靠拢，先验假设的影响会越来越小。

（3）点估计的衡量标准

【某互联网公司面试题 2-12：如何衡量点估计的好坏】

答案：衡量一个点估计量的好坏的标准有很多，比较常见的有：无偏性、有效性和一致性。

由于抽样具有随机性。每次抽出的样本都不尽相同，根据这些样本得到的点估计的值也不尽相同。那么，如何来确定一个点估计的好坏呢？单凭某一次抽样的样本是不具有说服力的，必须要通过很多次抽样的样本来衡量，然后将所有的点估计值平均起来，也就是取期望值（点估计量的抽样分布的数学期望），这个期望值应该和总体参数一样。这就是所谓的无偏性。无偏估计的实际意义就是无系统误差。

无偏性不是要求估计量与总体参数不得有偏差，因为这是不可能的，既然是抽样，必然存在抽样误差，不可能与总体完全相同。无偏性指的是如果对这同一个总体反复多次抽样，则要求各个样本所得出的估计量（统计量）的平均值等于总体参数。符合这种要求的估计量被称为无偏估计量。

有效性是指对同一总体参数，如果有多个无偏估计量，那么离散程度最小（标准差最小）的估计量更有效。因为一个无偏的估计量并不意味着它就非常接近被估计的参数，还要和总体参数的离散程度比较小。估计量与总体之间必然存在着一定的误差，衡量这个误差大小的一个指标就是方差，方差越小，估计量对总体的估计也就越准确，这个估计量也就越有效。

一致性也叫相合性，是指随着样本量的增大，点估计的值越来越接近被估计的总体的参数。因为随着样本量增大，样本无限接近总体，那么，点估计的值也就随之无限接近总体参数的值（如图 2-21 所示）。一般的参数估计都具有相合性，判定一个估计量的是否有相合性有个定理，就是 n 趋于无穷大时，如果这个估计量的期望等于估计参数，估计量的方差为 0，则这个估计量有相合性，反之没有相合性。

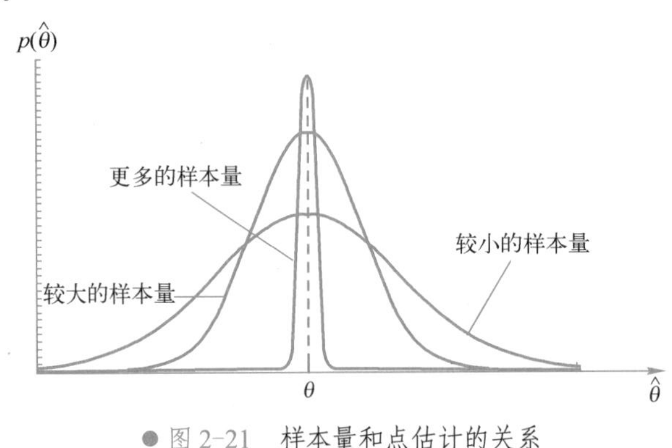

● 图 2-21　样本量和点估计的关系

2.2.2　区间估计

点估计是用一个点（即一个数）去估计未知参数,只提供了 θ 的一个近似值，并没有反映这种近似的精确度。同时，由于 θ 本身是未知的，我们也无从知道这种估计的误差大小，也不能给出这种估计的可靠性到底有多大。因此，我们希望估计出一个真实参数所在的范围，并希望知道这个范围有多大的可靠性包含参数真值，这就是参数的区间估计问题。

区间估计就是用一个区间去估计未知参数 $\hat{\theta}$，是在点估计的基础上，给出总体参数估计的一个区间范围，该区间通常由样本统计量加减估计误差得到。与点估计不同，进行区间估计时，根据样本统计量的抽样分布可以对样本统计量与总体参数的接近程度给出一个概率度量。

例如，估计明年 GDP 增长在 6%～7%，比说增长 7%更容易让人们相信，因为给出 6%～7%已把可能出现的误差考虑到了。

严格的区间估计理论是统计学家 J.Neyman 建立的，主要思想是：假设 $x_1 \cdots x_n$ 是来自密度函数 $f(x,\theta)$ 的样本，给定 $\alpha(0<\alpha<1)$，根据样本构造两个统计量 $\hat{\theta}_1$ 和 $\hat{\theta}_2$，使得 $\mathrm{P}(\hat{\theta}_1 \leqslant \theta \leqslant \hat{\theta}_2) >= 1-\alpha$，则称 $1-\alpha$ 是置信度。置信度也称为置信概率、置信系数，它是区间估计理论的基础概念，常称不超过置信系数的任何非负数为置信水平。$[\hat{\theta}_1, \hat{\theta}_2]$ 是置信度为 $1-\alpha$ 的 θ 的置信区间。其中 α 称为显著性水平。

【某互联网公司面试题 2-13：如何进行区间估计】

答案：区间估计的构造步骤主要分三步。

1）构造一个与 θ 有关的函数 U，其中 U 不含其他未知参数，已知 U 的分布。

2）对给定的 $\alpha(0<\alpha<1)$，求 a,b，使得 $P(a \leqslant U \leqslant b)=1-\alpha$。

3）解不等式 $a \leqslant U \leqslant b \Leftrightarrow \hat{\theta}_1 \leqslant \theta \leqslant \hat{\theta}_2$，得到区间 $[\hat{\theta}_1, \hat{\theta}_2]$。

区间估计一般要求总体为正态分布，如果总体是非正态分布，就只能做近似估计。

下面将分别讲解在不同的情况下如何具体构造区间估计。

对于不同的问题，要用不同的估计方法，如图 2-22 所示，下面分别详细解析。

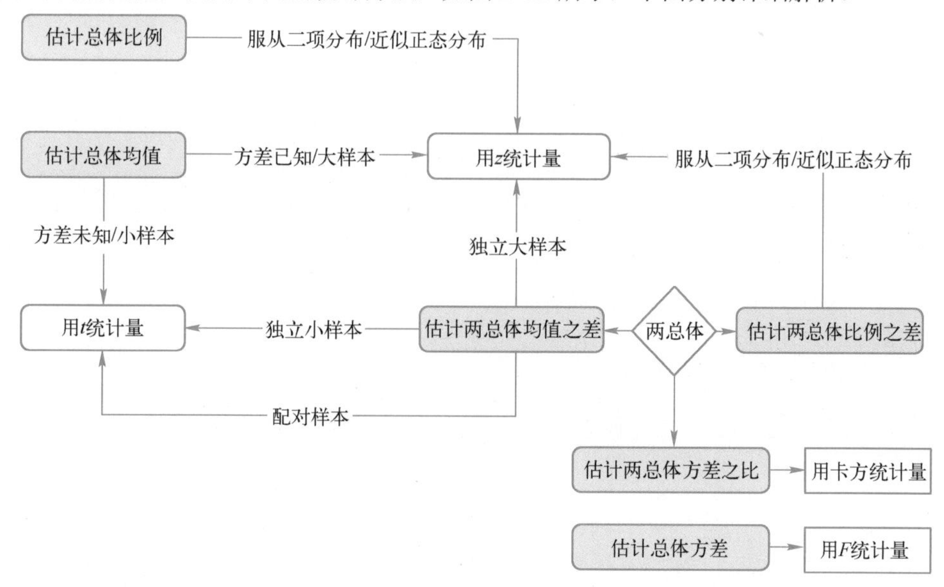

● 图 2-22　区间估计方法

（1）总体均值的区间估计（z 统计量）

如果总体呈正态分布、方差已知或者总体不呈现正态分布，但是拥有大样本（n>=30）。

则可使用正态分布的统计量：$z=\dfrac{\overline{x}-\mu}{\sigma/\sqrt{n}}\sim N(0,1)$。

从而，总体均值 μ 在 $1-\alpha$ 置信水平下的置信区间为：$\overline{x}\pm z_{\alpha/2}\dfrac{\sigma}{\sqrt{n}}$。

大样本情况下，当总体的方差未知时，用样本的方差 s^2 代替总体方差，总体均值的置信区间为：$\overline{x}\pm z_{\alpha/2}\dfrac{S}{\sqrt{n}}$。

【某互联网公司面试题 2-14：对总体均值进行区间估计】

质监部门要对某食品企业生产的袋装食品进行检测，看每袋食品的重量是否符合要求。质监部门从某天生产的一批食品中随机抽取了 25 袋，测得了每袋食品的克重分别为 112.5、101.0、103.0、102.0、100.5、102.6、107.5、95.0、108.8、115.6、100.0、123.5、102.0、101.6、102.2、116.6、95.4、97.8、108.6、105.0、136.8、102.8、101.5、98.4、93.3。已知产品重量服从正态分布，且总体标准差为 10g。请估计该批次产品平均重量的置信区间，置信水平为 95%。

答案：由题意，总体呈正态分布，方差（题意给的标准差）已知，

$X\sim N(\mu,\sigma^2), n=25, 1-\alpha=95\%, \sigma=10$。

查表：$z_{\alpha/2}=1.96$。

计算样本均值：$\overline{x}=105.36$。

将已知参数带入置信区间公式：$\overline{x}\pm z_{\alpha/2}\dfrac{\sigma}{\sqrt{n}}$，

计算得到置信区间为[101.44,109.28]。

拓展：如果没有给定总体方差，如何求置信区间呢，有两种方案，一种是增加样本量，另外一

种是用下文讲解的 t 分布。运用第一种方法，需要增加样本量至 30 或以上，然后计算样本标准差S，用样本标准差代替总体标准差，步骤同上，置信区间为[101.65,109.07]。

（2）总体均值的区间估计（t 统计量）

如果总体呈现正态分布、方差未知或者小样本。

则使用 t 分布统计量：$t=\dfrac{\overline{x}-\mu}{s/\sqrt{n}}\sim t(n-1)$。

从而，总体均值 μ 在 $1-\alpha$ 置信水平下的置信区间为：$\overline{x}\pm t_{\alpha/2}\dfrac{S}{\sqrt{n}}$。

举例，仍然沿用前面的例子，假设样本量仍然是 25，而方差未知，此时应该用 t 统计量来进行估计。

答案：由题意，总体呈正态分布，方差未知，即 $X\sim N(\mu,\sigma^2), n=25, 1-\alpha=95\%, \sigma$未知。

查表：$t_{\alpha/2}=2.131$。

计算样本均值：$\overline{x}=105.36, S=9.459$。

将已知参数带入置信区间公式：$\overline{x}\pm t_{\alpha/2}\dfrac{S}{\sqrt{n}}$，计算得到置信区间为[101.06,109.39]。

拓展：这个例子中不管方差是否已知，由于样本量是 25，属于小样本，都可以用 t 统计量来估计，方法和结果均同上。但是，相对而言，方差已知的时候用 z 统计量来进行估计，结果更为精确。

另外，在小样本情况下，如果总体分布未知或者不是正态总体，那么就不能使用上述方法，而要使用其他方法求解置信区间，主要有三种方法，分别是确切概率计算法、Fisher 近似正态法和切比雪夫不等式法。

（3）总体比例的区间估计

如果总体服从二项分布，或者样本足够大可以近似正态分布。

则就用正态分布统计量：$z=(p-\pi)/\sqrt{\pi(1-\pi)/n}\sim N(0,1)$。

总体比例 π 在 $1-\alpha$ 置信水平下的置信区间为：$p\pm z_{\alpha/2}\sqrt{p(1-p)/n}$。

【某互联网公司面试题 2-15：对总体比例进行区间估计的方法运用】

某城市想要估计失业女性所占比例，于是随机抽取了 100 名失业人员，其中 65 名为女性，请以 95%的置信水平估计该城市失业女性比例的置信区间。

答案：由题意，已知 n=100，p=65/100=65%，$1-\alpha=95\%$，z=1.96。

带入公式计算得置信区间为：[55.65%,74.35%]。

（4）总体方差的区间估计

如果总体服从正态分布，总体方差 σ^2 的点估计量为 s^2，且 $\dfrac{(n-1)s^2}{\sigma^2}\sim\chi^2(n-1)$。

则总体方差的置信区间为：$\dfrac{(n-1)s^2}{\chi^2_{\alpha/2}(n-1)}\leqslant\sigma^2\leqslant\dfrac{(n-1)s^2}{\chi^2_{1-\alpha/2}(n-1)}$。

仍然以前述袋装食品的重量检测为例，测得 25 袋食品的重量，假设总体服从正态分布，但方差未知，请以 95%的置信水平估计总体方差的置信区间。

答案：由题意，已知 n=25，$1-\alpha=95\%$，

根据样本数据计算得到：样本方差 $s^2=93.21$。

查表：$\chi^2_{\alpha/2}(n-1)=\chi^2_{0.025}(24)=39.3641$

$$\chi^2_{1-\alpha/2}(n-1)=\chi^2_{0.975}(24)=12.4011。$$

代入公式计算得，σ^2 的置信度为 95%的置信区间为[56.83,180.39]。

（5）两个总体均值之差的区间估计：独立大样本

如果两个总体都服从正态分布，已知总体的方差 σ_1^2 和 σ_2^2，或者大样本（n_1>=30 和n_2>=30）情况下可以用正态分布来近似，且两个样本是独立的随机样本。

则：使用正态分布统计量 $z=\dfrac{(\bar{x}_1-\bar{x}_2)-(\mu_1-\mu_2)}{\sqrt{\dfrac{\sigma_1^2}{n_1}+\dfrac{\sigma_2^2}{n_2}}}\sim N(0,1)$。

已知 σ_1^2 和 σ_2^2 时，两个总体的均值之差 $\mu_1-\mu_2$ 在 $1-\alpha$ 置信水平下的置信区间为：

$$\left(\bar{x}_1-\bar{x}_2\right)\pm z_{\alpha/2}\sqrt{\frac{\sigma_1^2}{n_1}+\frac{\sigma_2^2}{n_2}}。$$

如果 σ_1^2 和 σ_2^2 未知，两个总体的均值之差 $\mu_1-\mu_2$ 在 $1-\alpha$ 置信水平下的置信区间为：

$$\left(\bar{x}_1-\bar{x}_2\right)\pm z_{\alpha/2}\sqrt{\frac{s_1^2}{n_1}+\frac{s_2^2}{n_2}}。$$

【某互联网公司面试题 2-16：大样本下，对两个总体均值差进行区间估计】

某教育局想估计两所中学的学生高考时的英语平均分数之差，为此，在两所中学独立抽取了两个随机样本，测得如下参数：甲中学样本量为 $n_1=46$，均值 $\bar{x}_1=86$，标准差 $S_1=5.8$；乙中学样本量 $n_2=33$，均值 $\bar{x}_2=78$，标准差 $S_2=7.2$。请建立两所中学高考英语平均分数之差 95%的置信区间。

答案：根据题意，服从正态总体、已知方差、满足大样本，因此直接用独立样本公司即可。
查表：$z_{\alpha/2}=1.96$。

将题中各参数直接代入公式：$\left(\bar{x}_1-\bar{x}_2\right)\pm z_{\alpha/2}\sqrt{\dfrac{\sigma_1^2}{n_1}+\dfrac{\sigma_2^2}{n_2}}$,

即可求得置信区间为[5.03,10.97]。

（6）两个总体均值之差的区间估计：独立小样本

情形一

如果两个总体都服从正态分布，两个总体方差未知但相等（$\sigma_1^2=\sigma_2^2$），两个样本独立，且都是小样本。

则总体方差的合并估计量为：$s_p^2=\dfrac{(n_1-1)s_1^2+(n_2-1)s_2^2}{n_1+n_2-2}$。

估计量 $\bar{x}_1-\bar{x}_2$ 的抽样标准差为：$\sqrt{\dfrac{s_p^2}{n_1}+\dfrac{s_p^2}{n_2}}=s_p\sqrt{\dfrac{1}{n_1}+\dfrac{1}{n_2}}$。

两个样本均值之差的标准化：$t=\dfrac{\left(\bar{x}_1-\bar{x}_2\right)-(\mu_1-\mu_2)}{s_p\sqrt{1/n_1+1/n_2}}\sim t(n_1+n_2-2)$。

两个总体均值之差 $\mu_1-\mu_2$ 在 $1-\alpha$ 置信水平下的置信区间为：

$$\left(\bar{x}_1-\bar{x}_2\right)\pm t_{\alpha/2}(n_1+n_2-2)\sqrt{s_p^2\left(\frac{1}{n_1}+\frac{1}{n_2}\right)}。$$

【某互联网公司面试题 2-17：小样本下，对两个总体均值差进行区间估计】

为估计两种方法组装产品所需时间的差异，分别对两种不同的组装方法各随机安排 12 名工人，每个工人组装一件产品所需的时间（单位：min）如下。假定两种方法组装产品的时间服从正态分布，且方差相等。试以 95%的置信水平建立两种方法组装产品所需平均时间差值的置信区间。

方法一用时：28.3，36.0，30.1，37.2，29.0，38.5，37.6，34.4，32.1，28.0，28.8，30.0。

方法二用时：27.6，31.7，22.2，26.0，31.0，32.0，33.8，31.2，20.0，33.4，30.2，26.5。

答案：根据样本数据计算可得

$n_1 = n_2 = 12$，$\bar{x}_1 = 32.5$，$\bar{x}_2 = 28.8$，$s_1^2 = 15.996$，$s_2^2 = 19.358$。

由以上参数可计算得到合并估计量：$s_p^2 = 17.677$。

查表：$t_{\alpha/2}(n_1 + n_2 - 2) = t_{\alpha/2}(22) = 2.0739$。

将以上参数带入置信区间公式得置信区间为[0.14,7.26]。

情形二

如果两个总体都服从正态分布，两个总体方差未知且不相等（$\sigma_1^2 \neq \sigma_2^2$），两个样本独立，且都是小样本。

则使用 t 统计量：$t = \dfrac{(\bar{x}_1 - \bar{x}_2) - (\mu_1 - \mu_2)}{\sqrt{s_1^2 / n_1 + s_2^2 / n_2}} \sim t(v)$

两个总体均值之差 $\mu_1 - \mu_2$ 在 $1-\alpha$ 置信水平下的置信区间为：

$$(\bar{x}_1 - \bar{x}_2) \pm t_{\alpha/2}(v)\sqrt{\left(\frac{s_1^2}{n_1} + \frac{s_2^2}{n_2}\right)}。$$

其中自由度：$v = \dfrac{\left(\dfrac{s_1^2}{n_1} + \dfrac{s_2^2}{n_2}\right)^2}{\dfrac{(s_1^2 / n_1)^2}{n_1 - 1} + \dfrac{(s_2^2 / n_2)^2}{n_2 - 1}}$。

对上面的例子进行一点改造，第一种方法仍然安排 12 名工人，第二种方法只安排 8 名工人，两种方法组装产品的时间均服从正态分布，且方差不相等，请以 95%的置信水平建立两种方法组装产品所需平均时间差值的置信区间。

方法一用时：28.3，36.0，30.1，37.2，29.0，38.5，37.6，34.4，32.1，28.0，28.8，30.0。

方法二用时：27.6，31.7，22.2，26.5，31.0，33.8，20.0，30.2。

答案：根据样本数据计算可得

$n_1 = 12$，$n_2 = 8$，$\bar{x}_1 = 32.5$，$\bar{x}_2 = 27.875$，$s_1^2 = 15.996$，$s_2^2 = 23.014$。

由以上参数可计算得自由度 v（应该是个正整数）：$v = 13.188 \approx 13$。

查表：$t_{\alpha/2}(13) = 2.1604$。

将以上参数带入置信区间公式得置信区间为[0.192,9.058]。

（7）两个总体均值之差的区间估计：配对样本

如果两个匹配的大样本各观察值的配对差服从正态分布，已知配对差的标准差 σ_d。

则两个总体均值之差 $\mu_d = \mu_1 - \mu_2$ 在 $1-\alpha$ 置信水平下的置信区间为：

$$\bar{d} \pm z_{\alpha/2}\frac{\sigma_d}{\sqrt{n}}。$$

其中，$\bar{d}$ 为对应差值的均值：$\dfrac{\sum_{i=1}^{n} d_i}{n_d}$。

如果两个匹配的小样本各观察值的配对差服从正态分布。

则两个总体均值之差 $\mu_d = \mu_1 - \mu_2$ 在 $1-\alpha$ 置信水平下的置信区间为：

$$\bar{d} \pm t_{\alpha/2}(n-1)\frac{s_d}{\sqrt{n}}。$$

其中，$\bar{d}$ 为对应差值的均值：$\frac{\sum_{i=1}^{n} d_i}{n_d}$。

s_d 为对应差值的标准差：$\sqrt{\frac{\sum_{i=1}^{n}(d_1-\bar{d})^2}{n_d-1}}$。

n_d 是配对数，d_i 是配对差值。

【某互联网公司面试题 2-18：配对样本下，对两个总体均值差进行区间估计】

由 10 名学生组成一个随机样本，让他们分别采用 A 和 B 两套试卷进行测试，结果如下。请建立两种试卷分数之差的置信区间。

1-10 号学生试卷 A 测试结果依次为：78,63,72,89,91,49,68,76,85,55。

1-10 号学生试卷 B 测试结果依次为：71,44,61,84,74,51,55,60,77,39。

答案：

$$\bar{d}=\frac{\sum_{i=1}^{n} d_i}{n_d}=\frac{110}{10}=11;$$

$$s_d=\sqrt{\frac{\sum_{i=1}^{n}(d_1-\bar{d})^2}{n_d-1}}=6.53;$$

$$t_{\alpha/2}(n-1)=t_{0.025}(9)=2.2622。$$

带入小样本置信区间公式得：[6.33,15.67]。

（8）两个总体比例之差的区间估计

如果两个总体服从二项分布，可以用正态分布来近似，且两个样本是相互独立的。

则两个总体比例之差 $\pi_1-\pi_2$ 在 $1-\alpha$ 置信水平下的置信区间为：

$$(p_1-p_2)\pm z_{\alpha/2}\sqrt{\frac{p_1(1-p_1)}{n_1}+\frac{p_2(1-p_2)}{n_2}}。$$

其中 p_1 和 p_2 分别是两个总体中某类所占的比例。

【某互联网公司面试题 2-19：对两个总体比例差进行区间估计】

在某个电视节目的收视率调查中，在农村随机调查 400 人，发现有 32%的人收看了该节目。在城市随机调查 500 人后，发现有 45%的人收看了该节目。请以 95%的置信水平估计城市与农村收视率差别的置信区间。

答案：由题意，已知 $n_1=500$，$n_2=400$，$p_1=45\%$，$p_2=32\%$，$1-\alpha=95\%$。

查表：$z_{\alpha/2}$=1.96。

代入公式得置信区间为[6.68%,19.32%]。

（9）两个总体方差之比的区间估计

比较两个总体的方差比可以用两个样本的方差比来判断（如图 2-23 所示）。

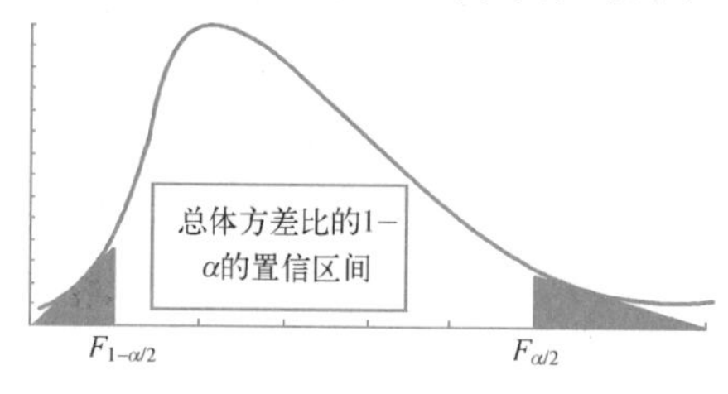

图 2-23 方差比置信区间示意图

如果两个样本的方差比s_1^2/s_2^2接近 1，说明两个总体方差很接近，反之，说明两个总体方差存在差异。

总体方差比在$1-\alpha$置信水平下的置信区间为：

$$\frac{s_1^2/s_2^2}{F_{\alpha/2}} \leqslant \frac{\sigma_1^2}{\sigma_2^2} \leqslant \frac{s_1^2/s_2^2}{F_{1-\alpha/2}}。$$

其中：$F_{1-\alpha/2}(n_1,n_2)=\dfrac{1}{F_{\alpha/2}(n_1,n_2)}$。

【某互联网公司面试题 2-20：对两个总体方差比进行区间估计】

为了研究男女学生在生活费支出上的差异，在某大学各随机抽取 25 名男学生和 25 名女学生，得到下面的结果。

男学生：$\bar{x}_1=520$，$s_1^2=260$。

女学生：$\bar{x}_2=480$，$s_2^2=280$。

请以 90%置信水平估计男女学生生活费支出方差比的置信区间。

解答：由题意，自由度$n_1=n_2=25-1=24$。

查：$F_{\alpha/2}(24)$=1.98，$F_{1-\alpha/2}(24)$=1/1.98=0.505。

代入公式，求得置信度区间为[0.47,1.84]。

（10）区间估计的衡量标准

【某互联网公司面试题 2-21：如何衡量区间估计的可靠性】

答案：区间估计的可靠性主要是用置信度和置信区间来衡量的。为了让读者更清晰的理解置信度和置信区间的概念，下面进行详细解析。

置信度是估计的可靠程度。比如说某游戏公司要实施流失用户召回，调查后估计一个月内有 15 %的用户回来，并且有 95%的把握认为真实结果会偏离调查值的正负 2 个百分点范围内。

置信度包含两个内容：极限误差和置信度。

极限误差告诉我们，样本统计量与总体参数的距离有多大，也就是估计的准确性，一般用置信区间来表示，极限误差越大，置信区间越宽。

置信度则告诉我们，所有可能样本中有多少把握满足这样的极限误差。置信度显示出所有可能样本会发生的状况，用它来描述对一个样本的结果有多少可信程度。

95%的置信程度的意思是如果我们用同样的抽样方法，有 95%的时候可以得到与总体真正值这么接近的结果。

比如要估计区间[$\hat{\theta}_1,\hat{\theta}_2$]是否包含$\theta$，取决于样本。由于$\hat{\theta}_1$和$\hat{\theta}_2$是基于样本得到的，区间[$\hat{\theta}_1,\hat{\theta}_2$]只能以一定的概率包含$\theta$。对于置信区间和置信度，如果是置信水平为 0.95 的置信区间，只要反复从总体中取样，每次由样本计算得到，算出来的区间就不尽相同，有的包含真值θ，有的并不包含θ，结论是包含θ的区间出现的频度应在 0.95 附近波动。

置信度的结论永远是针对总体而不是针对样本。由样本直接计算出来的参数值是 100% 真实的，不存在置信度的问题。对总体所做的结论永远不会是完全正确的，你的样本可能正好是个“坏样本”，它可能是偏离总体真实值 2 个百分点的 5%的样本之一。

在抽样推断中，总是希望估计的准确性尽量高一些——即置信区间窄一些，估计的可靠性尽量大一些。然而，对于同一个总体来说，提高了估计的准确性必然会降低估计的可靠性，也就是说，较高的置信水平的代价是较大的极限误差。对于同一个样本，99%的置信程度的极限误差，就比 95%置信程度的要大，如果只要 95%的置信程度，就可以得到较小的极限误差。在估计时，如果我们要求较高的置信度，同时，又要求较窄的置信区间，就要加大样本，因为较大的样本会有较小的变异性，只要抽取较大的样本，就可以得到所要求的小的极限误差，并且仍然维持高的置信水平。

值得说明的是，置信度和显著性水平是同一个问题的不同表达。置信度表达了区间估计的可靠性，它是区间估计的可靠概率；而显著性水平表达了区间估计的不可靠的概率，例如 $\alpha=0.01$ 或 1%，总体指标在置信区间内，平均 100 次有 1 次会产生错误。

在统计学中进行区间估计时，按照一定要求总是先定好显著性水平标准，通常采用三个标准 0.05、0.01、0.001。

2.3 假设检验

实际应用中，人们除了需要根据样本数据来估计总体参数外，还需要根据样本数据来检验未知参数是否等于某个数。

互联网企业对网站进行升级改版是常有的事情，升级改版后的效果如何，通常需要进行评估，在缺乏相关专业知识时，大多数人都是看升级前后相关指标数据的趋势，主观性比较强。实际上，可以用假设检验的方法进行更为科学的评估。假设技术部门对某个转化页面进行了升级，升级前一周平均转化率为 6%，升级后一周平均转化率为 6.5%，请问升级前后有没有显著变化？

带着这个问题，我们学习下假设检验的相关知识。

2.3.1 假设检验原理

假设检验是抽样推断中的一项重要内容。它先做出一个有关总体的假设，假设某个结论是正确的（或者错误的），然后根据样本数据提供的证据来进行判断，我们到底应不应该否定前面的假设。

做假设检验有点类似做破案推理，案发现场摆在眼前，凶手是谁？一般来说，不可能直接根据案发现场就能知道凶手是谁，总是先假设一个嫌疑人，然后结合案发现场、嫌疑人的过往（即样本数据）通过推理排除或者锁定嫌疑人。

假设检验的主要方法是“小概率反证法”。主要是基于人们的一个认知原则：小概率事情在一次实验中不会发生。

统计学里，一般将 0.05 定位小概率的标准，0.01 定为非常小概率的标准，用 α 表示显著性水平，α 所对应的概率度称显著性水平 α 的临界值。

这种方法的关键是构造检验用的统计量，在显著性水平 α 下确定拒绝域。之所以要去确定拒绝域而不是接受域，是因为我们只依靠很少的样本去做推断，这种情况下，很难去证明某个命题是正确的，而凭这些样本去推翻一个命题就足够了（如图 2-24 所示）。

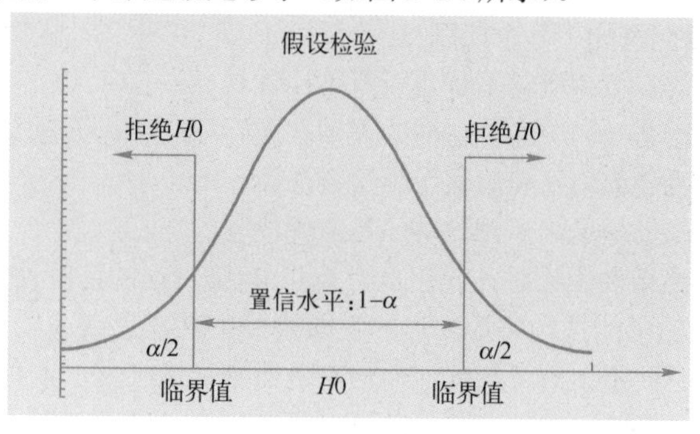

● 图 2-24 假设检验判断方法

假设检验的方法会面临两种风险，一种被称为 I 类错误风险，也被称为 α 风险或弃真错误，即原假设是正确的，但是我们错误地拒绝了它。另一种被称为 II 类错误风险，也被称为 β 风险或存伪错误，即原假设是错误的，但是我们的结论是不能拒绝它（因为小概率事件没有发生）。

需要注意的是，进行假设检验的目的不是怀疑样本指标本身是否计算正确，而是为了分析样本指标和总体指标之间是否存在显著差异。假设检验主要用来判断样本与样本、样本与总体的差异是由抽样误差引起还是本质差别造成的（注释：H0 假设代表的是抽样误差；H1 假设代表的是本质差异）。如果差异不显著，就认为是抽样误差，如果差异显著就认为是本质差别。

从这个意义上说，假设检验又称为显著性检验（注释：显著性检验是假设检验中最常用的一种方法，也是一种最基本的统计推断形式，其基本原理是先对总体的特征做出某种假设，然后通过抽样研究的统计推理，对此假设应该被拒绝还是接受做出推断）。

【某互联网公司面试题 2-22：如何进行假设检验】

答案：假设检验的基本步骤如图 2-25 所示。

1）根据实际情况提出原假设 H0，相应的备择假设的符号是 H1，并预先设定检验水准。当检验假设为真，但被错误地拒绝的概率，记作 α，通常取 $\alpha=0.05$ 或 $\alpha=0.01$。

2）根据假设的特征，选择合适的检验统计量。

3）选定统计方法，由样本观察值按相应的公式计算出统计量的大小，如 χ^2 值、t 值等。根据资料的类型和特点，可分别选用 Z 检验、t 检验、秩和检验和卡方检验等。

4）根据统计量是否落入拒绝域来判断结果（见图 2-25）。

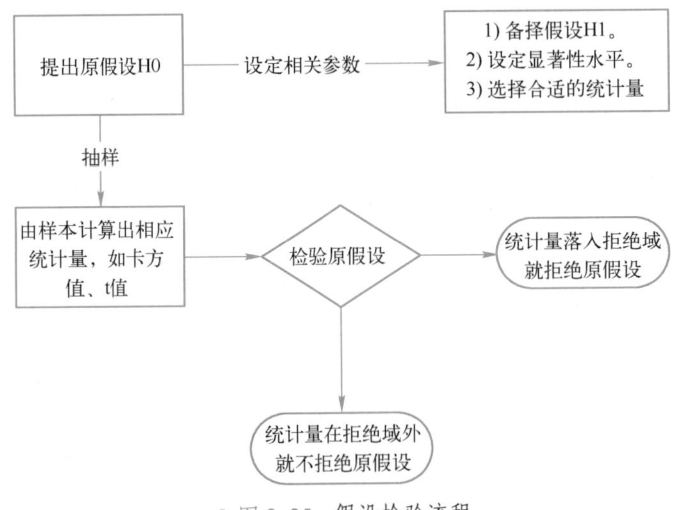

● 图 2-25　假设检验流程

使用假设检验时需要注意如下几个问题。

1）做假设检验之前，应注意资料本身是否有可比性。

2）当差别有统计学意义时，应注意这样的差别在实际应用中有无意义。

3）根据资料类型和特点选用正确的假设检验方法。

4）根据专业及经验确定是选用单侧检验还是双侧检验。

5）当检验结果为拒绝无效假设时，应注意有发生 I 类错误的可能性，即错误地拒绝了本身成立的 *H*0，发生这种错误的可能性预先是知道的，即检验水准 α 那么大。当检验结果为不拒绝无效假设时，应注意有发生 II 类错误的可能性，即仍有可能错误地接受了本身就不成立的 *H*0，发生这种错误的可能性预先是不知道的，但与样本含量和 I 类错误的大小有关系。

6）判断结论时不能绝对化，应注意无论是否拒绝检验假设，都有判断错误的可能性。

7）报告结论时应注意说明所用的统计量，检验的单双侧及 *P* 值的确切范围。

【某互联网公司面试题 2-23：假设检验运用】

中国的互联网络覆盖率是不是在 30%以上（5%显著性水平）？抽样显示，150 个样本中，有 57 个是有网络覆盖的。

答案：H0，网络覆盖率小于等于 30%；H1，网络覆盖率在 30%以上。

问题归类：样本均值和总体均值是否有显著差异，大样本，近似 Z 检验，左侧检验。

查表：$z_{0.05}=1.64$。

由假设出发：如果 H0 成立，有如下结论。

1）这个总体是一个典型的伯努利分布，伯努利分布是有总体标准差的，总体平均值为 p=0.3，总体方差就是 $\sigma^2=p(1-p)$=0.21。

2）根据中心极限定理，大样本均值的抽样分布是符合正态分布的。

该正态总体的均值就是 0.3，方差就是 0.21。

样本均值=57/150 = 0.38。

样本方差 $\sigma_0^2=\frac{1}{n}*\sigma^2=\frac{1}{150}*0.21=0.0014$。

统计量 $z=\frac{\text{样本均值}-\text{总体均值}}{\sqrt{\text{样本方差}}}$=(0.38−0.3)/0.037 = 2.14。

如果 $H0$ 成立，那么统计量 z>1.64 这样的小概率事件不应该发生，而由于样本的实际均值过大，导致了小概率事件发生了。故，拒绝原假设。

2.3.2　两类错误

上文提到了 I 类错误和 II 类错误，这里进一步进行解释。

原假设究竟是真实还是不真实，事实上是不知道的。在参数检验中，接受零假设仅仅由于它出现的可能性比较大，而拒绝原假设也仅仅由于它出现的可能性比较小。这样按概率大小所做的判断，并不能保证百分百的正确，不论是接受原假设还是拒绝原假设，都可能犯错，总是要承担一定的风险。

举个例子，某投资者手上有很多闲置资金想要找项目，他通过调研后发现某项目 P 很有可能能赚大钱，于是就投进去了。最近坊间传闻该项目马上要撤回了，那他是继续持有还是立即撤出投资？

这个问题的关键就在于消息的真实性。

这个投资者第一反应是假设传闻是真实的，并着手进行调查，如果传闻的真实性不小于 95%，那他就认为传闻是可靠的，否则就是不可靠。

于是他通过各种渠道进行调查，发现传闻的真实性有 96%，但并不是百分百。他需要做出抉择，但是需要冒两个风险。

第一，传闻是真实的，但是他认为真理掌握在少数人手里，这就有可能犯第一类错误，犯错概率为 $\alpha=4\%$。

第二，传闻是假的，但是他认为应该遵从多数意见，这就有可能犯第二类错误，犯错概率为 β。但是 β 并不一定等于 96%。这是因为如果原假设是传闻是假的，我们需要以此为基础找证据，最后得到的检验概率并不一定是 96%。这和以传闻为真为原假设的出发点有很大不同。

以上所做的判断包括以下 4 种情况。

1）原假设是真实的，而做出不拒绝原假设的判断，这是正确的决定。

2）原假设是不真实的，而做出拒绝原假设的判断，这是正确的决定。

3）原假设是真实的，而做出拒绝原假设的判断，这是犯了第一类错误。

4）原假设是不真实的，而做出不拒绝原假设的判断，这是犯了第二类错误。

上述 4 种情况的内容总结见表 2-4。

表 2-4 假设检验结论和风险

真实情况	样本假设检验的结论	
	拒绝 $H0$	不拒绝 $H0$
$H0$ 正确	第一类错误 犯错误的概率为 α 即为显著水平	推断正确 正确结论的概率为 $1-\alpha$ $1-\alpha$ 又称置信度
$H0$ 不正确	推断正确 正确结论的概率为 $1-\beta$ $1-\beta$ 又称检验功效	第二类错误 犯错误的概率为 β

在做检验决策的时候，当然希望所有真实的原假设都能得到接受，尽量避免真实的假设被拒绝，少犯或不犯第一类错误。也希望所有不真实的假设都被拒绝，尽量避免不真实的假设被接受，少犯或不犯第二类错误。

因此需要对可能犯第一类错误和第二类错误的概率进行分析。

假设检验建立在小概率事件几乎不会发生的原理基础上，给定显著水平 α，如果样本均值和总体均值的差异出现的概率等于或小于 α，则认为此事件可能性很小，因此就拒绝原假设。但是这个差异的发生并不是完全不可能，而是有 α 的可能性存在。也就是说，有 α 的可能性发生原假设是真实的而被拒绝了，所以显著水平 α 实际上就是犯第一类错误的概率，α 也称为拒真概率。

【某互联网公司面试题 2-24：假设检验中产生两类错误的原因是什么】

答案：产生 I 类错误的原因主要是样本中含有极端数值或者采用的决策标准过于宽松了。产生 II 类错误的原因主要是实验设计不灵敏或者样本数据变异性过大或者处理效应本身比较小。

犯第一类错误所引起的损失可能很大。例如，实际无效的药物而决定大批量生产等会造成很大的浪费。因此要根据实际需要对显著水平 α 加以控制。

α 定的越小，则犯第一类错误的可能性也越小，例如 α=0.05，表示可以保证判断时犯第一类错误的可能性不超过 5%；而当 α=0.01 时，表示可以保证判断时犯第一类错误的可能性不超过 1%。

设犯第二类错误的概率为 β，则 β 称为存伪概率。犯第二类错误也可能引起很大的损失，例如把有显著效果的新药检验为无效果，以致不敢投入生产，是某种疾病蔓延，贻误治疗的最佳时机。

要比较第一类错误和第二类错误的损失哪个更大，就要对不同情况做具体的分析，例如，新药的成本低廉，不妨冒犯第一类错误的风险，如果新药成本昂贵，就宁肯冒犯第二类错误的风险。一般公认的观点是犯 I 类错误的危害较大，由于报告了本来不存在的现象，因此现象而衍生出的后续研究、应用的危害将是不可估量的。相对而言，II 类错误的危害则相对较小，因为研究者如果对自己的假设很有信心，可能会重新设计实验，再次来过，直到得到自己满意的结果（但是如果对本就错误的观点坚持的话，可能会演变成 I 类错误）。

【某互联网公司面试题 2-25：假设检验中如何控制两类错误发生的概率】

答案：同时控制两类错误，这是难以实现的。主要原因在于第一类错误和第二类错误是一对矛盾，在其他条件不变时，减少犯第一类错误的可能性，势必增加犯第二类错误的可能性，即产生原假设是不真实的而被接受的错误。

要同时减少第一类、第二类错误的概率，只有增加样本量，但在实际工作中，不可能无限增大样本容量，因而控制第一类错误便是更切实际的方法。在这样的原则下，就可以主要控制犯第一类错误的概率 α，即只分析原假设 $H0$，并称这样的假设为显著性检验，称 α 为显著水平。

如果用 β 表示接受不真实的原假设的概率，那么 $1-\beta$ 就是表示拒绝不真实的原假设的概率，$1-\beta$ 的值接近于 1，表示不真实的原假设几乎都能够加以拒绝，反之，$1-\beta$ 接近于 0，表示犯第二类错误的可能性是很大的，因此$1-\beta$是表明检验工作做得好坏的一个指标，称为检验功效或者检验效能。

一般来说，检验功效与备择假设的真值和不真实的原假设距离有关，离原假设越远的检验功效也越高，但是由于备择假设的真值通常是不知道的，而且β的大小与显著水平α成反比变化，因此在假设检验时总是将冒第一类错误的风险概率固定下来，对所得的结果进行判断。

由于α可以根据实际需要进行人为设定，而β不能随意进行设定，一般情况下，我们也不知道β的大小，通常而言检验功效受样本量、抽样误差和总体方差的影响。

2.3.3　假设检验的常用方法

假设检验主要分参数检验和非参数检验。

参数检验对观测值的普遍要求是总体呈正态分布，从而对总体分布参数的均值和方差进行推断的方法。但实际研究中，不是所有观测值都呈正态分布，或者无法确定其是否正态分布，这些情况下，参数检验技术就未必适用了，因此还需要掌握一些非参数检验技术。

什么是非参数检验呢？在数据分析过程中，由于种种原因，我们不能获知总体的分布，也就是在总体参数未知的情况下，利用样本数据对总体分布形态等进行推断的方法，这个过程中不涉及有关总体分布的参数，所以称为“非参数检验”。

非参数检验的适用条件和优缺点如下。

当待分析数据不满足参数检验的假设条件或者客观对象采用名义尺度或顺序尺度度量时应当使用非参数估计。

优点：①假设条件少，应用范围广泛；②运算简单，可节省运算时间；③方法直观，不需要太多的数学基础知识和统计学知识，容易理解；④能够适应名义尺度和顺序尺度等对象，而参数估计不行；⑤当推论多达三个以上时，非参数统计方法尤其具有优越性。

缺点：①方法简单，检验功效差，即在给定的显著性水平下进行检验时，非参数统计方法与参数统计方法相比，第Ⅱ类错误的概率β要大些；②对于大样本，如不采用适当的近似，计算可能变得十分复杂。

以下重点解析几个常用的检验方法。

1．Z检验

在数据分析领域，很多的场景都是做均值对比检验，例如，对比试验前后病人的症状，证明某种药是否有效；对比某个班级两次数学考试的成绩，验证是否有提高；对比某个产品在投放广告前后的销量，看广告是否有效。这些都属于两均值对比的应用。

做均值检验的方法主要就是Z检验和t检验。Z检验主要应付大样本数据，t检验主要用于小样本数据。

Z检验也叫U检验。Z检验是一般用于大样本（即样本容量大于30）平均值差异性检验的方法。它是用标准正态分布的理论来推断差异发生的概率，从而比较两个平均数的差异是否显著。

当已知标准差时，验证一组数的均值是否与某一期望值相等时，用Z检验。

它是通过计算两个平均数之间差的Z分数来与规定的理论Z值相比较，看是否大于规定的理论Z值，从而判定两平均数的差异是否显著的一种差异显著性检验方法。

Z检验的一般步骤如下。

第一步：建立$H0$假设：$\mu1=\mu2$，即先假定两个平均数之间没有显著差异。

第二步：计算统计量Z值，对于不同类型的问题选用不同的统计量计算方法。

1）如果检验一个样本平均数$\overline{X}$与一个已知的总体平均数$\mu0$的差异是否显著。

其Z值计算公式为：

$$Z=\frac{\overline{X}-\mu 0}{S/\sqrt{n}}。$$

其中：

$\overline{X}$ 是检验样本的平均数。

$\mu 0$ 是已知总体的平均数。

S 是样本的标准差。

n 是样本容量。

2）如果检验来自两组样本平均数的差异性，从而判断它们各自代表的总体的差异是否显著。

其 Z 值计算公式为：

$$Z=\frac{\overline{X_1}-\overline{X_2}}{\sqrt{s_1^2/n_1+s_2^2/n_2}}。$$

其中：

$\overline{X}_1$ 是样本 1 的平均数，$\overline{X}_2$ 是样本 2 的平均数。

S_1,S_2 是样本 1，样本 2 的标准差。

n_1,n_2 是样本 1，样本 2 的容量。

第三步：比较计算所得 Z 值与理论 Z 值，推断发生的概率，依据 Z 值与差异显著性关系表作出判断。

2．t 检验

t 检验是用 t 分布理论来推论差异发生的概率，从而比较两个平均数的差异是否显著。t 检验的前提是样本要来自正态分布总体，如果是比较两样本的均值，还要求这两个总体具有方差齐性。

检验步骤如下。

t 检验主要构造 t 统计量对假设进行验证，主要分三种情况。

第一种情况：样本量较小，样本与总体均数的比较。

此时，零假设是样本与总体均值相等，需要已知样本均值与总体均值的差 $\delta=\overline{X}-\mu_0$，样本量 n，标准差 S 以及显著性水平 α。

此时，可以根据统计量 $t=\dfrac{\overline{X}-\mu_0}{s\sqrt{n}}$ 算出 t_0 值，通过查表得出在自由度为 $v=n-1,\alpha$（双侧检验用 $\alpha/2$）水平下的 $t_\alpha(v)$ 值，比较 t_0 和 $t_\alpha(v)$，如果 t_0 大，就拒绝原假设。

第二种情况：非配对两样本的均值比较。

非配对两样本的均值比较时，零假设是两组样本的均值相等，需要已知两个样本的均值、样本量、标准差以及显著性水平。又可以分为两种情况。

（1）如果总体分布的标准差相等

此时，可以根据统计量 $t=\dfrac{\overline{x}_1-\overline{x}_2}{s_{x_1,x_2}\sqrt{1/n_1+1/n_2}}$。其中：$s_{x_1,x_2}=\sqrt{\dfrac{(n_1-1)s_1^2+(n_2-1)s_2^2}{n_1+n_2-1}}$ 算出 t_0 值，通过查表得出在自由度为 $v=n_1+n_2-1,\alpha$（双侧检验用 $\alpha/2$）水平下的 $t_\alpha(v)$ 值，比较 t_0 和 $t_\alpha(v)$，如果 t_0 大，就拒绝原假设。

（2）如果总体分布的标准差不等

此时，可以根据统计量 $t=\dfrac{\overline{x}_1-\overline{x}_2}{\sqrt{s_1^2/n_1+s_2^2/n_2}}$ 算出 t_0 值。

通过查表得出在自由度为：$v=\dfrac{\left(\dfrac{s_1^2}{n_1}+\dfrac{s_2^2}{n_2}\right)^2}{\dfrac{(s_1^2/n_1)^2}{n_1-1}+\dfrac{(s_2^2/n_2)^2}{n_2-1}}$，$\alpha$（双侧检验用 $\alpha/2$）水平下的 $t_\alpha(v)$ 值，比较 t_0 和 $t_\alpha(v)$，如果 t_0 大，就拒绝原假设。

第三种情况：配对两样本的均值比较时

此时，零假设是两组样本的均值相等，需要已知两个样本的均值、样本量、标准差以及显著性水平。

可以根据统计量 $t=\dfrac{\bar{d}-\mu_0}{s\sqrt{n}}$（其中：$\bar{d}$ 是配对差的均值，s 是配对差的标准差）算出 t_0 值。通过查表得出在自由度为 v=n−1，α（双侧检验用 $\alpha/2$）水平下的 $t_\alpha(v)$ 值，比较 t_0 和 $t_\alpha(v)$，如果 t_0 大，就拒绝原假设。

【某互联网公司面试题 2-26：t 检验在 AB 测试中的应用】

某公司要对网站功能进行修改，*A*/*B* 测试结果如下，请问功能优化前后对点击率的影响是否有差异。

实验组 7 天点击率分别为：0.72,0.75,0.7,0.75,0.73,0.72,0.71。

对照组 7 天点击率分别为：0.7,0.76,0.69,0.75,0.7,0.69,0.68。

提示：点击率按统计日期排序（不可乱序），且两组数据的点击率一一对应。

答案：由于不同统计日之间是有随机波动的差异，而且实验组和对照组流量相等且随机，可以认为样本来自同一个总体，实验组是对同一天的对照组进行优化的结果，所以可以采用相关样本 t 检验。

第一步：μ 为点击率。

*H*0：功能优化之后与优化前没有差异（$\mu2-\mu1=0$）。

*H*1：功能优化之后与优化前有差异（$\mu2-\mu1\neq0$）。

第二步：确定显著性水平 $\alpha=0.05$。

第三步：计算统计量，相关样本 t 检验是以每一组数据的差值作为检验的，所以以点击率差进行检验。

day1：0.72−0.7=0.02…day7：0.71−0.68 = 0.03。

Md 为七组差值的均值，经计算为 0.0157；样本方差（0.02−0.016）^2+…+(0.03−0.016)^2/(7−1)= 0.000262，开根号得到标准差= 0.0161，最后代入 t 分数：t = 0.0157-0/0.0161 = 0.97。

第四步：查表，按 α = 0.05，df = 6，确定临界值为 2.447。

结论：第三步中的 t =0.97 在临界值内，接受零假设，认为功能优化没有效果。

（3）卡方检验

卡方检验是一种用途广泛的分析定类数据差异性的方法，主要用于比较定类与定类数据的关系情况，以及分析实际数据的比例与预期比例是否一致，凡是需要对比率进行检验的数据，都可以用卡方检验。如果总体的均值和方差都不知道，需要比较两者的差别，也可以用卡方检验。其原假设为：观察频数与期望频数没有差别。

卡方检验有两个用途，一个是独立性检验，另一个是拟合优度检验。

1）检验步骤

① 确定要进行检验的假设 *H*0 及其备择假设 *H*1。

② 求出期望 E 和自由度 $v=(\text{行数}-1)(\text{列数}-1)$。

③ 确定用于做决策的拒绝域（右尾）。

④ 计算检验统计量 $\chi^2=\sum\frac{(O-E)^2}{E}$（其中 O 为观测频数，E 为期望频数）。

⑤ 查看检验统计量是否在拒绝域内。

⑥ 做出决策。

值得说明的是，卡方检验是有适用条件的，下面对不同的情况进行说明。

对于 2*2 四格表的卡方检验来说：

① 当总频数大于等于 40 时，且所有单元格内的期望频数 E 都大于等于 5 时，应该选择 Pearson 公式检验。

② 如果最终的 Pearson 卡方检验的检验概率值 p 与显著性水平 α（0.1、0.05、0.01）非常接近时，应该选择 Fisher 检验。

③ 当总频数大于等于 40 时，且某个单元格内的期望频数 E 小于 5 时，应该进行连续性修正：$\chi^2=\sum\frac{(|O-E|-0.5)^2}{E}$。

④ 如果总频数小于 40 时，频数分布结果有很大的可能性不具有代表性；或者单元格内的期望频数小于 1，这有可能是由于样本频数数据不够多而导致的小概率事件，并没有反应总体的频数分布情况。这时，应该用 Fisher 检验。

⑤ 如果需要分析实验组和对照组在效果上的差异，可以计算 OR 优势比值来判断，$OR=\frac{\text{实验组比值}}{\text{对照组比值}}$，如果 OR 值大于 1，说明实验组确实有效。

⑥ 如果分类变量的值不止 2 个，那么就有必要区分分类变量是定序型（例如：青少年、中年、老年）的还是定类型的（例如：水果、蔬菜、生鲜）。

2）应用场景

与 t 检验一样，卡方检验可对包括单个样本、两独立样本、两配对样本等进行统计检验。一般情况下分类变量用卡方检验，连续性变量用 t 检验或者 U 检验。

卡方检验的用途主要包括以下几个方面。

① 卡方检验最常见的用途就是考察某无序分类变量各水平在两组或多组间的分布是否一致。

② 检验某个连续变量的分布是否与某种理论分布相一致。如是否符合正态分布、是否服从均匀分布、是否服从 Poisson 分布等。

③ 检验某个分类变量各类的出现概率是否等于指定概率。如在 36 选 7 的彩票抽奖中，每个数字出现的概率是否各为 1/36；掷硬币时，正反两面出现的概率是否均为 0.5。

④ 检验某两个分类变量是否相互独立。如吸烟（二分类变量：是、否）是否与呼吸道疾病（二分类变量：是、否）有关；产品原料种类（多分类变量）是否与产品合格（二分类变量）有关。

⑤ 检验控制某种或某几种分类因素的作用以后，另两个分类变量是否相互独立。如在上例中，控制性别、年龄因素影响以后，吸烟是否和呼吸道疾病有关；控制产品加工工艺的影响后，产品原料类别是否与产品合格有关。

⑥ 检验某两种方法的结果是否一致。如采用两种诊断方法对同一批人进行诊断，其诊断结果是否一致；采用两种方法对客户进行价值类别预测，预测结果是否一致。

【某互联网公司面试题 2-27：卡方检验的运用】

想知道喝牛奶对感冒发病率有没有影响，于是做了两组实验，实验结果见表 2-5。

表 2-5 喝牛奶对感冒的影响实验数据

	感冒人数	未感冒人数	合计	感冒率
喝牛奶组	43	96	139	31%
不喝牛奶组	28	84	112	25%
合计	71	180	251	28%

解答：喝牛奶组和不喝牛奶组的感冒率为 31%和 25%，两者的差别可能是抽样误差导致，也可能是牛奶对感冒率真的有影响。

假设：假设喝牛奶对感冒发病率没有影响，即喝牛奶与感冒无关。

所以感冒的发病率实际是(43+28)/(43+28+96+84)=28.29%。

可以得到理论的表格（表 2-6）。

表 2-6 喝牛奶对感冒的影响理论数据

	感冒人数	未感冒人数	合计
喝牛奶组	139*0.2829 ≈ 39	139*(1−0.2829) ≈ 100	139
不喝牛奶组	112*0.2829 ≈ 32	112*(1−0.2829) ≈ 80	112
合计	71	180	251

如果说真的没有影响的话，表格中理论值和实际值差别应该会很小。

根据卡方检验的计算公式: $\chi^2=\sum\frac{(O-E)^2}{E}$（其中 O 为观测频数，E 为理论频数）。

喝牛奶感冒人数的观测值为 43，期望值为 39。

喝牛奶未感冒人数的观测值为 96，期望值为 100。

不喝牛奶感冒人数的观测值为 28，期望值为 32。

不喝牛奶未感冒人数的观测值为 112，期望值为 80。

将以上数据代入公式得，卡方值为 χ^2=1.077。

查询卡方检验的临界值：自由度 V=(行数−1)*(列数−1)=1。临界值为 3.84。

由于 1.077<临界值，所以假设成立，即喝牛奶与感冒无关。

【某互联网公司面试题 2-28：如何解决卡方检验受样本量影响的问题】

答案：要注意的是，卡方检验受样本量的影响很大，同样两个变量，不同的样本量，可能得出不同的结论。解决这个问题的办法是对卡方值进行修正，最常用的是列联系数，行列表的关联性分析给出两变量的密切程度（列联系数考虑了样本量）。

对较大样本，当卡方检验的结果显著，并且列联系数也显著时，才可拒绝原假设；当卡方检验的结果显著，列联系数不显著时，不能轻易下结论。其实不光是卡方检验，就是方差分析，t 检验也会有这种局限性。

如果样本容量太小，比如小于 5，就需要进行校正。如果个别单元格的理论次数小于 5，处理方法有以下 4 种：单元格合并法、增加样本数、去除样本法和使用校正公式。

2.4 抽样技术解析

在对某个总体进行抽样研究时，选取多少样本量是一个很重要的问题。样本量太小，可能无法代表总体，从而难以保证推算结果的精确度和可靠性，以此为基础得出的结论很可能形成误导，而样本量太大可能造成数据收集成本和数据处理成本太高。

一般情况下，样本量越大，越能反应总体特征。当给定置信水平时，样本量越大，误差区间越小，然而这个关系并不是线性的。样本量增大两倍，并不一定能将误差区间减少一半。而且精确性受样本比例影响。如果 99%的样本选择“是”，不管样本量多少，得出该结果犯错误的概率极小。然而，如果是 51%选择“是”，49%选择“否”，那么犯错误的概率就增大了。

因此，很多时候，出于各种原因的考虑，我们需要计算出一个合理的样本量，以便于进行进一步的决策。

科学合理地确定样本容量，一方面，可以在既定的调查费用下，使抽样误差尽可能小，以保证推算的精确度和可靠性；另一方面，可以在既定的精确度和可靠性下，使调查费用尽可能少，保证抽样推断的最大效果。

↗2.4.1 样本量影响因素分析

通常来说，如果所研究的对象越复杂，差异越大，样本量要求越大；要求的精度越高，可推断性要求越高时，样本量需求也越大。

合理的样本量主要和抽样误差、置信水平、总体以及抽样方法有关。对于假设检验来说，还需要考虑检验功效的问题。

（1）样本量和抽样误差的关系

抽样误差是指由于随机抽样的偶然因素使样本各单位的结构不足以代表总体各单位的结构，而引起抽样指标和全局指标的绝对离差。必须指出，抽样误差不同于登记误差，登记误差是在调查过程中由于观察、登记、测量、计算上的差错所引起的误差，是所有统计调查都可能发生的。

假如相同规模的抽样调查进行多次，抽样均值在真实均值的上下波动，相对于整体均值的偏移波动就是抽样误差，而这个误差的分布是符合标准正态分布的。

抽样误差是指用样本统计值与被推断的总体参数出现的偏差，主要包括：样本平均数与总体平均数之差，样本成数与总体成数之差。

抽样误差分为抽样后评估误差和抽样前评估。

对于抽样后评估误差，在知道总体单位数 N 和样本方差 S^2 之后，可以使用公式：$[(1-f)/n]*S^2$ 来计算（注释：其中 f 为抽样比 n/N）。

但是大多数时候，我们需要在抽样前考虑样本量的问题，因为这直接涉及实验的效率和成本问题。

对于事前抽样误差的评估有两种，一种是抽样平均误差，另一种是抽样极限误差。

抽样平均误差是反映抽样误差一般水平的指标，它的实质含义是指抽样平均数（或成数）的标准差。即它反映了抽样指标与总体指标的平均离差程度。

抽样平均误差=$\sigma/\sqrt{n}$（注释：σ 为总体标准差，n 为抽样样本量）。

极限误差是指抽样推断中依一定概率保证下的误差的最大范围，所以也称为允许误差。估计量加上允许误差形成置信区间的上限，估计量减去允许误差形成置信区间的下限。极限误差表现为某置信度的临界值（或称概率度）乘以抽样平均误差。

极限误差= 临界值*抽样平均误差

对于样本平均数的抽样平均误差：

重复抽样的样本标准差为$\boldsymbol{\sigma_{\bar{x}}=\frac{\sigma}{\sqrt{n}}}$【注释：$\sigma$ 为总体标准差，n 为样本容量】。

无放回抽样的样本标准差为$\boldsymbol{\sigma_{\bar{x}}=\sqrt{\frac{\sigma^2}{n}\left(\frac{N-n}{N-1}\right)}}$【注释：$\sigma$ 为总体标准差，N 为总体单位数，n 为样本容量】。

对于样本比例的抽样平均误差：

重复抽样的样本标准差为$\boldsymbol{\sigma}_{\mathrm{p}}=\sqrt{\frac{p(1-p)}{n}}$【注释：$\boldsymbol{p}$为总体成数，$n$为样本容量】。无放回抽样的样本标准差为$\boldsymbol{\sigma}_{\mathrm{p}}=\sqrt{\frac{p(1-p)}{\boldsymbol{n}}\left(\frac{\boldsymbol{N}-\boldsymbol{n}}{\boldsymbol{N}-1}\right)}$【注释：$\boldsymbol{\sigma}$为总体标准差，$N$为总体单位数，$n$为样本容量】。

由上面的分析，可见抽样误差大小受到抽样方法和抽样单位的数目影响。

从抽样方法的角度来说，重复抽样和不重复抽样的抽样误差大小不同。采用不重复抽样比采用重复抽样的抽样误差小。

从抽样单位数目角度来说，在其他条件不变的情况下，抽样单位的数目越多，抽样误差越小；抽样单位数目越少，抽样误差越大。

这是因为随着样本数目的增多，样本结构越接近总体。抽样调查也就越接近全面调查。当样本扩大到总体时，则为全面调查，也就不存在抽样误差了。

除此之外，抽样误差大小还受到总体标志的变异程度和抽样组织方式的影响。

从总体标志的变异程度的角度来说，在其他条件不变的情况下，总体标志的变异程度越小，抽样误差越小。总体标志的变异程度越大，抽样误差越大。抽样误差和总体标志的变异程度成正比变化。

这是因为总体的变异程度小，表示总体各单位标志值之间的差异小。则样本指标与总体指标之间的差异也可能小；如果总体各单位标志值相等，则标志变动度为零，样本指标等于总体指标，此时不存在抽样误差。

从抽样组织方式【注释：抽样组织方式是指简单随机抽样、类型抽样、等距抽样和整群抽样等基本抽样方式和不同抽样方式的组合方式】的角度来说：采用不同的组织方式，会有不同的抽样误差，这是因为不同的抽样组织所抽中的样本，对于总体的代表性也不同。通常，我们常利用不同的抽样误差，做出判断各种抽样组织方式的比较标准。

（2）样本量和置信水平的关系

置信水平表示对结果的确定程度，以百分比形式呈现，表示了在置信区间范围内，总体中有多少人会选择某个选项。一般研究会设定置信水平为95%，即有95%的确定程度。

置信区间在置信水平相同的情况下，样本量越多，置信区间越窄。置信区间变窄的速度不像样本量增加的速度那么快，也就是说并不是样本量增加一倍，置信区间也变窄一倍（实践证明，样本量要增加4倍，置信区间才能变窄一倍），所以当样本量达到一个量时，就不再增加样本了。

（3）样本量和总体的关系

在误差、置信度、抽样比率一定的情况下，样本量随总体的大小而变化。但是，总体越大，其变化越不明显；总体较小时，变化明显。二者之间的变化并非是线性关系。所以，样本量并不是越大越好，应该综合考虑，实际工作中只要达到要求就可以了。

（4）样本量和抽样方法的关系

抽样方法分为随机抽样和非随机抽样，随机抽样主要四种基本方法：简单随机抽样、分层抽样、整体抽样、系统抽样。非随机抽样依抽样特点可分为方便抽样、定额抽样、立意抽样、滚雪球抽样和空间抽样。

这些方法中最常用的是随机抽样和分层抽样。

随机抽样要求严格遵循概率原则，每个抽样单元被抽中的概率相同，并且可以重现。随机抽样常用于总体个数较少时，它的主要特征是从总体中逐个抽取。

随机抽样的具体实施方法通常有两个。一是抽签法，就是把总体中的 N 个个体编号，然后再“搅拌均匀”后，每次从中抽取一个号签，连续抽取 n 次，就得到一个容量为 n 的样本。抽签法简单易行，适用于总体中的个数不多时。当总体中的个体数较多时，将总体“搅拌均匀”就比较困难，用抽签法产生的样本代表性差的可能性很大。另一个是随机数法，主要利用随机数表、随机数骰子或计算机产生的随机数进行抽样。随机抽样方法在总体较小的时候，非常简便，不需要复杂的计算，但是总体过大的时候不易实行。

分层抽样是指抽样时，将总体分成互不相交的层，然后按照一定的比例，从各层独立地抽取一定数量的个体，将各层取出的个体合在一起作为样本的方法。层内变异越小越好，层间变异越大越好。

分层以后，在每一层进行简单随机抽样，不同群体所抽取的个体个数，一般有以下三种方法。

1）等数分配法，即对每一层都分配同样的个体数。

2）等比分配法，即让每一层抽得的个体数与该类总体的个体数之比都相同。

3）最优分配法，即各层抽得的样本数与所抽得的总样本数之比等于该层方差与各类方差之和的比。

分层抽样的优点有以下三个。

1）减小抽样误差，分层后增加了层内的同质性，因而可使观察值的变异度减小，各层的抽样误差减小。在样本含量相同的情况下．分层抽样总的标准误差一般均小于单纯随机抽样、系统抽样和整群抽样的标准误。

2）抽样方法灵活，可以根据各层的具体情况对不同的层采用不同的抽样方法。如调查某地居民某病患病率，分为城、乡两层。城镇人口集中．可考虑系统抽样方法；农村人口分散，可采用整群抽样方法。

3）可对不同层独立进行分析。

分层抽样的缺点是若分层变量选择不当，层内变异较大，层间均数相近，分层抽样就失去了意义。

不同的抽样方法会产生不同的设计效应。

所谓设计效应就是设计产生效果的测量表现。定义为估计量的方差与相同样本量卜无放回简单随机抽样的估计量的方差之比。如果设定无放回简单随机抽样的效应值为 1，由于分层抽样的抽样效率高于简单随机抽样，因而其效应值就小于 1，这是因为恰当的分层，会使层内样本差异变小，这种差异越小，效应值小于 1 的幅度就越大。多阶抽样由于抽样效率较低，设计的效应值就大于 1，这就意味着需要更多的样本量。

通常是通过公式计算出最低样本量后再乘以设计效应值即得到最终需要的样本量。

（5）样本量和检验功效的关系

假设检验结论的可靠性主要受第一类错误和第二类错误的影响，而我们又不能同时使犯这两类错误的概率下降，要提升可靠性就得增加样本量。那么到底多少样本量就够用了呢。

在假设检验中可以通过功效分析，在给定置信度的情况下，判断检测到给定效应值时所需的样本量，也就是样本量的计算。这类样本量的计算需要先确定研究设计类型和差异比较的检验方法，如 t 检验、卡方检验、率的检验、单因素方差分析、相关性分析等。

当假设检验不拒绝 *H*0 时，推断正确的概率称为检验功效。可以证明当样本均值和总体均值的差异 $\bar{X}-\mu_0$ 越大或者个体间的标准差 σ 越大或者样本量 n 越大或者显著水平 α 值越大时，检验功效值 $1-\beta$ 越大。而且单侧检验比双侧检验的检验功效要大。

2.4.2 假设检验样本量计算

【某互联网公司面试题 2-29：*AB* 测试需要多少样本量】

公司正在对某个页面的点击率进行 *AB* 测试，目前的点击率 *CTR* 是 0.3，要想提升 10%，将点击率提升到 0.33。已知该页面每天浏览的人数有 1000 人，这个实验需要进行多少天？

答案：这个问题实际上就是对样本需求量进行估计的问题。

由于检验的是点击率，属于比率问题。样本量公式为：

需求样本量$=(z_\alpha+z_\beta)^2\left(\frac{1}{\delta}\right)^2*(p_1(1-p_1)+p_2(1-p_2))$。

其中，δ 表示误差，本题中为测试前后的点击率差。

α 为显著性，β 为犯二类错误的风险。

p_1,p_2 分别代表测试前后的点击率。

如果要求显著性为 0.05【注释：即 α=0.05】，检验功效为 80%【注释：即 β=0.2】。

在使用双侧检验的情况下，将以上值代入样本量公式可得：

需求样本量$=(z_{0.025}+z_{0.2})^2\left(\frac{1}{0.03}\right)^2*(0.3(1-0.3)+0.33(1-0.33))\approx 3761$。

也就是需要 $3761/1000\approx 4$ 天才能满足实验需求。

知识拓展

在工作中，除了遇到比率问题外，还会遇到均值问题，这里也给出相应的公式算法。

均值问题分为三种情况，它们的样本量需求公式如下。

1）检验单组样本均数，则样本量公式为 $n=(z_\alpha+z_\beta)^2\left(\frac{\sigma}{\delta}\right)^2$。

根据上述公式得到的 n 值，需要代入 $t_\alpha(n-1)$，$t_\beta(n-1)$查表得到的值替换公式中的 z_α、z_β 值，如此反复迭代，直到 n 值变化很小时停止。最终近似的样本量值需要在 n 的基础上加上处理效应导致的偏差【注释：效应量=均值之差/标准差，表示两个总体分布的重叠程度】，即 $\frac{\delta}{\sigma}*z_\alpha^2$。

采用上述公式的前提是已知总体方差，如果总体方差未知，则用 t 统计量代替 z 统计量，同时用样本方差代替总体方差，自由度为 $n-1$。

2）检验两组配对样本均值，则样本量公式为 $n=(z_\alpha+z_\beta)^2\left(\frac{\sigma_d}{\mu_d}\right)^2*2+\frac{\mu_d}{\sigma_d}*z_\alpha^2$【注释：$\mu_d$ 为两样本的均值差，σ_d 为配对差的方差】。

同样，在不知道总体方差时，用 t 统计量代替。

3）检验两组独立样本均值，样本量$=(z_\alpha+z_\beta)^2\left(\frac{\sqrt{\sigma_1^2+\sigma_2^2}}{\Delta-\Delta_0}\right)^2*2+\frac{\Delta-\Delta_0}{\sqrt{\sigma_1^2+\sigma_2^2}}*z_\alpha^2$【注释：$\Delta-\Delta_0$ 为两样本与总体均值差的差，σ_1、σ_2 为两总体的方差】。

2.4.3　参数估计样本量计算

参数估计样本量计算方法与假设检验样本量计算方法最大的不同是，参数估计样本量计算方法需要对误差进行估计。

【某互联网公司面试题 2-30：对平均值进行参数估计需要多少样本量】

对某个群体的平均收入进行调查估计，希望平均收入的误差在正负 30 元人民币之间，调查结果在 95%的置信范围以内，其 95%的置信度要求 Z 的统计量为 1.96。根据估计，总体的标准差为 150 元，总体单位数为 1000，求需要多少样本量。

答案：这个是对总体的均值进行估计。

无放回抽样样本量公式为：$n=\frac{\sigma^2}{\frac{N-1}{N}*\frac{E^2}{z_{\alpha/2}^2}+\frac{\sigma^2}{N}}$。

有放回抽样样本量公式为：$n=\frac{Z_{\alpha/2}^2\sigma^2}{E^2}$。

其中：N 为总体单位数，N 很大时，可以用 N 近似 $N-1$，从而公式可以得到简化。

σ^2 为总体方差，抽样个体值和整体均值之间的偏离程度，抽样数值分布越分散方差越大，需要的采样量越多。

E 为抽样误差（可以根据均值的百分比设定），$E=z_{\alpha/2}\frac{\sigma}{\sqrt{n}}$，由公式可看出，抽样误差减小为 1/2，抽样量需要增加为 4 倍。

$z_{\alpha/2}$ 为置信度，置信度为 95%时，$z_{\alpha/2}$=1.96，置信度为 90%时，$z_{\alpha/2}$=1.645。置信度越高需要的样本量越多，95%置信度比 90%置信度需要的采样量多 40%。

根据题目中的已知条件，属于无放回抽样。

因此，n = 150*150/(30*30/(1.96*1.96))+150*150/1000) = 88。

也就是需要 88 个样本来对总体均值进行估计。

知识拓展

对于其他区间估计问题，本文也给出相应的样本量公式。

1）估计两个总体均值之差时：$n_1=n_2=n=\frac{z_{\frac{\alpha}{2}}^2*(\sigma_1^2+\sigma_2^2)}{E^2}$。

误差公式：$E=Z_{\alpha/2}\sqrt{\frac{\sigma_1^2+\sigma_2^2}{n}}$。

2）估计总体比率（胜出率，支持率）时：

如果是有放回抽样，最低样本量公式为 $n=r(1-r)\left(\frac{Z_{\alpha/2}}{E}\right)^2$。

如果是无放回抽样，则样本量公式为 $n=\frac{r(1-r)}{\frac{N-1}{N}*\frac{E^2}{z_{\alpha/2}^2}+\frac{r(1-r)}{N}}$【注释：$N$ 很大时 N=$N-1$，这个公式可以化简】。

误差公式：$E=z_{\alpha/2}\sqrt{\frac{\pi(1-\pi)}{n}}$，$E$ 的取值一般小于 0.1。

r是总体比例，可用样本的比例 p 代替，如果也不知道 p 的取值，r 就取样本方差达到最大时的值为 0.5。

3）估计两个总体比例之差时：$n_1=n_2=n=\frac{z_{\alpha/2}^2*(r_1(1-r_1)+r_2(1-r_2))}{E^2}$。

误差公式：$E=Z_{\alpha/2}\sqrt{\frac{r_1(1-r_1)+r_2(1-r_2)}{n}}$。

上面讲解的几个抽样公式中都用的是绝对误差 E，有时候，可能只获得相对误差值，比如，希望误差不超过平均值的 5%，这时候上述公式就都不适用了，因此，有必要对公式进行改造。

假设抽样均值为 y，则相对抽样误差 $h=E/y$，变异系数 $C=\sigma/y$。

从而 $E=hy$，$\sigma=Cy$，将这两个变量代入原公式，并约掉 y 即可得到新公式。

2.5 马尔可夫模型

我们知道概率是建立在可重复性上的，是一个理想模型，而建立在此上的随机过程就更是一个理想化的模型，它暗含的是历史可无限重复，所谓可重复就是我们可以用一个确定的数学方程去描述它。马尔可夫过程正是这样一种模型。

很多时候，我们可以把一个复杂过程简化成马尔可夫过程，此时，只需要知道第 n 步是如何与第 n-1 步相关的，一般由一组条件概率表述，就可以求得整个过程。一个巨大的随机过程，其内核仅仅是这样一组条件概率，而知道了这组条件概率，就可以衍生整个过程。

2.5.1　马尔可夫过程原理

马尔可夫过程是具有马尔可夫性的一类特殊随机过程。对于一组连续且重复发生的事件序列，在当前时刻所处的状态已知的条件下，过程在下一时刻所处的状态只会与过程在当前时刻的状态有关，而与过程在当前时刻以前所处状态无关，这种特性也称为无后效性。

时间和状态都是离散的马尔可夫过程称为马尔可夫链。

如果 X_n 的值是在时间 n 的状态，X_{n+1} 只依赖 X_n，或者说 X_{n+1} 是关于 X_n 的一个函数，则

$P(X_{n+1}=\mathrm{x} \mid X_1=x_1, X_2=x_2, \cdots\cdots, X_n=x_n)=P(X_{n+1}=\mathrm{x} \mid X_n=x_n)$ 就称为马尔可夫链。

$P(X_{n+1} \mid X_n)$ 被称为是随机过程中的**“转移概率”**，这有时也被称作是“一步转移概率”。两步、三步以及更多步的转移概率可以导自一步转移概率和马尔可夫性质，同样地，这些式子可以通过乘以转移概率并求 k-1 次积分来一般化到任意的将来时间 n+k。

【某互联网公司面试题 2-31：请举个马尔可夫链的例子】

答案：马尔可夫链的一个常见例子是简化的股票涨跌模型：若一天中某股票上涨，则明天该股票有概率 p 开始下跌，1-p 继续上涨；若一天中该股票下跌，则明天该股票有概率 q 开始上涨，1-q 继续下跌。该股票按时间序列的涨跌情况就是一个马尔可夫链。

2.5.2　马尔可夫模型计算

马尔可夫模型（Markov Model）是一种统计模型，广泛应用在语音识别、词性自动标注、音字转换和概率文法等各个自然语言处理等应用领域。经过长期发展，尤其是在语音识别中的成功应用，使它成为一种通用的统计工具。到目前为止，它一直被认为是实现快速精确的语音识别系统的最成功方法之一。

【某互联网公司面试题 2-32：马尔可夫模型相关计算题】

本文通过一个简单的案例来演示马尔可夫模型的解题过程。

下面是一个马尔可夫模型在天气预测方面的例子。如果第一天是雨天，第二天还是雨天的概率是 0.8，是晴天的概率是 0.2；如果第一天是晴天，第二天还是晴天的概率是 0.6，是雨天的概率是 0.4。问：如果第一天下雨了，第二天仍然是雨天的概率，第十天是晴天的概率，经过很长一段时间后雨天、晴天的概率分别是多少？

答案：这个随机过程就是一个时间函数，其随着时间变化而变化。

这是一个一阶马尔可夫模型，它有三个关键要素（状态、初始向量、状态转移矩阵）。

状态：晴天、雨天。

初始向量：定义系统在时间为 0 的时候的状态的概率。

状态转移矩阵：即一种天气转换为另外一种天气的概率矩阵。

首先构建状态转移矩阵，由于这里每一天的状态就是晴天或者是下雨两种情况，所以矩阵是 2*2 的，见表 2-7。

表 2-7　雨天晴天状态转移表

雨天	晴天	
0.8	0.4	雨天
0.2	0.6	晴天

注意：每列和为 1，分别对雨天、晴天，这样构建出来的就是状态转移矩阵了。如下：

$$\boldsymbol{A}=\begin{bmatrix}0.8 & 0.4\\0.2 & 0.6\end{bmatrix}。$$

假设初始状态第一天是雨天【注释：即第一天是雨天的概率为 1，晴天的概率为 0】，我们记为 $P_0=[1,0]^{\mathrm{T}}$。

初始条件：第一天是雨天，第二天仍然是雨天（记为 P_1）的概率由下面的公式得出：

$$P_1=\boldsymbol{A}*P_0。$$

得到 $P_1=[0.8,0.2]^{\mathrm{T}}$，正好满足雨天=>雨天概率为 0.8。

下面计算第十天（记为 P_9）是晴天概率：

$$P_9=\boldsymbol{A}*P_8=\cdots=\boldsymbol{A}^9*p。$$

得到，第十天为雨天概率为 0.6668，为晴天的概率为 0.3332。

下面计算经过 n 天后雨天、晴天的概率，显然就是下面的递推公式了：

$$P_n=\boldsymbol{A}^n*P_0$$

对于这个公式，要直接计算矩阵 $\boldsymbol{A}$ 的 n 次方是很难计算的，我们将 $\boldsymbol{A}$ 进行特征分解一下，分解后的形式为：$\boldsymbol{A}=TDT^{-1}$【注释：矩阵分解将在数据挖掘算法中讲解】。

$$T=\begin{bmatrix}2 & 1\\1 & -1\end{bmatrix};$$

$$T^{-1}=\frac{1}{3}\begin{bmatrix}1 & 1\\1 & -2\end{bmatrix};$$

$$D=\begin{bmatrix}1 & 0\\0 & 0.4\end{bmatrix}。$$

那么递推公式就可以化简为：

$$\begin{aligned}P_n&=\boldsymbol{A}^n*P_0=TD^nT^{-1}P_0\\&=\frac{1}{3}\begin{bmatrix}2 & 1\\1 & -1\end{bmatrix}\begin{bmatrix}1 & 0\\0 & 0.4^n\end{bmatrix}\begin{bmatrix}1 & 1\\1 & -2\end{bmatrix}\begin{bmatrix}1\\0\end{bmatrix}\\&=\frac{1}{3}\begin{bmatrix}2+0.4^n\\1-0.4^n\end{bmatrix}。\end{aligned}$$

显然，当 n 趋于无穷（即很多天）以后，P_n=[0.67，0.33]。即雨天概率为 0.67，晴天概率为 0.33。并且，我们发现，初始状态如果是 $P_0=[0,1]^{\mathrm{T}}$【注释：即第一天是晴天】，最后结果仍然是 P_n=[0.67，0.33]。这表明，马尔可夫过程与初始状态无关，跟转移矩阵有关。

2.6 隐马尔可夫模型

隐马尔可夫模型（Hidden Markov Model，HMM）是统计模型，用来描述一个含有隐含未知参数的马尔可夫过程。它也是一种关于时序的概率模型。其难点是从可观察的参数中确定该过程的隐含参数。然后利用这些参数来进一步分析，例如词性标注、语音识别、句子切分、字素音位转换、局部句法剖析、语块分析、命名实体识别、信息抽取和异常行为检测。

【某互联网公司面试题 2-33：举例说明隐马尔可夫的用途】

答案：举个例子，你的一个朋友所在公司实行轮休制度，每周休息一天，但是并不固定在周几。你特别关心该朋友，想知道她这周是否有轮休。根据以往的观察，没有轮休时，她一般不发朋友圈，也有可能晚上发朋友圈，而轮休时她通常在早上就会发朋友圈。那么你就可以根据他发的这些信息推断朋友本周是否轮休了。在这个例子里，显状态是发朋友圈的时间段，隐状态是是否轮休。

任何一个 HMM 都可以通过下列五元组(S、O、π、A、B)来描述：隐状态值集合、观测序列、隐状态出现的初始概率、隐状态的转移概率、发射概率（隐状态对应为显状态的概率）。

2.6.1 HMM 和三类问题

HMM 主要研究三类问题。

第一，概率估算问题：已知模型参数 λ=(A、B、π)，观测序列为 O=($o_1, o_2, \cdots, o_t$)的情况下，如何有效的计算出观测序列 O 出现的概率，即 $P<O|\lambda>$。

主要用于检测观察到的结果和已知的模型是否吻合。如果很多次结果都对应了比较小的概率，那么就说明我们已知的模型很有可能有问题。

这个问题可以用前向或者后向算法解决。

第二，解码问题或者预测问题：已知模型参数 $\lambda=(A、B、\pi)$，观测序列为 $O=(O_1, O_2, \cdots, O_t)$ 的情况下，如何寻找一个状态转换序列 Q=($q_1, q_2, \cdots, q_t$)使得该状态转换序列最有可能产生上述观测序列。

这个问题可以用 Viterbi 算法解决。通常随着这个问题的解决，我们也能知道对应于每个时刻，某个状态出现的概率。

第三，机器学习问题：仅给出观测序列为 O=($o_1, o_2, \cdots, o_t$)，估计模型参数(A、B、π)。在模型参数未知或者不准确的情况下，如何根据观测序列 O 得到模型参数或者是调整模型参数，即如何确定一组模型参数 λ，使得观测序列 O 出现的概率最大，即 $P(O|\lambda)$ 达到最大?

这个问题可以使用 Baum-Welch（EM 算法）来去解决，除此之外，在有条件的情况下可以使用有监督的学习方法。

以上三个问题中涉及的各种概率的算法公式如下。

如果已知参数 $\lambda=(A, B, \pi)$，隐状态集合 $Q=\{q_1, q_2, \cdots, q_N\}$，观测集合 $V=\{v_1, v_2, \cdots, v_M\}$，观测序列为 $O=\{O_1, O_2, \cdots, O_T\}$，可以求得下面的概率。

1）某个状态序列 $I=(i_1, i_2, \cdots, i_T)$ 出现的概率为初始概率乘以相邻两个状态的转换概率，即：

$$P(I|\lambda)=\pi_{i_1} * a_{i_1 i_2} * a_{i_2 i_3} * \cdots\cdots * a_{i_{T-1} i_T}。 \quad \text{式（2-1）}$$

2）对于某个状态序列 I 来说，观测序列 O 出现的概率为发射概率相乘

$$P(O|I,\lambda)=b_{i_1 o_1} * b_{i_2 o_2} * \cdots\cdots * b_{i_T o_T}。 \quad \text{式（2-2）}$$

3）O 和 I 同时出现的概率则为两者出现概率的乘积：

$$P(O,I\mid\lambda)=P(I\mid\lambda)*P(O\mid I,\lambda)。\quad 式（2-3）$$

4）对于观测序列 O，可能有多个状态序列与之对应，因此观测序列 O 出现的概率也是所有状态序列出现概率之和：

$$P(O\mid\lambda)=\sum_I P(O,I\mid\lambda)=\sum_I (P(I\mid\lambda)*P(O\mid I,\lambda))。\quad 式（2-4）$$

5）对于给定的 t 时刻，状态 q_t 和观测序列 $O_1,O_2,\cdots,O_t$ 出现的概率为：

$$\alpha_t(i)=P(O_1,O_2,\cdots,O_t,i_t=q_t\mid\lambda)。\quad 式（2-5）$$

【某互联网公司面试题 2-34：请使用 HMM 算法解决下列问题】

三个盒子是隐状态，编号为 1、2、3，其中第 1 个盒子里有 5 个红球，5 个白球；第 2 个盒子里有 4 个红球，6 个白球，第 3 个盒子里有 7 个红球，3 个白球。观测序列为 O={红，白，红}，已知状态转移矩阵 $\boldsymbol{A}$，发射矩阵 $\boldsymbol{B}$，初始矩阵 $\boldsymbol{\pi}$ 。

$$\boldsymbol{A}=\begin{bmatrix}0.5 & 0.2 & 0.3\\ 0.3 & 0.5 & 0.2\\ 0.2 & 0.3 & 0.5\end{bmatrix}\quad \boldsymbol{B}=\begin{bmatrix}0.5 & 0.5\\ 0.4 & 0.6\\ 0.7 & 0.3\end{bmatrix}\quad \boldsymbol{\pi}=\begin{bmatrix}0.2\\ 0.4\\ 0.4\end{bmatrix}。$$

说明：$\boldsymbol{A}$ 矩阵代表的是一种盒子转换另一种盒子的概率；$\boldsymbol{B}$ 矩阵的第一列从上到下代表的是从编号依次为 1、2、3 的盒子中抽取到红球的概率，第二列从上到下代表的是从编号依次为 1、2、3 的盒子中抽取到白球的概率；$\boldsymbol{\pi}$ 矩阵从上到下代表的是从编号依次为 1、2、3 的盒子中抽取到红球的概率。

求：1）所得观测 O 出现的概率；2）观测 O 对应的最优的隐状态序列。

2.6.2 求概率问题

对于第 1 个问题，其实就是把所有观测序列可能为 O 的情况出现的概率都加起来，有穷举算法、前向算法和后向算法三种方法可实现。穷举算法需要的计算量极其庞大，一般不用。后两种算法的本质一样。使用前向算法解答如下。

第一次抽取到红球的概率为：

$$\delta_1(i)=\boldsymbol{\pi}(i)*b(i,1)。$$

计算结果分别为：$\delta_1(1)$=0.1；$\delta_1(2)$=0.16；$\delta_1(3)$=0.28。

要计算第二次抽取到白球的概率，不仅要考虑第一次抽取红球有三种情况，还需要考虑从第一次抽取到第二次抽取有一个状态转移的问题，因此概率为：

$$\delta_2(j)=b_{j,2}*(\sum_i \delta_1(i)a_{i,j})。$$

计算结果分别为：$\delta_2(1)$=0.5*(0.1*0.5+0.16*0.3+0.28*0.2)=0.077。

同理，$\delta_2(2)$=0.1104；$\delta_2(3)$=0.0606。

同理，第三次抽取到红球的概率为：

$$\delta_3(j)=\left(\sum_i \delta_2(i)a_{i,j}\right)b_{j,1}。$$

计算结果分别为：$\delta_3(1)$=0.04187；$\delta_3(2)$=0.03551；$\delta_3(3)$=0.05284。

因此，观测序列 O={红，白，红}的概率为：

$$\delta_o=\sum_j \delta_3(j)=0.1302。$$

2.6.3　预测问题

对于第 2 个问题，主要运用维特比算法求解。

该算法主要包含以下两步。

第一步，从前到后遍历序列，计算每个观测的最大生成概率。在计算过程中，当前观测只依赖于上一个观测的结果，即马氏性。每个观测计算的概率为截至目前整条序列生成的最大概率，同时记录当前观测是有上一个观测的哪种状态生成的。

第二步，从后向前回溯，得到序列 S，根据第一步中在每个观测点记录的上一个最佳状态进行回溯即可。

解答如下。

观测序列 O 中第一次拿到的球是红色，因为三个盒子中都有红球，因此有三种情况，那么从 i 盒中选择到红球的概率是 $\boldsymbol{\pi}$ 矩阵和 $\boldsymbol{B}$ 矩阵决定的联合概率，即 $\delta_{red}(i)=\boldsymbol{\pi}(i)*b(i,1)$ 分别为:

$$\delta_{red}(1)=0.2*0.5=0.1;$$

$$\delta_{red}(2)=0.4*0.4=0.16;$$

$$\delta_{red}(3)=0.4*0.7=0.28。$$

观测序列 O 中第二次拿到的球是白色，如果第二个球是从第 $j(j=1、2、3)$盒中取出来的，那么我们最可能从哪个盒子中取出第一个球的呢。因为第一次抽取有 3 种情况，第二次抽取也有 3 种情况，这就有 3*3=9 种情况了。

而且，这里还增加了一种复杂情况，我们并不知道第一次是从哪个盒子抽取的，也就是如果第一次用编号为 $i(i=1、2、3)$的盒子，那么第二次用编号为 $j(j=1、2、3)$的概率有多大呢（状态转移矩阵 $\boldsymbol{A}$ 已经给了答案）?

综上所述，从第一次取得红球到第二次取得白球的路径概率为:

$$\delta_{red-white}(i,j)=\delta_{red}(i)*a(i,j)*b(j,2)。$$

经计算，不难得到以下结论：不管第二次是从几号盒中取得白球，那么第一次最有可能都是从 3 号盒中取得的红球。概率分别为:

$$\delta_{red-white}(3,1)=0.028$$

$$\delta_{red-white}(3,2)=0.0504$$

$$\delta_{red-white}(3,3)=0.042。$$

也就是原本有 9 条路径，现在我们筛选出了 3 条最可能的路径。

观测序列 O 中第三次拿到的球是红色，根据 $\boldsymbol{B}$ 矩阵，1、2、3 盒中选择白球的概率分别是 0.5、0.4、0.7，同样的原理，我们可以计算出从第一次取得红球到第二次取得白球，再到第三次取得红球（第三次选取盒子的编号为 k=1、2、3）的路径概率为:

$$\delta_{red-white-red}(i,j,k)=\delta_{red-white}(i,j)*a(j,k)*b(k,1)。$$

经计算，可以得出如下结论：沿着前面的三条最优路径，对于每一条原路径，如果继续往前走，都能找到一条新的最优路径，从而可以形成三条新最优路径:

$$\delta_{red-white-red}(3,2,1)=0.00756;$$

$$\delta_{red-white-red}(3,2,2)=0.01008;$$

$$\delta_{red-white-red}(3,2,3)=0.0147。$$

显然，$\delta_{red-white-red}(3,3,3)$ 这个最大，也就是最优终点状态为 3，往前推，$t=2$ 的最优状态为 3，$t=1$ 的最优状态为 3。

因此，隐状态的转移过程为（3,3,3)。

以上就是运用维特比算法的详细过程。

维特比算法主要考虑前一个状态结点的概率（递推的内容），到达当前结点的走法（转移矩阵），当前观测和状态结点之间的关系（发射矩阵），加上一个每一步都取最优的考量（最大化）

总结一下这个流程。

（1）初始化

$t=1$ 时刻分别求出 N 个状态下产生观测变量 1 的概率。

（2）递推

当 t 和 i 不变时 j=1,2,3,…,N 是分别求出 t-1 时刻所有可能的状态，转移到 t 时刻状态 i 的概率。max 是求最大值，就是在 t-1 时刻各个状态转移到 t 时刻状态 i 的最大概率，最后乘以观测概率就是 t 状态 i 最有可能产生观测变量 t 的概率。argmax 是求在 t-1 时刻的状态最有可能转移到 t 时刻的状态 i 。

如果想求出 t-1 时刻的所有可能状态转移到 t 时刻所有可能状态的最大概率，则在步骤（2）的式子最外层再增加一个循环 $i=1,2,3,\cdots,N$。

如果想求出各个时刻最有可能的状态，则在步骤（2）的式子最外层增加一个循环 t=2,3,4,…,T。

（3）终止

达到设定的终止条件后，算法就终止运算。

（4）最优路径回溯

根据 $t=T$ 时刻最有可能的状态反向推出 $t=T-1$，$t=T-1,\cdots,2,1$ 时刻最有可能的状态。

2.6.4 学习问题

HMM 参数的训练有 2 种方法， 种是有监督学习，另 种是无监督学习。

监督学习通过使用训练数据，来得到观测序列和对应的隐状态，然后计算相应的频数值，根据伯努利大数定理的结论“频率的极限是概率”来给出 HMM 参数的近似估计。

假设已经给出训练数据包含 t 个长度相同的观测序列和对应的状态序列 $(O_1,I_1),(O_2,I_2),\cdots,(O_t,I_t)$

转移概率 α 的估计：

$$\alpha_{ij}=A_{ij}/\sum_{j=1}^{N}A_{ij}。$$

其中 A_{ij} 表示从时刻 t 的隐含状态 q_i 到下一时刻 t+1 的隐含状态 q_j 发生的频数。

发射概率 β 的估计:

$$\beta_j(k)=B_{jk}/\sum_{k=1}^{M}B_{jk}。$$

B_{jk} 表示 t 时刻，隐含状态为 q_i 时对应观测为 v_k 的频数。

初始状态概率 π 估计：

$$\pi_i=A_i/\sum_{i=1}^{N}A_i。$$

A_i 表示隐含状态 q_i 发生的次数。

1. 算法原理

【某互联网公司面试题 2-35：说明如何用隐马尔可夫模型解决分词问题】

答案：假设状态值集合 S=(B, M, E, S)，每个状态代表的是该字在词语中的位置，B 代表是词语中的起始字，M 代表是词语中的中间字，E 代表是词语中的结束字，S 代表是单字成词，观察值集

合 K ={所有的汉字}。那么中文分词的问题就是通过观察序列来预测出最优的状态序列。

比如观察序列为：

O = “数据分析师是通过运用业务数据来指导业务运行的一种新兴岗位”

如果我们已经有了一个训练好的 HMM 分词模型，那么就可以预测状态序列为：

Q = “BMMMESBEBEBMMESBEBEBESBEBMME”。

根据这个状态序列我们可以进行切词：

BMMME/S/BE/BE/BMME/S/BE/BE/BE/S/BE/BMME/。

所以切词结果如下：

数据分析师/是/通过/运用/业务数据/来/指导/业务/运行/的/一种/新兴岗位

因为 HMM 分词算法是基于字的状态（BEMS）来进行分词的，所以很适合用于新词发现，某一个新词只要做好状态标记，比如“BMME”，就算它没有在历史词典中出现过，HMM 分词算法也能将它识别出来。

这个算法的关键是得到状态序列，这就需要进行算法训练。

以下着重解析 HMM 的训练算法。

2. HMM 分词训练

【某互联网公司面试题 2-36：请描述隐马尔可夫模型分词训练步骤】

答案：从 HMM 算法的原理我们知道，HMM 的学习问题就是已知观测序列和状态序列求参数 $\{\boldsymbol{A},\boldsymbol{B},\boldsymbol{\pi}\}$，因此，我们需要先准备语料库，然后去估计各个参数。

第一步，准备语料信息。

首先，需要一个完整的语料信息，该语料库需要具备以下一些特征。

1）覆盖范围广，理论上需要覆盖你所有可能会被分词的文字，否则发射矩阵为出现极端情况，无法分词。

2）需要文本标注正确，如一些专有名词，“数据分析师”等，需要被分为一个词，而不应该被分为“数据/分析师”。

然后需要对语料库进行分词，并进行人工识别检查，确保分词结果的正确性。对分词的结果进行标注，将每个词都打上 HMM 算法需要的状态标记 SBME。

第二步，计算初始状态概率分布（InitStatus）。

初始状态即为第一次选择的状态的概率。这里选择的是语料库中每个句子的第一个字的状态，统计该状态的频率，计算出该状态的概率。当然，为了确保不会出现一些问题，默认 ME 是不会出现在句首，即将其概率设置为 0，在矩阵中为：−3.14e+100（取了 log 值，方便转化为加法计算）。

比如有 100 个句子，其中第一个字是 B 的个数为 30，M 的个数为 0，E 的个数为 0，S 的个数为 70，那么 InitStatus={B:0.3, E:0, M:0, S:0.7}。

第三步，计算转移概率矩阵（TransProbMatrix）。

转移概率矩阵 TP 是一个 BEMS 到 BEMS 的 4*4 的矩阵。比如当前字符状态是 B，那么下一个字是 B 或者 E 或者 M 或者 S 的概率是多少。但是其中有一些状态转移的概率是 0，如：B->S，E->M 等，为了方便计算，将这些情况的概率的 log 值设置为−3.14e+100。其他的按照词前后的状态序列统计，统计前后之间的关系，这里已知假设，当前状态仅与前一状态有关，与更前面的状态无关。

对 100 个句子统计后的结果，形式如下：

	B	E	M	S
B	0	0.4	0.6	0
E	0.8	0	0	0.2

M	0.2	0.4	0.4	0
S	0.1	0.7	0	0.2

第四步，计算发射概率矩阵（EmitProbMatrix）。

发射概率矩阵是在某状态下，出现某个观测值的概率，所以有，在某状态下，所有该状态下观测值的概率之和为 1，即当矩阵的列是状态值 SBEM，行是观测值的时候，某一行的概率和为 1，而不是某一列的概率和为 1。

计算结果形式如下：

	分	析	师	是	…
B	0.004	0	0.001	0	
E	0.001	0.001	0.001	0.002	
M	0.002	0.004	0.003	0.003	
S	0.001	0	0.002	0.001	

第五步，用于预测。

HMM 预测主要是使用维特比算法，下面解析其过程。

假设我们要预测的文本为“数据分析师是通过运用业务数据来指导业务运行的一种新兴岗位”。

那么对于第 1 个字，在各状态下出现“数”的概率有以下 4 种情况。

V[B][1]=初始概率[B]*发射概率[B][数]=0.3*0.004=0.0012。

V[E][1]=初始概率[E]*发射概率[E][数]=0。

V[M][1]=初始概率[M]*发射概率[M][数]=0。

V[S][1]=初始概率[S]*发射概率[S][数]=0.7*0.001=0.0007。

从第二个字开始，需要加状态转移的因素。因此接下来就是求从上一个状态转移到下一个状态的最优概率，总共 16 种情况，即：

P(B->B)=V[B->B][2]= V[B][1]* 转移概率[B][B]*发射概率[B][据]。

P(B->E)=V[B->E][2]= V[B] [1] *转移概率[B][E]*发射概率[E][据]。

P(B->M)=V[B->M][2]= V[B] [1] *转移概率[B][M]*发射概率[M][据]。

P(B->S)=V[B->S][2]= V[B] [1] *转移概率[B][S]*发射概率[S][据]。

…

最后从 16 种情况中进行挑选，找到最优的 4 种情况，保留下来。

我们接着再计算第三个字“师”，与上述方法类似，结果仍然只需要保留 4 个最优的情况，直到所有的字符被判断完，以最后一步中的最优结果为基准往回溯，从而找到最优的状态序列，从而根据这个状态序列来进行分词。

回溯的路径为“EMMBEBSEBEBEBSEMMBEBEBSEMMMB”。

因此最优状态序列为“BMMMESBEBEBMMESBEBEBESBEBMME”，据此分词，则结果为：

数据分析师/是/通过/运用/业务数据/来/指导/业务/运行/的/一种/新兴岗位。

2.7 EM 算法

2.7.1 基本思想

在求解概率模型时，经常会用到极大似然估计，但是这个方法的前提是，不含有隐含变量，比如多种分布的数据混在一起，我们不知道哪些数据是对应哪些分布。举个简单的例子，我们想知道硬币正反两面各出现的概率，一般情况下，收集的是一个硬币的实验数据，用极大似然方法就可以估计出结果。但是现在我们拿到的数据是多个硬币实验的结果，而且不知道哪次实验对应的哪个硬币，这就出现隐含变量了，使得本来简单就可以求解的问题变复杂了，因为不可能直接对似然函数求导得到结果了，于是 EM 算法应运而生。

EM 算法称为期望最大化算法，也被称为上帝的算法，严格来说，它是一种框架，主要用于逼近统计模型参数的最大似然或最大后验估计。在模糊或基于概率模型的聚类的情况下，EM 算法从初始参数集出发，并且迭代直到不能改善聚类，即直到聚类收敛或改变充分小（小于一个预先设定的阈值）。

算法的基本思想是：首先根据已经给出的观测数据，估计出模型参数的值；然后再依据上一步估计出的参数值估计缺失数据（隐含变量）的值；再根据估计出的缺失数据加上之前已经观测到的数据重新再对参数值进行估计；然后反复迭代，直至最后收敛，迭代结束。

2.7.2　算法流程

【某互联网公司面试题 2-37：简单说明 EM 算法的步骤】

答案：EM 主要依靠两个步骤来求解数学模型的参数：隐变量的求解和已知隐变量的前提下最大化似然函数。

输入：观察到的数据 $x=\{x_1,x_2,x_3,\cdots,x_n\}$，联合分布 $p(x,z;\theta)$，条件分布 $p(z|x;\theta)$，最大迭代次数 J。

E-step：我们已经知道隐变量是样本 X 和数学模型参数 θ 的后验概率：

$$p(z^i \mid x_i;\theta)=\frac{P(x_i|z^i)*P(z^i)}{P(x_i)}。$$

$P(x_i|z^i)$ 就是假设在某个隐含值 z^i 的情况下计算出来的观测样本出现的最大似然概率，以此为基础就可以算出 $P(z^i)$，从而可以算出 z^i 出现的期望次数，那么就可以根据实际的情况来推导计算这个后验概率，即如果我们知道 θ，而 x_i 是已知的，那么就能利用最大后验估计 MAP 估计出 z^i 出现的概率，从而得到隐藏变量的期望。

M-step：利用得到的 z^i 出现的概率，用于重新估计参数 θ。问题就变成，已知 X 和 Z，求似然函数 $p(X,Z;\theta)$ 的极大值，分别对 θ 向量的每一个分量求其偏导，令偏导数的值等于零即求出极大值，而偏导函数里含有未知数 θ，解方程就可以得到新的参数估计值，然后将新得到的参数值重新代入 E 步，直到 θ 不变或者收敛。

算法优点：简单性和普适性，可看作是一种非梯度优化方法，我们知道梯度下降等优化方法有一个很大的缺陷，就是求和的项数会随着隐变量的数目以指数级上升。

算法缺点：对初始值敏感，不同的初值可能得到不同的参数估计值，而且也不能保证找到全局最优值。

2.8　本章总结

业内常常用炒菜来比喻数据分析，如果把数据比作炒菜用的原料，那么统计学知识就是切菜的刀，由此可见统计学知识对于数据分析师的重要性。作为一名合格的数据分析师，如果不能正确理解和运用统计学知识，那么其所写的数据分析报告中的结论的合理性就可能存在很大问题，甚至误导数据分析报告的使用者。

数据分析主要运用统计学解决以下 5 类问题。

1）概率模型能够帮助我们计算某个事件出现的概率，从而对未来做出预测。

2）参数估计能够帮助我们根据数据和已知参数建立数学模型，求得未知参数，从而对业务进行改进。如果参数估计中含有未知变量，还可以使用 EM 算法来求解。

3）假设检验能够帮助我们判断一个事件出现的真实性，从而为解决方案找到理论依据。

4）抽样技术能够帮助我们用较小代价发现大数据中隐藏的规律。

5）在生活中并不存在真正随机的事情，万事万物都有一定的联系，马尔可夫模型能够帮助我们从看似随机的事件中发现事物发展前后的联系。

第3章 数据挖掘算法

本章知识点思维导图

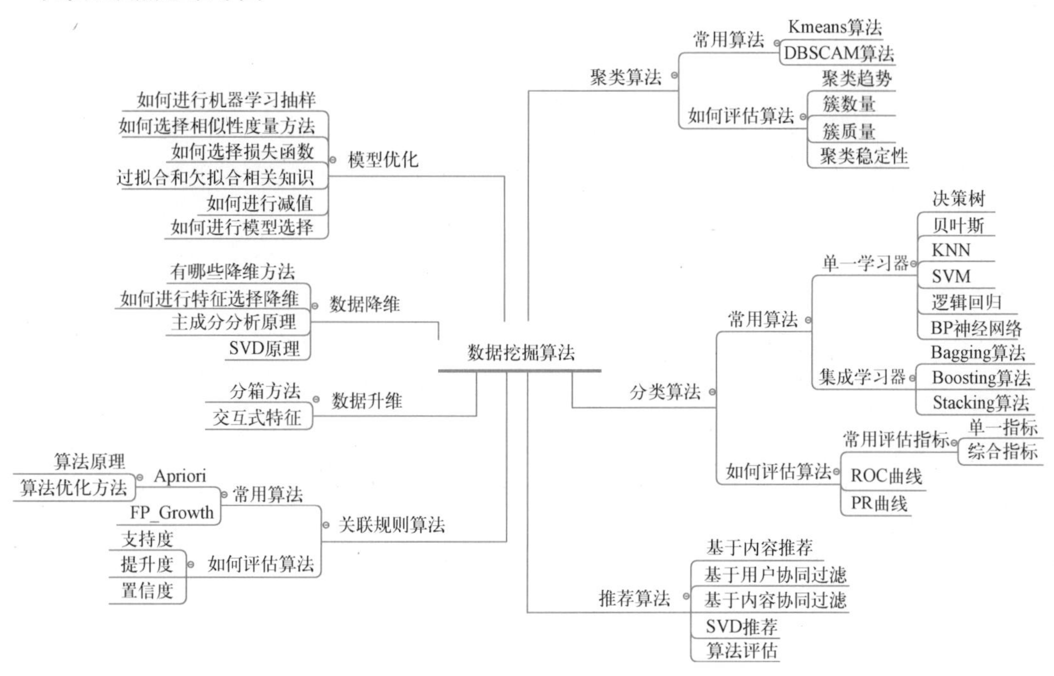

数据挖掘算法可以分为有监督学习和无监督学习。

有监督学习简称 SL，通过已有标注的样本来进行训练，从而得到一个最优模型，再利用这个模型将所有新的数据样本映射为相应的输出结果，对输出结果进行简单的判断从而实现分类的目的，那么这个最优模型也就具有了对未知数据进行分类的能力。包括所有的回归算法分类算法，比如线性回归、决策树、KNN、SVM 等。

无监督学习简称 UL，指不需要训练数据样本，直接对数据进行建模。包括所有的聚类算法，比如 Kmeans、PCA、GMM 等。

除此之外，还有一种叫“半监督学习”的方法，简称 SSL。其训练数据的一部分是有标签的，另一部分没有标签，而没标签数据的数量常常远远大于有标签数据数量（这也是符合现实情况的）。隐藏在半监督学习下的基本规律在于：数据的分布必然不是完全随机的，通过一些有标签数据的局部特征，以及更多没标签数据的整体分布，能得到可以接受甚至是非常好的分类结果。和监督学习相比较，半监督学习的成本较低，但是又能达到较高的准确度。

那么到底采用哪种方法呢？

一般来说，有训练样本则考虑采用监督学习方法；无训练样本则一定不能用监督学习方法。当然，只要有待分类数据，即使没有训练样本，我们也能够凭借自己的双眼，挑选一些数据进行人工标注，从而得到训练样本，就可以用监督学习方法了。如果对数据进行标记的代价太高，以至于我们只能对少部分样本进行标注，那么就可以使用无监督学习方法。如果是要探查数据的隐藏规律，无监督学习就比较合适了。而且在正负样本比例的分布极其失衡的情况下，有监督学习的偏差可能比较大，这时，无监督学习中的离群点检测等技术就比较适合了。

3.1 常用聚类算法

聚类是数据挖掘和计算中的基本任务，它是将大量数据集中具有“相似”特征的数据点划分为统一类别，并最终生成多个类的方法。聚类分析的基本思想是“物以类聚、人以群分”，因此大量的数据集中必然存在相似的数据点，基于这个假设就可以将数据区分出来，并发现每个数据集的特征。聚类是一种无监督的学习方法。

值得说明的是，聚类可以分为 Q 型聚类和 R 型聚类。Q 型聚类是指对样本进行分类处理，又称样本聚类分析使用距离系数作为统计量衡量相似度，如欧式距离、极端距离、绝对距离等；R 型聚类是指对指标进行分类处理，又称指标聚类分析使用相似系数作为统计量衡量相似度，相关系数、列联系数等。

聚类方法主要有划分聚类、层次聚类、密度聚类等，聚类算法中比较常见的主要是 Kmeans 算法和 DBSCAN 算法。

3.1.1 Kmeans 算法

1．算法原理

选择 K 个质心点代表 K 个簇，将每个数据点分配给距离其最近的质心点，直到所有的点被分配完毕，使用均值法重新计算每个簇的质心，然后重新分配每个数据点，重复这个流程，直到质心点不变为止，如图 3-1 所示。

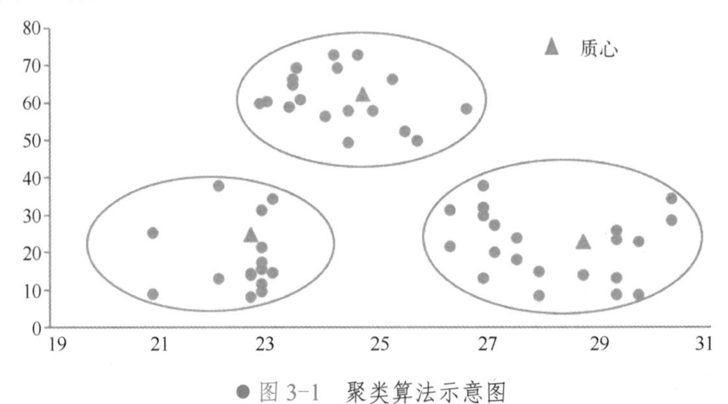

● 图 3-1　聚类算法示意图

2．算法步骤

【某互联网公司面试题 3-1：请简要说明 Kmeans 算法的步骤】

答案：

输入：包含 n 个对象的数据库以及聚类数目。

输出：满足终止条件的若干个类。

1）随机选择 K 个中心点。

2）把每个数据点分配到离它最近的中心点。

3）重新计算每类中的点到该类中心点距离的平均值。

4）分配每个数据到它最近的中心点。

5）重复步骤 3）和 4），直到所有的观测值不再被分配或是达到最大的迭代次数。

3. 算法剖析

（1）算法特点

【某互联网公司面试题 3-2：Kmeans 算法有些什么特点】

答案：Kmeans 算法是解决聚类问题的一种非常经典的算法，该算法主要尝试找出使平方误差函数值最小的 k 个划分，算法简单、快速。在处理大数据集时，该算法是相对可伸缩的和高效率的，算法和数据量 n、质心数 K（通常 $k<<n$）、迭代次数 t 有关，复杂度大约是 $O(nkt)$。

由于 Kmeans 使用平方误差函数作为目标函数，每次更新迭代都是要找到一个更小的平方误差值，如果找不到的话，算法就终止了，所以一定是收敛的。

Kmeans 算法不适合于发现非凸面形状的簇，或者大小差别很大的簇。当簇是密集的、球状或团状的，且簇与簇之间区别明显时，聚类效果较好。该算法通常终止在局部最优，但可用全局最优技术改进，比如使用模拟退火和遗传算法等。该算法还有一个缺点就是只有当中心可计算时才适用， 而且不太适合处理分类和标称数据。

需要注意两点：1）数据中如果存在“噪声”或者离群点，会对聚类结果产生较大影响，应该先剔除“噪声”点；2）为了避免陷入局部解，初始随机点选择尽可能远，方法是 $n+1$ 个中心点选择时，对于离前 n 个点选择到的概率更大。

（2）如何确定 K 值

【某互联网公司面试题 3-3：如何确定 Kmeans 算法的聚类数 K 值】

答案：对于这个算法，有两个很关键的问题需要分别予以分析。

第 1 个思路应该是从业务出发，比如业务方的经验告诉我们用户可能分成几类，不妨使用这个经验值进行分类。

第 2 个思路是进行试探性聚类，如果聚类后某些类别下的样本太少，就可以减少聚类数，反之增加聚类数。

第 3 个思路是使用拐点法，即把聚类结果的 $WSSE$ 值（组内平方误差和）对聚类个数的曲线画出来，选择图中的拐点。这是因为随着聚类数目的增多，每一个类别中数量越来越少，距离越来越近，因此 $WSSE$ 肯定是随着聚类数目增多而减少的，所以关注的是斜率的变化，但 $WSSE$ 减少得很缓慢时，就认为进一步增大聚类数效果也并不能增强，这个“拐点”就是最佳聚类数目。因为拐点法在确定拐点时不是那么清晰，用一种叫 Gap Statistic 的更为优化的方法可以直接得出聚类数目。

第 4 个思路是使用轮廓系数。轮廓系数是类的密集与分散程度的评价指标。轮廓系数达到峰值时的聚类数目就是最佳聚类数目。计算公式如下：

$$s(i)=\frac{b(i)-a(i)}{\max(a(i),b(i))}$$

其中，$a(i)$ 是测量组内的相似度，$b(i)$ 是测量组间的相似度，$s(i)$ 范围为−1～1。

（3）如何快速收敛

【某互联网公司面试题 3-4：海量数据下，如何保证 Kmeans 算法快速收敛】

答案：

第一个思路：第一次迭代的时候，正常进行，选取 K 个初始点，然后计算所有点到这 K 个点的距离，再分到不同的组，计算新的质心。后续迭代的时候，从第 m 次【注释：m 的选择需要依赖经验判断，若过早，后面的点归属到远距离组的可能性会增加；若过晚，则收敛的速度不够】开始，每次不再计算每个点到所有 K 个质心的距离，仅仅计算上一次迭代中离这个点最近【注释：需要指定一个邻域范围 ε】的 s 个【注释：s 需要依赖经验判断，数量过多则收敛的速度提高不明显，过少则还是有可能出现分组错误】质心的距离，决定分组的归属。对于其他的质心，因为距离实在太远，归属到那些组的可能性会非常小，所以不用再重复计算距离了。最后，还是用正常的迭代终止方法，结束迭代。

第二个思路：对样本抽样，形成新样本，对新样本进行聚类，确定样本分成几类后，用决策树对每类提取规则，于是聚类问题变成分类问题。接下来对所有样本进行分类，最终对所有数据进行了类别确定。

3.1.2 DBSCAN 算法

1. 算法原理

DBSCAN 是根据密度来进行聚类的算法。它随机找一个初始点作为原点，搜索密度可达点，直到不能找到新的密度可达点为止。然后再找一个新的原点（这个新的原点不在此前的类中），并开始新的搜索，从而形成新的类。如此不断使用新的原点进行搜索，直到所有的点都被归到某个类中，如图 3-2 所示。

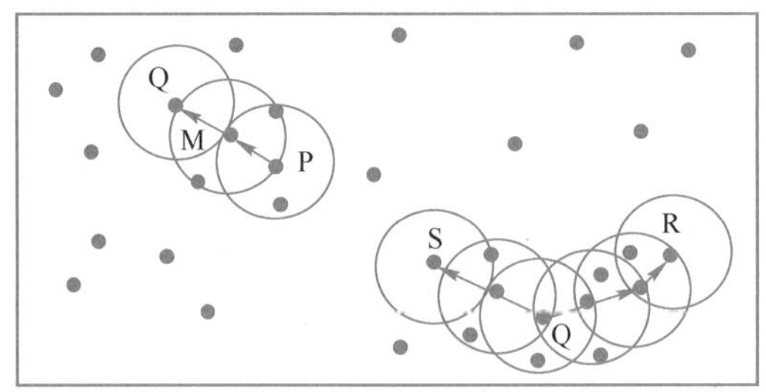

● 图 3-2　DBSCAN 算法示意图

具体来说：定义一个聚类半径 R，以某一点 $P1$ 为圆心，R 为半径的圆内的点数为 Pts，再定义一个最少点数 $minPts$，如果圆内的点数不小于 $minPts$，那么这个圆心就是核心对象。圆内其他任意一点 $P2$ 为圆心，R 为半径形成新的圆，新圆内的点数不小于 $minPts$，则称 $P2$ 和 $P1$ 密度可达，$P1$ 和 $P2$ 就能形成 1 个新簇。运用上面的方法寻找密度可达点，不断扩充这个簇，直到数据集内所有的点被遍历，簇不再增长，则形成一个最终簇 $C1$，以不属于簇 $C1$ 的点为新的核心对象寻找新簇，原理同前。如果在寻找过程中，某个点不能被认定为核心对象，那么将这个点加入一个噪声表中，在之后的搜寻中不再使用该表内的点作为核心对象。重复上面的过程，直到所有的点都被认定为核心对象和非核心对象。

2. 算法步骤

输入：包含 n 个对象的数据库以及相关参数值。

输出：满足终止条件的若干个类。

1）定义距离 s 和最小子样本集大小 $minPts$。

2）根据距离 s 和 $minPts$ 找到核心对象。

3）随机选择一个核心对象，找到密度可达的核心对象集合，形成聚类。

4）重复步骤 3）过程，直到遍历所有核心对象。

3. 算法剖析

（1）算法特点

【某互联网公司面试题 3-5：请简要叙述 DBSCAN 算法的特点】

答案：该算法对初始值不太敏感，主要原因是算法规定了两个参数，半径和最少数据点数。根据这两个参数，一个点要么属于核心对象，要么属于非核心对象，这可以由核心对象周围必须具备的最少数据点数确定，而核心对象周围的数据点数是一个确定数，不会因为选取了不同的初始点，而导致核心对象周围的数据点数发生变化。还有，核心对象之间是否密度可达，已经由距离参数进行了限制，不会因为初始点不同而改变密度可达的性质。因而，算法的参数一旦确定，聚类的结果几乎已经被确定下来了，无论选取哪个点作为初始点，理论上对聚类结果都没有影响。特殊情况下，有些核心对象可能会同属于多个簇，但这也只是局部的影响，此时初始值的选取，对这些核心对象的归属可能会产生影响。

而且由于该算法的两个参数限制，所有的数据点都从概念上被区分为核心对象和非核心对象，异常点通常是藏在非核心对象里，因而该算法对异常点也不敏感。

与 Kmeans 算法相比，DBSCAN 算法不需要输入簇数 k，而且可以发现任意形状的聚类簇，同时，在聚类时可以找出异常点。

（2）算法优缺点

【某互联网公司面试题 3-6：简要描述 DBSCAN 算法的优缺点】

答案：

DBSCAN 算法的主要优点如下。

1）可以对任意形状的稠密数据集进行聚类，而 Kmeans 之类的聚类算法一般只适用于凸数据集。

2）可以在聚类的同时发现异常点，对数据集中的异常点不敏感。

3）聚类结果没有偏倚，而 Kmeans 之类的聚类算法的初始值对聚类结果有很大影响。

DBSCAN 算法的主要缺点如下。

1）样本集的密度不均匀、聚类间距差相差很大时，聚类质量较差，这时用 DBSCAN 算法一般不适合。

2）该算法时间复杂度较高，一些点可能会被遍历多次，通常认为该算法的时间复杂度为 $O(N$^$2)$。而且，由于要计算点和点之间的距离，为了避免重复计算开销，还需要存储一个巨大的距离矩阵，从而需要 $O(N$^$2)$的空间开销。如果使用 k-d tree（一种分割 k 维数据空间的数据结构），时间复杂度可降低为 $O(N$*$\log N)$。

3）一个突出的缺点是需要调参，将算法用于一个陌生的领域时，很难找到合适的半径 R 和 *mintPts*，调参难度较大。R 太大时，离的较近的簇可能会被聚类为同一个簇，R 太小时，会导致出现很多性质相似的簇。对于 *minPts* 通常会让它大于数据的维度数，然而这个值太大，会导致簇的数量过少，值太小会导致簇的数量过大，也是需要进行摸索的。

4）对于整个数据集只采用了一组参数。如果数据集中存在不同密度的簇或者嵌套簇，则 DBSCAN 算法不能处理。为了解决这个问题，有人提出了 OPTICS 算法。

5）DBSCAN 算法可过滤噪声点，这同时也是其缺点，使其不适用于某些领域，如对网络安全领域中恶意攻击的判断。

3.1.3　聚类算法评估

当我们在一个数据集上运用某个聚类方法时，如何评估聚类的结果？面试中，考官也非常重视考察对聚类结果的评估。

对于聚类评估主要分三个部分：聚类趋势评估、聚类结果评估和聚类结果稳定性评估。其中，聚类结果评估又可以细分为三个方面——簇数量评估、簇质量评估和轮廓系数评估。下面分别进行详细分析。

1．聚类趋势评估

【某互联网公司面试题 3-7：如何评估一个数据是否可以获得好的聚类效果】

答案：评估数据集是否适合进行聚类，通常被称为聚类趋势评估。一个不适合进行聚类的数据集，如果用了聚类方法，并由此得出所谓“科学”的结论是不恰当的，可能会对结论使用者造成误导。一个好的数据集，是聚类方法能否体现其强大威力的前提条件。

聚类趋势评估确定给定的数据集是否具有可以导致有意义的聚类的非随机结构。考虑一下没有任何非随机结构的数据集，如数据空间中均匀分布的点（如图 3-3 所示），尽管聚类算法可以为该数据集返回簇，但是这些簇是随机的，没有任何意义。因此，聚类算法要求数据集是非均匀分布的，即具有非随机结构。

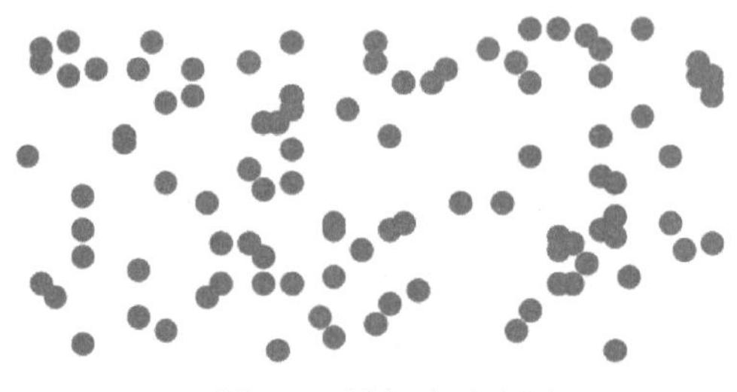

● 图 3-3　随机点示意图

可以通过空间随机性的统计检验来检验一个数据集被均匀分布产生的概率，这里用到了一种统计量叫霍普金斯统计量。

霍普金斯统计量是一种空间统计量，用于检验空间分布的变量的空间随机性。给定数据集 D，它可以看作是随机变量 o 的一个样本，我们想要确定 o 在多大程度上不同于数据空间中的均匀分布。可以按照以下步骤计算霍金斯统计量。

1）均匀地从 D 的空间中抽取 n 个点 $p_1, p_2, \cdots, p_n$，对每个点 $p_i\,(1\leqslant i\leqslant n)$，找出 p_i 在 D 中的最近邻，并令 x_i 为 p_i 与它在 D 中的最近邻之间的距离，即

$$x_i = \min_{v\in D}\{\text{dist}(p_i, v)\}$$

2）在样本取值范围内随机生成 n 个点 $q_1, q_2, \cdots, q_n$，对每个点 $q_i\,(1\leqslant i\leqslant n)$，找出 q_i 在 D 中的最近邻，并令 y_i 为 q_i 与它在 D 中的最近邻之间的距离，即

$$y_i = \min_{v\in D, v\neq q_i}\{\text{dist}(q_i, v)\}$$

3）计算霍普金斯统计量 H

$$H = \frac{\sum_{i=1}^{n} y_i}{\sum_{i=1}^{n} x_i + \sum_{i=1}^{n} y_i}$$

如果 D 是均匀分布的，则 $\sum_{i=1}^{n} y_i$ 和 $\sum_{i=1}^{n} x_i$ 和将会很接近，H 大约为 0.5。而如果 D 是高度倾斜的，H 将会接近 1。

2．聚类结果评估

（1）簇数量评估

【某互联网公司面试题 3-8：如何决定聚类算法的聚类个数】

答案：簇过多或者过少对结果的解读会产生较大的影响。合适的簇数可以控制适当的聚类分析

粒度。这可以看成在聚类分析的可压缩性与准确性之间寻找好的平衡点。而且类似 k 均值这样的算法也需要在算法开始时指定簇的数量。

一种简单的经验方法是，对于 n 个点的数据集，设置簇数 p 大约为 $\sqrt{n/2}$。在期望下，每个簇大约有 $\sqrt{2n}$ 个点。

有一种叫"肘部法则"的方法。该方法是一种启发式方法，它主要使用簇内方差和关于簇个数的曲线的拐点。肘部法则的计算原理是评估成本函数，成本函数是类别畸变程度之和，每个类的畸变程度等于每个变量点到其类别中心的位置距离平方和，若类内部的成员彼此间越紧凑，"则类的畸变程度越小，反之，若类内部的成员彼此间越分散，则类的畸变程度越大。在选择类别数量上，肘部法则"会把不同值的成本函数值画出来。随着值的增大，平均畸变程度会减小；每个类包含的样本数会减少，于是样本离其重心会更近。但是，随着值继续增大，平均畸变程度的改善效果会不断减低。值增大过程中，畸变程度的改善效果下降幅度最大的位置对应的值就是"肘部"。

此外还有交叉验证方法，该方法将数据分为 m 部分；用 m-1 部分获得聚类模型，即获得了 K 个质心点，余下部分评估聚类质量，测试样本与 K 个类中心的距离和；对 k>0 重复 m 次，比较总体质量，选择能获得最好聚类质量的 k。

（2）簇质量评估

【某互联网公司面试题 3-9：如何评估聚类的质量】

答案：一个好的簇应该把所有应该纳入本簇的元素都纳入进来，而其他元素都应该排除在外，簇和簇之间有较为明显的界限。通常认为簇内越紧密，簇间距越大越好。除此之外，从运用的角度来说，通过算法判断的元素的最终归属与人工判断结果越吻合越好。

通常用两种方法评估簇的质量：一种叫外部方法，另一种叫内部方法。如果我们有已经标注好的样本当基准，就可以使用外部方法进行评估，因此，外部方法又叫监督方法；如果没有这样的样本，就可以使用内部方法来评估，内部方法又称为无监督方法。外部方法的评价指标和分类算法的一致。

1）内部方法。内部方法通过考察簇的分离情况和簇的紧凑情况来评估聚类。许多内在方法都利用数据集的对象之间的相似性度量。

当真实分组情况未知时，可以用记录的特征向量计算内平方和 WSS（Within Sum of Squares）和外平方和 BSS（Between Sum of Squares）作为评价指标。对于有 m 条记录，n 个变量的聚类问题来说，WSS 和 BSS 的定义式为：

$$WSS=\sum_{i=1}^{m}d(\boldsymbol{p}_i,\boldsymbol{q}^{(i)})^2=\sum_{i=1}^{m}\sum_{j=1}^{n}(\boldsymbol{p}_{ij}-\boldsymbol{q}_j^{(i)})^2;$$

$$BSS=\sum_{k=1}^{K}\left|Z_k\right|d(\boldsymbol{Q},\boldsymbol{q}_k)^2=\sum_{k=1}^{K}\sum_{j=1}^{n}\left|Z_k\right|(\boldsymbol{Q}_j-\boldsymbol{q}_{kj})^2。$$

其中，

$\boldsymbol{p}_{\mathrm{i}}=(p_{i1},p_{i2},\cdots,p_{in})$ 表示记录 i 的特征向量；

$\boldsymbol{q}^{(i)}=(q_1^{(i)},q_2^{(i)},\cdots,q_n^{(i)})$ 表示记录 i 所在聚类中心点的特征向量；

k 为聚类总数，z_k 为第 k 聚类中的记录数目；

$\boldsymbol{Q}=(Q_1,Q_2,\cdots,Q_n)$ 为所有记录中心点的特征向量；

$\boldsymbol{q}_k=(q_{k1},q_{k2},\cdots,q_{kn})$ 表示第 k 聚类中心点的特征向量。

WSS 和 BSS 分别度量相同聚类内部记录之间的不相似度和不同聚类间记录的不相似度。显然，WSS 越小，BSS 越大，聚类结果越好。

2）外部方法。如果能够得到类别标签，那么聚类结果也可以像分类那样使用混淆矩阵（precision、recall、F-measure）作为评价指标（这个方法将在分类算法的评估里进行讲解）。

在此，我们从另外的两个角度来考虑通过外部的方法评价聚类的质量，一个是均一性，另外一个是完整性。

在介绍这两个指标前，有必要先讲解对聚类的熵的计算。

假设数据集中有 N 个成员，总共可分为 C 个类，聚成了 K 个簇。既属于类 j 又属于簇 i 的成员数表示为 a_{ij}。

则类 C 和簇 K 的互信息为

$$H(C,K)=H(K,C)=-\sum_{i=1}^{K}\frac{a_{ij}}{\mathrm{N}}\log_2\frac{a_{ij}}{N}$$

对于某个簇 i，其中包含类 j，它的熵可以表示为 $\frac{a_{ij}}{N}\log_2\frac{a_{ij}}{\sum_{j=1}^{C}a_{ij}}$，所有簇的熵：

$$H(C|K)=-\sum_{i=1}^{K}\sum_{j=1}^{C}\frac{a_{ij}}{N}\log_2\frac{a_{ij}}{\sum_{j=1}^{C}a_{ij}}$$

同理，所有类的熵为 $H(K|C)=-\sum_{j=1}^{C}\sum_{i=1}^{K}\frac{a_{ij}}{N}\log_2\frac{a_{ij}}{\sum_{i=1}^{K}a_{ij}}$。

所谓均一性是指每个簇中只包含一个类别的样本。定义为，如果一个簇中的类别只有 1 个，那么均一性就是 1，如果有多个类别，那么就计算该类别下的簇的条件熵 $H(C|K)$。

$$h=\begin{cases}1, & \text{if } H(C,K)=0\\ 1-\dfrac{H(C|K)}{H(C,K)}, & \text{otherwise}\end{cases}$$

完整性指同类别样本被归类到相同的簇中，如果同类样本全部被分在同一个簇中，则完整性为 1，如果同类样本被分到不同簇中，计算条件熵 $H(K|C)$，值越大则完整性越小。

$$c=\begin{cases}1, & \text{if } H(K,C)=0\\ 1-\dfrac{H(K|C)}{H(K,C)}, & \text{otherwise}\end{cases}$$

显然，如果单独考虑均一性或者完整性都是片面的，因此，引入了两个指标的加权平均值 V-Measure。如果 $\beta>1$ 则更注重完整性，如果 $\beta<1$ 则更注重均一性。

$$V_\beta=\frac{(1+\beta)*h*c}{\beta*h+c}$$

此外，还有纯度定义，即某个簇 i 的纯度取决于其中成员数最多的那个类。假设这个类拥有的成员数为 c，簇 i 的成员数为 m_i，簇 i 的纯度 $p_i=\mathrm{c}/m_i$，那么整个聚类结果的纯度为所有簇的纯度之和 purit y=$\sum_{i=1}^{K}\frac{m_i}{m}p_i$。

3）轮廓系数评估

轮廓系数（Silhouette Coefficient）是聚类效果好坏的一种评价方式。最早是由 Peter J. Rousseeuw 在 1986 年提出来的。它结合了内聚度和分离度两种因素，可以用来在相同原始数据的基础上评价不同算法或者算法不同运行方式对聚类结果所产生的影响。

轮廓系数的计算方法如下。

1）计算样本 i 到同簇其他样本的平均距离 a_i。a_i 越小，说明样本 i 越应该被聚类到该簇。将 a_i 称为样本 i 的簇内不相似度。簇 C 中所有样本的 a_i 均值称为簇 C 的簇不相似度。

2）计算样本 i 到其他某簇 C_j 的所有样本的平均距离 b_{ij}，称为样本 i 与簇 C_j 的不相似度。定义为样本 i 的簇间不相似度：$b_i = \min\{b_{i1}, b_{i3}, \cdots, b_{in}\}$，$b_i$ 越大，说明样本 i 越不属于其他簇。

3）根据样本 i 的簇内不相似度 a_i 和簇间不相似度 b_i，定义样本 i 的轮廓系数：

$$s(i) = \frac{b_i - a_i}{\max(a_i, b_i)}$$

所有样本的 $s(i)$ 的均值称为聚类结果的轮廓系数，是该聚类是否合理、有效的度量。

结论：若 $s(i)$ 接近 1，则说明样本 i 聚类合理；若 $s(i)$ 接近−1，则说明样本 i 更应该分类到另外的簇；若 $s(i)$ 近似为 0，则说明样本 i 在两个簇的边界上。

当簇密度较高且分离较大时，聚类的轮廓系数较大。一般来说凸簇的轮廓系数比其他类型的簇都要大，比如通过 DBSCAN 获得的机遇密度的簇。

3. 聚类结果稳定性评估

【某互联网公司面试题 3-10：什么是聚类结果的稳定性】

答案：关于聚类结果的稳定性有两层含义：一个是不改变算法和数据集情况下的稳定，如果一个聚类算法运用在同一数据集上，每次运行产生的聚类结果都不同，那么这个稳定性就比较差；另一个是不改变算法，但是会引入新的数据（或者原有数据集中个别数据被更新了）的情况下，聚类结果是否有较大变化。

Ulrike von Luxburg 在“Clustering Stability: An Overview”一文中对此进行了专门研究，论文中给了如下一个例子。

在这个例子中，方块代表数据点，潜在分类是 4 个圆圈（见图 3-4）。如果我们让聚类算法设置的聚类数目为 k=2，那 sample 1 可能用水平虚线分，sample 2 用竖虚线分，两次对“相同”数据的聚类完全不同，那就是不稳定的。如果 k=5，从聚类结果中可以看到下面两个圆圈被聚类的结果不变，因此 k=5 比 k=2 要稳定，即聚类结果的稳定性越高，引入新的聚类规则后再次聚类结果越不容易被改变。比如第一次聚类之后发现 k=4 是最稳定的，那之后不管是增加了新的点，还是有一些点的数值被更新，因为这些点来自相同的潜在分类，所以总体上还是 k=4 最稳定，不会因为多出了一些点而多出一个新的类（在第一次聚类时数据充足的情况下）。当然稳定性只是提供一个对聚类结果评估的参考，因为如果 k=1，稳定性肯定最高。

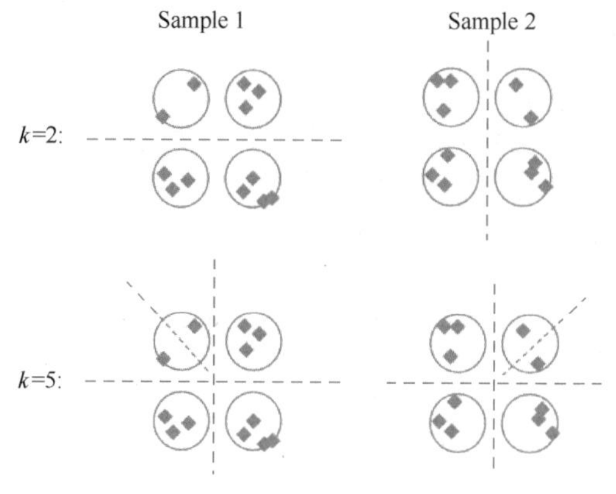

● 图 3-4　聚类结果稳定性研究

关于稳定性的计算方法，该论文的大致思想如下：对于某聚类算法，给定聚类数目 k 和原始数据集 **S**，我们可以采用抽样或者加噪声的方法根据原始数据集 **S** 产生 n 个不同的数据集 $\mathbf{S}_1,\mathbf{S}_2,\cdots,\mathbf{S}_n$。对数据集 $\mathbf{S}_i$ 进行聚类得到聚类结果 C_i，对数据集 $\mathbf{S}_j$ 进行聚类得到聚类结果 C_j，计算两个结果之间的相似性 $d(C_i,C_j)$

从而聚类结果的不稳定性 Instab=$\frac{1}{n^2}\sum_{i,j=1}^{n}d(C_i,C_j)$。

3.2 常用分类算法

分类算法是指通过对已知类别训练集的计算和分析，从中发现类别规则，以此预测新数据的类别的一类算法。分类算法是解决分类问题的方法，是数据挖掘、机器学习和模式识别中一个重要的研究领域。

3.2.1 决策树

1．基本原理

决策树算法的主要任务就是找到一个分类器，用于对未知数据进行分类。通常都是以一定量的数据为基础选择某种分裂准则来训练分类器。

（1）信息熵

在决策树算法中，信息熵是一个非常重要的概念。一件事发生的概率越小，我们认为它所蕴含的信息量（熵）越大。

类的信息熵是这样定义的，如果某个数据样本被分为 n 类，其中某一类出现的概率为 $p(x_i)$【注释：$p(x_i)$等于该类中数据记录的条数除以数据集中所有数据记录的条数】，那么这个类的信息熵为：

$$p(x_i)\log(p(x_i))。$$

这个数据集的信息熵 info1 就是所有类（一级分类）的信息熵之和，公式如下：

$$H(x)=-\sum_{i=1}^{n}p(x_i)\log(p(x_i))。$$

按照某个属性划分后，二级分类的信息熵计算需要考虑权重的问题，二级分类的各类（看成独立的数据集）需要按照上述公式单独计算初始信息熵，权重值为该二级分类中元素的数量占总数据集中元素的数量之比，则各二级分类的信息熵为权重值乘以初始信息熵。划分后的信息熵为各二级分类的信息熵之和 info2。

（2）决策树和信息熵

【某互联网公司面试题 3-11：ID3、CART 和 C4.5 算法有什么区别】

答案：有三种决策树算法是根据信息熵来得到决策树分裂规则的。其中，ID3 是基于信息增益（信息增益=info1−info2）作为属性选择的度量，C4.5 是基于信息增益率（信息增益率=（info1−info2）/info2）作为属性选择的度量，CART 是基于 Gini 系数作为属性选择的度量。

数据集中往往不止一个属性，如果属性个数 m>1，可以计算 m 个这样的增益值（或者增益率或者 Gini 系数），最后看哪个增益值最大，就选择哪个属性对数据进行分裂，用同样的原理去寻找第 2 个这样的属性，接着再找第 3 个……直到所有的属性都被划分完毕，就形成了一棵决策树。

ID3 算法的原理是以信息熵为度量，用于决策树节点的属性选择，每次优选信息量最多的属性，以构造一棵熵值下降最快的决策树，到叶子节点处的熵值为 0，此时每个叶子节点对应的实例集中的实例属于同一类。

根据信息增益的计算原理，可以发现 ID3 可能导致过多的类，因为类越多，划分后的信息量越小（记录条数太少），从而得到的信息增益将越多，而我们并不一定需要这样的分类效果。

为了克服这种情况，又提出了 C4.5 算法，该算法使用信息增益率来作为分裂规则，信息增益率=（info1−info2）/info2，选择增益率最大的属性作为分裂属性。这个方法的问题是，info2 可能越来越小，并逐渐趋近于 0，将会导致这个比例值不稳定，为了避免这种情况，需要增加一个约束，选取测试的信息增益必须较大，一般应该不小于所考察的所有测试的平均增益。

除了上述方法外，还有 CART 算法，该算法使用 Gini 指标作为分裂准则度量。

其实 Gini 指数最早应用在经济学中，是主要用来衡量收入分配公平度的指标。在 CART 算法中用 Gini 指数来衡量数据的不纯度或者不确定性，同时用 Gini 指数来决定类别变量的最优二分值的切分问题。

在分类问题中，假设有 K 个类，样本点属于第 k 类的概率为 p_k，则概率分布的 Gini 指数的定义为：

$$\text{Gini}(p)=\sum_{k=1}^{K}p_k(1-p_k)=1-\sum_{k=1}^{K}p_k^2。$$

因为 CART 树是二叉树，如果样本集合 D 根据某个特征 A 被分割为 $D1$、$D2$ 两个部分【注释：因为 CART 树是二叉树，如果特征 A 具有 2 个以上的值，它仍然要被分为 $D1$、$D2$ 两个部分】，那么在特征 A 的条件下，集合 D 的 Gini 指数的定义为：

$$\text{Gini}(D,A)=\frac{D_1}{D}\text{Gini}(D_1)+\frac{D_2}{D}\text{Gini}(D_2)。$$

Gini 指数 Gini(D,A)表示特征 A 不同分组的数据集 D 的不确定性。Gini 指数值越大，样本集合的不确定性也就越大，这一点与熵的概念比较类似。

基于以上的理论，我们可以通过 Gini 指数来确定某个特征的最优切分点（也即只需要确保切分后某点的 Gini 指数值最小），这就是决策树 CART 算法中类别变量切分的关键所在。

2. 算法步骤

构建决策树的关键步骤是分裂属性，指在某个节点按照一类特征属性的不同划分构建不同的分支，使每个分支中的数据类别尽可能地纯。

决策树是一种贪心算法策略，只考虑当前数据特征的最好分割方式，不能回溯操作（只能从上往下分割）。

步骤如下。

1）将所有的特征看成一个一个的节点。

2）遍历所有特征，遍历到其中某一个特征时，遍历当前特征的所有分割方式，找到最好的分割点，将数据划分为不同的子节点，计算划分后子节点的纯度信息。

3）在遍历的所有特征中，比较寻找最优的特征以及最优特征的最优划分方式，纯度越高，则对当前数据集进行分割操作。

4）对新的子节点继续执行 2）～3）步，直到每个最终的子节点都足够纯。

决策树算法构建的停止条件如下。

1）当子节点中只有一种类型的时候停止构建（会导致过拟合）。

2）当前节点中样本数小于某个值，同时迭代次数达到指定值，停止构建，此时使用该节点中出现最多的类别样本数据作为对应值（比较常用）。

3. 算法分析

（1）算法特点

决策树算法不需要任何领域知识或参数假设，适合高维数据，简单易于理解，可在短时间内处理大量数据，得到可行且效果较好的结果，而且能够同时处理数据型和常规型属性。对中间值的缺失不敏感，比较适合处理有缺失属性值的样本，能够处理不相关的特征。应用范围广，可以对很多属性的数据集构造决策树，可扩展性强。

决策树的最大缺点是容易发生过拟合，其次是容易忽略数据集中属性的相互关联，还有就是对于那些各类别样本数量不一致的数据，在决策树中进行属性划分时，不同的判定准则会带来不同的属性选择倾向；信息增益准则对可取数目较多的属性有所偏好，而增益率准则 CART 则对可取数目较少的属性有所偏好，但 CART 进行属性划分时候不再简单地直接利用增益率进行划分，而是采用一种启发式规则。

（2）回归树

【某互联网公司面试题 3-12：什么是回归树，它和分类树有什么区别】

答案：决策树不仅可以用来分类，也可以用来回归。

以 C4.5 分类树为例，它在每次分枝时，是穷举每一个 feature 的每一个阈值，找到使得按照 feature<=阈值和 feature>阈值分成的两个分枝的熵最大的阈值，按照该标准分枝得到两个新节点。分类树一般使用信息增益或增益比率来划分节点，采用每个节点样本的类别情况投票决定测试样本的类别。

回归树总体流程也是类似，区别在于，回归树的每个节点（不一定是叶子节点）都会得一个预测值。以年龄为例，该预测值等于属于这个节点的所有人年龄的平均值。分枝时穷举每一个 feature 的每个阈值，找最好的分割点，但衡量最好的标准不再是最大熵，而是最小化均方差即（每个人的年龄-预测年龄）^2 的总和除以 N。也就是被预测出错的人数越多，错的越离谱，均方差就越大，通过最小化均方差能够找到最可靠的分枝依据。分枝直到每个叶子节点上人的年龄都唯一或者达到预设的终止条件（如叶子个数上限）。

回归树与分类树的差别主要在于两点。

不同点 1

分类树主要用于将数据集分类到响应变量所对应的不同类别里，通常响应变量对应两类，即 0 或 1。如果目标变量对应了 2 个以上的类别，则需要使用分类树的一个扩展版 C4.5。然而对于一个二分类问题，常常使用标准的 CART 算法。不难看出分类树主要用于响应变量天然对应分类的情况。

回归树主要用于响应变量是数值的或者连续的情况下，例如预测商品的价格，其适用于预测一些非分类的问题。【注意：预测源或者说自变量也可能是分类的或者数值的，但决策树的选择只和目标变量的类型有关】

不同点 2

标准分类树的思想是根据数据的相似性（Homogeneity）来进行数据的分类。对于标准的非纯度计算，一般会基于一个可计算的模型，比如 Entropy 或者 Gini Index 通常用来量化分类树的均匀性。

回归树并不采用熵或基尼系数，而是将连续的特征采用分割点分割成离散的区间，以左右两侧的 RSS 最小为优化目标。

用于回归树里的目标变量是连续的，通常用自变量拟合一个回归模型。然后对于每个自变量，数据被几个分割点分离。在每个分割点，最小化预测值和真实值的误差和（SSE）得到回归模型的分类方法。

CART 既可以作为分类树，又可以作为回归树，如果我们想预测一个人是否会拖欠贷款，那么构建的 CART 将是分类树；如果想预测一个人的收入，那么构建的将是回归树。

CART 又名分类回归树，是在 ID3 的基础上进行优化的决策树，学习 CART 记住以下几个关键点。

1）CART 既能是分类树，又能是回归树。

2）当 CART 是分类树时，采用 Gini 值作为节点分裂的依据；当 CART 是回归树时，采用样本的最小方差作为节点分裂的依据。

3）CART 是一棵二叉树。

分类树的作用是通过一个对象的特征来预测该对象所属的类别，而回归树的目的是根据一个对象的信息预测该对象的属性，并以数值表示。

【某互联网公司面试题 3-13：根据数据训练出一个决策树模型】

我们需要根据以下数据训练出一个模型来判断某个人是否拖欠贷款（见表 3-1）。

表 3-1 贷款人信息

序号	是否有房	婚姻状况	年收入	是否拖欠贷款
1	Yes	Single	125	No
2	No	Married	100	No
3	No	Single	70	No
4	Yes	Married	120	No
5	No	Divorced	95	Yes
6	No	Married	60	No
7	Yes	Divorced	220	No
8	No	Single	85	Yes
9	No	Married	75	No
10	No	Single	90	Yes

答案：首先对数据集非类标号属性{是否有房，婚姻状况，年收入}分别计算它们的 Gini 系数增益，取 Gini 系数增益值最大的属性作为决策树的根节点属性。

第一步，根据根节点可以分为两类（Yes/No），划分情况见表 3-2。

表 3-2 是否拖欠贷款

	是否拖欠贷款
Yes	3
No	7

则根节点的 Gini 系数为：

Gini（是否拖欠贷款）=1-（3/10）^2-（7/10）^2=0.42

第二步，进行三种方式的划分。

第一种划分方式：根据是否有房来进行划分时，对是否拖欠贷款的人进一步按照是否有房进行划分，见表 3-3。

表 3-3 同时按照是否拖欠贷款和是否有房进行划分

		是否有房	
		N1(yes)	N2(no)
是否拖欠贷款	Yes	0	3
	No	3	4

Gini 系数增益计算过程为：

Gini（有房）=1-（0/3）^2-（3/3）^2=0

Gini（无房）=1-（3/7）^2-（4/7）^2=0.4898

Gini{是否有房}=0.42-7/10×0.4898-3/10×0=0.077

第二种划分方式：按婚姻状况属性来进行划分，婚姻状况属性有三个可能的取值{married，single，divorced}，需要进行分组后，再计算 Gini 系数增益。

当分组为{married} | {single,divorced}时，

Gini{婚姻状况}=0.42-4/10×0-6/10×[1-(3/6)^2-(3/6)^2]=0.12。

当分组为{single} | {married,divorced}时，

Gini{婚姻状况}=0.42-4/10×0.5-6/10×[1-(1/6^)2-(5/6)^2]=0.053。

当分组为{divorced} | {single,married}时，

Gini{婚姻状况}=0.42-2/10×0.5-8/10×[1-(2/8)^2-(6/8)^2]=0.02。

如果要根据婚姻状况属性来划分根节点，那么取 Gini 系数增益最大的分组作为划分结果，也就是{married} | {single,divorced}，此时 Gini 系数增益值为 0.12。

第三种划分方式：按照年收入进行划分。

因为年收入属性为数值型属性，首先需要对数据按升序排序，然后从小到大依次用相邻值的中间值作为分隔将样本划分为两组。例如，当面对年收入为 60 和 70 这两个值时，算得其中间值为 65。倘若以中间值 65 作为分割点。Sl 作为年收入小于 65 的样本，Sr 表示年收入大于等于 65 的样本，于是则得 Gini 系数增益为

Gini（年收入）=0.42-1/10×0-9/10×[1-（6/9）^2-（3/9）^2]=0.02

其他值的计算同理可得，我们不再逐一给出计算过程，仅列出结果如下（最终我们取其中使得增益最大化的那个二分准则来作为构建二叉树的准则，见表 3-4。

表 3-4　以婚姻状况作为根节点进行划分计算 Gini 系数增益

是否拖欠贷款	No	No	No	Yes	Yes	Yes	No	No	No	No
年收入	60	70	75	85	90	95	100	120	125	220
相邻值中点	65	72.5	80	87.7	92.5	97.5	110	122.5	172.5	
Gini 系数增益	0.02	0.045	0.077	0.003	0.02	0.12	0.077	0.045	0.02	

第三步，对比以上三种划分方式，三个属性划分根节点的增益最大的有两个：年收入属性和婚姻状况，它们的增益都为 0.12。

此时，可以选取首先出现的婚姻属性作为第一次划分【注释：其中 Married 对应 4 条记录，Single、Divorced 对应 6 条记录】。

接下来有两种划分方式，分别是是否有房以及年收入属性。

其中根节点的 Gini 系数为：

Gini（是否拖欠贷款）=1-（3/6）^2-（3/6）^2=0.5

与前面的计算过程类似，对于是否有房属性，可得

Gini{是否有房}=0.5-4/6×[1-（3/4）^2-（1/4）^2]-2/6×0=0.25。

那么，对于年收入属性则有表 3-5 所示的结果。

表 3-5　以婚姻状况作为根节点按照年收入进行划分计算 Gini 系数增益

是否拖欠贷款	No	Yes	Yes	Yes	No	No
年收入	70	85	90	95	125	220
相邻值中点	77.5	87.7	92.5	110	172.5	
Gini 系数增益	0.1	0.25	0.05	0.25	0.1	

比较两个属性划分婚姻属性的节点的 Gini 增益，选择是否有房属性作为第二次划分，最后还剩下年收入属性作为第三次划分。

最后构建的 CART 树如图 3-5 所示。

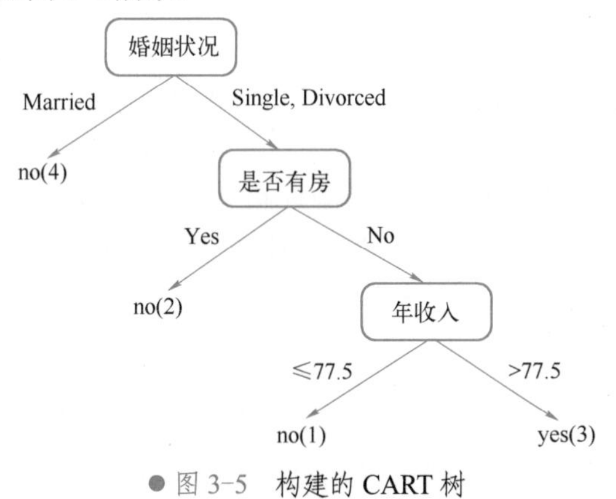

● 图 3-5 构建的 CART 树

↗3.2.2 朴素贝叶斯

银行在向个人发放信用卡时，都会要求申请人提供一些个人的背景信息，银行会对这些信息进行审核，然后再决定是否发放信用卡。对于银行来讲，这种审核是很有用的。因为银行保存了很多信用卡持有人的信用记录，也知道这些持卡人的一些基本情况和财务情况，可以根据这些过去的记录对信用卡持有人进行分类，找出那些经常逾期还款，信用不好的人，然后把这部分人的特征提取出来，用于指导以后的发卡审核。简单来说，如果银行已经知道了信用不好的人具有哪些特征，就可以通过贝叶斯概率模型预测新申请人未来违约的概率。

1. 基本原理

贝叶斯的基础思想就是对于给出的待分类项，求解在此项出现的条件下，各个类别出现的概率，哪个最大，就认为此分类项属于哪个类别。

这里主要利用了贝叶斯公式：$P(B|A)=\dfrac{P(A|B)P(B)}{P(A)}$。

换成通俗的表达：$P(\text{类别}|\text{特征})=\dfrac{P(\text{特征}|\text{类别})P(\text{类别})}{P(\text{特征})}$。

因为分母对于所有类别为常数，实际计算时，只要将分子最大化即可，即用公式的推导形式：

$$P(\text{类别}|\text{特征}) * P(\text{特征})=P(\text{特征}|\text{类别})P(\text{类别})$$

如果有多个特征，且特征是相互独立的，那么，

$$\begin{aligned}P(\text{特征}|\text{类别})&=P(\text{特征1}|\text{类别})*P(\text{特征2}|\text{类别})*\cdots*P(\text{特征}n|\text{类别})\\&=\prod_{i=1}^{n}P(\text{特征}i|\text{类别})\end{aligned}$$

2. 算法步骤

【某互联网公司面试题 3-14：如何训练得到一个贝叶斯分类器】

答案：贝叶斯分类器的构建流程非常简单，主要是根据训练样本计算某个多特征组合可能对应的类别的条件概率 P(类别|特征组合)，取概率最大的那个类别。流程如下。

1）计算每个类别出现的概率。

2）计算各类别下各个特征属性的条件概率估计。

3）对每个类别计算 P(特征|类别) P(类别)。

4）以 P(特征|类别) P(类别)的最大项作为特征的所属类别。

3. 算法分析

朴素贝叶斯是一种简单但极为强大的预测建模算法。之所以称为朴素贝叶斯，是因为它假设每个输入变量是独立的，这是一个强硬的假设，实际情况并不一定，但是这项技术对于绝大部分的复杂问题仍然非常有效。

朴素贝叶斯可以和决策树、神经网络分类算法相媲美，能运用于大型数据库中。具有方法简单、分类准确率高、速度快、所需估计的参数少、对于缺失数据不敏感的特点。对小规模的数据表现很好，适合多分类任务，也适合增量式训练。

朴素贝叶斯对输入数据是否离散很敏感，通常在离散数据上表现较好，连续值往往要被转化为离散数据后再应用朴素贝叶斯算法。还有使用朴素贝叶斯的前提假设是各输入变量是独立的，现实中这种情况往往达不到，比如在对人的信用进行评估时，收入、性别、学历都有可能成为一个输入变量，而这些变量彼此之间并不是独立的。在变量相关性较小时，朴素贝叶斯性能最为良好。

计算贝叶斯概率需要依赖两个数，一个是 P(特征|类别)，一个是 P(类别)。一般使用极大似然法来估计，但是这个方法的问题是样本很少时，估计不准确。极端情况下由于某些特征在训练样本中没有出现过，导致该特征出现概率为 0 的情况，这就非常不合理了，我们不能因为一个事件没有观察到就武断地认为该事件的概率是 0。可以用拉普拉斯平滑来解决这个问题，即贝叶斯条件概率的分子分母同时加 1 的方法，实际中不是加 1 而是加 λ，λ 是介于 0 和 1 之间的一个数，如果对 N 个类的计算都加上 λ，这时分母应该加上 $N^*\lambda$。

3.2.3 KNN

1. 基本原理

KNN 算法的原理是通过计算每个训练样本到待分类样本的距离，取和待分类样本距离最近的 K 个训练样本，K 个样本中哪个类别的训练样本占多数，则待分类样本就属于哪个类别，如图 3-6 所示。

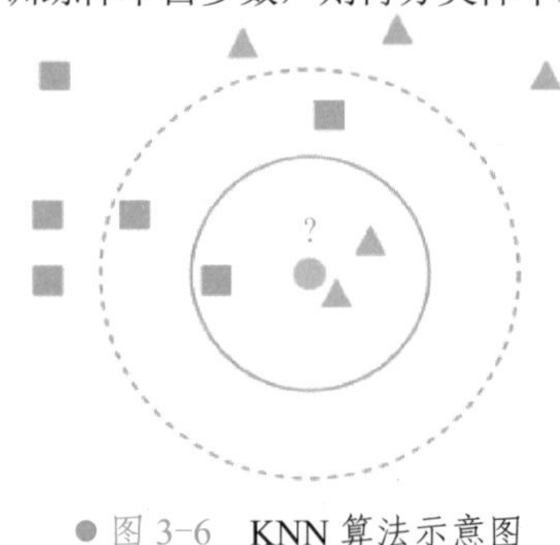

● 图 3-6 KNN 算法示意图

2. 算法步骤

KNN 即最近邻算法，其主要过程如下。

1）计算训练样本和测试样本中每个样本点的距离（常见的距离度量有欧式距离、马氏距离等）。

2）对上面所有的距离值进行排序。

3）选前 k 个最小距离的样本。

4）根据这 k 个样本的标签进行投票，得到最后的分类类别。

3. 算法分析

【某互联网公司面试题 3-15：Kmeans 算法和 KNN 算法有什么异同】

答案：Kmeans 和 KNN 算法看起来比较相似，然而这两个算法解决的是数据挖掘中的两类问题。Kmeans 是聚类算法，KNN 是分类算法；其次，这两个算法分别是两种不同的学习方式。Kmeans 是非监督学习，也就是不需要事先给出分类标签，而 KNN 是有监督学习，需要给出训练数据的分类标识；最后，*K* 值的含义不同。Kmeans 中的 *K* 值代表 *K* 类。KNN 中的 *K* 值代表 *K* 个最接近的邻居。

如何选择一个最佳的 *K* 值，这取决于数据。一般情况下，在分类时较大的 *K* 值能够减小噪声的影响。但会使类别之间的界限变得模糊。一个较好 的 *K* 值可通过各种启发式技术来获取，比如，交叉验证。另外噪声和非相关性特征向量的存在会使 *K* 近邻算法的准确性减小。

K 近邻算法具有较强的一致性结果。随着数据趋于无限，算法保证错误率不会超过贝叶斯算法错误率的两倍。对于一些好的 *K* 值，K 近邻保证错误率不会超过贝叶斯理论误差率。

K 近邻算法具有以下优点。

1）简单好用、容易理解、精度高、理论成熟，既可以用来做分类，也可以用来做回归。

2）可用于数值型数据和离散型数据。

3）训练时间复杂度为 $O(n)$。

4）类别体系的变化或者训练集变化时，重新训练的代价较低。

5）对异常值不敏感。

6）由于 KNN 方法主要依赖周围有限的邻近的样本，而不是靠判别类域的方法来确定所属类别，因此对于类域的交叉或重叠较多的待分样本集来说，KNN 方法较其他方法更为适合。

7）适用于样本容量比较大的分类问题，也适合处理多模分类和多标签分类问题。

K 近邻算法具有以下缺点。

1）需要计算到所有样本点的距离，因此计算量比较大，目前常用的解决方法是事先对已知样本点进行剪辑，并去除对分类作用不大的样本。

2）样本不平衡会导致预测偏差较大，可采用加权投票法改进。

3）较大的缺点是无法给出数据的内在含义。

4）易对维度灾难敏感。

5）类别评分不是规格化的。

3.2.4 SVM

1. 基本原理

【某互联网公司面试题 3-16：请简述 SVM 的原理】

答案：支持向量机把分类问题转化为寻找分类平面的问题，并通过最大化分类边界点距离分类平面的距离来实现分类。

SVM 计算的过程就是帮我们找到超平面的过程，它有个核心的概念——分类间隔。SVM 的目标就是找出所有分类间隔中最大的那个值对应的超平面。在数学上，这是一个凸优化问题。可以根据数据是否线性可分，把 SVM 分成硬间隔 SVM、软间隔 SVM 和非线性 SVM。

以二维分类问题为例，SVM 就是找一条分割线把两类分开，问题是如图 3-7 所示三条线都可以把点和星划开，但哪条线是最优的呢？这就是我们要考虑的问题。

首先先假设一条直线 $W*X+b=0$ 为最优的分割线，可以把两类分开。在高维空间中这样的直线被称为超平面，因为当维数大于三的时候我们已经无法想象出这个平面的具体样子。那些距离这个超平面最近的点就是所谓支持向量，实际上如果确定了支持向量也就确定了这个超平面，找到这些支持向量之后其他样本就不会起作用了。

● 图 3-7　SVM 算法分类

我们的目标是寻找一个超平面，使得离超平面比较近的点能有更大的间距。也就是不考虑所有的点都必须远离超平面，关心求得的超平面能够让所有点中离它最近的点具有最大间距。

接下来我们对线性可分的 SVM 算法进行一个极为简化的推导，目的是让读者了解 SVM 的基本原理，更为细致的推导，读者们可以参考其他资料深入了解。

2．算法推导

【某互联网公司面试题 3-17：请简单推导 SVM 算法的约束方程】

答案：如图 3-8 所示，假设我们找到了一个超平面 $H0\!:\boldsymbol{W}^{\mathrm{T}} * X + b = 0$，其中权重向量$\boldsymbol{W}^{\mathrm{T}}$，$b$ 未知。为了更直观的理解，以下我们以一维训练元组为例进行叙述【注释：一维情形下，数据只有一个属性，根据这一个属性来对数据进行分类，此时超平面方程就变成直线方程了】。

那么位于这个超平面上方的点必然满足$\boldsymbol{W}^{\mathrm{T}} * X + b > 0$，位于这个超平面下方的点必然满足$\boldsymbol{W}^{\mathrm{T}} * X + b < 0$。

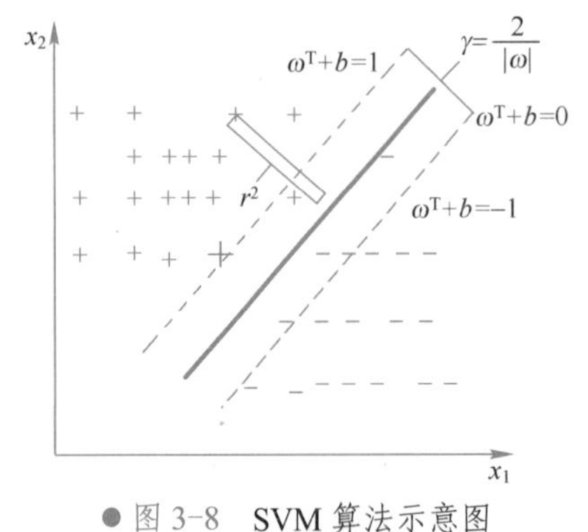

● 图 3-8　SVM 算法示意图

如果我们标记正例为 1，负例为-1。如图 3-8 所示，对于“间隔带”两边的虚线，可以分别用不同的超平面方程来表示，即 $H1\!:\boldsymbol{W}^{\mathrm{T}} * X + b = 1$ 和 $H2\!:\boldsymbol{W}^{\mathrm{T}} * X + b = -1$。

那么所有的正例样本都满足$\boldsymbol{W}^{\mathrm{T}} * X + b >= 1$，所有的负例样本都满足$\boldsymbol{W}^{\mathrm{T}} * X + b <= -1$。

所有落在边界 $H1$ 和 $H2$ 上的点被称为支持向量。从这里可以看出，由于 $H1$ 和 $H2$ 之间是“软间隔”空间，其间没有任何数据点，因此只有支持向量的位置影响分类结果，其他样本点都位于支持向量以外，它们对分类结果毫无影响。只要不改变支持向量，无论对数据样本做出什么样的增减改变，都不会影响 SVM 的性能。这个特点使得 SVM 不太容易过拟合。

超平面 $H0$ 正好处于 $H1$ 和 $H2$ 的正中间，不难计算 $H0$ 和 $H1$ 之间的距离为$\frac{1}{\| w \|}$，把 $H1$ 和 $H2$

之间的距离称为“最大边缘”，那么它们之间的距离为$\frac{2}{\|w\|}$，我们的目标就是让$\frac{2}{\|w\|}$最大，而且权重向量W未知。

为了后面计算方便，把这个问题等价转换为求$\frac{1}{2}\|w\|^2$【注释：$\|w\|^2=\boldsymbol{W}^{\mathrm{T}}*\boldsymbol{W}$】最小化，约束条件是 $y(\boldsymbol{W}^{\mathrm{T}}*X+b)-1>=0$

用数学语言表示如下：

$$\min_{w,b}\frac{1}{2}\|w\|^2$$

$$\text{s.t. } y_i(\boldsymbol{W}^{\mathrm{T}}*\boldsymbol{x}_i+\mathrm{b})-1>=0$$

式中，$i=1,2,\cdots,m$，$\boldsymbol{x}_i$是属性向量，y_i是标签。

注意：m个样本将对应m个约束。

以上问题是一个有约束条件的优化问题，通常可以用拉格朗日乘子法来进行求解，并且还会用到SMO算法。

SMO 算法全称为序列最小最优化算法，用于解决多变量的凸优化问题。针对多变量的最优解问题，SMO算法通过从变量集中选取两个变量，剩余的变量视为常量来计算局部最优解，然后再以递进的方式求出全局最优解。

【某互联网公司面试题3-18：SVM算法是如何解决噪声问题的】

答案：SVM 算法在求解的过程，因为实际中的数据几乎都或多或少都会存在一些噪点。这就有可能造成数据不是线性可分的，那么就需要加入松弛变量，这就是所谓的“软间隔化”。支持向量机要求所有样本都必须划分正确，这称为“硬间隔”，而软间隔是允许一部分样本不满足约束条件的，但这样的样本要尽可能少。求解过程几乎与上面的过程一样，只是多了一个惩罚因子C和松弛变量ξ。

【某互联网公司面试题3-19：SVM算法是如何解决非线性可分问题的】

答案：对于非线性可分问题，需要引入核函数。引入核函数的目的是为了将数据映射到高维空间，来解决在原始空间中线性不可分的问题。

3. 算法分析

SVM 算法泛化能力较强，可以用于线性或者非线性分类，也可以用于回归：解决高维问题（文本分类）、小样本下机器学习的问题；解决文本分类、文字识别、图像分类等方面的问题，从而避免神经网络结构选择和局部极小的问题。最后分类时由支持向量决定，复杂度取决于支持向量的数目而不是样本空间的维度，避免了维度灾难，具有鲁棒性：因为只使用少量支持向量，抓住关键样本，剔除冗余样本，所以比较擅长处理二分类问题。

但是 SVM 算法对缺失数据敏感，参数和核函数的选择比较敏感，模型训练复杂度高，难以适应多分类问题，核函数选择没有较好的方法论。

【某互联网公司面试题3-20：SVM算法和逻辑回归以及LDA算法适用范围有何区别】

答案：我们所面对的所有的机器学算法，都是有适用范围的，或者说，所有的机器学习算法都是有约束的优化问题。而这些约束，就是在推导算法之前所做的假设。

比如，在逻辑回归中，假设后验概率为 Logistics 分布；再比如，LDA 假设$f_k(x)$是均值不同，方差相同的高斯分布；这些都是在推导算法之前所做的假设，也就是算法对数据分布的要求。

而对于 SVM 而言，它并没有对原始数据的分布做任何的假设，这就是 SVM 和 LDA、逻辑回归区别最大的地方。这表明 SVM 模型对数据分布的要求低，那么其适用性自然就会更广一些。如果事先对数据的分布没有任何的先验信息，即不知道是什么分布，那么 SVM 无疑是比较好的选择。

但是，如果已经知道数据满足或者近似满足高斯分布，那么选择 LDA 得到的结果就会更准确。如果已经知道数据满足或者近似满足 Logistics 分布，那么选择逻辑回归就会有更好的效果。

3.2.5 逻辑回归

【某互联网公司面试题 3-21：为什么不直接用线性回归来解决二分类问题】

答案：线性回归能对连续值结果进行预测，而现实生活中常见的另外一类问题是分类问题。最简单的情况是“是与否”的二分类问题。比如，医生需要判断病人是否生病，银行要判断一个人的信用程度是否达到可以给他发信用卡的程度，收件箱要自动对邮件分类为正常邮件和垃圾邮件等。

当然，我们最直接的想法是，既然能够用线性回归预测出连续值结果，那根据结果设定一个阈值是不是就可以解决这个问题了？事实上，对于很理想的情况，确实可以，但很多实际情况下，需要学习的分类数据并没有那么理想，总是在不经意间出现一个我们没有预料到的值，这个时候我们借助于线性回归+阈值的方式，已经很难完成一个鲁棒性很好的分类器了。逻辑回归就是用来解决这个问题的。

1．基本原理

逻辑回归假设数据服从伯努利分布，通过极大化似然函数的方法，运用梯度下降求解参数，来达到将数据二分类的目的。

线性回归的结果输出通常是一个连续值，这个值的范围是无法限定的，如果把这个结果值用 sigmoid 函数映射为（0,1）范围值，线性回归就变成逻辑回归了。

sigmoid 函数：$g(z)=\dfrac{1}{1+e^{-z}}$。

如果把 sigmoid 函数图像画出来，是如下的样子（如图 3-9 所示）。

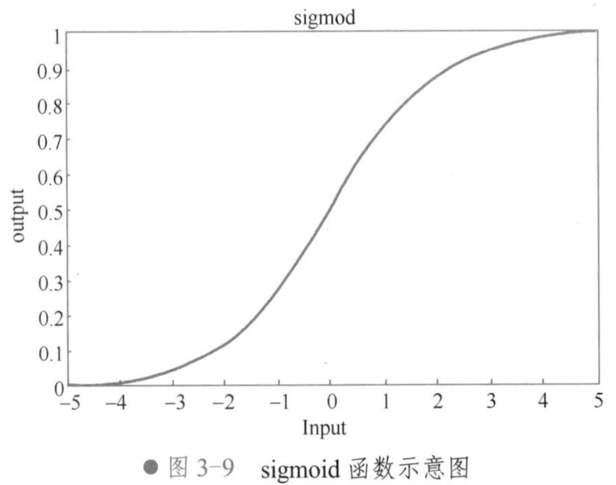

● 图 3-9 sigmoid 函数示意图

从函数图上可以看出，函数 $y=g(z)$是单调递增的，其取值介于 0～1，且在 $z=0$ 的时候取值为 1/2。

为什么逻辑回归能够解决分类问题。这里引入一个概念——判定边界，可以理解为是用以对不同类别的数据分割的边界，边界的两旁应该是不同类别的数据。

从二维直角坐标系中，举个例子，大概如图 3-10 所示。

图 3-10 中划出的线能将两类样本分割开来，这就是判定边界，那么逻辑回归是如何根据样本点获得这些判定边界的呢？

线性回归的函数形式通常是这样的 $z=\theta^{T} * X + b$。

用 sigmoid 函数进行映射后，$g(z)=\dfrac{1}{1+e^{-z}}=\dfrac{1}{1+e^{-(\theta^{T}*X+b)}}$。

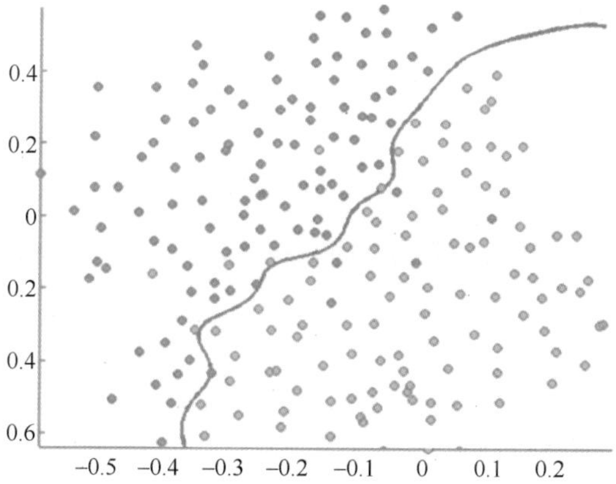

● 图 3-10　逻辑回归示意图

假设样本为$\{\boldsymbol{X},Y\}$，样本服从伯努利分布，Y 的取值为 y=0 或者 y=1，表示正类或者负类，$\boldsymbol{X}$ 是一个 n 维样本的特征向量，θ 是 $\boldsymbol{X}$ 各分量的权重值，那么样本为正类的概率可以用下面的逻辑函数来表示：

$$P(y=1|x,\theta)=h_{\theta}(x)=\frac{1}{1+e^{-\theta^{T}*X+b}}。$$

同样，样本为负类的概率可以如下表示：

$$P(y=0|x,\theta)=1-h_{\theta}(x)=\frac{e^{-\theta^{T}*X+b}}{1+e^{-\theta^{T}*X+b}}。$$

那么可以推导出决策边界的方程就是 $\theta^{T}*\boldsymbol{X}+b=0$。

【某互联网公司面试题 3-22：请尽量简单介绍逻辑回归方程】

答案：我们可以基于一元线性回归来理解这个决策方程。如果 X 对应于一元线性回归里的一个变量 x，那么 θ^{T} 就对应一个参数 θ，对于 $y=\theta*x+b$，它就是对应于二维坐标系里的一条直线，假设 $\theta>0$，那么对于直线上方的点，其纵坐标值都大于 $\theta*x+b$，对于直线下方的点，其纵坐标值都小于 $\theta*x+b$。如果我们用这个一元线性回归方程去做一个二分类问题，那么在直线上方和在直线下方的点将分属于不同的类。也就是此时决策方程就是一条直线。当 X 对应的变量不止一个时，决策边界可能就不是直线，而是各种各样的曲线了。

由逻辑回归方程可知，当 $h_{\theta}(x)=0.5$ 时，$\theta^{T}*X+b=0$，此时意味着我们选的阈值为 0.5。选择 0.5 作为阈值是一个一般的做法，实际应用时特定的情况可以选择不同阈值，如果对正例的判别准确性要求高，可以选择阈值大一些，对正例的召回要求高，则可以选择阈值小一些。

理论上只要 $h_{\theta}(x)$ 设计足够合理，就能在不同的情形下拟合出不同的判定边界，从而把不同的样本点分隔开来。问题是如何求得参数 θ 呢？

如果能确定模型 h，使得我们的预测跟观察到的结果一致，此时损失最小。我们知道极大似然估计很适合做这个事情。可以借由极大似然函数推导出损失函数 $J(\theta)$，然后根据样本去训练未知参数 θ。理想情况下，当取到代价函数 $J(\theta)$ 的最小值时，就得到了最优的参数 θ。

2. 损失函数推导

【某互联网公司面试题 3-23：请推导逻辑回归方程的损失函数】

答案：所谓的损失函数（Cost Function），其实是一种衡量我们在某组参数下预估的结果和实际结果差距的函数。

对于逻辑回归方程中的未知参数θ，可以用极大似然法来估计。将极大似然函数取对数以后等同于对数损失函数。在逻辑回归这个模型下，对数损失函数的训练求解参数的速度是比较快的。

首先可以根据样本 $X\{x_1,x_2,\cdots,x_m\}$写出似然函数，对于任意一个样本，其被判断为正样本或者负样本的概率由下式给定：

$$P(y|x,\theta)=h_\theta(x)^y*(1-h_\theta(x))^{1-y}。$$

于是，似然函数为：

$$L(\theta)=\prod_{=1}^{m}h_\theta(x^{(i)})^{y^{(i)}}*(1-h_\theta(x^{(i)}))^{1-y^{(i)}}。$$

取对数后：

$$\log L(\theta)=-\frac{1}{m}\sum_{i=1}^{m}(y^{(i)}\log h_\theta(x^{(i)})+(1-y^{(i)})\log(1-h_\theta(x^{(i)})))。$$

因此，令：

$$J(\theta)=-\log L(\theta),$$

则：

$$J(\theta)=-\frac{1}{m}\sum_{i=1}^{m}(y^{(i)}\log h_\theta(x^{(i)})+(1-y^{(i)})\log(1-h_\theta(x^{(i)})))。$$

那么问题就转化为求$J(\theta)$的最小值，其中m表示样本个数。

损失函数的本质就是，如果预测对了，就不惩罚，如果预测错误，会导致损失函数变得很大，也就是惩罚较大，而负对数函数在[0，1]之间正好符合这一点。

【某互联网公司面试题 3-24：如何理解逻辑回归的损失函数】

答案：对于逻辑回归的损失函数可以这样来理解（概率$p=h_\theta(x)$）。

当y=1 时，假定这个样本为正类，那么损失函数 $cost=-\log(p)$，如果此时预测的概率p=1，则单对这个样本而言的$cost$=0，表示这个样本的预测完全准确。那如果所有样本都预测准确，总的$cost$=0

但是如果此时预测的概率 p=0，而我们的样本是个正样本，显然这个预测值是不准确的，因此需要加一个很大的惩罚项，那么 $cost\to\infty$，实际计算结果也是如此。

当y=0 时，推理过程跟上述完全一致，不再赘述。

【某互联网公司面试题 3-25：请结合逻辑回归方程的损失函数简单说明梯度下降算法】

答案：为了让损失函数 $J(\theta)$取得最小值，可以用梯度下降算法来调整参数θ使得代价函数$J(\theta)$取得最小值。

梯度是一个利用求导得到的数值，可以理解为参数的变化量。从几何意义上来看，梯度代表一个函数增加最快的方向，反之，沿着相反的方向（也就是梯度的负方向）就是代价函数下降最快的方向。从数学上理解，为了找到最小值点，就应该朝着下降速度最快的方向（导函数/偏导方向）迈进，每次迈进一小步（学习率），再看看此时下降最快的方向是哪，再朝着这个方向迈进，直至最低点。

如果让学习率为α，那么可以推导出θ最终的迭代公式为：

$$\theta_j=\theta_j-\alpha*\frac{1}{m}\sum_{i=1}^{m}(h_\theta(x^{(i)})-y^{(i)})x_j^{(i)}。$$

当样本量极大的时候，每次更新权重需要耗费大量的算力，这时可以采取随机梯度下降法，这时，每次迭代的时候需要将样本重新打乱，然后用下面的式子更新权重。

$$\theta_j=\theta_j-\alpha*(h_\theta(x^{(i)})-y^{(i)})x_j^{(i)}$$

这个式子中，m是样本数，i表示第i个样本，j表示向量的分量，$y^{(i)}$是标签（取值 0 或 1），

$h_\theta(x^{(i)})$ 表示预测的输出。

3．算法步骤

1）初始化 θ 为接近 0 的数，b 设置为 0，设置一个学习率 α。

2）根据逻辑回归方程 $h_\theta(x)$，代入样本的 $X\{x^{(1)},x^{(2)},\cdots,x^{(m)}\}$ 值以及 θ 参数值，从而得到预测值 $\hat{Y}\{h_\theta^{(1)}(x^{(1)}),h_\theta^{(2)}(x^{(2)}),\cdots,h_\theta^{(m)}(x^{(m)})\}$。

3）将上述得到的值代入迭代公式 $\theta_j=\theta_j-\alpha*\frac{1}{m}\sum_{i=1}^{m}(h_\theta(x^{(i)})-y^{(i)})x_j^{(i)}$，求得新的 θ。

4）重复 2）和 3）两步，直到 θ 值不变。

5）计算 $h_\theta(x)$，从而可以预测样本属于哪一类。

4．算法剖析

（1）算法特点

逻辑回归算法易于理解和实现，计算代价不高，速度很快，存储资源低，而且容易实现增量数据模型。缺点是容易欠拟合，分类精度可能不高，只能处理两分类问题，且必须线性可分，对数据类型和场景的适应能力有局限，不如决策树算法适应性那么强，而且对样本分布敏感。

对模型中自变量多重共线性较为敏感，例如，两个高度相关自变量同时放入模型，可能导致较弱的一个自变量回归符号不符合预期，符号被扭转。需要利用因子分析或者变量聚类分析等手段来选择代表性的自变量，以减少候选变量之间的相关性。

预测结果呈 S 型，因此从对数概率向概率转化的过程是非线性的，在两端随着对数概率值的变化，概率变化很小（边际值太小，斜率太小），而中间概率的变化很大（很敏感），导致很多区间的变量变化对目标概率的影响没有区分度，无法确定阈值。

（2）确定分类阈值

【某互联网公司面试题 3-26：如何为逻辑回归确定分类阈值】

答案：在用逻辑回归进行分类时，分类阈值一般选择为 0.5，但是对于一些特定的问题，需要进行斟酌考虑。

比如用逻辑回归预测一个病人得病的概率是 0.49，如果我们仍然用 0.5 作为分类阈值，犯错的风险就很高，即这个病人可能真的得病了，但是我们误判为没病。因此为了降低风险，通常倾向于将分类阈值设置得小一点。虽然这样做可能会使逻辑回归的整体正确率下降，但是可以规避一些不能接受的风险。

再比如，在营销领域，我们要挖掘潜在用户，如果设置的条件太严格，可能导致挖掘出的潜在用户太少，而无法进行后续的营销动作。此时，可以参照营销预算，按照逻辑回归预测出的概率值从高往低选即可。此处的思路是我们可以找一些约束条件来对阈值进行估算。

（3）与其他算法比较

【某互联网公司面试题 3-27：请比较逻辑回归和 SVM 算法的优劣】

答案：逻辑回归和朴素贝叶斯比起来，并不需要独立假设，它是通过损失最小化求出的分类权重，而朴素贝叶斯是通过估计概率得出的，只和样本出现的次数有关，和样本值大小无关。

和 SVM 比起来，SVM 只能输出类别，不能输出概率，逻辑回归的可解释性更强。从目标函数来说，区别在于逻辑回归采用的是 log 对数损失函数 $L(Y,P(Y|X))=-\log(P(Y|X))$，SVM 采用的是 hingle loss。损失函数的目的都是增加对分类影响较大的数据点的权重，减小对分类影响小的数据点的权重。SVM 只考虑 support vectors（也就是和分类最相关的少数点）去学习分类器。而逻辑回归通过非线性映射，大大减小了离分类平面较远的点的权重，相对提升与分类最相关的数据点的权

重。在工业实际应用中，SVM 用得不多，因为其速度慢而且效果很难保证。

一般来说，如果特征太多，而样本量较少，则使用逻辑回归或者不带核函数的 SVM。如果样本量充足，而特征较少，比较适合用带核函数的 SVM 算法。在海量数据的情况下，带核函数的 SVM 计算起来非常吃力，因此可以添加一些特征后，用不带核函数的 SVM 或者逻辑回归。

对数据的敏感度不同，SVM 只受支持向量的样本点的影响，而 LR 受所有样本点的影响。

SVM 基于距离分类，而 LR 基于概率分类，所以 SVM 最好先对数据进行归一化处理，而 LR 不受影响。

【某互联网公司面试题 3-28：如何让逻辑回归适应多分类问题】

答案：普通的逻辑回归只能针对二分类问题，要想实现多个类别的分类，必须要改进逻辑回归，让其适应多分类问题。

关于这种改进，有两种方式可以做到。

第一种方式是直接根据每个类别建立一个二分类器，带有这个类别的样本标记为 1，带有其他类别的样本标记为 0。假如有 k 个类别，最后就得到了 k 个针对不同标记的普通的逻辑分类器。

第二种方式是修改逻辑回归的损失函数，让其适应多分类问题。这个损失函数不再笼统地只考虑二分类非 1 就 0 的损失，而是具体考虑每个样本标记的损失。这种方法称为 softmax 回归，即逻辑回归的多分类版本。

一般来说，普通的逻辑回归可以用于信用评估，测量市场营销的成功度，预测某个产品的收益，预测特定的某天是否会发生地震。如果是逻辑回归的多分类版本，还可以用于手写识别。

3.2.6 BP 神经网络

1. 基本原理

【某互联网公司面试题 3-29：请简要说明 BP 神经网络算法的原理】

答案：BP 神经网络是各种人工神经网络中最简单的一种。BP 是 Back Propagation 的简写，意思是反向传播。BP 神经网络就是反向传播的人工神经网络。

BP 神经网络涉及四个重要的概念：输入层（input）、隐藏层（hidden）、输出层（output）和权重（weight）。

如图 3-11 所示，输入层有 $n1$ 个参数分别是 $x_1,x_2,\cdots,x_{n1}$，从输入层到隐含层，经由权重值 W_i 进行修正后得到 $n2$ 个隐含层变量 $y_1,y_2,\cdots,y_{n2}$，从隐含层到输出层，也需要经由权重值 W_j 进行修正，最后得到 $n3$ 个输出层变量 $Z_1,Z_2,\cdots,Z_{n3}$。上述这个过程就完成了一次正向传播。最后的输出值可能和真实值之间有一定的误差（Err），记下这个误差值，根据这个误差值调整前面用到的权重值，这就是所谓的“反向传播”。反复进行“正向传播”和“反向传播”，误差值将会越来越小，直到小到我们认可的程度，就可以让训练终止了。由此就完成了 BP 神经网络的训练。

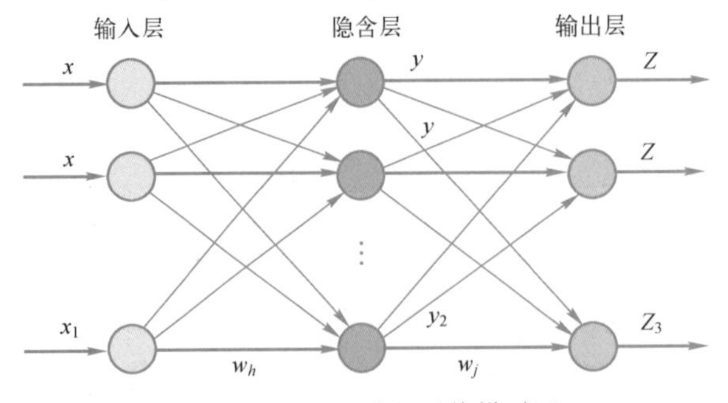

● 图 3-11 BP 神经网络模型图

在这个过程中隐含层起到的作用和我们人类的大脑比较类似，即神经元对输入信息进行加工，然后再输出新的信息。隐含层可以包含多个子层，极简单的情况下仅包含一个子层。

【某互联网公司面试题 3-30：为什么 BP 神经网络需要激励函数】

答案：在使用 BP 神经网络时，我们经常会提到激励函数。

在 BP 神经网络为什么需要激活函数呢？这是因为如果都使用线性的连接来搭建网络，由于线性函数没有上界，就会造成一个节点处的数字变得非常大，难以计算，也就无法得到一个可以用的网络。而且每一层的输出只是承接了上一层输入函数的线性变换，无论神经网络有多少层，输出都是输入的线性组合。如果使用激活函数来处理，数据就会被限定在一定范围内，而且激活函数给神经元引入了非线性的因素，使得神经网络可以逼近任何非线性函数，这样神经网络就可以应用到非线性模型中。

多种函数可以作为激励函数，只需要满足以下两个条件。

1）函数必须输出[0,1]之间的值。

2）函数在充分活跃时，将输出一个接近 1 的值，表示从未在网络中传播活跃性。

常见的激励函数有线性激励函数、阈值或阶跃激励函数、S 形激励函数、双曲正切激励函数和高斯激励函数等。

2．算法步骤

1）初始化网络权值和神经元的阈值（最简单的办法就是随机初始化）。

2）前向传播，按照公式一层一层地计算隐层神经元和输出层神经元的输入和输出。

3）将输入值 x 与权重 w 相乘，将乘积与偏倚 b 加起来，对于 b 的理解是就像一元线性回归中的常数项，是用来修正值的。将上述和带入激活函数，计算激活函数的值，然后再计算这个值与真实值之间的差异，即得到损失值，最终的目标是损失值越小越好。

4）后向传播，根据公式修正权值和阈值，直到满足终止条件。

3．算法分析

前面讲解了 BP 神经网络的基本原理，但是这里面有很多问题需要进一步解释。比如网络层级数的问题，如何确定学习率？激活函数和损失函数怎么选择？下面分别解答。

（1）网络层数

数学理论证明，通常三层的神经网络就能够以任意精度逼近任何非线性连续函数。随着问题越来越复杂，越来越需要更多层级的神经网络，而这并没有统一的标准。理论上，只要网络的层数足够深，节点数足够多，可以逼近任何一个函数关系。但是这比较考验用户的计算机性能，事实上，利用 BP 网络能够处理的数据其实还是有限的，比如 BP 网络在图像数据的识别和分类问题中的表现是很有限的。但是这并不影响 BP 网络是一种高明的策略，它的出现也为后来的 AI 技术做了重要的铺垫。

（2）学习率

【某互联网公司面试题 3-31：如何设定 BP 神经网络的学习率】

答案：BP 神经网络的学习率设置是一个很具有经验性的问题。如果学习率过大，在算法优化的前期会加速学习，使得模型更容易接近局部或全局最优解。但是在后期会有较大波动，甚至出现损失函数的值围绕最小值徘徊的情况，波动很大，始终难以达到最优。如果学习率过小，会造成模型收敛太慢。

从梯度下降算法的角度来说，通过选择合适的学习率，可以使梯度下降法得到更好的性能。学习率即参数到达最优值过程的速度快慢。

一般来说，训练应当从相对较大的学习率开始。这是因为在开始时，初始的随机权重远离最优值。在训练过程中，学习率应当下降，以允许细粒度的权重更新。

有多种方式可以为学习率设置初始值。

一个简单的方案就是尝试一些不同的值，看看哪个值能够让损失函数最优，且不损失训练速度。比如可以从 0.1 这样的值开始，然后再指数下降学习率，比如 0.01，0.001 等。当我们以一个很大的学习率开始训练时，在起初的几次迭代训练过程中损失函数可能不会改善，甚至会增大。当我们以一个较小的学习率进行训练时，损失函数的值会在最初的几次迭代中从某一时刻开始下降。这个学习率就是能用的最大值，任何更大的值都不能让训练收敛。

可以根据数据集的大小来选择合适的学习率，当使用平方误差和作为成本函数时，随着数据量的增多，学习率应该被设置为相应更小的值（从梯度下降算法的原理可以分析得出）。另一种方法就是，选择不受数据集大小影响的成本函数减去均值平方差函数。

在不同的迭代中选择不同的学习率。用开车回家的例子来解释，当离家还挺远的时候，肯定会开得速度比较快，快进小区的时候，肯定要慢一些，进了小区后可能还会更慢，慢慢靠近所住的楼下。即在最初的迭代中，学习率可以大一些，快接近时，学习率小一些。这里有个问题，我们并不知道最优值，那么怎么解决呢。一个解决方法是在每次迭代后，使用估计的模型的参数来查看误差函数的值，如果相对于上一次迭代错误率减少了，就可以增大学习率，如果相对于上一次迭代错误率增大了，那么应该重新设置上一轮迭代的值，并且减少学习率到之前的 50%。因此，这是一种学习率自适应调节的方法。

一般常用的学习率有 0.00001、0.0001、0.001、0.003、0.01、0.03、0.1、0.3、1、3 和 10。

（3）激活函数选择

【某互联网公司面试题 3-32：如何为 BP 神经网络选择合适的激活函数】

答案：严格来说，关于激活函数和损失函数选择的问题属于深度学习的内容，为了不让问题复杂化，本章仅做粗略解释。感兴趣的同学请参阅深度学习相关的资料。

前文提到的激活函数有很多，到底如何选择呢？如果是经典的三层网络，一般选择 sigmoid 激活函数是没有问题的，而如果是多层网络，那么就会遇到梯度消失、梯度爆炸的问题。此外，一个问题是否为二分类问题也会影响激活函数的选择。

sigmoid 函数的优点是能够把输入的连续实值压缩到 0～1。但是它也有一个缺点，即当输入极端大或极端小的时候，神经元的梯度就接近 0 了。

这是由于神经网络的反向传播是逐层对函数偏导相乘的，因此当神经网络层数非常深时，最后一层产生的偏差就因为乘了很多的小于 1 的数而越来越小，最终就会变为 0，从而导致层数比较浅的权重没有更新，这就是梯度消失。还有，由于 sigmoid 的输出不是 0 均值的，这会导致后层的神经元的输入是非 0 均值的信号，这会对梯度产生影响，假设后层神经元的输入都为正，那么对 w 求局部梯度则都为正，这样在反向传播的过程中 w 要么都往正方向更新，要么都往负方向更新，导致有一种捆绑的效果，使得收敛缓慢。

tanh 有时也会作为激活函数，它的取值范围为[-1,1]，在特征相差明显的时候效果比较好，在循环过程中，会不断地扩大特征效果，与 sigmoid 函数相比，tanh 是 0 均值的，因此实际应用中，tanh 要比 sigmoid 函数更好。

tanh 和 sigmoid 函数的收敛速度比较慢，而且输入值极端大或者极端小时，容易出现梯度消失的问题。

与梯度消失相反的另一个极端就是梯度爆炸，它也是因为累积效应造成的，即乘了很多个大于 1 的数而导致偏差越来越大。

为了解决这个问题，可以采用 ReLU 函数，这个函数被称为线性整流函数，也是如今神经网络里较为常用的激活函数。其收敛速度比较快，也不容易出现梯度消失的问题。ReLU 函数的另一个特点是输入值小于0时强制为0，大于0的才有值，所以可以减少过拟合。

如果使用 ReLU，则要小心设置学习率，如果学习率很大，那么很有可能网络中很多神经元都不能起作用了，即“死”掉了。

sigmoid 一般用来做二分类。如果是多分类问题，可以用 softmax 函数。softmax 是将一个 k 维的真值向量$(a_1,a_2,\cdots,a_k)$映射成一个$(b_1,b_2,\cdots,b_k)$，其中 b_i 是一个在(0,1)区间的常数，输出的神经元之和为1，所以相当于概率值，可以通过 b_i 的概率的大小来做多分类。

在二分类的时候，softmax 和 sigmoid 函数是一样的，都是求解交叉熵损失，而 softmax 是可以用来多分类的。softmax 是 sigmoid 函数的扩展。

softmax 建模使用的是多项式分布，而 logistic 是基于伯努利分布。多个 logistic 回归通过叠加也是可以实现多分类效果的，但是 softmax 的多分类回归，类与类之间是互斥的，而多个 logistic 回归进行多分类时，类别之间并不是互斥的，可以是多种类。

（4）损失函数选择

【某互联网公司面试题 3-33：如何为 BP 神经网络选择合适的损失函数】

答案：输出值和真实值之间的差异值，也叫误差。假设将信息 $x1$、$x2$、$x3$ 输入给网络，得到的结果为 8，而真实的 y 值为 2，因此此时的误差为$|-y|=6$。真实结果与计算结果的误差被称作损失 loss，也称作 L1 损失，在实际搭建的网络中，更多用到的损失函数为均方差损失和交叉熵损失。

也就是说，损失函数 loss 是一个关于网络输出结果与真实结果 y 的函数 ，这个函数具有极小值。那么我们就可以知道，如果一个网络的计算结果与真实结果 y 之间的损失总是很小，就可以说明这个网络非常逼近真实的关系。所以现在的目的就是不断地通过调整网络的参数来使网络计算的结果尽可能接近真实结果 y，也就是等价于损失函数尽量变小。可以使用梯度下降法调整网络参数的大小，从而可以使损失函数不断地变小。这个方法已经在逻辑回归算法中讲解过，读者可以回顾前文。

那么反向传播的过程就可以理解为，根据损失 loss 来反向计算出每个参数的梯度，再将原来的参数分别加上自己对应的梯度，就完成了一次反向传播。

3.3 集成学习算法

前文解析了若干个分类算法，这些算法也被称为机器学习算法。以决策树为例，我们不能期望决策树能在每一个分支点都做出正确的决定，这就导致算法的正确率非常有限，于是人们提出了集成学习算法，集成方法允许同时参考一堆决策树样本，计算出在每个分支点应该使用哪些特征、提出什么问题，并根据这些决策树样本汇总的结果来做出最后的预测。

【某互联网公司面试题 3-34：请简要介绍集成学习算法】

答案：集成学习算法主要分成三大类：一类是以 Adaboost 为代表的串行算法；一类是以随机森林为代表的并行算法；还有一类是 Stacking 算法，主要是把不同种类的算法按照一定的策略进行集合。

串行方法的基本思想是在训练当前学习器之前通过给予被先前学习器错误标记的样本更高的权值，来让当前学习器在先前学习器的错误样本上有更好的表现。

并行方法的基本思想是利用基学习器（单一算法）的独立性，通过平均化来减少错误。这个算法又大致分为两类：一类是使用单一的基学习算法来产生同质基学习器，即相同类型的基学习器，产生同质的集成系统；另一类是使用异质的学习器，即不同类型的学习器来产生异质的集成系统。集成后的学习器要想比它的任意单一学习器有更高的准确率。

3.3.1 Bagging 原理

【某互联网公司面试题 3-35：请简要介绍 Bagging 算法的原理】

答案：在机器学习抽样技术里，有一种抽样方法叫自助法，它是一种从给定训练集中有放回的均匀抽样，也就是说，每当选中一个样本，它等可能地被再次选中并被再次添加到训练集中。

装袋法（Bagging）又称自助法聚集（Bootstrap Aggregation），联想到之前提到的自助法的思想方法，对于 n 个同方差 σ^2 的观测，其平均值的方差为 σ^2/n，这说明求平均可以降低方差。那么自然地可以进一步联想，通过自助法抽取 n 个样本，建立 n 个决策树模型，然后对 n 个预测结果求平均，也可以降低方差，提高准确性。

Bagging 算法是一种可以并行的集成学习算法，其算法过程如图 3-12 所示。

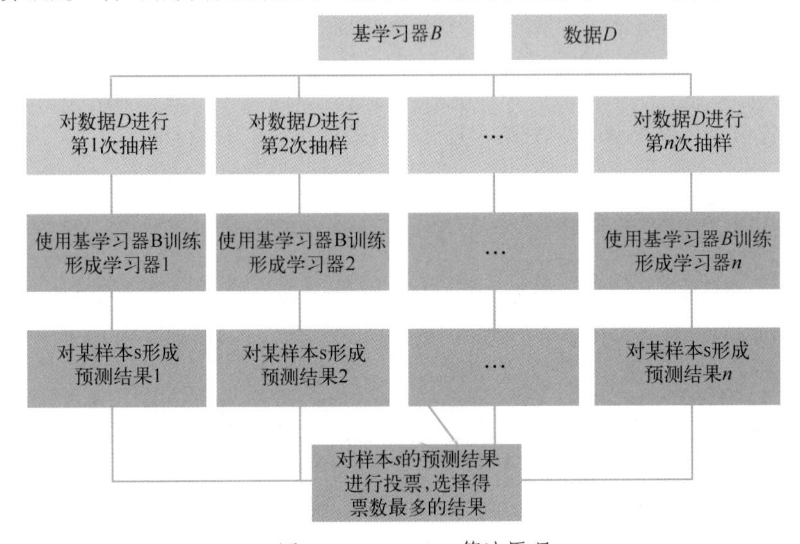

● 图 3-12 Bagging 算法原理

1）从原始样本集中使用 Bootstraping（自助抽样）方法随机抽取 n 个训练样本，共进行 k 轮抽取，得到 k 个训练集。

2）对于 k 个训练集，训练 k 个弱分类器（这 k 个弱分类器可以用决策树、神经网络等）。

3）对于分类问题，由投票表决产生分类结果；对于回归问题，由 k 个模型预测结果的均值作为最后预测结果。注意，所有模型的重要性相同。

【某互联网公司面试题 3-36：为什么 Bagging 算法能保证分类的准确率】

答案：假设有 n 个独立同分布模型，称为基模型，基模型的方差都是 σ_0^2，模型之间具有相关性，相关系数为 $0 <= \rho <= 1$，不难推导出 Bagging 模型均值的方差为：

$$\sigma^2 = \frac{\sigma_0^2}{n} + \frac{n-1}{n}\rho\sigma_0^2。$$

从这个式子可以看出，整体模型的方差小于等于基模型的方差（当相关性为 1 时取等号），而且，σ^2 和 Bagging 模型的数量有密切的关系，随着基模型数 n 的增多，整体模型的方差减少，从而防止过拟合的能力增强，模型的准确度得到提高。问题是当 n 越来越大时，方差公式的第一项趋近于 0，而方差公式的第二项越来越趋近于稳定，于是方差值会达到一个极限，从而防止过拟合的能力达到极限，这便是模型准确度的极限了。

另外，由于 Bagging 中每个模型的偏差和方差近似相同，但是互相相关性不太高，因此 Bagging 模型一般不能降低偏差，因而为了保证模型的准确度，Bagging 中的基模型需要为强模型，否则就会导致整体模型的偏差度低，即准确度低。

仔细思考还会发现一个问题，如果一个数据集有一个很强的预测变量和一些中等强度的预测变量，那么可以想到，大多数的树都会将最强的预测变量用于顶部分裂点，这会造成所有的装袋法树看起来都很相似。与不相关的量求平均相比，对许多高度相关的量求平均带来的方差减小程度是无法与前者相提并论的。在这种情况下，装袋法与单棵树相比不会带来方差的大幅度降低。这个问题是装袋法一个很致命的问题。后文讲的随机森林能较好地解决这个问题。

Bagging 算法可与分类、回归算法结合，在提高其准确率、稳定性的同时，通过降低结果的方差来避免过拟合的发生。

3.3.2 随机森林

1. 基本原理

【某互联网公司面试题 3-37：请简要介绍随机森林算法的基本思想】

答案：随机森林采用的是 Bagging 的思想，而且做了改进，如图 3-13 所示。随机森林在建立树的时候，和装袋法不一样，装袋法建树的时候是将所有预测变量都考虑进去，而随机森林则是考虑每一个分裂点时，它从所有的 M 个输入变量中随机选取 m 个预测变量，分裂点所用的预测变量只能使用这 m 个变量，这就相当于对于特征也进行了采样。在每个分裂点处都重新进行特征抽样，选出 m 个预测变量，通常 $m \approx \log_2(p+1)$，因而对每一个分裂点来说，这个算法将大部分可用预测变量排除在外。由于随机森林考虑每个分裂点的特征子集相对来说比装袋法少很多，模型复杂度降低了，从而可以得到更小的方差，避免了过拟合，因而准确度被进一步提升了。

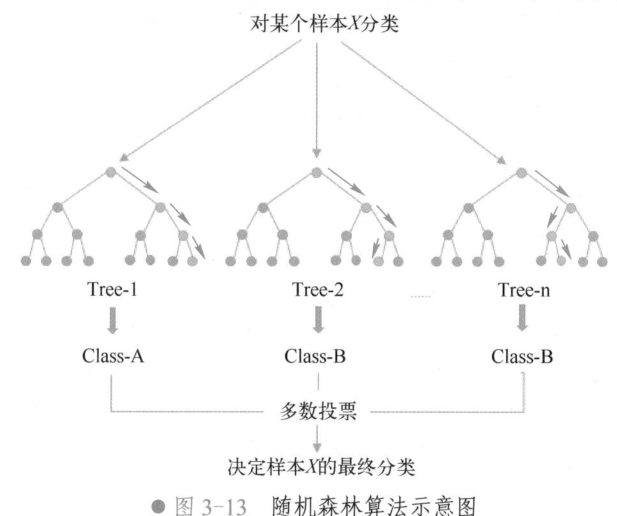

图 3-13　随机森林算法示意图

2. 算法步骤

随机森林算法过程比较如下。

1）从训练集中使用自助抽样法随机抽取 n 个训练样本，共进行 k 轮抽取，得到 k 个训练集。

2）对于 k 个训练集，训练 k 个模型，在训练决策树模型的节点时，在节点上所有的 p 个样本特征中选择 m 个样本特征，在这些随机选择的部分样本特征中选择一个最优的特征来做决策树的左右子树划分。

3）由投票表决产生分类结果，并计算袋外误差率。

4）重复上述 3 个步骤，直到特征集减少到 m 个。

3．算法分析

和简单的Bagging相比，随机森林算法加入了迭代因素，每次迭代都会选用更好的特征进行分类。

随机森林每次迭代都会得到一个新的森林，最后会从这些森林中选择一个最好的作为最终的模型。那么随机森林是如何进行迭代的？又是如何判断一个森林是否优秀呢？

很容易想到，在模型未定的情况下，要构建一棵分类效果较好的树，那一定要有足够好的特征，数据集里有 n 个特征，哪个特征最好呢？

对于每一棵树而言，要想知道某个特征在这棵树中起到了多大作用，可以从树中去掉这个特征，之后去掉前后的袋外误差率，误差率越大说明这个特征越重要，可以依次计算这棵树里所有特征对应的袋外误差率。所谓袋外误差率是指，用袋外样本做测试集计算得到的误差率，而袋外样本是指自主抽样法没有被抽到的样本。

同理，我们可以对所有树中的特征都计算一个袋外误差率。实际上对于某些特征而言，可能计算了其在多棵树下对应的袋外误差率，取其均值即可作为该特征在森林汇总的重要程度。去掉重要程度低的特征，从而得到了一个新的特征集，到此为止，也就完成了一次迭代。

如果一开始设置的参数是从 P 个特征中挑选 m 个特征，那么当新特征集中最后只剩下 m 个特征时，迭代就必须终止。这时，可能进行了 T 次迭代，从而得到了 T 个森林。计算每个森林的袋外误差率，取袋外误差率最小的那个森林作为最终模型。

上文提到特征数量 m，这里需要进一步解释下。一般来说，减小特征选择个数 m，树的相关性和分类能力也会相应降低；增大 m，两者也会随之增大。因而本文在开头时给出了一个经验性的评估方法，即 $m \approx \log_2(p+1)$。

除了以上问题，在实际运用中，可能还会遇到下面这个问题。通常人们认为随机森林不太会出现过拟合，因此，树越多越好。这是因为随机森林由很多棵过拟合的树组合在一起，单看每一棵树都可以是过拟合的，但是，既然是过拟合，就会拟合到非常小的细节上。因此随机森林通过引入随机性，让每一棵树拟合的细节不同，这时再把这些树组合在一起，过拟合的部分就会自动消除。当随机森林中的树的个数接近无穷时，理论上可以用大数定律证明训练误差与测试误差是收敛一致的。但是实际上，因为样本的原因（比如噪声数据太多），过多的树还是可能会导致过拟合现象的发生，这种情况往往可以通过调参来解决。

综上所述，通过迭代，可以计算出每个特征的重要程度，因而随机森林也可以作为特征选择的工具。

值得一提的是，随机森林一般使用CART树来作为基模型，且在生成树的过程中不需要进行剪枝。

最后，总结一下随机森林优缺点和应用场景。

随机森林的主要优点如下。

1）训练可以高度并行化，对于大数据时代的大样本训练速度有优势。笔者认为这是最主要的优点。

2）由于可以随机选择决策树节点划分特征，这样在样本特征维度很高的时候，仍然能高效地训练模型。

3）在训练后，可以给出各个特征对于输出的重要性。

4）由于采用了随机采样，训练出的模型的方差小，泛化能力强。

5）相对于Boosting系列的Adaboost和GBDT，RF实现比较简单。

6）对部分特征缺失不敏感。

随机森林的主要缺点如下。

1）在某些噪声比较大的样本集上，RF模型容易陷入过拟合。

2）取值划分比较多的特征容易对RF的决策产生更大的影响，从而影响拟合模型的效果。

随机森林的应用场景如下。

1）对离散值的分类。

2）对连续值的回归。

3）无监督学习聚类。

4）异常点检测。

3.3.3 Boosting原理

【某互联网公司面试题3-38：请简要说明Boosting算法的思想】

答案：Boosting（提升）与Bagging类似，都是集成学习算法，但Boosting算法是一种串行的集成学习算法，基本思想方法都是把多个弱分类器（但正确率要大于50%，否则没有集成的意义）集成为强分类器。不过与装袋不同，装袋的每一步都是独立抽样的，Boosting的每一次迭代则是基于前一次的数据进行修正，不需要重复抽样，取而代之的是给予分错的样本更高的权重【注释：关于此处采样的问题，其实也可以通过自助法进行重复采样，只是要增加分错样本的采样概率】，每一次新的训练都是为了改进上一次的结果。打个比方，就是给一个学生做一张卷子，每做完一次就把学生做错的题抽出来让其继续做，直到所有的题都能做对为止。

Boosting算法是将“弱学习算法”【注释：一个分类器的分类准确率在60%～80%，即比随机预测略好，但准确率却不太高，可以称之为“弱分类器”，比如CART】提升为“强学习算法”的过程。一般来说，找到弱学习算法要相对容易一些，然后通过反复学习得到一系列弱分类器，组合这些弱分类器得到一个强分类器。

弱分类器在Boosting算法中的作用仅仅是提供一个训练方向（就是看弱训练在哪个特征或方向上的误差最大），然后在这个方向上面增强训练权值，即所谓强训练。最后组合起来的就是最终的结果。可以看到弱训练只是要提供一个好的训练方向就行了，而强训练才是最终模型优良的关键，强分类器的设计在于如何组合。

具体来说，Boosting的工作机制如下。

首先用初始权重训练出一个弱学习器1，根据弱学习的学习误差率表现来更新训练样本的权重，主要是提升学习误差率高的训练样本点的权重，使得这些误差率高的点在后面的弱学习器2中得到更多的重视。然后基于调整权重后的训练集来训练弱学习器2，如此重复进行，直到弱学习器数达到事先指定的数目T，最终将这T个弱学习器通过集合策略进行整合，得到最终的强学习器。

【某互联网公司面试题3-39：请简要说明Boosting算法和Bagging算法的区别】

答案：Bagging和Boosting的主要区别：第一，Bagging采用的是Bootstrap有放回抽样，样本的权重相同，而Boosting也可以采用Bootstrap方法抽样，但要根据错误率来调整样本被抽取的概率或者使用全部样本根据错误率来调整样本的权重；第二，Bagging中所有的基分类器的权重相等，而Boosting中误差越小的预测函数其权重越大；第三，Bagging各个基分类器可以并行生成，而Boosting各个基分类器必须按顺序迭代生成；第四，Bagging提升的效果取决于分类器的稳定性，稳定性越差，提升的效果越高。如神经网络这样的不稳定分类器。Boosting通过不断地迭代更新能使得最终的结果无限接近最优分类，不过Boosting会倾向于一直分错的样本，如果样本中有离群的错误样本，Boosting就会出现效果不好的情况；第五，Boosting尝试降低bias。Bagging可以减少过拟合，而Boosting可能会引起过拟合。

由于采用的损失函数不同，Boosting算法也有了不同的类型。在Boosting算法家族中，有三个鼎鼎大名的算法，分别是Adaboost，XGBoost和GBDT。Adaboost是损失函数为指数损失的

Boosting 算法。

3.3.4 Adaboost 算法

1. 基本原理

【某互联网公司面试题 3-40：请简要说明 Adaboost 算法的基本思想】

答案：Adaboost 属于 Boosting 算法家族的一员。该算法的基本思想是对于训练数据中的每个样本，都会赋予其一个权重。算法会在训练集上训练出一个弱分类器并计算该分类器的错误率，根据错误率来调整训练样本的分布，然后再次训练新的弱分类器，反复训练直到满足终止条件，最后将这些弱分类器相加。考虑到不同的弱分类器分类正确率的不同，需要赋予不同分类器不同的决策权重。而且在后续的每次训练当中，都会重新调整每个样本的权重，在前面训练中分对的样本的权重将会降低，分错的样本的权重将会提高。

Adaboost 算法是一种模型为加法模型、损失函数为指数函数、学习算法为前向分步算法的二分类学习方法。

加法模型就是说强分类器由一系列弱分类器线性相加而成（如图 3-14 所示）。一般组合形式如下。

$$f(x)=\sum_{m=1}^{M}\beta_m H_m(x)$$

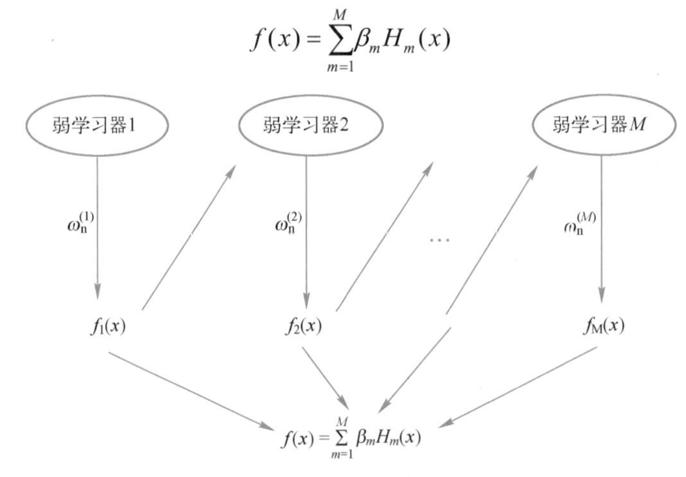

● 图 3-14 Adaboost 算法示意图

由此可见，加法模型实际上由一系列弱学习器的加权相加得到。其中，$H_m(x)$ 是第 m 个弱学习器，表示分类是否正确，正确就取值-1，否则取值 1。β_m 为第 m 个弱学习器在强分类器中所占比重。

为了更容易地获得损失函数的极小值，Adaboost 把这个加法模型改为前向分布模式，即每一步只关注上一步的损失，那么就是：

$$f_m(x)=f_{m-1}(x)+\beta_m H_m(x)$$

Adaboost 的损失函数为指数函数 $L(y,f(x))=e^{-yf(x)}$，最小化这个损失函数可以写成：

$$\arg\min_{\beta,H}\sum_{i=1}^{n}L\left(y_i,\sum_{m=1}^{M}\beta*H(x_i)\right)$$

上面的损失函数对 β_m 求导，并令导数为 0，于是我们可以得出 β_m 的更新公式，它是基于每个弱分类器的错误率 $e^m=\frac{错分样本数}{全部训练样本}$ 进行计算的。

$$\beta_m=0.5*\ln\frac{1-e^m}{e^m}$$

很明显，对于二分类问题来说，由于每个基分类器的分类性能要好于随机分类器，故而误差率 $e^m<0.5$。当 $e^m<0.5$ 时，$\beta_m>0$ 且 β_m 随着 e^m 的减小而增大，所以，分类误差率越小的基分类器在最终的分类器中所占的权重越大。

计算出 β_m 后，可以对权重向量进行更新，以使得那些正确分类的样本权重降低，错误样本权重升高。计算方法如下：

$$W_{m+1,i}=\frac{W_{m,i}}{\sum_{i=1}^{m}W_{m,i}*e^{-y_i*\beta_m*H_m(x_i)}}*e^{-y_i*\beta_m*H_m(x_i)}$$

其中，$W_{m,i}$ 代表第 m 个学习器，对测试集中的第 i 个样本的权重值，

2. 算法步骤

1）初始化训练数据的权值分布。如果有 M 个样本，则每一个训练样本最开始时都被赋予相同的权值：$1/M$。

2）训练弱分类器。具体训练过程中，如果某个样本点已经被准确地分类，那么在构造下一个训练集中，它的权值就被降低；相反，如果某个样本点没有被准确地分类，那么它的权值就得到提高。然后，权值更新过的样本集被用于训练下一个分类器，整个训练过程如此迭代地进行下去。

3）将各个训练得到的弱分类器组合成强分类器。各个弱分类器的训练过程结束后，加大分类误差率小的弱分类器的权重，使其在最终的分类函数中起着较大的决定作用，而降低分类误差率大的弱分类器的权重，使其在最终的分类函数中起着较小的决定作用。换言之，误差率低的弱分类器在最终分类器中占的权重较大，否则较小。

3. 算法分析

（1）数据权重的作用

【某互联网公司面试题 3-41：Adaboost 算法中权重的含义是什么】

答案：Adaboost 算法中有两种权重：一种是数据的权重，另一种是弱分类器的权重。其中，数据的权重主要用于弱分类器寻找其分类误差最小的决策点，找到之后用这个最小误差计算出该弱分类器的权重（发言权），分类器权重越大说明该弱分类器在最终决策时拥有更大的发言权。

如果训练数据保持不变，单个决策树找到的最佳决策点每一次必然都是一样的，为什么呢？因为单个决策树是把所有可能的决策点都找了一遍然后选择了最好的，如果训练数据不变，那么每次找到的最好的点当然都是同一个点了。

这里，Adaboost 数据权重就派上用场了，所谓“数据的权重主要用于弱分类器寻找其分类误差最小的点”，其实，在单层决策树计算误差时，Adaboost 要求其乘上权重，即计算带权重的误差。

举个例子，在以前没有权重时（其实是平局权重时），一共 10 个点时，对应每个点的权重都是 0.1，分错 1 个，错误率就加 0.1；分错 3 个，错误率就是 0.3。现在，每个点的权重不一样了，还是 10 个点，其中 9 个的权重为 0.01，最后一个是 0.91，如果分错了第 1 个点，那么错误率是 0.01，如果分错了第 3 个点，那么错误率是 0.01，要是分错了最后一个点，那么错误率就是 0.91。这样，在选择决策点的时候自然是要尽量把权重大的点分对，这样才能降低误差率。由此可见，权重分布影响着单层决策树决策点的选择，权重大的点得到更多的关注，权重小的点得到更少的关注。

（2）分类器权重的作用

在 Adaboost 算法中，每训练完一个弱分类器都就会调整权重，上一轮训练中被误分类的点的权重会增加，在本轮训练中，由于权重影响，弱分类器将更有可能把上一轮的误分类点分对，如果还是没有分对，那么分错的点的权重将继续增加，下一个弱分类器将更加关注这个点，尽量将其分对。

这样，达到“你分不对的我来分”，下一个分类器主要关注上一个分类器没分对的点，每个分类器都各有侧重。

由于 Adaboost 中若干个分类器的关系是第 N 个分类器更可能分对第 N-1 个分类器没分对的数据，而不能保证以前分对的数据也能同时分对。所以在 Adaboost 中，每个弱分类器都有各自最关注的点，每个弱分类器都只关注整个数据集的中一部分数据，所以它们必然是共同组合在一起才能发挥出作用。所以最终投票表决时，需要根据弱分类器的权重来进行加权投票，权重大小是根据弱分类器的分类错误率计算得出的，总的规律就是弱分类器错误率越低，其权重就越高。

（3）GBDT 原理

【某互联网公司面试题 3-42：请简要介绍 GBDT 算法的原理】

答案：在 Boosting 算法家族里，除了 Adaboost 外，还有两个常用的算法，即 GBDT 和 XGBoost。

GBDT 强调使用 CART 树作为基学习器，且都是回归树，而不是分类树，即输出的都是数值。分类误差就是真实值减去叶节点的输出值，得到残差，算法的核心就在于，每一棵树是从之前所有树的残差中来学习的，GBDT 使用梯度下降法来减少分类误差值。可以用一个例子解释，假如有个人 30 岁，我们首先用 20 岁去拟合，发现损失有 10 岁。这时我们用 6 岁去拟合剩下的损失，发现差距还有 4 岁。第三轮我们用 3 岁拟合剩下的差距，差距就只有一岁了。如果我们的迭代轮数还没有完，可以继续迭代下面，每一轮迭代，拟合的岁数误差都会减小。

使用梯度下降法后，将不能再天然获得样本的权重了，此时需要使用基于梯度的采样方法。因为梯度表征损失函数切线的倾斜程度，所以自然推理到，如果在某些意义上数据点的梯度非常大，那么这些样本对于求解最优分割点而言就非常重要，因为其损失更高。

GBDT 的主要优点是可以灵活处理各种类型的数据，包括连续值和离散值。通过使用 Huber 损失函数和 Quantile 损失函数等，可以增强对异常值的鲁棒性。

GBDT 的主要缺点是缺乏平滑性，在进行回归预测时，只能输出有限的值，而且也不适合处理高维稀疏数据。

（4）XGBOOST 原理

【某互联网公司面试题 3-43：请简要介绍 XGBoost 算法的原理】

答案：不管是 Adaboost 还是 GBDT，它们都有个问题，就是为了生成一个准确率很高的预测模型，这个模型会不断地迭代，每次迭代就生成一棵新的树，数据集较复杂的时候，可能需要几千次迭代运算，这将造成巨大的计算瓶颈。

针对这个问题。华盛顿大学的陈天奇博士开发的 XGBoost 极大地提升了模型训练速度和预测精度。该算法又叫极端梯度提升，也是以 CART 树为基学习器，可以说是 GBDT 的高效实现。因此，接下来我们主要谈谈 XGBoost 相比 GBDT 优化的地方。

XGBoost 的建模思路：在每轮迭代中生成一棵新的回归树，并综合所有回归树的结果，使预测值越来越逼近真实值。

如何评判预测值与真实值的差距，并避免过拟合的存在呢？首先给出了一个泛化的目标函数的定义，在此基础上针对 XGBoost 提供了相应的数学表达式，并进行了泰勒二阶展开。接下来，所要做的工作就是在每一轮迭代中找到一棵合适的回归树，从而使得目标函数进一步最小化。

通过树结构 q 和树叶权重 w 来描述一棵回归树。将树叶权重带入目标函数后，发现一旦树结构 q 确定了，目标函数能够唯一确定。所以模型构建问题最后转化为找到一个合理的回归树结构 q，使得它具有最小的目标函数。对于这个问题，XGBoost 提供了贪心算法来枚举所有可能的树结构，并找到最优的那个。

我们已经知道，GBDT 算法流程明确下一次拟合的是损失的负梯度方向，然后拟合回归树，最后计算叠加后强分类器的损失。XGBoost 流程是从损失函数最小化开始推导，得到当前这棵树的最优权重和分裂权重，分裂权重与损失函数的一次导数和二次导数均有关系。这种方法更接近真实的损失函数，在满足相同的准确率情况下，需要的迭代次数更少。而且使用二阶泰勒展开使得XGBoost可以有更多的损失函数可供选择。

关于XGBoost和GBDT算法都支持并行。XGBoost支持并行，但XGBoost的并行不是tree粒度的并行，它的并行是在特征粒度上的。我们知道，决策树学习最耗时的一个步骤就是对特征的值进行排序（因为要确定最佳分割点），XGBoost在训练之前，预先对数据进行了排序，然后保存为Block结构，后面的迭代中重复地使用这个结构大大减小了计算量。这个Block结构也使得并行成为可能，在进行节点的分裂时，需要计算每个特征的增益，最终选增益最大的那个特征去做分裂，那么各个特征的增益计算就可以开多线程进行了。

当然GBDT算法中的一些计算也是可以并行的。比如，计算每个样本的负梯度时；分裂挑选最佳特征及其分割点时；对特征计算相应的误差及均值时；更新每个样本的负梯度时；预测的过程当中，每个样本将之前的所有树的结果累加时。

在剪枝问题上，GBDT遇到负损失时会停止分裂，是贪心算法。XGBoost会分裂到指定最大深度，然后再剪枝。

由于树节点在分裂时需要枚举每个可能的分割点。当数据没法一次性载入内存时，这种方法的运算速度会很慢。XGBoost提出了一种近似的方法去高效地生成候选分割点。

从GBDT的原理可以看出，算法以学习残差为目标，每一次迭代都会累加一小部分残差，如果累加的这个残差过大，可能会过拟合，为了削弱每棵树的影响，增加更多的树，XGBoost还加入了shrinkage，而且一般把shrinkage设小点，迭代次数设大点。

而且为了进一步防止过拟合，XGBoost还加入了L2正则化。

总的来说，XGBoost的训练速度快于GBDT，是GBDT的10倍量级。

一般来说XGBoost和GBDT只需要很小的树深度（比如6）就能达到很高的精度，而随机森林等需要较高的树深度。这是因为当训练一个模型时，偏差和方差都得照顾到，漏掉一个都不行。对于Bagging算法来说，由于会并行地训练很多不同的分类器的目的就是降低这个方差（variance），因为采用了相互独立的基分类器多了以后，h 的值自然就会靠近。所以对于每个基分类器来说，目标就是如何降低这个偏差（bias），所以会采用深度很深甚至不剪枝的决策树。对于Boosting来说，每一步都会在上一轮的基础上更加拟合原数据，所以可以保证偏差。对于每个基分类器来说，问题就在于如何选择variance更小的分类器，即更简单的分类器，所以选择了深度很浅的决策树。

除了用于分类外，GBDT和XGBoost还可以用于特征选择。

GBDT主要是通过计算特征 i 在单棵树中重要度的平均值得到其重要度排序的，特征 i 在单棵树的重要度主要是通过计算按这个特征 i 分裂之后损失的减少值。

XGBoost是通过该特征每棵树中分裂次数的和去计算的，比如这个特征在第一棵树分裂1次，第二棵树2次……，那么这个特征的得分就是（1+2+……）。

↗3.3.5 Stacking 算法

1. 基本原理

【某互联网公司面试题3-44：请简要说明Stacking算法的原理】

答案：Stacking算法认为每个弱分类器都有其特长，通过集合不同的弱分类器的优点，削弱它们的缺点，从而合成一个完美的模型。因此，Stacking算法的本质在于找到不同弱分类器的权重。

为了构建Stacking模型，需要首先决定两样东西：想要拟合的 L 个学习器以及组合它们的元模型。

例如，对于分类问题来说，我们可以选择 KNN 分类器、Logistic 回归和 SVM 作为弱学习器，并使用神经网络作为元模型。然后，神经网络将会把三个弱学习器的输出作为输入，并返回基于该输入的最终预测。

Bagging 和 Boosting 算法通常考虑的都是同质弱学习器，而 Stacking 方法通常考虑的是异质弱学习器，并行地学习它们，并通过训练一个元模型将它们组合起来，根据不同弱模型的预测结果输出一个最终的预测结果。

粗略地说，Bagging 的重点在于获得一个方差比其组成部分更小的集成模型，而 Stacking 和 Boosting 比较相似，主要生成偏倚比其组成部分更低的强模型（即使方差也可以被减小）。

2. 算法步骤

【某互联网公司面试题 3-45：请简要介绍 Stacking 算法的步骤】

答案：Stacking 算法的步骤如下。

1）将训练数据分为两组。

2）选择 L 个弱学习器，用第一组数据来学习弱分类器。

3）用每个学习器对第二组数据中的观测数据进行预测。

4）使用弱学习器做出的预测作为输入【注释：有 L 份这样的输入】，使用神经网络拟合元模型。

3. 算法分析

【某互联网公司面试题 3-46：如何克服 Stacking 算法样本偏少的问题】

答案：在 Stacking 算法的步骤中，将数据集分为两组，因为对用于训练弱学习器的数据的预测与元模型的训练不相关。

这样做的缺点是，只有一组的数据用于训练基础模型，另一组数据用于训练元模型。相当于可用于训练的样本量减少了，可能会产生严重的过拟合。

为了克服这种限制，可以使用某种 k 折交叉训练方法。这样所有的观测数据都可以用来训练元模型：对于任意的观测数据，弱学习器的预测都是通过在 k-1 折数据（不包含已考虑的观测数据）上训练这些弱学习器的实例来完成的。用剩下的一折数据进行预测。迭代地重复这个过程，就可以得到对任何一折观测数据的预测结果。这样一来，就可以为数据集中的每个观测数据生成相关的预测，然后使用所有这些预测结果训练元模型。

3.3.6 分类算法评估

分类算法有很多，不同分类算法又用很多不同的变种。不同的分类算法有不同的特点，在不同的数据集上表现的效果也不同，大家需要根据特定的任务进行算法的选择，如何选择分类算法，如何评价一个分类算法的好坏是大家需要非常清楚的问题。这也是面试中经常会遇到的问题，希望读者能够重点掌握这部分内容。

一般情况下，用正确率（Accuracy）来评价分类算法。而且正确率确实是一个很好很直观的评价指标，把 100 个案例分成正负两类，其中 99 个被分类正确，那么正确率就是 99%，说明算法的分类性能很好。然而，这个数字也许是一种假象，因为有时候正确率高并不能代表一个算法就好。比如，天气预报经常被人们诟病，如果我们只预报下雨或者晴天两种情况，在南方的夏天只要一直预报雨天，可能能够达到 80%的正确率，在北方的冬天一直报告晴天，也许也能够达到 80%的正确率。特别是对于稀有事件的预测，预测正确率奇高但是往往没什么用。比如对于某地区地震的预测，如果我们预测地震发生率为 1%或者更低的数据，那么我们的算法就能达到 99%的正确率，但真的地震来临时，该算法毫无察觉，这给人类带来的损失是巨大的。为什么会这样？这是因为这里的正负样本分布不均衡，正样本的数据太少，因为地震毕竟是低频事件，即使完全错分，依然可以达到很高的正确率，但是却忽视了人们关注的东西。因此，单纯使用正确率来评价分类算法的优劣是有失偏颇的。

因此，我们需要其他的指标来评价分类器的性能，接下来详细解析一下分类算法的评价指标。

1. 常用术语

这里首先介绍几个常见的模型评价术语，现在假设我们的分类目标只有两类，分别为正样本 P（Positive）和负样本 N（Negative），见表 3-6。

表 3-6　预测分类表

		预测类别		
		Yes	No	总计
实际类别	Yes	TP	FN	P（实际为 Yes）
	No	FP	TN	N（实际为 No）
	总计	P′（被分为 Yes）	N′（被分为 No）	P+N

1）TP（True Positives）：真正，被正确地划分为正样本的个数，即实际为正样本且被分类器划分为正样本的样本数。

2）FP（False Positives）：假正，被错误地划分为正样本的个数，即实际为负样本但被分类器划分为正样本的样本数。

3）FN（False Negatives）：假负，被错误地划分为负样本的个数，即实际为正样本但被分类器划分为负样本的样本数。

4）TN（True Negatives）：真负，被正确地划分为负样本的个数，即实际为负样本且被分类器划分为负样本的样本数。

- P：实际的正样本数，$P=TP+FN$=真正+假负。
- N：实际的负样本数，$N=FP+TN$=假正+真负。
- P'：被分类器标记为正的样本数，$P'=TP+FP$=真正+假正。
- N'：被分类器标记为负的样本数($TN+FN$)，$N'=TN+FN$=真负+假负。

样本总数=$TP+TN+FP+FN=P+N=P'+N'$。

2. 基本评估指标

对分类算法进行评价时，往往并不是用单一的指标，而是用多种指标进行综合评价，以下是对分类算法进行评价时常用的评价指标。

（1）正确率（Accuracy）

正确率是最常见的评价指标，$accuracy = (TP+TN)/(P+N)$，这个很容易理解，就是被分对的样本数除以所有的样本数，通常来说，正确率越高，分类器越好（见图 3-15）。

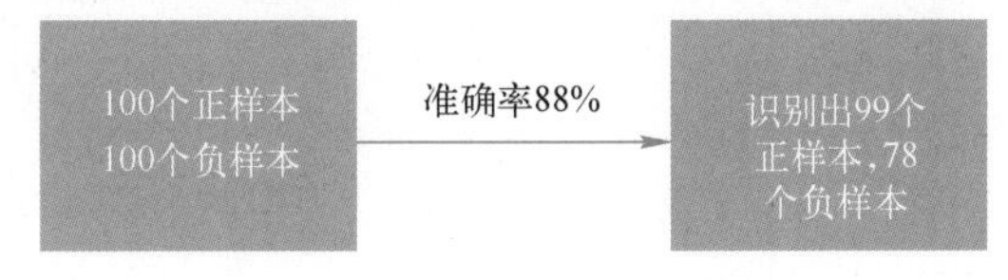

● 图 3-15　正确率指标含义

正确率指标不适合评价对稀有事件的预测性能，因为稀有事件的正负样本分布不均衡，正样本的数据太少。比如对于某地区地震的预测，如果我们预测地震发生率为 1%或者更低的数据，那么我们的算法就能达到 99%的正确率，但真的地震来临时，这个算法却毫无察觉。

与正确率相反的是错误率（Error Rate），也叫误分类率，用于描述被分类器错分的比例，*error*

rate = (*FP*+*FN*)/(*P*+*N*)，对某一个样本来说，分对与分错是互斥事件，所以 *accuracy* =1-*error rate*。

（2）灵敏度（Sensitive）

这个指标还有一个常用的叫法，叫召回率（Recall），召回率也叫查全率。

灵敏度=*TP*/*P*，表示的是所有正样本中被分对的比例，衡量了分类器对正样本的识别能力，如图 3-16 所示。

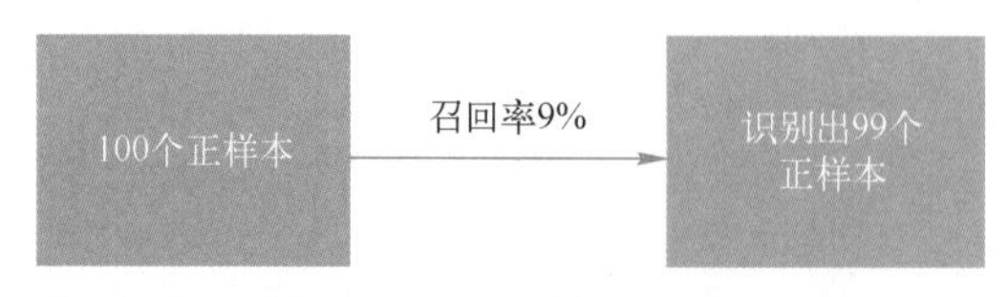

● 图 3-16 灵敏度指标含义

由于 *P*=*TP*+*FN*=真正+假负，灵敏度越高，说明“真正”越大，或者“假负”越小。换句话说，如果灵敏度很高，那么模型对正样本的识别能力是比较高的，同时把负样本识别为正样本的错误率也是比较低的。

灵敏度也叫真正率，即 *TPR*=正样本预测结果数/正样本实际数=*TP*/(*TP*+*FN*)；相应的有假正率，即 *FPR*=被预测为正的负样本结果数/负样本实际数=*FP*/(*FP*+*TN*)。

在金融风控领域大多偏向使用这个指标，我们希望系统能够筛选出所有有风险的行为或用户，然后交给人工鉴别，漏掉一个可能造成灾难性后果。

（3）特异度（Specificity）

特异度=*TN*/*N*，表示的是所有负样本中被分对的比例（见图 3-17），衡量了分类器对负样本的识别能力，和灵敏度是一个相对的指标。

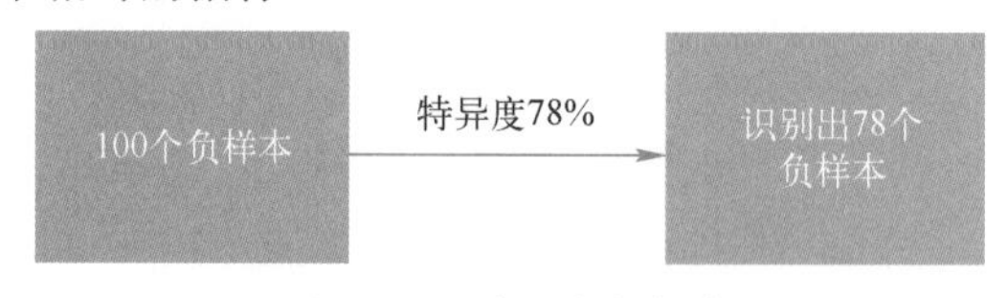

● 图 3-17 特异度指标含义

由于 *N*=*FP*+*TN*=假正+真负，如果特异度越好，说明“真负”就越多，或者“假正”越少。换句话说，如果特异度非常好，那么模型对负样本的识别能力就很高，同时把正样本识别为负样本的错误率也是比较低的。反之，如果特异度比较差，那么“假正”就比较多。而且假正率=1-特异度。

【某互联网公司面试题 3-47：分类正确率和特异度、灵敏度指标有什么关系】

答案：我们对正确率的计算公式进行一个等价变换后，可以发现正确率和灵敏度、特效性有关：

accuracy =（*TP*+*TN*)/（*P*+*N*)=*TP*/*P***P*/（*P*+*N*)+*TN*/*N***N*/（*P*+*N*）

=灵敏度*实际正样本所占比例+特异度*实际负样本所占比例

也就是不管我们是提高分类器对正样本的识别能力还是提高对负样本的识别能力，都会提升分类器的正确率。

在模型的灵敏性和特异度一定的情况下，如果训练所用的正负样本失衡，比如正样本所占比例特别大，特异度对正确率几乎没有什么影响，也就是即使模型的负样本识别能力很低，模型的分类正确率也会很高。

（4）查准率（precision）

【某互联网公司面试题 3-48：请简要说明精度指标的含义】

答案：查准率也叫精度，表示被分为正样本的样本中实际为正样本的比例，*precision*=*TP*/（*TP*+*FP*)，如图 3-18 所示。

在识别垃圾邮件的场景中可能偏向使用这个指标，因为我们宁愿一些垃圾邮件被漏掉，也不希望很多的正常邮件被误删。

● 图 3-18 查准率指标含义

3. 综合分类率

对于某个具体的分类器而言，我们不可能同时提高所有上面介绍的指标。当然，如果一个分类器能正确分类所有的样本，那么说明其各项指标都已经达到最优，但这样完美的分类器往往不存在。比如，地震预测，没有谁能准确预测地震的发生，但我们能容忍一定程度的误报，假设 1000 次预测中，有 5 次预测为发现地震，其中一次真的发生了地震，而其他 4 次为误报，那么正确率从原来的 999/1000=99.9%下降到 996/1000=99.6，但召回率从 0/1=0%上升为 1/1=100%，这样虽然谎报了几次地震，但真的地震来临时，我们没有错过，这样的分类器才是我们想要的，在一定正确率的前提下，要求分类器的召回率尽可能高。

为解决单一评价指标的问题，通常会结合使用综合性的评价指标，比如综合分类率和 ROC 曲线。

【某互联网公司面试题 3-49：请简要说明综合分类率指标的含义】

答案：查准率和召回率反映了分类器分类性能的两个方面。如果综合考虑查准率与召回率，可以得到新的评价指标 F_1 测试值，也称为综合分类率：

$$F_1 = 2 * \frac{precision * recall}{precision + recall}$$

这个其实就是 2 倍的查准率和召回率的调和平均数，使用调和平均而不是简单的算术平均的原因是调和平均可以惩罚极端情况。而且调和平均会在 *precision* 和 *recall* 相差较大时偏向较小的值，是最后的结果偏差，比较符合人的主观感受。比如一个分类器具有 100%的查准率，而召回率为 0，这两个指标的算术平均是 0.5，而 F_1 测试值是 0。F_1 测试值给了查准率和召回率相同的权重，它是通用指标 F_β 的一个特殊情况，在 F_β 中，β 可以用来给召回率和精度更多或者更少的权重。公式如下：

$$F_\beta = (1+\beta^2) * \frac{precision * recall}{\beta^2 * precision + recall}$$

上述指标一般用在二分类的评价上，如果是多分类，需要对这个指标进行改造。

【某互联网公司面试题 3-50：请解释宏平均 *F*1 和微平均 *F*1 指标的含义】

答案：为了综合多个类别的分类情况，评测系统整体性能，经常采用的还有微平均 *F*1（Micro-Averaging）和宏平均 *F*1（Macro-Averaging）两种指标。

宏平均 *F*1 与微平均 *F*1 是以两种不同的平均方式求的全局的 *F*1 指标。

其中宏平均 *F*1 的计算方法先对每个类别单独计算 *F*1 值，再取这些 *F*1 值的算术平均值作为全局指标。而微平均 *F*1 的计算方法是先分别累加计算所有类别的查准率和召回率，再由这些值求出 *F*1 值。

由两种平均 *F*1 的计算方式不难看出，宏平均 *F*1 平等对待每一个类别，所以它的值主要受到稀有类别的影响，而微平均 *F*1 赋予每个样本相同的权重，从而样本多的类别主导着样本少的类别，所以它的值受到常见类别的影响比较大。

所以，对于比较关注大类类别的分类器，应该选择微平均 *F*1；对于比较关注小类类别的分类器，应该选择宏平均 *F*1。

当数据类比较均衡地分布时，准确率效果最好，其他度量（如召回率、特异度、查准率、*F* 和 F_β）更适合不平衡问题。

4．ROC 曲线

（1）基本概念

ROC 曲线中文名叫受试者特征曲线。

以敏感性为纵坐标代表真正率 TPR，以 1-特异度为横坐标代表假正率 FPR。

假设有一个用来识别患者患了某种疾病的模型，该模型会为可能的每一种疾病打分，得分越高的越有可能患这种病，为了将某个病人标记为患有某种疾病（一个正样本），为每种疾病在这个范围内设置一个阈值，通过改变这个阈值，可以尝试实现合适的精度和召回率之间的平衡。

ROC 曲线是通过遍历所有阈值来绘制整条曲线的。图 3-19 所示为一个典型的 ROC 曲线。

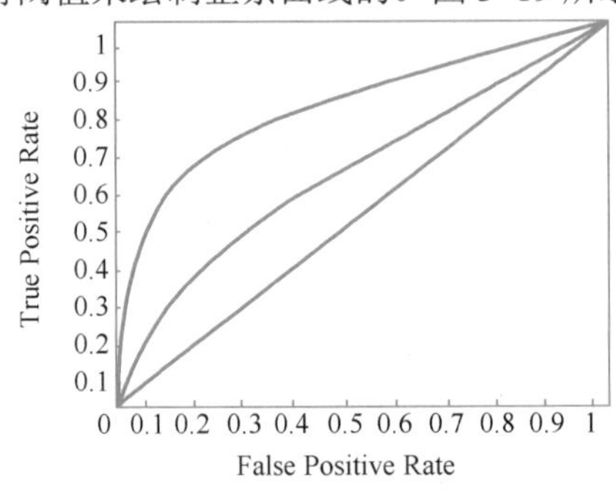

● 图 3-19　ROC 曲线示意图

- 横轴 FPR：1-*specificity*，FPR 越大，预测正类中实际负类越多。
- 纵轴 TPR：*sensitivity*（正类覆盖率），TPR 越大，预测正类中实际正类越多。

结论是 ROC 曲线越偏离 45° 对角线（即越陡峭）越好，*sensitivity*、*specificity* 越大效果越好。

假设已经得出一系列样本被划分为正类的概率，然后按照大小排序，表 3-7 是一个示例，表中共有 20 个测试样本，Class 一栏表示每个测试样本真正的标签（*p* 表示正样本，*n* 表示负样本），*Score* 表示每个测试样本属于正样本的概率。

表 3-7　绘制 ROC 曲线基本数据

Inst#	Class	Score	Inst#	Class	Score
1	p	.9	11	p	.4
2	p	.8	12	n	.39
3	n	.7	13	p	.38
4	p	.6	14	n	.37
5	p	.55	15	n	.36
6	p	.54	16	n	.35
7	n	.53	17	p	.34
8	n	.52	18	n	.33
9	p	.51	19	p	.30
10	n	.505	20	n	.1

接下来，从高到低依次将 Score 值作为阈值，当测试样本属于正样本的概率大于或等于这个阈值时，我们认为它为正样本，否则为负样本。举例来说，对于表中的第 4 个样本，其 Score 值为 0.6，那么样本 1、2、3、4 都被认为是正样本，因为它们的 Score 值都大于等于 0.6，而其他样本则都认为是负样本。每次选取一个不同的阈值，就可以得到一组 FPR 和 TPR，即 ROC 曲线上的一点。这

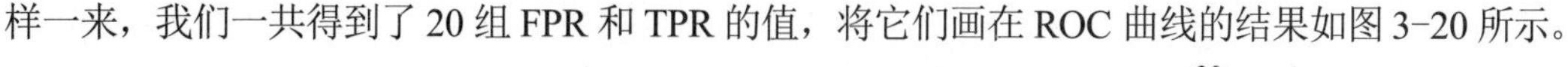
样一来，我们一共得到了 20 组 FPR 和 TPR 的值，将它们画在 ROC 曲线的结果如图 3-20 所示。

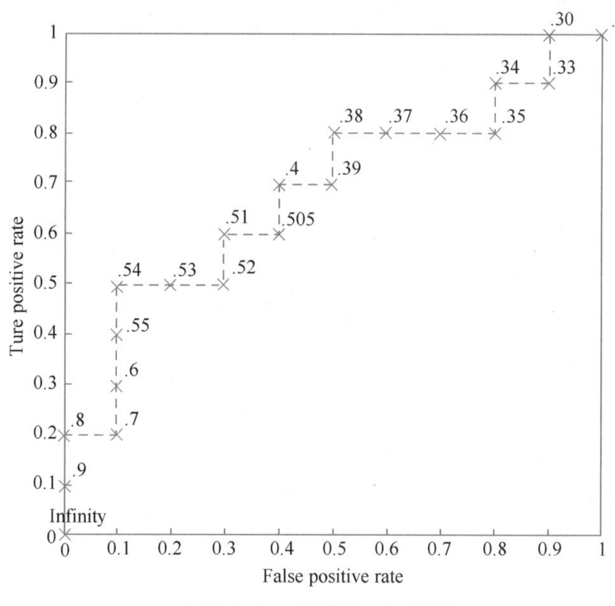

● 图 3-20　绘制 ROC 曲线

（2）AUC 值

AUC 可通过对 ROC 曲线下各部分的面积求和而得，面积越大则证明分类器越好。

AUC 给出的是分类器的平均性能值，它并不能代替对整条 ROC 曲线的观察。一个完美的分类器的 AUC 为 1.0，而随机猜测的 AUC 值为 0.5。

AUC 值的几何意义就是 ROC 曲线下各部分的面积和，其还有一个概率意义，即当随机挑选一个正样本以及负样本时，正样本得分（score）大于负样本得分的概率。

目前有三种方法来计算 AUC 值。

第一种方法是用传统的方法来计算 ROC 曲线下面的面积，我们知道测试样本是有限的，因而得到的 ROC 曲线必然是一个阶梯状的，因此计算的 AUC 也就是这些阶梯下面的面积之和。先把 score 排序（假设 score 越大，此样本属于正类的概率越大），然后只需要一遍扫描就能计算出 AUC 值。但是，这么做有个缺点，就是当多个测试样本的 score 相等的时候，调整一下阈值，得到的不是曲线一个阶梯往上或者往右的延展，而是斜着向上形成一个梯形。此时，就需要计算这个梯形的面积。由此，可以看到，用这种方法计算 AUC 实际上是比较麻烦的。

第二种方法是利用 AUC 的第二个性质。AUC 有两个性质，一个是样本 socre 都加上某个常数，AUC 不变。另一个是 AUC 对正负样本是否均衡并不敏感，意味着可以用负采样【注释：采样得到一个上下文词和一个目标词，用上下文词和目标词组合生成一个正样本。用与正样本相同的上下文词，再在字典中随机选择一个单词，组合生成一个负样本，这就是负采样。】后的样本进行模型评估，结果也不会差太多。

假设总共有 $M+N$ 个样本，其中正样本 M 个，负样本 N 个，总共有 $M*N$ 个样本对，如果正样本预测为正样本的概率值大于负样本预测为正样本的概率值记为 1，当样本对中正负样本的得分相等的时候，按照 0.5 计算，累加计数，然后除以组数 M*N 就是 AUC 的值：

$$\mathrm{AUC}=\frac{\sum_{M*N} I(P_{\text{正}},P_{\text{负}})}{M*N}。$$

第三种方法实际上是对第二种方法的优化，复杂度减小了。它首先对样本的得分 score 从大到小排序，排序号依次为 n，$n-1$，…，1。然后把所有的正类样本的 rank 相加，再减去两个正样本组合的情况，共 $M*(M+1)/2$ 组，得到的就是所有的样本中有多少对正类样本的 score 大于负类样本的 score，然后再除以 $M*N$，即

$$\text{AUC}=\frac{\sum_{i\in positiveClass}\text{rank}_i-\frac{M(1+M)}{2}}{M*N}。$$

特别需要注意的是，如果两个样本的 score 相等，那么就需要赋予相同的 rank，无论这个相等的 score 是出现在同类样本还是不同类的样本之间，都需要这样处理。计算时把所有这些 score 相等的样本的 rank 取平均，然后再使用上述公式。

假设按照概率从大到小排。如果根据预测结果，所有标签为 1 的样本都排在了标签为 0 的样本前面，那么此时的 ROC AUC 就是 1。

AUC = 0.8 的意思是说，随机挑选个标签为 1 的样本，它被排在随机的 0 样本前面的概率是 0.8。显然 AUC 是 0.5 的话，就说明这个模型和随便猜没什么两样。

【某互联网公司面试题 3-51：请说明 AUC 值的适用场景】

答案：AUC 指标本身和模型预测得分绝对值无关，它只关注排序效果，因此 AUC 值能够用于对排序的合理性进行评估。AUC 值越大，排序越合理。由于 AUC 的这个特性，所以在搜索和个性化推荐中会经常用到 AUC，但是在一些需要绝对准确率的场景下，则不适合用 AUC 作为主要评估指标。

比如在搜索中，内容的召回和排序往往需要参考内容的点击率，点击率越高当然越应该排在前面。这里的点击率是个预估值，可以用 LR 模型来进行预估（此处就不展开叙述预估方法了）。如果分类模型输出的点击率预估值越合理，那么排序就越合理，相应的 AUC 值就越大。

一般把 AUC 值分成四段，分别对应不同的效果评价级别（见表 3-8）。

表 3-8　AUC 值分级表

区间	评价等级
0.5～0.7	效果较低
0.7～0.85	效果一般
0.85～0.95	效果很好
0.95～1	效果非常好

（3）ROC 曲线的运用

以逻辑回归为例，其给出针对每个实例为正类的概率，那么通过设定一个阈值（如 0.6），概率大于等于 0.6 的为正类，小于 0.6 的为负类。对应的就可以算出一组（FPR,TPR），在平面中得到对应坐标点。随着阈值的逐渐减小，越来越多的实例被划分为正类，但是这些正类中同样也掺杂着真正的负实例，即 TPR 和 FPR 会同时增大。阈值最大时，对应坐标点为（0,0），阈值最小时，对应坐标点（1,1）。最后，可以通过计算曲线下面积（AUC）来量化模型的 ROC 曲线，这是一个介于 0 和 1 的度量，数值越大，表示分类性能越好。

需要明白的是，改变正负样本的判断标准也就是前文所说的阈值只是不断地改变预测的正负样本数，即 TPR 和 FPR，但是曲线本身是不会变的，因为我们没有改变模型，如果我们改变了模型，可能会得到一个不一样的曲线。

【某互联网公司面试题 3-52：如何判断 ROC 曲线是否理想】

答案：直观来说，可以从两个方面来评估：第一，ROC 曲线一定是需要在 $y=x$ 之上的，否则就是一个不理想的分类器；第二，可以计算 AUC 值，AUC 值越大说明分类性能越好。

从 ROC 曲线的构成来说，FPR 表示模型虚报的响应程度，而 TPR 表示模型预测响应的覆盖程度。我们希望的当然是：虚报的越少越好，覆盖的越多越好。所以总结一下就是 TPR 越高，同时 FPR 越低（即 ROC 曲线越陡，AUC 值越大），那么模型的性能就越好。

【某互联网公司面试题 3-53：ROC 曲线的适应场景有哪些】

答案：通常而言 AUC 阈值的选取要考虑应用场景及业务要求，对于 FPR 不敏感而对 TPR 敏感的场景，可以适当增加阈值以增加 TPR。如精准营销领域的商品推荐模型，模型目的是尽量将商品推荐给感兴趣的用户，若用户对推荐的商品不感兴趣，也不会有很大损失，因此，此时 TPR 相对 FPR 更重要。

再比如反欺诈领域的欺诈预测模型，由于模型结果会对识别的坏人进行一定的处置措施，FPR 过高会对好人有一定干扰，造成误查，影响客户体验，因此模型需保证在低于一定 FPR 的基础上尽量增加 TPR。

ROC 曲线的优点是不会随着类别分布的改变而改变，但这在某种程度上也是其缺点。因为负例 N 增加了很多，而曲线却没变，这等于产生了大量 FPR。像信息检索中如果主要关心正例的预测准确性的话，就不可接受了。

在类别不平衡的背景下，负例的数目众多致使 FPR 的增长不明显，导致 ROC 曲线呈现一个过分乐观的效果估计。ROC 曲线的横轴采用 FPR，根据 $FPR=FP/(FP+TN)$，当负例 N 的数量远超正例 P 时，FP 的大幅增长只能换来 FPR 的微小改变。结果是虽然大量负例被错判成正例，在 ROC 曲线上却无法直观地看出来。对于这种情况可以使用 PR 曲线。

（4）PR 曲线

PR 曲线也称查准率-查全率曲线，以查准率（Precision）为纵轴，查全率（Recall）（TPR）为横轴作图。绘制方法和 ROC 曲线类似，如图 3-21 所示。

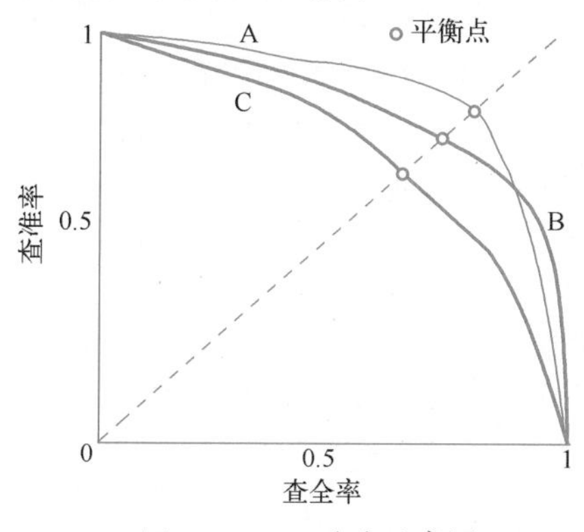

● 图 3-21 PR 曲线示意图

PR 曲线上的每一点都代表一个阈值所对应的查全率和查准率。

如果一个分类器的 PR 曲线被另一个分类器的 PR 曲线完全包住，则可断言后者的性能优于前者，例如上面的 A 和 B 优于学习器 C。但是 A 和 B 的性能无法直接判断，可以根据曲线下方的面积大小来进行比较，但更常用的是平衡点或者是 $F1$ 值。平衡点（BEP）是 $P=R$ 时的取值，如果这个值较大，则说明学习器的性能较好。而 $F1=2*P*R/(P+R)$，同样，$F1$ 值越大，可以认为该学习器的性能较好。

【某互联网公司面试题 3-54：PR 曲线和 ROC 曲线有什么区别】

答案：通过前文的讲解，我们了解到 PR 曲线与 ROC 曲线的相同点是都采用了 TPR ，都可以用 AUC 来衡量分类器的效果。不同点是 ROC 曲线使用了 FPR，而 PR 曲线使用了 Precision。

也就是说，PR 曲线的两个指标都聚焦于正例，适合于不均衡样本情况；而 ROC 曲线兼顾正例与负例，适用于评估分类器的整体性能。

另外，如果有多份数据且存在不同的类别分布，比如信用卡欺诈问题中每个月正例和负例的比例可能都不相同，这时候如果只想单纯地比较分类器的性能且剔除类别分布改变的影响，则 ROC 曲线比较适合，因为类别分布改变可能使得 PR 曲线发生变化时好时坏，这种时候难以进行模型比较；反之，如果想测试不同类别分布下对分类器的性能的影响，则 PR 曲线比较适合。

要明确的是在机器学习领域，对于指标，很多时候不是选择谁的问题，而是在可能的情况下，所有的指标都应该看一看，以确定训练的模型是否有问题。这就好比在医院检查身体，不是先确定要看哪个指标，然后就只看这个指标，而是尽可能去看所有指标。因为任何一个指标存在问题，都可能意味着你身体的某个机能存在问题。

所以，我们的目的不是"找到"单一的"最好"指标，而是了解所有的指标背后在反映什么，在看到这个指标出现问题的时候，能够判断问题可能出现在哪里，进而改进的模型。虽然改进方向可能是单一的。这就好比在医院看病，主要症状可能是发烧，此时的主要异常指标是"温度"，所以主要尝试使用可以"降温"的治疗手段，但这不代表在治疗的过程中不管其他指标，只要把温度降到正常水平就可以了。在尝试"降温"的过程中，如果发现血压、心跳等任何一个指标出现异常，都需要马上做出相应的反应。

3.3.7 分类算法小结

【某互联网公司面试题 3-55：请对你熟悉的分类算法做一个简单比较】

答案：从可解释性来说，贝叶斯、逻辑回归和决策树都具有良好的解释性，但是朴素贝叶斯和决策树的性能比较差，需要进行改进。

从对缺失数据敏感性的角度来说，SVM、决策树对缺失数据敏感，而朴素贝叶斯、集成学习算法对缺失值都不太敏感。

从异常值角度来说，Boosting 算法对异常值很敏感，而 KNN、Bagging 对异常值不太敏感，GBDT 如果使用较为健壮的损失函数后，对异常值也不太敏感。

从样本均衡角度来说，除 SVM、Bagging 算法外，其他大多数算法对数据不平衡问题都比较敏感。

从泛化性能来说，逻辑回归容易欠拟合，SVM 加入软间隔后过拟合的风险会大大降低，集成学习算法由于可以选用更多的特征，而不容易过拟合，特别是 Boosting 算法几乎不会过拟合。

从特征数量上来说，特征数量越多、数据越稀疏，GBDT 越具有过拟合的风险，而随机森林和逻辑回归比较擅长此类问题，而且带正则的线性模型比非线性模型更不容易发生过拟合。

从预测性能上来说，集成学习、SVM 都比较强大，在有足够训练样本的情况下，神经网络也很强。

3.4 关联规则算法

关联规则学习通过寻找最能够解释数据变量之间关系的规则，来找出大量多元数据集中有用的关联规则，它是从大量数据中发现多种数据之间关系的一种方法。另外，它还可以基于时间序列对多种数据间的关系进行挖掘。关联分析的典型案例是"啤酒和尿布"的捆绑销售，即买了尿布的用户同时还会买啤酒。

3.4.1 Apriori

1. 基本原理

Apriori 算法是经典的挖掘频繁项集和关联规则的数据挖掘算法。Apriori 算法的名字正是基于这样的事实：算法使用频繁项集性质的先验性质，即频繁项集的所有非空子集也一定是频繁的。Apriori 算法使用一种称为逐层搜索的迭代方法，其中 k 项集用于探索(k+1)项集。首先，通过扫描数据库，累计每个项的计数，并收集满足最小支持度的项，找出频繁 1 项集的集合。该集合记为 L_1。然后，使用 L_1 找出频繁 2 项集的集合 L_2，使用 L_2 找出 L_3，如此下去，直到不能再找到频繁 k 项集。每找出一个 L_k 需要一次数据库的完整扫描。Apriori 算法使用频繁项集的先验性质来压缩搜索空间。

Apriori 算法主要涉及如下几个基本概念。

- 项与项集：设 *itemset*={*item_1*, *item_2*, …, *item_m*}是所有项的集合，其中，*item_k*(k=1,2,…,m)成为项。项的集合称为项集（itemset），包含 k 个项的项集称为 k 项集(k-itemset)。
- 事务与事务集：一个事务 T 是一个项集，它是 *itemset* 的一个子集，每个事务均与一个唯一标识符 *Tid* 相联系。不同的事务一起组成了事务集 D，它构成了关联规则发现的事务数据库。
- 项集的出现频度（Support Count）：包含项集的事务数，简称为项集的频度、支持度计数或计数。
- 关联规则：关联规则是形如 A=>B 的蕴涵式，其中 A、B 均为 *itemset* 的子集且均不为空集，而 A 交 B 为空。
- 频繁项集（Frequent Itemset）：如果项集 I 的相对支持度满足事先定义好的最小支持度阈值（即 I 的出现频度大于相应的最小出现频度（支持度计数）阈值），则 I 是频繁项集。
- 强关联规则：满足最小支持度和最小置信度的关联规则，即待挖掘的关联规则。

2. 算法步骤

【某互联网公司面试题 3-56：请简要说明 Apriori 算法的步骤】

答案：关联规则的挖掘是一个两步的过程即连接步和剪枝步。

第一步是连接步，是指频繁(k−1)项集 L_{k-1} 的自身连接产生候选 k 项集 C_k。

所谓自身连接解释如下：频繁项集 L_{k-1} 内可能包含多个子项集，每个项集内可能包含多个项，从这些项集中任选两个项集，求并集。如果 L_{k-1} 中包含某两个项集 $itemset_1$ 和 $itemset_2$，这两个项集有(k−2)个项是相同的，那么就称 $itemset_1$ 和 $itemset_2$ 是可连接的，它们连接后产生的项集等于 $itemset_1$ 和 $itemset_2$ 相同部分组成的项集与不同部分组成的项集的并集，即{ $itemset_1$ [1], $itemset_1$ [2],…, $itemset_1$ [k−1], $itemset_1$ [k−2], $itemset_2$ [k−1]}。

第二步是剪枝步，剪枝步就是要剪掉非频繁项集。

在第一步中，通过自身连接通常会产生新的包含更多项的子项集，比如频繁项集 L 中有两个 3 项子集 A 和 B，它们组合生成一个 4 项集，而这个 4 项集又可以对应三个 3 项子集，其中两个是 A 和 B 还有一个是 C，这个 C 极有可能不在 L 中。这个问题对我们的判断会产生什么影响呢？

这里涉及一个概念，就是频繁 K 项集 L_k 中任意的子项集都必须是频繁的，如果其中存在一个子项集是不频繁的，那么就会导致 L_k 不是频繁项集，由于算法是迭代的，通常对于 K 项集我们仅考虑其 k−1 子项集就够了。基于这个原理，对于候选 k 项集 C_k，如果能够去掉其中不频繁的 k−1 子项集，那么就能生成频繁的 K 项集 L_k。

如何去检查 C_k 中是否存在不频繁的(k−1)子项集呢，只需要把其中的(k−1)子项集和频繁项集 L_{k-1} 中的子项集进行对比即可，对比后如果有某一个项集不在 L_{k-1} 中，那么就从 C_k 中删除。

除此之外，还要根据 C_k 中的项，来扫描所有事务，对 C_k 中的每个项进行计数，从而获得频繁 k 项集 L_k。这个过程可以用《数据挖掘概念与技术》一书中的图例（如图 3-22 所示）来表示。

找出频繁项集后，就可以根据置信度阈值来产生强关联规则，而且要使用提升度来检查这些规则是否合理。

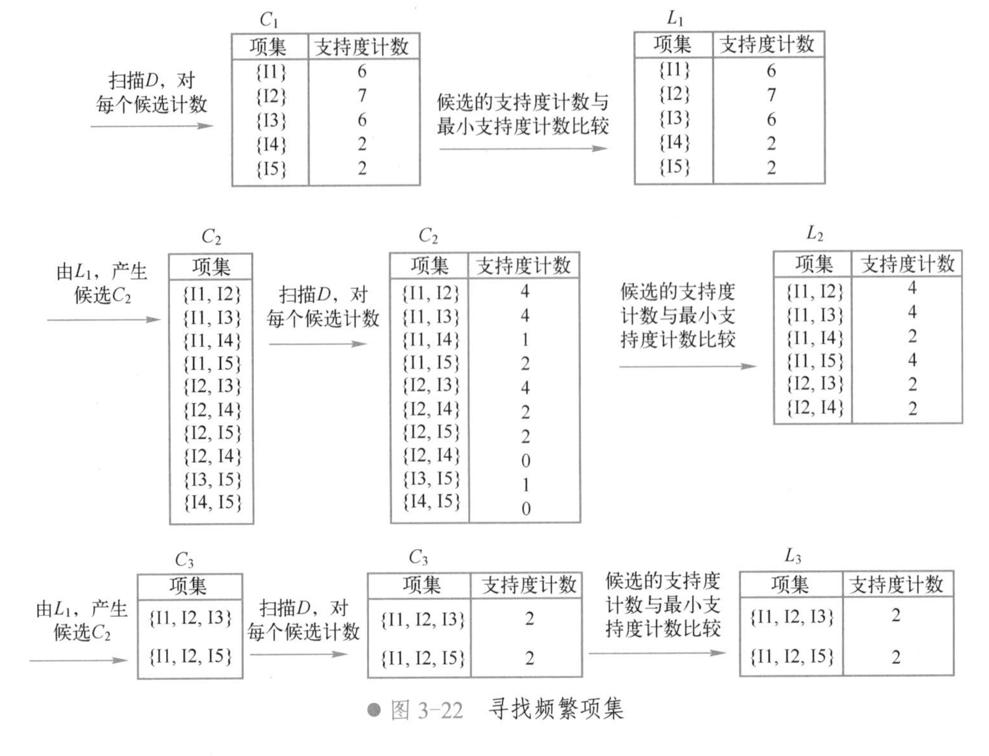

● 图 3-22 寻找频繁项集

3．算法分析

尽管在生成频繁项集的过程中可能去掉了很多项，但是对于那些拥有成千上万商品的超市来说，仍然会留下数量庞大的项，假设为 d，如果要从包含 d 个项的数据集提取全部可能的规则，总数为：$R=3^d-2^{d+1}+1$。可以看到规则的数量是指数级的，当 d 超过 12 时，规则数已经达到了百万级别，而其中包含的有用规则可能极少。

对于这种规则数量爆炸的情况，通常可以用以下几种方法来解决。第一种方法是提高参数约束，即让支持度、置信度和提升度更大一些，这样提取出来的都是强规则。第二种方法是缩小提取规则的范围，去掉那些不感兴趣的项，然后再提取规则。第三种方法是进行概念分层，比如只对商品分类之间的关联关系进行挖掘，这样可以减少项集，同时也可以减少计算量。第四种方法是进行某种规则约束，比如只挖掘具有某些特点顾客的购买数据。

【某互联网公司面试题 3-57：如何优化 Apriori 算法】

答案：从 Apriori 算法的原理可以看出，由频繁 k-1 项集进行自连接生成的候选频繁 k 项集数量可能巨大，而且在验证候选频繁 k 项集的时候需要对整个数据库进行扫描，非常耗时。

对于这种情况有几种优化方法：基于划分的方法、基于 hash 的方法、基于采样的方法

基于划分的算法先把数据库从逻辑上分成几个互不相交的块，每次单独考虑一个分块并对它生成所有的项集，然后把产生的项集合并，用来生成所有可能的项集，最后计算这些项集的支持度。要注意的是关于分片大小的选取，要保证每个分片可以被放入到内存。当每个分片产生项集后，再合并产生全局的候选 k 项集。若在多个处理器分片，可以通过处理器之间共享一个杂凑树来产生项集。

基于 hash 的方法是将每个项集通过相应的 hash 函数映射到 hash 表中的不同的桶中，这样可以通过将桶中的项集计数跟最小支持计数相比较先淘汰一部分项集。

基于采样的方法是选择原始数据的一个样本，在这个样本上用 Apriori 算法挖掘频繁模式，通过牺牲精确度来减少算法开销，为了提高效率，样本大小以应该能够放在内存中为宜，可以适当降低最小支持度来减少遗漏的频繁模式，也可以通过一次全局扫描来验证从样本中发现的模式，还可

以通过第二次全局扫描来找到遗漏的模式。

不管如何优化，Apriori 算法都要对数据库进行反复扫描，而且产生的候选集也会极为庞大，这都将导致极大的系统开销。

为了解决这个问题，韩家炜教授等人开发了一种优化后的关联规则算法，即 FP_Growth。

3.4.2 Fp_Growth

1. 基本原理

FP-Growth（Frequent Pattern Tree, 频繁模式树），是韩家炜教授等人提出的挖掘频繁项集的方法，算法将数据集存储在一个特定的称作 FP 树的结构之后发现频繁项集或频繁项对，即常在一块出现的元素项的集合 FP 树。

FP-Growth 算法比 Apriori 算法效率更高，在整个算法执行过程中，只需遍历数据集 2 次，就能够完成频繁模式发现，其发现频繁项集的基本过程也是两步。

1）构建 FP 树。

2）从 FP 树中挖掘频繁项集。

FP-Tree 算法涉及的几个基本的概念如下。

FP-Tree：是把事务数据表中的各个事务数据项按照支持度排序后，把每个事务中的数据项按降序依次插入到一棵以 NULL 为根结点的树中，同时在每个结点处记录该结点出现的支持度。

条件模式基：包含 FP-Tree 中与后缀模式一起出现的前缀路径的集合。也就是同一个频繁项在 PF 树中的所有节点的父路径的集合。比如 I3 在 FP 树中一共出现了 3 次，其父路径分别是{*I2*，*I1*：2(频度为 2)}，{*I2*：2}和{*I1*：2}。这 3 个父路径的集合就是频繁项 *I3* 的条件模式基。

条件树：将条件模式基按照 FP-Tree 的构造原则形成的一个新的 FP-Tree。

2. 算法步骤

FP-Tree 算法的步骤如下。

1）先扫描一遍数据集，得到频繁项为 1 的项目集，定义最小支持度（项出现的最少次数），删除那些小于最小支持度的项目，然后将原始数据集中的条目按项目集中降序进行排列。

2）第二次扫描，创建项头表（从上往下降序）以及 FP 树。

3）对于每个项目（可以按照从下往上的顺序）找到其条件模式基，把条件模式基当作事务集去建造一棵树，这棵树不叫 FP-Tree，而称为该频繁项的条件 FP-Tree，通过递归调用树结构找这棵条件 FP-Tree 上的子条件频繁项集，且每次递归都需要把条件频繁项集和该频繁项拼接起来形成最终要求的频繁项集，然后删除小于最小支持度的项。如果最终呈现单一路径的树结构，则直接列举所有组合；非单一路径的则继续调用树结构，直到形成单一路径即可。

3. 算法分析

FP-Tree 的构造相对简单，下面举例说明该算法的挖掘部分。

假如已经得到一棵树，如图 3-23 所示，接下来举例说明如何挖掘这个树，得到关联规则。

对项头表从底部依次向上挖掘频繁集，对于项头表对应于 FP 树的每一项，要找到它的条件模式基（所有的路径前缀），更新该路径的节点数目。

I5 的条件模式基是({*I2*,*I1*}:1), ({*I2*,*I1*,*I3*}:1)。

显然是单路径的，因为 *I5* 都是从{*I2*=>*I1*=>*I3*}这条路径上分叉出来的，因此在 FP_Growth 中直接列举{*I2*:2，*I1*:2，*I3*:1}的所有组合，之后和模式后缀 *I5* 取并集得到支持度>2 的所有模式：{ {*I2*,*I5*}:2, {*I1*,*I5*}:2, {*I2*,*I1*,*I5*}:2}。

I3 的条件模式基是{{*I2* *I1*:2}, {*I2*:2}, {*I1*:2}}，有两条路径，一条是{*I2*=>I1}，另外一条是{I1}。因此需要进行递归挖掘。

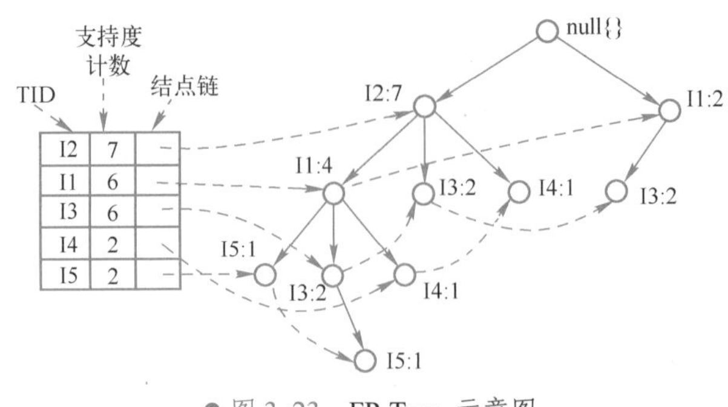

● 图 3-23 FP-Tree 示意图

$I3$ 对应的 FP-Tree 中对应项头表里的 $I1$ 和 $I2$ 两个项，将 $I3$ 和它们取并集，从而得到模式{{$I2$，$I3$}：4；{$I1$，$I3$}：4}，然后再以上述模式作为后缀，挖掘新的条件模式基，对于{$I2$,$I3$}来说，已经不存在条件模式基了，仅作判断为空即可，而{$I1$,$I3$}还存在条件模式基{$I2$:2}，至此，形成了一个单路径，得到新的模式{$I1$,$I2$,$I3$:2}。

综合来看，模式后缀 $I3$ 的支持度>2 的所有模式为：{{$I2$，$I3$}:4, {$I1$，$I3$}:4, {$I1$，$I2$，$I3$}:2}。

FP-Growth 算法比 Apriori 算法快一个数量级，在空间复杂度方面也比 Apriori 也有数量级的优化。但是对于海量数据，FP-Growth 的时空复杂度仍然很高，可以采用的改进方法包括数据库划分、数据采样等。

3.4.3 算法评估

关联规则算法的有效性评估主要依赖于三个指标：支持度、置信度和提升度。

支持度（support）：A 与 B 同时出现在事务集 D 中的比例，确定规则可以用于给定数据集的频繁程度，主要用于删除无意义的规则。

置信度（confidence）：A 与 B 同时出现的事务在 A 出现的事务中的比例，衡量 B 在包含 A 的事务中出现的频繁程度，主要用于确定规则的可靠性，公式如下：

$$confidence(A=>B)=P(B|A)=\frac{support(AUB)}{support(A)}=\frac{support\_count(AUB)}{support\_count(A)}。$$

提升度（lift）：A 和 B 同时出现的可信度与 B 的支持度的比值，称之为 A 条件对 B 事务的提升度，即有 A 作为前提，对 B 出现的概率有什么样的影响。项集 A 对项集 B 的提升度为：

$$lift(A=>B)=\frac{confidence(A=>B)}{\sup port(B)}=\frac{p(B|A)}{p(B)}。$$

如果提升度=1 说明 A 和 B 没有任何关联，即 A 或 B 的出现不会对另外一个项集的出现产生任何影响。

如果提升度<1，说明 A 事务和 B 事务是排斥的，即出现 A 可能导致 B 出现概率降低，或者出现 B 可能导致 A 出现的概率降低。通俗的解释，在购买商品时，人们往往只购买同一类商品中的某一品牌，而不会同时购买多个品牌的同类商品。

如果提升度>1，我们认为 A 和 B 是有关联的，一般认为提升度>3 才算值得认可的关联。

3.5 数据降维算法

3.5.1 降维技术基本理论

降维是指通过保留一些比较重要的特征，去除一些冗余的特征，减少数据特征的维度

（如图 3-24 所示）。

● 图 3-24 数据降维

降维的结果是图像越来越不清晰，最后只剩下轮廓。

在面对海量数据或大数据进行数据挖掘时，通常会面临“维度灾难”，此时需要进行降维。

【某互联网公司面试题 3-58：为什么要对数据进行降维】

答案：进行数据降维是基于以下 5 个原因。第一，数据本身存在一些问题，比如特征多而样本少、不同的特征具有相关性、噪声或者特征冗余，必须在将这些数据输入模型之前就进行一定的处理。第二，有些算法不适合高维度的数据，却不得不用它。第三，特征太多或者太复杂会使得模型过拟合。第四，减少数据量，从而减小计算量。第五，将数据维度降到二维或者三维后，可以进行可视化，便于观察和挖掘信息。

数据降维一般针对高维数据进行操作，但不是所有的高维数据都需要进行数据降维。因为绝大部分降维都会带来数据信息的损失，如果维度不高，在输出结果后需要分析原始维度对模型的影响，或者模型对精度要求很高，那么就要谨慎降维。反之，如果维度数据实在太大，明显影响计算效率，降维后对模型精度影响也不太大，那么就可以进行降维了。

【某互联网公司面试题 3-59：有哪些数据降维方法】

答案：数据降维的方法有两类，一类是基于特征选择的降维，一类是基于维度转换的降维。

特征选择根据一定的规则和经验，直接在原有的维度中挑选一部分参与到计算和建模过程，用选择的特征代替所有特征，不改变原有特征，也不产生新的特征值。简而言之就是留下重要的，去掉不重要的。关键点在于区分变量的重要性。

一个变量是否可以被去掉，通常要看该变量是否含有足够的有用信息，如果缺失值比较多，剩余的有用信息特别少，或者变量的方差趋近于 0，那么就可以去掉。还可以计算变量之间的相关性，相关性特别高的变量保留其中一个即可。或者通过一些算法来计算变量的重要性，比如随机森林等。还可以通过观察去掉变量前后训练效果的变化来确定是否舍弃一个变量。

基于维度转换的降维方法本质是一种映射，即按照一定的数学变换方法，把给定的一组相关变量通过数学模型将高维空间的数据点映射到低维空间中，然后利用映射后变量的特征来表示原有变量的总体特征。这种方式是一种产生新维度的过程，转换后的维度并非原有维度的本体，而是其综合多个维度转换或映射后的表达式，而且新的特征丢失了原有数据的业务含义，很多时候我们有可能不能将这些特征和业务对应起来。

通过数据维度变换进行降维是非常重要的降维方法，这种降维方法分为线性降维和非线性降维两种。其中线性降维的代表算法包括独立成分分析（ICA）、主成分分析（PCA），因子分析（FA）和线性判别分析（LDA）。非线性降维的代表方法有核方法、二维化和张量化以及流形学习等。

本节主要解析最为常用的特征选择和主成分分析两种方法，SVD 分解是主成分分析的一个辅助方法，由于该方法在推荐算法中也会用到，在本节解析其基本原理，在推荐算法里会进一步讲解其用法。

↗3.5.2 特征选择

特征选择不仅可以减少特征数量、降维，使模型泛化能力更强，减少过拟合，还可以增强对特征和特征值之间的理解。

我们需要区别两个概念，一个是特征选择（feature selection），是指从 n 维空间中，选择提供信息最多的 k 个维，这个 k 维空间是原 n 维空间的子集。另外一个是特征提取（feature extraction），是将 n 维空间映射到 k 维空间中，这个 k 维空间不是原 n 维空间的子集。

特征选择的降维方式好处是可以保留原有维度特征的基础上进行降维，既能满足后续数据处理和建模需求，又能保留维度原本的业务含义，以便于业务理解和应用。对于业务分析性的应用而言，模型的可理解性和可用性很多时候要有限于模型本身的准确率、效率等技术指标。例如，决策树得到的特征规则，可以作为选择用户样本的基础条件，而这些特征规则便是基于输入的维度产生。

1. 基于特征选择的降维方法

【某互联网公司面试题 3-60：如何进行特征选择降维】

答案：总结起来基于特征选择降维的方法主要有以下 4 种。

1）经验法：通过操作者的以往经验、实际数据情况、业务理解程度等综合考虑选择。

2）测算法：通过不断测试多种维度选择参与计算，通过结果来反复验证和调整并最终找到最佳特征方案。

3）基于统计分析的方法：通过相关性分析不同维度间的线性相关性，从相关性高的维度中人工去除或筛选；或者通过计算不同维度间的互信息量，找到具有较高信息量的特征集，然后把其中的一个特征去除或留下。

4）机器学习算法：通过机器学习算法得到不同特征的特征值或权重，然后再根据权重来选择较大的特征。例如，通过 CART 决策树模型得到不同变量的重要程度，然后可以根据实际权重值进行选择。

2. 特征选择步骤

【某互联网公司面试题 3-61：请简要说明特征选择的步骤】

答案：一般认为，特征选择主要分为 5 个步骤，即制定总策略->生成特征子集->评价特征子集->停止准则->结果验证，但是实际上，这个过程还有一个和后续分类算法的交互问题，可以选择和后续分类算法交互，也可以选择独立进行，但是通常需要在算法开始前就要决定。

【某互联网公司面试题 3-62：运用特征选择的方法时有哪些策略，各有什么特点】

答案：参考周志华《机器学习》的方法，通常有 4 种策略。

1）过滤式（filter）：特征选择的过程与学习器无关，相当于先对特征集进行过滤操作，然后用特征子集来训练分类器。

2）包裹式（wrapper）：直接把最后要使用的分类器作为特征选择的评价函数，对于特定的分类器选择最优的特征子集。

3）组合式算法：先使用 filter 进行特征选择，去掉不相关的特征，降低特征维度；然后利用 wrapper 进行特征选择。

4）嵌入式（embedding）：把特征选择的过程与分类器学习的过程融合一起，在学习的过程中进行特征选择。最常见的使用 $L1$ 正则化进行特征选择。

因为包裹式特征选择直接从模型性能的角度出发，因而其性能要优于过滤式特征选择，但是包裹式特征选择的时间开销较大。而过滤式特征选择由于和特定的学习器无关，所以计算开销小，泛化能力强于包裹式特征选择。因此，在实际应用中由于数据集很大，特征维度高，过滤式特征选择应用的更广泛些。

【某互联网公司面试题 3-63：有哪些方法可以用于生成候选特征子集，各有什么特点】

答案：生成候选特征子集的过程是一个搜索过程，这个过程主要有 3 个策略，分别是穷举搜索、启发式搜索和随机搜索。

1）穷举搜索根据评价函数进行穷举所有可能的特征组合，找出其中最优的特征子集，这种方式能确保在当前评价函数下找到最优特征组合，但是显然效率很低，特别是在特征数量很大时，要进行穷举搜索几乎是不可能的。

2）启发式搜索的启发式规则在每次迭代时，决定剩下的特征是应该被选择还是被拒绝。这种方法很简单并且速度很快，主要是通过设置一些规则或者使用评价函数，缩减搜索空间，忽略不可能产生好模型的特征集，可能跳过全局最优解得到局部最优解，也可能得到全局最优解，好处是比穷举法大大提高了搜索效率。有前向选择和后向消除两种算法。

① 前向选择的思路是这样的：尝试所有只使用一个属性的子集，并保留最优解。但是，接下来不是尝试所有可能的具有两个特征的子集，而只是尝试特定的两个子集组合。我们尝试包含上一轮最佳属性的两个子集。如果没有改进，就停止操作并提供最好的结果，即单一的属性。但是，如果提高了精度，就保留最好的属性，并尝试添加一个。重复此过程，直到不再需要改进。

② 后向消除的操作思路与前向选择类似，但方向相反。首先从所有属性组成的子集开始。尝试每次删除一个单一属性。如果有所改善就继续操作，并且仍然把这个导致精度最大提高的属性（即去掉它精度最高的属性）忽略掉。然后继续消除一个属性来完成所有可能的组合，直到精度不再改善。

3）随机搜索在计算过程中把特征选择问题和禁忌搜索算法、模拟退火算法和遗传算法等，或随机重采样过程结合起来以概率推理和随机采样作为算法基础，基于对分类有效性的评估，在计算过程中对每个特征赋予一定的权重，然后根据自适应的阈值或者用户自定义的阈值来对特征重要性进行评估，选择大于阈值的特征。Relief 系列算法是典型的代表。

【某互联网公司面试题 3-64：如何评价特征子集的好坏】

答案：有比较多的评价函数可以用于评价特征子集的好坏，评价函数主要用来度量一个特征（或者特征子集）可以区分不同类别的能力，使用不同的度量方法最终得到的特征子集也不一样。一个特征子集是最优的往往指相对于特定的评价函数来说。

有如下 5 种比较常见的评价函数。

1）距离度量：如果特征集 X 在不同类别中能产生比特征集 Y 大的差异，那么就说明特征集 X 要好于特征集 Y。

2）信息度量：主要是计算一个特征的信息增益（IG），即保留这个特征的信息熵与删除这个特征的信息熵之差。

3）相关性度量：可以使用相关性系数、卡方检验、互信息（MI）等。比如通过互信息可以发现一个特征和一个类别的相关性。如果特征集 X 和类别的相关性高于特征集 Y 与类别的相关性，那么特征集 X 优于特征集 Y。使用互信息的衍生概念点互信息（PMI）可以用来计算两个特征之间的依赖性，值代表着两个特征之间的冗余度。

4）一致性度量：若两个样本属于不同的分类，但在特征 A、B 上的取值完全一样，那么它们就是不一致的，此时特征子集$\{A, B\}$不应该选作最终的特征集。找到与全集具有同样区分能力的最小子集。严重依赖于特定的训练集和最小特征偏见（Min-Feature bias）的用法；找到满足可接受的不一致率（用户指定的参数）的最小规模的特征子集。

5）误分类率度量：主要用于 Wrapper 式的评价策略中。使用特定的分类器，利用选择的特征子集来预测测试集的类别，用分类器的准确率来作为指标。这种方法准确率很高，但是计算开销较大。

【某互联网公司面试题 3-65：如何制定特征选择的停止准则】

答案：停止准则决定什么时候停止特征选择。停止条件用来决定迭代过程什么时候停止，生成过程和评价函数可能会对于怎么选择停止条件产生影响。

停止条件可以有如下 4 种。

1）预先设定最大迭代次数，达到最大迭代次数就停止。

2）预先设定最大特征数，达到最大特征数就停止。

3）当评价函数值达到某个阈值或者最优值后就可停止搜索。比如对于独立性准则，可以选择样本间平均间距最大；对于关联性度量，可以选择使得分类器的准确召回最高作为准则。

4）特征集不再变化时就停止。

【某互联网公司面试题 3-66：如何验证特征子集的有效性】

答案：对特征子集进行验证的过程并不是特征选择本身的一部分，但是必须确保选择出的特征是有效的。所谓有效性，是指获得的特征子集是否能够改善学习器的预测效果。因此，需要使用不同的测试集、学习方法验证选择出来的特征子集，然后比较这些验证结果。最好采取与前期选择方法不相关的度量方法，这样可以减少其间的耦合。

3.5.3 主成分分析

1．基本原理

【某互联网公司面试题 3-67：请简要叙述主成分分析的基本思想】

答案：主成分分析的基本思想是将样本从原来的特征空间转化到新的特征空间，并且样本在新特征空间坐标轴上的投影方差尽可能大，这样就能涵盖样本最主要的信息。具体的做法就是将 n 维特征映射到 m 维上（$m<n$），这 m 维是全新的正交特征，称为主成分，这 m 维的特征是重新构造出来的，不是简单地从 n 维特征中去掉几个特征。高维转化为低维后，再通过构造适当的价值函数，可以进一步把低维系统转化成一维系统。PCA 的核心思想就是将数据沿最大方向投影，使得数据更易于区分，这样做不仅可以保留矩阵中所存在的主要特性，从而可以大大节省空间和数据量。因此，常常把 PCA 当作数据降维的工具（如图 3-25 所示）。

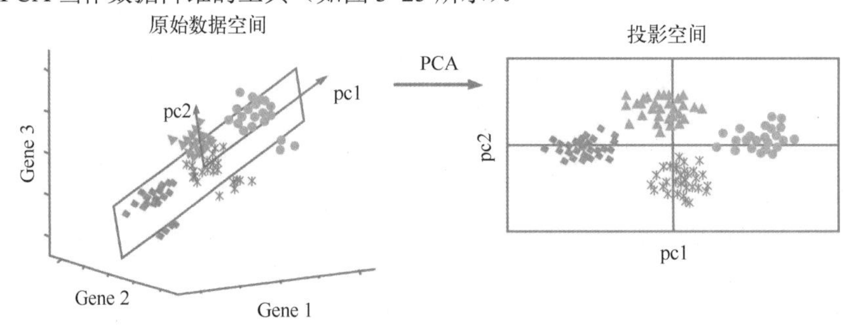

● 图 3-25　PCA 示意图

假设有 p 个原始变量 x_i，标准化后为 z_i，第 p 个主成分的表达式如下：

$$F_p = a_{i1} * z_1 + a_{i2} * z_2 + \cdots + a_{ip} * z_p。$$

有多种主成分分析方法，一般使用基于方差最大化的主成分分析。

2．算法步骤

第一步，特征归一化，消除量纲的影响。假设 x_{ij} 是第 j 个特征的第 i 个值，则对该值的归一化公式如下：

$$x_{ij}^* = \frac{x_{ij} - \overline{x}_j}{s_j} \ (i=1,2,\cdots,n;j=1,2,\cdots,p)。$$

其中 $\overline{x}_j = \frac{\sum_{i=1}^{n} x_{ij}}{n}$ 是样本均值，$s_j^2 = \frac{\sum_{i=1}^{n} (x_{ij} - \overline{x}_j)^2}{n-1}$ 是样本方差。

第二步，计算变量之间的相关系数矩阵 **R**，其中 r_{ij} 是 **R** 第 $i(i=1,2,\cdots n)$ 行 $j(j=1,2,\cdots p)$ 列的元素表示变量 x_i 与变量 y_j 的相关关系，计算如下：

$$r_{ij}=\frac{\sum_{k=1}^{n}(x_{ki}-\overline{x}_i)(x_{kj}-\overline{x}_j)}{\sqrt{\sum_{k=1}^{n}(x_{ki}-\overline{x}_i)^2*\sum_{k=1}^{n}(x_{kj}-\overline{x}_j)^2}}。$$

由于 **R** 是实对称矩阵，因此只需要计算上三角或者下三角元素即可。

第三步，求样本特征的协方差矩阵 A。

特征 X 和特征 Y 的协方差计算公式如下：

$$Cov(X,Y)=E((X-E(X))(Y-E(Y)))=\frac{\sum_{i=1}^{n}(x_i-\overline{x})(y_i-\overline{y})}{n-1}$$

如果是三维特征或者更高维特征，就可以形成一个协方差矩阵，比如：

$$\mathrm{Cov}(X,Y,Z)=\begin{bmatrix} Cov(x,x) & Cov(x,y) & Cov(x,z) \\ Cov(y,x) & Cov(y,y) & Cov(y,z) \\ Cov(z,x) & Cov(z,y) & Cov(z,z) \end{bmatrix}$$

显然，协方差矩阵的对角线代表了原来样本在各个维度上的方差，其他元素代表了各个维度之间的相关关系。

注意：第二步和第三步选其一执行即可。对于协方差矩阵的计算，有个简单的方法，就是 $A=\frac{1}{n-1}XX^{\mathrm{T}}$，其中 n 是原数据的变量个数，**X** 是对样本矩阵中心化后的矩阵。与利用相关系数矩阵 **R** 求解协方差矩阵的区别是，相关系数消除了量纲影响。

这里需要提及一个概念——散度矩阵，散度矩阵是 *SVD* 奇异值分解的一步，假设总数据量为 n，则其计算公式为 $Cov(X,Y,Z)*(n-1)$ 。

第四步，根据相关系数矩阵 **R** 或者协方差矩阵 **A**，求特征值与特征向量

对于特征值与特征向量的求解，主要是：特征值分解（当 **A** 为方阵时），奇异值 *SVD* 分解【注释：在 3.5.4 小节中将解析该算法】。

回顾特征值和特征向量的含义。

如果矩阵对某一个向量或某些向量只发生伸缩变换，不对这些向量产生旋转的效果，那么这些向量就称为这个矩阵的特征向量，伸缩的比例就是特征值。

第五步，对特征值按照降序的顺序排列 $\lambda_1 \geqslant \lambda_2 \geqslant \cdots \geqslant \lambda_p$，对应的特征向量为 $\eta_1,\eta_2,\cdots,\eta_p$

计算第 i 个主成分贡献率：

$$z_i=\frac{\lambda_i}{\sum_{k=1}^{p}\lambda_k}。$$

主成分累积贡献率：

$$\sum_{k=1}^{i}z_k=\frac{\sum_{k=1}^{i}\lambda_k}{\sum_{k=1}^{p}\lambda_k}。$$

一般取累积贡献率达到 85%～95%的前 m 个特征值所对应的主成分，再用对应的特征向量组成投影矩阵【注释：特征向量是组成主成分的各原始指标所占权重】。这个投影矩阵是正交矩阵，具

有唯一性（因而主成分不可旋转）。

第六步，将原样本矩阵和投影矩阵相乘，即得到降维后的数据。在因子分析中，需要计算主成分载荷（因子载荷），此时也可以计算得到,即：

$$A=(\sqrt{\lambda_1}*\eta_1,\sqrt{\lambda_2}*\eta_2,\cdots,\sqrt{\lambda_m}*\eta_m) \quad (m<p)$$

3．算法分析

为了确保降维后的数据特征尽可能不损失，PCA 算法设定了两个优化目标，一个是降维后同一维度的方差最大，另一个是不同维度之间的相关性为 0。那么，从数学上来理解，就是协方差矩阵的对角线元素要尽可能大，而对角线以外的元素应该趋近 0。我们可能无法保证对角线上的每一个元素最大，但是能做到让这些元素的和最大。可以证明的是，上文所求的协方差矩阵的投影矩阵正好能满足这个目标。

此外，可以发现每个原始变量在主成分中都占有一定的分量，这些分量（载荷）之间的大小分布没有清晰的分界线，这就造成无法明确表述哪个主成分代表哪些原始变量，也就是说提取出来的主成分无法清晰地解释其代表的含义。

此时，可以使用因子分析来弥补主成分分析在可解释性方面的不足。因子分析解决主成分分析解释障碍的方法是通过因子轴旋转。因子轴旋转可以使原始变量在公因子（主成分）上的载荷重新分布，从而使原始变量在公因子上的载荷变化越来越大，这样公因子（主成分）就能够用那些载荷大的原始变量来解释。以上过程就解决了主成分分析的现实含义解释障碍。

在实际的应用过程中，主成分分析常被用作达到目的的中间手段，而非完全的一种分析方法。

PCA 的优点是计算方法简单，容易在计算机上实现，它以方差衡量信息的无监督学习，可以不受样本标签限制，通过 PCA 处理后可消除原始数据成分间的相互影响，从而可以间稍指标选择的工作量。

PCA 的缺点是对于主成分的解释下往往具有一定的模糊性，不如原始样本完整，贡献率小的主成分往往可能含有对样本差异的重要信息，也就是可能对于区分样本的类别（标签）更有用，而且特征值矩阵的正交向量空间是否唯一也是有待讨论的。

3.5.4 SVD 分解

1．算法原理

【某互联网公司面试题 3-68：请简要说明 SVD 分解技术主要用于解决什么问题】

答案：在矩阵的运用中，我们总是希望将矩阵简单化，特别是对于超大矩阵，要求它的特征值和特征向量是很困难的。因此，需要对矩阵进行化简，即矩阵分解。对于方阵的分解，可以运用特征值分解的方法，而如果要分解的矩阵不是方阵，就要用奇异值分解，实际上奇异值分解是特征值分解的一种拓展。

常见的矩阵分解方法有 LU 分解、QR 分解、和 SVD（奇异值）分解。本节主要介绍更为常用的 SVD 分解，原因是现实工作中我们遇到的往往不是方阵。

在进行特征值分解时，如果不是方阵，而我们仍然希望把矩阵分解成和特征值分解结果一样的样式，即 $\boldsymbol{A}=\boldsymbol{U\Sigma V}^{-1}$（如图 3-26 所示），其中 $\boldsymbol{U}$ 和 $\boldsymbol{V}$ 都是单位正交矩阵，那么就需要进行奇异值分解了。SVD 分解法用途是解最小平方误差法和数据降维。

【某互联网公司面试题 3-69：请简要说明 SVD 分解的原理】

答案：奇异值分解的原理如下：

不管 $\boldsymbol{A}$ 是否实对称矩阵，如果让 $\boldsymbol{A}$ 乘以它自己的转置矩阵，那么一定就是一个实对称矩阵。那么就可以做特征值分解了。由 $\boldsymbol{A}=\boldsymbol{U\Sigma V}^{-1}$ 可得：

$$AA^{\mathrm{T}} = U\Sigma V^{\mathrm{T}}(U\Sigma V^{\mathrm{T}})^{\mathrm{T}} = U\Sigma V^{\mathrm{T}}V\Sigma^{\mathrm{T}}U^{\mathrm{T}} = U\Sigma\Sigma^{\mathrm{T}}U^{\mathrm{T}} \tag{1}$$

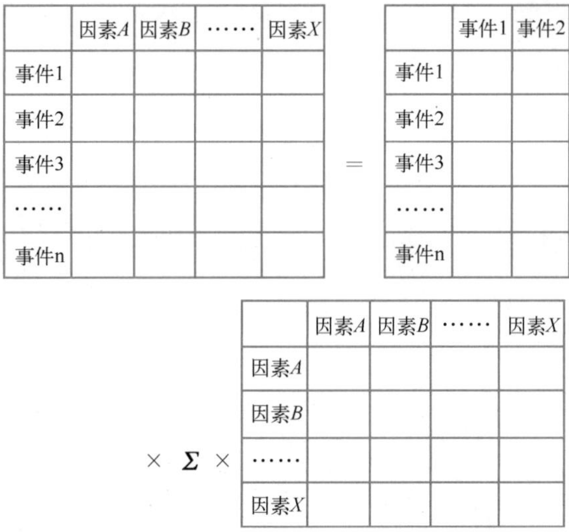

	因素*A*	因素*B*	……	因素*X*
事件1				
事件2				
事件3				
……				
事件n				

=

	事件1	事件2	事件3	……	事件n
事件1					
事件2					
事件3					
……					
事件n					

× Σ ×

	因素*A*	因素*B*	……	因素*X*
因素*A*				
因素*B*				
……				
因素*X*				

● 图 3-26　SVD 分解过程

对于上式来说，对 AA^{T} 进行特征值分解的结果是：特征值组成的斜对角矩阵为 $\Sigma\Sigma^{\mathrm{T}}$，特征向量组成的特征矩阵为 U。这里用到的特征向量称为矩阵 A 的左奇异向量

同理，

$$A^{\mathrm{T}}A = V\Sigma^{\mathrm{T}}\Sigma V^{\mathrm{T}} \tag{2}$$

对于上式来说，对 $A^{\mathrm{T}}A$ 进行特征值分解的结果是：特征值组成的斜对角矩阵为 $\Sigma^{\mathrm{T}}\Sigma$，特征向量组成的特征矩阵为 V。这里用到的特征向量称为矩阵 A 的右奇异向量

最后，我们对 $\Sigma\Sigma^{\mathrm{T}}$ 或者 $\Sigma^{\mathrm{T}}\Sigma$ 中的特征值开方，即可得到所有的奇异值，当然这些奇异值中可能有若干个 0。

如果 A 是一个 $m \times n$ 的矩阵，那么，通过奇异值分解，可以分解成如下形式：

$$A_{m\times n} = U_{m\times m}\Sigma_{m\times n}V_{n\times n}^{\mathrm{T}}。$$

U：$m \times m$ 正交矩阵，每个列向量由对称阵 AA^{T} 的特征向量构成。

Σ：$m \times n$ 对角阵，秩为 kk，主对角线上每个元素是对称阵 $A^{\mathrm{T}}A$ 的非零特征值的算数平方根。

V：$n \times n$ 正交矩阵，每个列向量由对称阵 $A^{\mathrm{T}}A$ 的特征向量构成。

在很多情况下，前 10%甚至 1%的奇异值的和就占了全部的奇异值之和的 99%以上了。也就是说，我们也可以用前 k 大的奇异值来近似描述矩阵，如果抽取 Σ 中最重要的 k 个特征值，那么

$$A_{m\times n} \approx U_{m\times k}\Sigma_{k\times k}V_{n\times k}{}^{\mathrm{T}}$$

奇异值还可以通过，$\sigma_i = A\,v_i / u_i$ 来计算，其中 v_i 和 u_i 分别是 A 的右、左奇异向量。

假设对角矩阵 Σ 中有 k 个非零特征值，根据矩阵乘法，我们还可以得到

$$A = U_{m\times k}\Sigma_{k\times k}V_{n\times k}^{\mathrm{T}}。$$

令，$X = U_{m\times n}\Sigma_{n\times n} = U_{m\times k}\Sigma_{k\times k}$

$$Y = V_{n\times k}^{\mathrm{T}}。$$

那么 $A=XY$ 就是 A 的满秩分解。

2. 算法步骤

举例说明如下：

对矩阵 $\boldsymbol{A}=\begin{bmatrix}1 & 1\\ 1 & 1\\ 0 & 0\end{bmatrix}$ 进行SVD分解。

1）先计算 $\boldsymbol{A}\boldsymbol{A}^{\mathrm{T}}=\begin{bmatrix}2 & 2 & 0\\ 2 & 2 & 0\\ 0 & 0 & 0\end{bmatrix}$，对这个矩阵进行特征分解（比如QR分解法），分别等得到特征值4,0,0，和对应的特征向量 $\left[\frac{1}{\sqrt{2}},\frac{1}{\sqrt{2}},0\right]^{\mathrm{T}},\left[-\frac{1}{\sqrt{2}},\frac{1}{\sqrt{2}},0\right]^{\mathrm{T}},[0,0,1]^{\mathrm{T}}$，

从而可以得到 $\boldsymbol{U}=\begin{bmatrix}\frac{1}{\sqrt{2}} & -\frac{1}{\sqrt{2}} & 0\\ \frac{1}{\sqrt{2}} & \frac{1}{\sqrt{2}} & 0\\ 0 & 0 & 1\end{bmatrix}$。

2）计算矩阵 $\boldsymbol{A}^{\mathrm{T}}\boldsymbol{A}=\begin{bmatrix}2 & 2\\ 2 & 2\end{bmatrix}$，对其进行特征分解，得到特征值 4,0 和对应的特征向量 $\left[\frac{1}{\sqrt{2}},\frac{1}{\sqrt{2}}\right]^{\mathrm{T}}$，$\left[-\frac{1}{\sqrt{2}},\frac{1}{\sqrt{2}}\right]^{\mathrm{T}}$，

从而可以得到 $\boldsymbol{V}=\begin{bmatrix}\frac{1}{\sqrt{2}} & -\frac{1}{\sqrt{2}}\\ \frac{1}{\sqrt{2}} & \frac{1}{\sqrt{2}}\end{bmatrix}$。

3）计算 $\boldsymbol{\Sigma}_{mn}=\begin{bmatrix}\boldsymbol{\Sigma}_1 & 0\\ 0 & 0\end{bmatrix}$，其中 $\boldsymbol{\Sigma}_1=diag(\sigma_1,\sigma_2,\cdots,\sigma_r)$ 是将第一或第二步算出的非零特征值从大到小排列后开方的值，这里 $\boldsymbol{\Sigma}=\begin{bmatrix}2 & 0\\ 0 & 0\\ 0 & 0\end{bmatrix}$。

4）综上，就可以得到矩阵的奇异值分解：$\boldsymbol{A}=\boldsymbol{U}\boldsymbol{\Sigma}\boldsymbol{V}^{\mathrm{T}}$。

3．算法分析

奇异值分解要求矩阵必须是稠密矩阵，即矩阵中不存在元素缺失的现象。而实战中，当矩阵很大时，很难保证矩阵是稠密矩阵，总是存在各种缺失，这就要求对缺失填充。

填充的方法有很多，对于超大矩阵不太可能使用精密的填充方法，从填充效率的角度考虑，一般都是使用较为简单的填充方法。

这种“粗糙的”填充会造成两个明显的问题：第一，增加了数据量，从而增加了算法复杂度；第二，简单粗暴的数据填充很容易造成数据失真。我们发现很多时候都是直接补 0，得到一个非常稀疏的打分矩阵。这种补零的情况还会造成空间的浪费。

SVD 分解中奇异值的计算是一个难题，是一个 $O(N\text{^}3)$的算法。在数据量不大时，可以使用MATLAB，这个软件在一秒钟内就可以算出1000*1000的矩阵的所有奇异值，但是当矩阵的规模增长的时候，计算的复杂度呈3次方增长，就需要并行计算参与了。

SVD 分解对内存的消耗也比较大，对于1万个用户，1000万个物品的评分矩阵，简单估计下它需要的内存。假设每个评分用 4 个字节表示，那么SVD分解时，将这个完整的矩阵加载到内存

中，大概需要372G内存。内存是否能容纳是个大问题。

对于个性化推荐而言，SVD分解方式比较单一，分解得到的特征表示不一定是用户/物品的一种比较好的表示，从这个角度看，获取的特征的方式不够灵活，那么这样无论是在第一种降维的应用，还是在第二种填充的应用中，都不能保证获取好的结果。

所以，用SVD进行评分矩阵填充时，并不会采用正统的SVD分解，而是采用一种灵活的版本，在后面的推荐算法中会讲解一个新的方法LFM。

↗3.5.5 降维方法选择

【某互联网公司面试题3-70：如何选择合适的数据降维方法】

答案：降维的方法很多，我们如何进行选择呢？

降维方法的选择取决于输入数据的性质。比如说，对于连续数据、分类数据、计数数据、距离数据，它们会用到不同的降维方法。

一般来说，线性方法如主成分分析（PCA）、对应分析（CA）、多重对应分析（MCA）、经典多维尺度分析（CMDS）也被称为主坐标分析（PCoA） 等方法，常用于保留数据的整体结构。

而非线性方法，如核主成分分析（KPCA）、非度量多维尺度分析（NMDS）、等度量映射（Isomap）、扩散映射（Diffusion Maps），以及一些包括t分布随机嵌入（t-SNE）在内的邻近嵌入技术，用于表达数据局部的相互作用关系。

如果观测值带有类别标签，并且目标是将观测值分类到已知的与其最匹配的类别中去时，则可以考虑使用监督降维技术。

监督降维技术包括偏最小二乘法（PLS）、线性判别分析（LDA）、近邻成分分析和Bottleneck神经网络分类器。与非监督降维方法不同的是，非监督方法并不知道观测值所属的类别，而监督降维方法可以直接利用类别信息把相同标签的数据点聚集到一起。

当类别特别多的时候，每个类中的样本就越少，此时更加适合使用PCA【注释：PCA是无监督的特征抽取方法】。PCA不像LDA那样敏感，应该首先考虑PCA,再根据具体情况来分析。

因此，如果要保留数据的整体结构，不减少变量，也不减少样本，那么就用维度变换的方法。否则就可以使用特征选择方法。而在维度变换方法的选择上，一般情况会先使用线性的降维方法，再使用非线性的降维方法，通过结果去判断哪种方法比较合适。

3.6 数据升维方法

【某互联网公司面试题3-71：什么情况下需要对数据进行升维】

答案：有时候，在数据分析中遇到的问题不是特征过多，而是特征过少，而数据特征过少会导致欠拟合。

这时通常有两种方法来解决这个问题：1）减少正则化参数；2）尽可能添加新特征，比如添加“组合”“泛化”“相关性”等特征，或者添加多项式特征【注释：x进行乘方，如x^n】，这个在机器学习算法里面普遍使用，例如将线性模型通过添加二次项或者三次项使模型泛化能力更强。第2种方法就是数据升维。

数据升维有两个常用的方法：第一个是分箱，第二个是添加交互式特征。

↗3.6.1 分箱

1. 基本原理

【某互联网公司面试题3-72：请通俗解释分箱的原理和作用】

答案：分箱就是把连续型的数据离散化，比如对人的年龄建模，人的年龄在0～100岁之间，可以 10 岁为间隔对年龄数据进行离散化，那么就能形成 0～10、10～20、20～30、30～40、40～50、50～60、60～70、70～80、80～90、90～100 共 10 段，这就把原来只有 1 个特征的数据升维成 10 个特征了。

数据被归入几个分箱之后，可以用每个分箱内数值的均值、中位数或边界值来替代该分箱内各观测的数值，也可以把每个分箱作为离散化后的一个类别。例如，某个自变量的观测值为 1、2.1、2.5、3.4、4、5.6、7、7.4、8.2。假设将它们分为三个分箱，（1、2.1、2.5），（3.4、4、5.6），（7、7.4、8.2），那么使用分箱均值替代后所得值为（1.87、1.87、1.87），（4.33、4.33、4.33），（7.53、7.53、7.53），使用分箱中位数替代后所得值为（2.1、2.1、2.1），（4、4、4），（7.4、7.4、7.4），使用边界值替代后所得值为（1、2.5、2.5），（3.4、3.4、5.6），（7、7、8.2）（每个观测值由其所属分箱的两个边界值中较近的值替代）。

【某互联网公司面试题 3-73：为什么要对数据进行分箱操作】

答案：对数据进行分箱有如下好处。

1）离散特征的增加和减少都很容易，易于模型的快速迭代。

2）稀疏向量内积乘法运算速度快，计算结果方便存储，容易扩展。

3）离散化后的特征对异常数据有很强的鲁棒性，异常值本身落在一个区间内，不会过度影响模型效果。

4）逻辑回归属于广义线性模型，表达能力受限；单变量离散化为 N 个后，每个变量有单独的权重，相当于为模型引入了非线性，能够提升模型表达能力，提升拟合性能。

5）离散化后可以进行特征交叉，由 $M+N$ 个变量变为 $M*N$ 个变量，进一步引入非线性，提升表达能力。

6）特征离散化后，模型更加稳定，特征值本身的微小变化，不影响预测结果，比如，如果对用户年龄离散化，20～30 作为一个区间，不会因为一个用户年龄长了一岁就变成一个完全不同的人。

7）特征离散化以后，起到了简化逻辑回归模型的作用，降低了模型过拟合的风险。

8）可以将缺失作为独立的一类带入模型。

9）将所有变量变换到相似的尺度上。

分箱可以分为有监督分箱和无监督分箱。其中，有监督分箱中比较重要的是卡方分箱、最小熵法等；无监督分箱中比较重要的是等距分箱、等频分箱、聚类分箱等。

2. 卡方分箱

【某互联网公司面试题 3-74：卡方分箱的原理是什么】

答案：卡方分箱是典型的基于合并机制的自底向上离散化方法。它的原理是依赖于卡方检验：具有最小卡方值的相邻区间合并在一起，直到满足确定的停止准则。

对于精确的离散化，如果两个相邻的区间具有非常类似的类分布，则这两个区间可以合并；否则，它们应当保持分开，而低卡方值表明它们具有相似的类分布。

（1）步骤

1）预先设定卡方阈值。

2）对需要离散化的数据进行排序，对于连续变量直接排序即可，对于二分类问题的离散变量可以按照正样本的比例来排序，保证每个数据只对应一个区间。

3）计算每个相邻区间的卡方值，

计算公式为：$\chi^2=\sum_{i=1}^{2}\sum_{j=1}^{2}\frac{(o_{ij}-E_{ij})^2}{E_{ij}}$

其中，o_{ij} 代表第 i 区间第 j 类的样本的数量，

$E_{ij}=\frac{N_i * C_j}{N}$ 代表期望值，

其中 N 代表相邻区间的总样本数，N_i 是第 i 组的样本数，C_i 是第 j 类样本在全体中的比例。

4）将卡方值最小的区间进行合并。

（2）算法分析

卡方阈值是根据显著性水平和自由度确定的。例如：有 3 个类别，那么自由度就是 2，90%置信度（10%显著性水平）下，卡方阈值为 4.6。

此时，类别和属性独立时，有 90%的可能性，计算得到的卡方值会小于 4.6。大于阈值 4.6 的卡方值就说明属性和类不是相互独立的，不能合并。如果阈值选得大，区间合并就会进行很多次，离散后的区间数量少、区间大。

除了卡方阈值，还可以加入分箱数约束以及最小箱占比，负类占比约束等。

（3）最小熵法

以分类预测问题来说明。

假设有个样本集可以被分为 m 个类，这些类由若干个特征的不同取值来确定，对于其中某个特征而言，它的取值能被离散化为 n 个箱，其中第 i 个箱，对应的类别有若干个，包含样本数 C，其中一个类别为 j，j 中包含样本数量 I_j 的比例为 $P_{ij}=I_j/C$，那么第 i 个分箱的熵定义如下：

$$\sum_{j=1}^{m}-P_{ij}*\log P_{ij}。$$

如果第 i 个分箱中各类别包含样本的数量相等，那么第 i 个分箱的熵就达到最大；如果 i 中只有 1 个类别，那么第 i 个分箱的熵就达到最小。

显然，可以计算出所有 n 个分箱的熵值之和：$\sum_{i=1}^{n}\sum_{j=1}^{m}-P_{ij}*\log P_{ij}$，通过不断的迭代使得这个总熵值达到最小时，分箱就可以最大限度地区分各个类别。

（4）无监督分箱

等距分箱是从最小值到最大值之间，均分为 N 等份，这样，如果 A,B 分别为最小和最大值，则每个区间的长度为 $W=(B-A)/N$，则区间边界值为 $A+W,A+2W,\cdots.A+(N-1)W$。这个方法只考虑了边界，每个等份里面的实例数量可能不等。

等频分箱是指区间的边界值要经过选择，使得每个区间包含大致相等的实例数量。比如说 N=10，每个区间应该包含大约 10%的实例。

以上两种算法的弊端是忽略了样本所属的类型，对于某个样本而言落在哪个区间具有很大的随机性。基于聚类的分箱可以从一定程度上解决这个问题。

基于 k 均值聚类的分箱：k 均值聚类法将观测值聚为 k 类，但在聚类过程中需要保证分箱的有序性：第一个分箱中所有观测值都要小于第二个分箱中的观测值，第二个分箱中所有观测值都要小于第三个分箱中的观测值，以此类推。

3.6.2　交互式特征

【某互联网公司面试题 3-75：请简要介绍交互式特征的原理和做法】

答案：交互式特征就是在数据中增加交互项，所谓特征交互就是把两个或多个原始特征之间进行交叉组合。

例如，经典的基于模型的协同过滤其实是在学习二阶的交叉特征，即学习二元组[*user_id,item_id*]的联系。

传统的推荐系统中，高阶交叉特征通常是由工程师手工提取的，这种做法主要有 3 种缺点。

1）重要的特征都是与应用场景息息相关的，针对每一种应用场景，工程师们都需要首先花费大量时间和精力深入了解数据的规律之后才能设计、提取出高效的高阶交叉特征，因此人力成本高昂。

2）原始数据中往往包含大量稀疏的特征，例如用户和物品的 ID，交叉特征的维度空间是原始特征维度的乘积，因此很容易带来维度灾难的问题。

3）人工提取的交叉特征无法泛化到未曾在训练样本中出现过的模式中。

鉴于人工提取交互特征的缺点，自动学习特征间的交互关系成为目前一个比较有前景的研究方向。

目前大部分相关的研究工作是基于因子分解机的框架，利用多层全连接神经网络去自动学习特征间的高阶交互关系，例如 FNN、PNN 和 DeepFM 等。其缺点是模型学习出的是隐式的交互特征，其形式是未知的、不可控的。同时它们的特征交互是发生在元素级（bit-wise）而不是特征向量之间（vector-wise），这一点违背了因子分解机的初衷。

来自 Google 的团队在 KDD 2017 AdKDD&TargetAD 研讨会上提出了 DCN 模型，旨在显式地学习高阶特征交互，其优点是模型非常轻巧高效，但缺点是最终模型的表现形式是一种很特殊的向量扩张，同时特征交互依旧是发生在元素级上。

在 KDD 2018 上，微软亚洲研究院社会计算组提出了一种极深因子分解机模型（xDeepFM），不仅能同时以显式和隐式的方式自动学习高阶的特征交互，使特征交互发生在向量级，还兼具记忆与泛化的学习能力。

3.7 推荐算法

当下，在数据挖掘领域，推荐系统是一个非常流行的数据挖掘产品，这里面的核心是推荐算法，大致可以分为基于内容的推荐算法、基于用户的协同过滤推荐算法、基于知识的推荐算法、基于限制的推荐算法等几类。当然目前的主流仍然是前两种，后面两种一般是在一些特殊场景下使用，本文主要讲解前两种。

3.7.1 基于内容推荐

（1）算法原理

【某互联网公司面试题 3-76：什么是基于内容的推荐算法】

答案：基于内容的推荐算法（CB），它基于这样一个原理：A 物品和 B 物品是相似的，如果用户喜欢 A 物品，那么他/她很有可能也喜欢 B 物品。

该算法有两个关键点：第一，如何衡量两个物品的相似性；第二，如何发现用户到底喜欢物品的哪些特征，不喜欢物品的哪些特征。

（2）算法步骤

1）提取 n 个物品的特征，从而得到 n 个物品的特征集合 $I_1, I_2, \cdots, I_n$。

2）利用历史数据，学习某用户的喜好特征 P。

3）计算用户喜好特征和物品特征之间的相关性，按照相关性大小进行排序。

4）为该用户推荐一组相关性最强的物品。

（3）算法分析

CB 的优点是可以提升推荐结果的相关性，对用户来说不会显得很突兀，而且对于那些通过作弊行为来提升物品排名的，也有很好的屏蔽效果，除此之外，这个算法对于新到的物品也可以马上推荐，解决了物品冷启动的问题。

CB 算法的缺点是缺乏个性化，这几乎与个性化推荐是背道而驰的，所有人推荐的物品可能是千篇一律，不能挖掘用户的潜在兴趣，还有一点就是当关于物品的文字、图片描述较少时，特征抽取是比较困难的，这对于依赖对物品进行深度分析的 CB 算法来说，很难进行精确的推荐。

由于 CB 算法的这些缺点，再加上其在实际应用中精度也不能令人满意，因此目前大部分的推荐系统都是以其他算法为主（如 CF），CB 通常是辅助作用，主要用在物品冷启动问题上，还有就是用 CB 来过滤其他算法的候选集，把一些不太合适的候选（比如不要给小孩推荐偏成人的书籍）去掉。

↗3.7.2　基于用户的协同过滤

（1）算法原理

【某互联网公司面试题 3-77：什么是基于用户协同过滤的推荐算法】

答案：基于用户的协同过滤，充分利用了“物以类聚，人以群分”的思想，认为具有相似兴趣的用户会喜欢相同的物品。

对于用户兴趣的相似性主要根据用户的行为来判断，比如两个用户 u 和 v 都购买过相同的商品，相同的商品越多，这种相似性就越强，根据这个原理，可以设计出如下两用户的兴趣相似性计算公式：

$$w_{u,v}=\frac{\sum_{\in N(u)\cap N(v)}\frac{1}{\log(1+|N(i)|)}}{\sqrt{|N(u)||N(v)|}}。$$

其中 $|N(u)|$ 表示用户 u 感兴趣的商品数量，$N(u)\cap N(v)$ 表示用户 u 和 v 共同感兴趣的商品集合。$N(i)$ 表示对物品 i 感兴趣的用户集合。

对于公式中这个复杂的分子，这里做一个解释：直观上，两位用户感兴趣的相同物品越多【注释：即 $N(u)\cap N(v)$】，说明两个人的兴趣越相似，但是有些商品可能是热门商品【注释：即 $N(i)$ 很大】，用户共同喜欢这类商品这并不能说明用户兴趣的相似性，因而，对于热门商品需要进行降权，这个权数就是 $1/\log(1+|N(i)|)$。换句话说，用户只有在冷门商品上表现出相似性，才能表明用户的兴趣具有相似性。

以此为基础，就可以计算用户 u 对商品 a 的评分（兴趣度）了。它由三个因素决定：第一个是观察用户 v 对商品 a 的评分 R_{va}，由于用户 v 和 u 兴趣相似，用户 u 和 v 对商品 a 趋向具有相同的评分；第二个是用户 u 和 v 的兴趣相似度 $w_{u,v}$，越相似，越说明用户 u 和 v 对商品 a 的评分趋势相同，从而，用公式 $w_{u,v}*R_{va}$ 来表达用户 v 对用户 u 在商品 a 上评分的贡献；第三个是看类似 v 的用户多不多，越多说明 u 对 a 的评分越趋近于高水平，这样的用户集合 P 由两部分用户群的交集组成，一部分是和用户 u 有着相似兴趣的 K 个用户，用 $S(u,K)$来表示，另一部分是对商品 a 有兴趣的用户，用 $N(a)$来表示，即 $P=S(u,K)\cap N(a)$。

$$I(u,a)=\sum_{v\in P}w_{u,v}*R_{va}$$

（2）算法步骤

基于用户协同过滤的推荐算法主要分 4 步。

1）建立用户-物品评分矩阵 $\boldsymbol{U}$：

$$\boldsymbol{U}=\begin{bmatrix} & 物品1 & \dots & 物品n \\ 用户1 & u_{11} & & u_{1n} \\ \vdots & \vdots & & \vdots \\ 用户m & u_{m1} & \dots & u_{mn}\end{bmatrix}。$$

2）建立用户相似性矩阵P：

$$P=\begin{bmatrix} & 用户1 & \cdots & 用户m \\ 用户1 & p_{11} & & p_{1m} \\ \vdots & \vdots & & \vdots \\ 用户m & p_{n1} & \cdots & p_{mm} \end{bmatrix}。$$

3）矩阵 $\boldsymbol{U}$ 和矩阵 $\boldsymbol{P}$ 相乘，即得到用户对物品的评分预测。

4）产生推荐并通过准确率、召回率和覆盖率进行评估。

（3）算法分析

UserCF 需要维护一个用户相似矩阵，如果用户数量太大，这个矩阵将会极其庞大，因此，这个算法适用于用户相对较少的场景。

由于 UserCF 主要是根据用户之间兴趣的相似性来推荐，因而，它更倾向于推荐热门物品，也保证了有限程度的个性化，也就是 UserCF 的推荐更社会化，这就使得 UserCF 更适用于新闻、博客等社交网站。

这是因为，这类网站内容量大且更新频繁，比较注重新闻或者话题的热门程度和时效性，迎合用户的个性化需求是其次的，而且用户的个性化需求在这类网站中表现也不明显，往往呈现的是某一个小群体具有相似的兴趣。

从另一个角度来说，这类网站中物品的更新速度远远快于新用户的加入速度，在这种情况下频繁更新用户相似矩阵是不合算的，而且对于新用户，完全可以给他推荐最热门的新闻。

UserCF 的一个缺点是当用户有新行为时，它不一定能够实时更新用户的推荐结果。

↗3.7.3 基于物品的协同过滤

（1）算法原理

【某互联网公司面试题 3-78：什么是基于物品协同过滤的推荐算法】

答案：该算法基于这样一种现象：许多购买物品 a 的人经常也会去购买另一种物品 b。也就是物品 a 和物品 b 具有某种相似性，这种相似性不取决于物品本身的属性，而是取决于用户，喜欢物品 a 的用户也喜欢物品 b，那就说明物品 a 具有一定的相似性，通过收集大量用户的这种喜好特征，可以最终决定物品 a 和物品 b 的相似程度。

用 $N(a)$表示喜欢物品a的用户，$N(b)$表示喜欢物品b的用户，那么 a,b 的相似性计算公式如下：

$$w_{a,b}=\frac{\sum_{u\in N(a)\cap N(b)}\frac{1}{\log(1+|N(u)|)}}{\sqrt{|N(a)||N(b)|}}。$$

上面这个公式和我们在基于用户协同过滤中计算用户的相似性用到的非常相似。不同的是这个公式是为了惩罚活跃性过高的用户。之所以这么做，是因为基于这样一种认识：越不活跃的用户，其对物品相似度的贡献应该越大，因为活跃用户覆盖的商品太多，导致很多商品具有相似性，这会导致相似性失真。

另外，还需要计算用户对待推荐物品 b 的感兴趣程度，看物品 b 是否值得推荐该用户。

假设用户 u 有一个感兴趣物品集合 $N(u)$，对于物品 b 也可以计算一个相似物品集合并取相似度最高的 K 个物品 $S(b,K)$，那么就看可以得到 $N(u)$和 $S(b)$的交集，命名为 L。还可以计算出用户对 L 中的任一物品 a 的兴趣度 R_a，物品 a 和物品 b 的相似度 $w_{a,b}$。

用户 u 对物品 b 发生兴趣，是基于我们对 L 中所有物品进行分析后得出的结论。第一，和用户历史上感兴趣的物品越相似的物品，越有可能在用户的推荐列表中获得比较高的排名。第二，L 中

有越多的物品和 b 相似，越说明用户喜欢 b。

因而用户 u 对物品 b 的评分计算公式如下：

$$I(u,b)=\sum_{a\in L}w_{a,b}*R_a。$$

（2）算法步骤

该算法主要分为如下 4 步。

1）建立用户-物品的评分矩阵：

$$\boldsymbol{U}=\begin{bmatrix} & 物品1 & \dots & 物品n \\ 用户1 & u_{11} & & u_{1n} \\ \vdots & \vdots & & \vdots \\ 用户m & u_{m1} & \dots & u_{mn} \end{bmatrix}。$$

2）计算物品之间的相似度，建立物品同现矩阵：

$$\boldsymbol{I}=\begin{bmatrix} & 物品1 & \dots & 物品n \\ 物品1 & i_{11} & & i_{1n} \\ \vdots & \vdots & & \vdots \\ 物品n & i_{n1} & \dots & i_{nn} \end{bmatrix}$$

3）矩阵 $\boldsymbol{U}$ 和矩阵 $\boldsymbol{I}$ 相乘的结果就是用户对物品的评分预测值。

4）产生推荐并通过准确率、召回率和覆盖率进行评估。

（3）算法分析

【某互联网公司面试题 3-79：请简要说明基于物品协同过滤的推荐算法的特点】

答案：和 UserCF 有所不同的是，ItemCF 需要维护一个物品相似矩阵，如果物品很多，矩阵会很庞大，在这种情况下，对物品矩阵进行频繁更新会大大增加系统的负担。

对于购物、电影类网站来说，其中用户的数量远多于物品的数量，物品数据相对稳定，相似度计算量较小，且不必频繁更新。

购物、电影类网站的一个显著需求特点是要照顾长尾物品，这就势必要求推荐系统具有挖掘长尾的特性。长尾往往是冷门的代名词，而冷门又代表着个性化，所以 ItemCF 正好能契合这种需求。

ItemCF 敏捷性非常好，只要用户对一个物品产生行为，就可以给他推荐和该物品相关的其他物品。但是如果把 ItemCF 放在新闻类网站就很不合适，用户将看到很多稀奇古怪早已过了时效的内容，而看不到热点内容。通常用户是反感看到过时新闻的。

一般来说，UserCF 在网站初期使用，中后期在用户量级大大超过物品数量时，会使用 ItemCF。

3.7.4 SVD 推荐原理

【某互联网公司面试题 3-80：什么是基于 SVD 的推荐算法】

答案：SVD 推荐算法属于基于模型的方法。

基于模型的方法也称为基于学习的方法，通过定义一个参数模型来描述用户与物品，用户与用户（或者物品与物品）之间的关系，然后通过优化过程得到模型参数。

基于模型的协同过滤基本原理是，将用户对商品的评分矩阵 $\boldsymbol{R}$ 通过 ALS 分解为 2 个矩阵相乘或者通过 SVD 分解为 3 个矩阵相乘，根据矩阵相乘的结果与原有评分矩阵的误差作为损失函数计算优化。

模型的建立相当于从行为数据中提取特征，给用户和物品同时打上“标签”。有显性特征时，我们可以直接匹配做出推荐，没有时，可以根据已有的偏好数据，去发掘出隐藏的特征，这需要用到隐语义模型（LFM）。

在数据降维中，我们已经分析过 SVD 分解的原理了，这里主要讲解 SVD 是如何应用在推荐系统里的。

SVD 在推荐系统里主要是用于预测，比如根据用户看电影的历史评分数据，预测这个用户对新电影的评分。

先讲解传统的做法。

我们知道，当物品数量很庞大时，大部分用户可能只对少数物品进行评分，这就导致由用户和物品构成的评分矩阵中有很多空值（见表 3-9）。需要对这些空值进行填充，填充的方法有多种【注释：见大数据章节中的数据缺失处理方法】，比如使用均值填充。于是形成了矩阵 $\boldsymbol{R}$。

表 3-9　待填充的用户-物品表

User/item	I1	I2	I3	I4	I5	……
U1	5	4	4.5	待填充	3.9	……
U2	待填充	4.5	待填充	4.5	待填充	……
U3	4.5	待填充	4.4	4	4	……
U4	待填充	4.8	待填充	待填充	4.5	……
U5	4	待填充	4.5	5	待填充	……
……	……	……	……	……	……	……

对矩阵 $\boldsymbol{R}$ 进行 SVD 分解后，得到 $\boldsymbol{R}=\boldsymbol{U\Sigma V}$，取最大的前 k 个奇异值，以及对应 $\boldsymbol{U}$、$\boldsymbol{V}$ 矩阵。从而得到三个新的矩阵：$\boldsymbol{U}_k$、$\boldsymbol{\Sigma}_k$、$\boldsymbol{V}_k$，其中 $\boldsymbol{U}_k$ 可以看成是用户的潜在特征偏好矩阵，$\boldsymbol{\Sigma}_k$ 代表特征的重要性【注释：如果把 $\boldsymbol{U}_k$ 和 $\boldsymbol{\Sigma}_k$ 进行合并成一个矩阵 $\boldsymbol{U}$，那么 SVD 分解的结果实际上是两个矩阵 $\boldsymbol{UV}$】，$\boldsymbol{V}_k$ 可以看成是物品的潜在特征矩阵。这三个矩阵相乘即得到新的矩阵 $\boldsymbol{R}_{new}=\boldsymbol{U}_k\boldsymbol{\Sigma}_k\boldsymbol{V}_k$。

其中，$\boldsymbol{R}_{new}(u,i)$ 就是用户 u 对物品 i 的评分的预测值。

上述算法有两个很大的问题。第一，当用户量和物品数量很庞大时，比如用户量达到 1000 万，物品数量达到 10 万，$\boldsymbol{R}$ 矩阵极其巨大，系统将很难承受这样的大矩阵。第二，这个矩阵是稀疏的，需要进行填补，简单地填补会使得数据失真。一般来说，这里的 SVD 分解用于 1000 维以上的矩阵就已经非常慢了。

由于 SVD 的这两个问题，于是又提出了 func_SVD，后来被命名为 LFM（隐语义模型）。

【某互联网公司面试题 3-81：请简单叙述 LFM 推荐算法的原理】

答案：LFM 模型原理如下。

LFM 通过以下公式来计算用户 u 对物品 i 的评分：

$$Preference(u,i)=r_{ui}=p_u^{\mathrm{T}}q_i=\sum_{k=1}^{F}p_{u,k}q_{i,k}。$$

我们可以把 $p_{u,k}$ 看成是用户 u 对第 k 个隐特征的兴趣，把 $q_{i,k}$ 看成是物品 i 和第 k 个隐特征的相关性。也就是 LFM 把矩阵 $\boldsymbol{R}$ 分解成 $\boldsymbol{p}$ 和 $\boldsymbol{q}$ 两个维度比较低的矩阵。

接下来就可以借助机器学习的方式来求 $\boldsymbol{p}$ 和 $\boldsymbol{q}$。

比较通用的一个做法是，先定义一个损失函数：

$$\boldsymbol{C}(\boldsymbol{p},\boldsymbol{q})=\frac{1}{2}\sum_{(u,i)\in Train}(r_{ui}-\hat{r}_{ui})^2+\frac{1}{2}\lambda(\|\boldsymbol{p}_u\|^2+\|\boldsymbol{q}_i\|^2)$$

$$=\frac{1}{2}\sum_{(u,i)\in Train}\left(r_{ui}-\sum_{f=1}^{F}\boldsymbol{p}_{uf}\boldsymbol{q}_{if}\right)^2+\frac{1}{2}\lambda(\|\boldsymbol{p}_u\|^2+\|\boldsymbol{q}_i\|^2)。$$

其中，$\hat{r}_{ui}$ 为预测评分，r_{ui} 为实际评分，为了防止过拟合，加入了来 L2 正则项：

$\frac{1}{2}\lambda(\|\boldsymbol{p}_u\|^2+\|\boldsymbol{q}_i\|^2)$。

使用随机梯度下降法，假设学习率为α，可以得到递推公式如下：

$$\boldsymbol{p}_{uf}^{new}=\boldsymbol{p}_{uf}+\alpha\left(\boldsymbol{q}_{if}\left(r_{ui}-\sum_{f=1}^{F}\boldsymbol{p}_{uf}\boldsymbol{q}_{if}\right)-\lambda\boldsymbol{p}_{uf}\right)$$

$$\boldsymbol{q}_{if}^{new}=\boldsymbol{q}_{if}+\alpha\left(\boldsymbol{p}_{uf}\left(r_{ui}-\sum_{f=1}^{F}\boldsymbol{p}_{uf}\boldsymbol{q}_{if}\right)-\lambda\boldsymbol{q}_{if}\right)。$$

对于上述这个模型，有几个非常重要的参数需要决定，一个是学习率α，一个是正则参数λ，以及两个需要初始化的$\boldsymbol{p}$和$\boldsymbol{q}$值。

除以上参数外，还有个需要特别认真对待的参数，即正负样本的比例。由于数据集的特殊性，一般情况下，我们拿到的都是正样本。

生成负样本的原则是：对于每个用户，保证正负样本数量平衡；对于每个用户采负样本，要选取那些很热门的，而用户没有行为的。

【某互联网公司面试题 3-82：在机器学习中，ALS 算法有什么用】

答案：在 Spark 的机器学习里，推荐算法采用的是 ALS 来进行损失函数优化，而不是梯度下降，这是因为 ALS 并行化的性能更好一些。这个算法的中文名叫“交替的最小二乘法”。主要用在对损失函数的优化上。

ALS 算法的思想是：先随机生成一个矩阵 $\boldsymbol{P}$（或者 $\boldsymbol{Q}$），然后固定它求解 $\boldsymbol{Q}$，再固定 $\boldsymbol{Q}$ 求解 $\boldsymbol{P}$，这样交替进行下去，直到取得最优解 min(C)。因为每步迭代都会降低误差，并且误差是有下界的，所以 ALS 一定会收敛。但由于问题是非凸的，ALS 并不保证会收敛到全局最优解。但在实际应用中，ALS 对初始点不是很敏感，对是不是全局最优解所造成的影响并不大。

ALS 算法的步骤如下。

假设损失函数是：

$$\boldsymbol{C}(\boldsymbol{p},\boldsymbol{q})=\frac{1}{2}\sum_{(i,j)\in Train}\left(r_{ij}-\sum_{f=1}^{F}\boldsymbol{p}_{if}\boldsymbol{q}_{jf}\right)^2+\frac{1}{2}\lambda(\|\boldsymbol{p}_i\|^2+\|\boldsymbol{q}_j\|^2)。$$

1）先随机初始化一个矩阵 $\boldsymbol{Q}$【注释：也可以是 P】。

2）$\boldsymbol{Q}$ 已知，对损失函数中的 $\boldsymbol{p}_i$ 求偏导，并使偏导等于 0，可以得到关于矩阵 $\boldsymbol{P}$ 的求解公式：$\boldsymbol{P}=(\boldsymbol{Q}\boldsymbol{Q}^{\mathrm{T}}+\lambda E)^{-1}R_j$。

3）同理可得，$\boldsymbol{P}$ 已知时的矩阵 $\boldsymbol{Q}$ 的求解公式：$\boldsymbol{Q}=(\boldsymbol{P}\boldsymbol{P}^{\mathrm{T}}+\lambda E)^{-1}R_i$。

4）将 $\boldsymbol{P}$、$\boldsymbol{Q}$ 带入损失函数，求得损失值。

5）判断和此前的损失值比较是否收敛，反复进行 2～4 步。

算法分析

LFM 在推荐时，重要参数有 4 个：①隐特征的个数 F；②学习率 alpha；③正则化参数 lambda；④正负样本比例 ratio。

通过实验发现，ratio 对算法性能影响最大（控制变量法）。随着负样本的增多，LFM 的准确率和召回率有明显的提高，但是覆盖率不断降低，新颖度不断降低。在 movielens 数据集上的结果，可以发现 LFM 总是优于 itemcf 和 usercf，但是 LFM 不适合稀疏的数据集。

LFM 有以下几个特点。

1）我们不需要关心分类的角度，结果都是基于用户行为统计自动聚类的，全凭数据自己说了算。

2）不需要关心分类粒度的问题，通过设置 LFM 的最终分类数就可控制粒度，分类数越大，粒度约细。

3）对于一个 item，并不是明确的划分到某一类，而是计算其属于每一类的概率，是一种标准的软分类。

4）对于一个 user，我们可以得到他对于每一类的兴趣度，而不是只关心可见列表中的那几个类。

5）对于每一个类，我们可以得到类中每个 item 的权重，越能代表这个类的 item，权重越高。

LFM 与 itemcf、usercf 对比如下。

1）离线推荐时，LFM 能够节省大量内存，但是时间复杂度都相差不大。

2）实时推荐时：usercf 和 itemcf 在线服务算法将相关表缓存在内存中，然后可以在线进行实时推荐。而 LFM 需要计算所有物品的兴趣权重，效率太低，不能在线实时计算而需要离线将所有用户的推荐结果存储在数据库中。

3）推荐解释：itemcf 算法支持很好的推荐解释，它可以利用用户的历史行为解释推荐结果，但 LFM 无法提供这样的解释。

3.7.5 推荐算法评估

推荐算法的评估和推荐系统的评估是两个不同的事情。

【某互联网公司面试题 3-83：如何评估一个推荐系统】

答案：推荐系统的评估更为复杂，主要考虑以下 4 个方面的因素。

1）考虑网站平台方、用户方、内容提供方三者的利益。对于网站平台方来说，推荐系统要能贯彻网站平台的价值观，能够吸引新用户，留住老用户，并让内容提供方源源不断地提供优质新内容，形成良性互动，并为平台带来收益。对于用户方来说，推荐系统要能够让他看到优质的新内容。对于内容提供方来说，他提供的内容能够有机会增加曝光率，从而实现可观的收益。

2）评价对象：既要考虑用户的表现，又要考虑内容的表现。

3）评价场景：不同性质的页面可能会要求达到不同的推荐效果。

4）评价指标：用户满意度（点击率、转化率）、准确率、召回率、覆盖率、多样性、新颖性、惊喜度、信任度、健壮性、实时性、商业收益等。

【某互联网公司面试题 3-84：如何评价一个推荐算法】

答案：推荐算法的评价和分类算法的比较是比较类似的，主要考虑 3 个指标。

1）召回率：对用户 u 推荐 N 个物品（记为 $R(u)$），令用户 u 在测试集上喜欢的物品集合为 $T(u)$ 召回率描述有多少比例的“用户-物品”评分记录包含在最终的推荐列表中。

2）准确率：准确率描述最终的推荐列表中有多少比例是发生过的“用户-物品”评分记录。

3）覆盖率：覆盖率反映了推荐算法发掘长尾的能力，覆盖率越高，说明推荐算法越能够将长尾中的物品推荐给用户。

3.8 模型优化方法

在面对一个需要运用数据挖掘算法来解决的问题时，人们总是会面临 3 个很尖锐的问题：什么是好的数据，什么是好的模型，如何才能得到一个好的模型。

本节从机器学习抽样方法、相似性度量、损失函数选择以及过拟合解决办法 4 个角度来回答上面的问题。

3.8.1 机器学习抽样

机器学习中样本的作用和统计推断中样本的作用有较大不同。

统计推断中样本的作用是用来对总体的某些参数进行估计或者检验。

机器学习中的样本是用来代表总体所包含的特征，至于这些特征是什么，事先是不知道的或者只能知道部分特征，也就是我们不知道使用多少样本才能覆盖总体的全部特征。这就导致一个问题，机器学习的最低样本量不能像统计推断方法那样计算出来，所以大家会经常听到一句话：样本越多越好。

机器学习的样本集中的各样本具有共性特征，也有个性特征。机器学习的目标就是为了找到样本的共性特征，用来代表总体的特征，并用一个复杂的函数模型来组合这些特征。而个性特征通常被认为是噪声，会对最终模型产生不利的影响。

所谓共性特征就是大多数样本具有的特征，用这些特征来推测总体可能也具有这些特征。这里就存在一个问题，如果样本量不够，所谓的共性特征可能不能代表总体的特征，所谓的个性特征有可能才是真正的总体特征。

机器学习解决这个问题的办法就是把样本集分成两部分，即训练集和测试集。用训练集来发现总体特征，用测试集来检验这个结论的正确性。

机器学习的抽样问题主要有两类，一类是训练集和测试集中样本的比例分配问题，另一类是训练样本中正负样本不均衡的问题。

（1）交叉验证方法

一般情况下，我们不可能拿全部数据集进行训练和测试，因而涉及抽样的问题，抽样主要是为了找到少部分可代表数据集全部特征的数据，提高机器学习的效率和模型的泛化能力。抽样方法已经在前文进行了详细叙述，此处不再赘述。

在划分训练集和测试集时，通常做法是使用 80/20 的训练集和测试集比例，并使用无替代的标准随机抽样。这意味着我们使用放回随机抽样方法去选择 20%的实例为测试集，把剩下的 80%进行训练。80/20 的比例应该作为一个经验规则，一般来说，超过 2/3 的任何值作为训练集是合适的。

然而抽样可能导致过特殊化划分的训练和测试数据集。因此，训练过程可以重复好几次。从原始数据集中创建训练集和测试集，使用训练数据进行模型训练并且使用测试集中的样例进行测试。接下来，选择不同的训练、测试集进行训练和测试的过程，这个过程会重复 K 次。最后，给出 K 次学习模型的平均性能。这个过程是著名的交叉验证。交叉验证技术有很多种。在重复随机样本中，标准的随机抽样过程要执行 K 次。

具体来说，在 n 折交叉验证中，数据集被分成 n 份。其中一份被用来测试模型，剩下 n-1 份被用来进行训练。交叉验证过程重复 n 次，n 个子样本中每一个子样本都只使用一次作为验证数据。最后得到 n 个模型，这 n 个模型中验证误差最小的模型就是所求模型。一般情况下 n 取 10。

此时，会有重复多次的样本，也会有一次都没有出现的样本，原数据集中大概有 36.8% 的样本不会出现在新组数据集中。优点是训练集的样本总数和原数据集的样本总数都是 m，并且仍有 1/3 的数据不被训练而可以作为测试集。缺点是这样产生的训练集的数据分布和原数据集不一样了，导致估计偏差。

机器学习或者数据挖掘与传统统计学有一个很重要的差别。传统统计学更注重理论，追求理论的完整性和模型的精确性，在对样本建立某个特定的模型后，要用理论去对模型进行各种验证。而机器学习和数据挖掘则更注重对模型的运用，如交叉验证，就是通过不同模型在同一样本上的误差表现好坏，来选择适合这一样本的模型，而不去纠结理论上的严谨。

当数据量较小时，可以用留一法，这可以看作 n 折交叉验证的极端例子，其中 n 被设置为数据集中样本的数量，每次测试集的样本数量仅为 1 个。由于这个方法用于训练的数据只比整体数据集少了 1 个样本，因此最接近原始样本的分布，但是原始训练复杂度增加了。

需要注意的是，除非数据集足够大，否则交叉验证可能不可信。

在数据量极少时，可采用自助采样法。自助法是一种从给定训练集中有放回的均匀抽样，也就是说，每当选中一个样本，它等可能地被再次选中并被再次添加到训练集中。

最常用的一种是.632 自助法，假设给定的数据集包含 d 个样本。该数据集有放回地抽样 m 次，产生 m 个样本的训练集。这样原数据样本中的某些样本很可能在该样本集中出现多次。没有进入该训练集的样本最终形成检验集（测试集）。 显然每个样本被选中的概率是 $1/m$，因此未被选中的概率就是（$1-1/m$），这样一个样本在训练集中没出现的概率就是 m 次都未被选中的概率，即（$1-1/m$）。当 m 趋于无穷大时，这一概率就将趋近于 $1/e=0.368$，所以留在训练集中的样本大概就占原来数据集的 63.2%。

自助法在数据集较小、难以有效划分训练集和测试集时很有用。此外，自助法能从初始数据集中产生多个不同的训练集，这对集成学习等方法有很大的好处。然而，自助法产生的数据集会改变初始数据集的分布，这会引入估计偏差。因而，在数据量足够时，用留出法或者交叉验证法更好。上面的方法属于密集计算型方法，需要较多的时间来训练模型。

另外一种方法是对训练误差进行某种转化来近似测试误差，比第一种思路更加考虑计算效率，因为重复抽样需要计算多次估计，因此做一次模型选择可能需要花费不少时间，如果单单从训练集的训练误差就可以近似出测试误差，那么模型选择效率便会大大提高。这种方式以统计学中的 AIC、BIC 等为代表，深刻剖析训练误差与“样本内（in-sample）误差”、预测误差间的关系，并给出预测误差估计的解析式，因此，这种思路也被称之为“解析法”。

（2）正负样本不均衡问题

举一个例子，来直观地感受一下样本不平衡问题。

假设根据 1000 个正样本和 1000 个负样本正确训练出了一个查准率 90%召回率 90%的分类器，且通过实验验证没有欠采样过采样的问题。模型上线后即开始正式预测每天的未知样本。也许开始的时候这个模型的准确率和召回率都很好。

有一天，数据发生了一点变化，还是原来的数据类型和特征，只是每天新数据中正负样本变成了 100 个正样本，10000 个负样本。

请注意，先前准确率 90%的另一种表达是负样本有 10%的概率被误检为正样本。好了，模型不变，现在误检的负样本数是 10000*0.1=1000 个，正样本被检出 100*0.9（召回）=90 个，好了，这个时候召回率不变仍为 90%，但是新的准确率=90/(1000+90)=8.26% 。

同一个模型仅仅是改变了验证集的正负样本比例，模型已经从可用退化成不可用了。样本不平衡问题可怕就可怕在这，往往你的模型参数、训练、数据、特征都是对的，能做的都做了，但准确率就是上不去。

对于这类问题解决方法有：增加小类样本数据，减少大类样本数据，尝试不同的分类算法，避免使用准确度这样的模型评价指标而应该使用混淆矩阵、ROC 曲线等来评价，还可以把小类当作异常点来进行检测。下面详细讲解其中的几个相关方法。

1）过采样小样本（SMOTE）

即该算法构造的数据是新样本，原数据集中不存在的。该基于距离度量选择小类别下两个或者更多的相似样本，然后选择其中一个样本，并随机选择一定数量的邻居样本对选择的那个样本的一个属性增加噪声，每次处理一个属性。这样就构造了更多的新生数据。优点是相当于合理地对小样本的分类平面进行一定程度的外扩，也相当于对小类错分进行加权惩罚。

当数据量不足时就应该使用过采样，它尝试通过增加稀有样本的数量来平衡数据集，而不是去除丰富类别的样本数量。

2）欠采样大样本

设小类中有 N 个样本。将大类聚类成 N 个簇，然后使用每个簇的中心组成大类中的 N 个样本，加上小类中所有的样本进行训练。优点是保留了大类在特征空间的分布特性，又降低了大类数据的数目。

欠采样是通过减少丰富类的大小来平衡数据集，当数据量足够时就该使用此方法。通过保存所有稀有类样本，并在丰富类别中随机选择与稀有类别样本相等数量的样本，可以检索平衡的新数据集以进一步建模。

注意，欠采样和过采样这两种方法相比而言，都没有绝对的优势。这两种方法的应用取决于它适用的用例和数据集本身。另外，将过采样和欠采样结合起来使用也是成功的。

3）使用 K-fold 交叉验证

值得注意的是，使用过采样方法来解决不平衡问题时应适当地应用交叉验证。这是因为过采样会观察到罕见的样本，并根据分布函数应用自动生成新的随机数据，如果在过采样之后应用交叉验证，那么我们所做的就是将模型过拟合于一个特定的人工引导结果。这就是为什么在过度采样数据之前应该始终进行交叉验证，就像实现特征选择一样。只有重复采样数据可以将随机性引入到数据集中，以确保不会出现过拟合问题。

4）对小类错分进行加权惩罚

对分类器的小类样本数据增加权值，降低大类样本的权值【注释：这种方法其实是产生了新的数据分布，即产生了新的数据集】，从而使得分类器将重点集中在小类样本身上。一个具体做法就是，在训练分类器时，若分类器将小类样本分错时额外增加分类器一个小类样本分错代价，这个额外的代价可以使得分类器更加“关心”小类样本。如 penalized-SVM 和 penalized-LDA 算法。

对小样本进行过采样（例如含 L 倍的重复数据），其实在计算小样本错分时会累加 L 倍的惩罚分数。

5）分治（ensemble）

该策略将大类中样本聚类到 L 个聚类中，然后训练 L 个分类器，每个分类器使用大类中的一个簇与所有的小类样本进行训练得到，最后对这 L 个分类器采取少数服从多数对未知类别数据进行分类，如果是连续值（预测），那么采用平均值。

6）分层级（ensemble）

使用原始数据集训练第一个学习器 $L1$，将 $L1$ 错分的数据集作为新的数据集训练 $L2$，再将 $L1$ 和 $L2$ 分类结果不一致的数据作为数据集训练 $L3$，最后测试集上将 3 个分类器的结果汇总（结合这 3 个分类器，采用投票的方式来决定分类结果，因此只有当 $L2$ 与 $L3$ 都分类为 false 时，最终结果才为 false，否则为 true。）

7）转化为异常检测的分类

用异常检测算法（如高斯混合模型、聚类等）检测得到离群点或异常点，再对这些异常点为训练集学习一个分类器。

对于二分类问题，如果正负样本分布比例极不平衡，我们可以换一个完全不同的角度来看待问题：把它看作一分类（One Class Learning）或异常检测（Novelty Detection）问题。这类方法的重点不在于捕捉类间的差别，而是为其中一类进行建模，经典的工作包括 One-Class SVM 等。

One-Class SVM 是指你的训练数据只有一类正（或者负）样本的数据，而没有另外的一类。此时，需要学习的实际上是训练数据的边界。而这时不能使用最大化软边缘了，因为没有两类的数据。

8）组合不同的重采样数据集

成功泛化模型的最简单方法是使用更多的数据，问题是像逻辑回归或随机森林这样开箱即用的分类器，倾向于通过舍去稀有类来泛化模型。一个简单的最佳实践是建立 n 个模型，每个模型使用稀有类别的所有样本和丰富类别的 n 个不同样本。假设想要合并 10 个模型，那么将保留例如 1000 例稀有类别，并随机抽取 10000 例丰富类别。然后，只需将 10000 个案例分成 10 块，并训练 10 个不同的模型。

如果拥有大量数据，这种方法是简单并且是可横向扩展的，这是因为可以在不同的集群节点上训练和运行模型。集合模型也趋于泛化，使得该方法易于处理。

9）用不同比例重新采样

方法 8 可以很好地将样本稀有类别和样本丰富类别之间的比例进行微调，最好的比例在很大程度上取决于所使用的数据和模型。但是，不是在整体中以相同的比例训练所有模型，所以值得尝试合并不同的比例。如果 10 个模型被训练，有一个模型比例为 1∶1（稀有∶丰富）和另一个 1∶3 甚至是 2∶1 的模型都是有意义的。一个类别获得的权重依赖于使用的模型。

10）集群丰富类

Sergey Quora 提出了一种优雅的方法，他建议不要依赖随机样本来覆盖训练样本的种类，而是将 r 个群体中丰富类别进行聚类，其中 r 为 r 中的例数。每个组只保留集群中心。然后，基于稀有类和仅保留的类别对该模型进行训练。

假设我们使用的方法是 Kmeans 聚类算法。此时，我们可以选择 K 值为稀有类中的数据样本的个数，并将聚类后的中心点以及相应的聚类中心当作富类样本的代表样例，类标与富类类标一致。

经过上述步骤的聚类操作，我们对富类训练样本进行了筛选，接下来就可以将相等样本数的 K 个正负样本进行有监督训练。

11）设计适用于不平衡数据集的模型

前面的方法都集中在数据上，并将模型保持为固定的组件。但事实上，如果设计的模型适用于不平衡数据，则不需要重新采样数据，著名的 XGBoost 已经是一个很好的起点，因此设计一个适用于不平衡数据集的模型也是很有意义的。

通过设计一个代价函数来惩罚稀有类别的错误分类而不是分类丰富类别，可以设计出许多自然泛化为稀有类别的模型。例如，调整 SVM 以惩罚稀有类别的错误分类。

3.8.2 相似性度量

在大多数数据挖掘算法里，不管是聚类、分类都会遇到一些度量的问题，比如相似性度量和距离度量等，有时候，算法的思想都是相同的，但是使用不同的相似性度量方法，就会产生不同的效果，这就说明不同的相似性度量方法有不同的适用场景。

关于相似性和距离的度量方法非常多，这里列举一下有：①闵可夫斯基距离（闵式距离）；②欧氏距离；③曼哈顿距离；④切比雪夫距离；⑤马氏距离；⑥余弦相似度；⑦Pearson 相关系数；⑧汉明距离；⑨Jaccard 相似系数；⑩编辑距离；⑪DTW 距离；⑫信息熵；⑬KL 散度；⑭互信息。

下面对每个方法进行说明。

闵式距离可以简单地描述为针对不同的属性给予不同的权重值，决定其属于哪个簇。计算公式如下：

$$\mathrm{dist}_{mk}(x_i, x_j)=\left(\sum_{u=1}^{n}|x_{iu}-x_{ju}|^p\right)^{\frac{1}{p}}。$$

其中，当 p=1 时为曼哈顿距离。

当 p=2 时为欧式距离。

当 p 趋于无穷时即为切比雪夫距离。

欧氏距离属于闵氏距离家族的一员，欧氏距离最为大家熟悉，就是两点之间的直线距离，应用非常广泛，这里主要谈一下欧氏距离的缺点。欧式距离除了受到量纲的影响外，还会受到维度的影响，比如二维坐标系里的两点(a1,b1)和(a2,b2)，如果横坐标 a1 和 a2 相差较大，而纵坐标 b1 和 b2

相差较小，计算这两点间的距离时可能受横坐标的影响比较大。这个缺陷就会导致模型容易受到离群点的干扰。这一点对于同属于闵式距离的切比雪夫距离来说体现得更为明显。

曼哈顿距离也属于闵式距离家族的一员，计算的是从一个对象到另一个对象所经过的折线距离，由于它取消了欧式距离的平方，因此能使离群点的影响减小。

切比雪夫距离起源于国际象棋中国王的走法，我们知道国际象棋国王每次只能往周围的8格中走一步，那么如果要从棋盘中A格（$x1$，$y1$）走到B格（$x2$，$y2$）最少需要走的步数为：

$$\mathrm{Dist}(A,B)=\mathrm{Max}(|X_A-X_B|,|Y_A-Y_B|)。$$

如果需要了解的是两个向量之间在方向上的差距，这时候，闵式距离就不合适了，需要用到余弦距离。例如，统计两部电影的用户观看行为，用户A的观看向量为(0,1)，用户B为(1,0)，此时二者的余弦距离很大，而欧氏距离很小，如果我们分析两个用户对于不同视频的偏好，更关注相对差异，显然应当使用余弦距离。

在数据挖掘中，经常需要将属性的值进行二值化，通过计算Jaccard相似度，可以快速得到两个对象的相似程度。当然，对于不同的属性，这种二值型程度是不一样的。比如，在中国，熟悉汉语的两个人相似度与熟悉英语的两个人相似度是不同的，因为发生的概率不同。所以通常会对Jaccard计算变换，变换的目的主要是为了拉开或者聚合某些属性的距离。如果要衡量两个变量的相似程度，一般用pearson相似系数。

如果要计算两个未知样本集的相似度的方法，用马氏距离是比较好的选择。马氏距离表示数据的协方差距离，与量纲无关。与欧式距离不同的是它考虑到各种特性之间的联系例如：一条关于身高的信息会带来一条关于体重的信息，因为两者是有关联的。马氏距离还可以排除变量之间的相关性的干扰。它的缺点是夸大了变化微小的变量的作用。马氏距离的还有一个缺点是由它的计算思想导致的：马氏距离的计算是建立在总体样本的基础上的，如果拿同样的两个样本，放入两个不同的总体中，最后计算出的两个样本间的马氏距离通常是不相同的，除非这两个总体的协方差矩阵碰巧相同，而且在计算过程中有可能发现协方差矩阵的逆矩阵不存在，这个时候可以用欧氏距离来代替。

如果需要计算两个时间序列之间的距离，用欧氏距离也是很不合适的，比如序列A为1,1,1,10,2,3，序列B为1,1,1,2,10,3，欧氏距离为128，这个距离是非常大的，而实际上这两个序列是很相似的，这种情况下应该用DTW距离。DTW主要用于衡量两个长度不同的时间序列的相似度的方法。

汉明距离也称信号距离，主要用来衡量两个二进制码字之间的相似程度，主要用于信息论、编码理论、密码学等领域。

如果要表示由一个字符串转成另一个字符串所需的最少编辑操作次数，可以用编辑距离，编辑距离主要用于DNA分析、拼字检查、语音辨识、抄袭侦测等方面。

在数据挖掘中信息熵是一种被广泛运用的度量，它主要用于衡量分布的混乱程度或分散程度。分布越分散（或者说分布越平均），信息熵就越大。分布越有序（或者说分布越集中），信息熵就越小。

KL散度一般也叫相对熵，可以衡量两个随机分布之间的距离，当两个随机分布相同时，它们的相对熵为零，当两个随机分布的差别增大时，它们的相对熵也会增大。所以相对熵可以用于比较文本的相似度，先统计出词的频率，然后计算相对熵。另外，在多指标系统评估中，指标权重分配是一个重点和难点，也可以通过相对熵处理。

如果要计算一个随机变量中包含关于另一个随机变量的信息量，可以用互信息来度量。

3.8.3 损失函数

模型选择阶段会遇到一个细节问题：对损失函数的选择。在前面算法解析部分，我们已经多次提到过它了，这里做一个总结。

损失函数分为经验风险损失函数和结构风险损失函数，经验风险损失函数反映的是预测结果和实际结果之间的差别，结构风险损失函数则是经验风险损失函数加上正则项。

不同算法常用的损失函数如下：

（1）L1 损失

平均绝对误差也叫 L1 损失，度量的是预测值和实际观测值之间绝对差之和的平均值：

$$MAE = \frac{\sum_{i=1}^{n} | y_i - \hat{y}_i |}{n}。$$

优点是对异常值不敏感，但是不容易计算梯度。如果把这个公式的绝对值去掉，就变成平均误差公式了，使用平均误差公式可以知道模型是存在正偏差还是负偏差

（2）L2 损失

均方差损失函数也叫 L2 损失，实际结果和观测结果之间差距的平方和：

$$MSE = \frac{\sum_{i=1}^{n} (y_i - \hat{y}_i)^2}{n}。$$

一般用在线性回归中，可以理解为最小二乘法。缺点是与真实值偏离较多的预测值会比偏离较少的预测值受到更为严重的惩罚，优点是容易计算梯度。

【某互联网公司面试题 3-85：使用 L1 损失还是 L2 损失应该如何做选择】

答案：如果离群点会影响业务，而且是应该被检测到的异常值，那么应该使用 L2 损失。如果认为离群点仅仅代表数据损坏，那么应该选择 L1 作为损失。

L1 损失对异常值更加稳健，但其导数并不连续，因此求解效率很低。L2 损失对异常值敏感，但给出了更稳定的闭式解（通过将其导数设置为 0）。

L1 损失和 L2 损失可能会走向两个极端。例如，如果数据中 90%的观测数据的真实目标值是 150，其余 10%的真实目标值在 0～30。那么，一个以 L1 为损失的模型可能对所有观测数据都预测为 150，而忽略 10%的离群情况，因为它会尝试去接近中值。同样地，以 L2 为损失的模型会给出许多范围在 0～30 的预测，因为它被离群点弄糊涂了。这两种结果在许多业务中都是不可取的。

在这种情况下，一个简单的解决办法是转换目标变量或者尝试不同的损失函数，比如 Huber Loss。

（3）指数损失函数

在 Boosting 算法中比较常见，比如 Adaboosting 中，标准形式是：

$$L(y, f(x)) = \frac{1}{n}\sum_{i=1}^{n} \mathrm{e}^{-y_i f(x_i)}。$$

（4）交叉熵损失

交叉熵能够衡量同一个随机变量中的两个不同概率分布的差异程度，在机器学习中就表示为真实概率分布与预测概率分布之间的差异。它的计算公式如下：

$$CrossEntropyLoss = \frac{1}{n}\sum_{i=1}^{n} -(y_i \log(\hat{y}_i) + (1-y_i)\log(1-\hat{y}_i))。$$

随着预测概率偏离实际值，交叉熵损失会逐渐增加，尤其是置信度高但是错误的预测值会被加

重惩罚。交叉熵的值越小，模型预测效果就越好。

交叉熵损失函数经常用于分类问题中比如逻辑回归、神经网络。

此外，由于交叉熵涉及计算每个类别的概率，所以交叉熵几乎每次都和 sigmoid（或 softmax）函数一起出现。

（5）Hinge Loss

Hinge Loss 主要用于 SVM 中，可用于“最大间隔(max-margin)”分类。标准形式如下：

$$L(y)=\max(0,1-ty)$$
$$y=w\cdot x+b$$
$$t=\pm 1。$$

如果$|y|\geqslant 1$，损失$L(y)=0$，意味着此时的分类效果是最好的。

（6）Log-Cosh 损失函数

Log-Cosh 损失函数是一种比 L2 更为平滑的损失函数，利用双曲余弦来计算预测误差：

$$L(y,y^p)=\sum_{i=1}^{n}\log(\cosh(y_i^p-y_i))。$$

它的优点在于对于很小的误差来说 log(cosh(x))与（x**2）/2 很相近，而对于很大的误差则与abs(x)-log2 很相近。这意味着 log cosh 损失函数可以在拥有 MSE 优点的同时也不会受到异常值的太多影响。它拥有 Huber 的所有优点，并且在每一个点都是二次可导。

（7）Huber Loss

Huber Loss 也叫平滑平均绝对误差，它的表达式如下：

$$L_\delta(Y,f(X))=\begin{cases}\frac{1}{2}(y-f(x))^2 & |y-f(x)|\leqslant\delta\\ \delta|y-f(x)|-\frac{1}{2}\delta^2 & otherwise\end{cases}。$$

Huber 损失相比于平方损失来说对于异常值不敏感，但它同样保持了可微的特性。它基于绝对误差但在误差很小的时候变成了平方误差。我们可以使用超参数δ来调节这一误差的阈值。当δ趋向于 0 时它就退化成了 MAE，而当δ趋向于无穷时则退化为了 MSE。

对于 Huber 损失来说，δ的选择十分重要，它决定了模型处理异常值的行为。Huber 损失函数的良好表现得益于精心训练的超参数δ。当残差大于δ时使用 L1 损失，很小时则使用更为合适的 L2 损失来进行优化。

Huber 损失函数克服了 MAE 和 MSE 的缺点，不仅可以保持损失函数具有连续的导数，同时可以利用 MSE 梯度随误差减小的特性来得到更精确的最小值，也对异常值具有更好的鲁棒性。

【某互联网公司面试题 3-86：如何对损失函数进行选择】

答案：我们知道，损失函数是用来度量预测值和标签值之间的差异的，通常是让损失函数的值越小越好。因此，损失函数的选择需要遵循 3 个原则。

原则 1：符合损失函数的意义。即预测值和真实值之间的差异越大，损失函数越大，反之，损失函数越小。

原则 2：损失函数必须可以求导。通过求导，可以寻找能够使损失函数最小的参数，这些参数对应的映射即最佳线性回归或者逻辑回归。

原则 3：损失函数通常要加正则项。这是为了保证最佳线性回归或者逻辑回归的泛化能力，即推广到测试样本的准确程度。

（8）0-1 损失函数

衡量的是预测值和真实值是否相等。

$$L(Y,f(X))=\begin{cases}1,Y\neq f(X)\\0,Y=f(X)\end{cases}。$$

该损失函数不考虑预测值和真实值的误差大小，也就是说只要存在预测误差就认为两者不相等。感知机就是用的这种损失函数，但是由于相等这个条件太过严格，可以放宽条件，即只要满足 $|Y-f(X)|<\varepsilon$ 时就认为相等。

$$L(Y,f(X))=\begin{cases}1,|Y-f(X)|\geqslant\varepsilon\\0,|Y-f(X)|<\varepsilon\end{cases}。$$

这种损失函数用在实际场景中比较少，一般用来衡量其他损失函数的效果。

3.8.4 过拟合与欠拟合

我们运用训练数据来训练一个分类算法模型，从而让这个模型能够学习到数据的特征，以便能够运用这个模型去识别非训练样本数据的分类。这个过程可能会产生 3 个结果。

第一个，模型能够学习到所有特征，并能对其他数据进行良好的分类，这是我们非常期待的结果。

第二个，模型只能学习到部分特征，以至于在识别其他数据时总是出错，这被称为欠拟合，比如要区分一个头像是男人还是女人，仅通过肤色则不够。

识别人脸时，眼睛和嘴巴并没有作为人脸的特征，导致模型欠拟合，如图 3-27 所示。

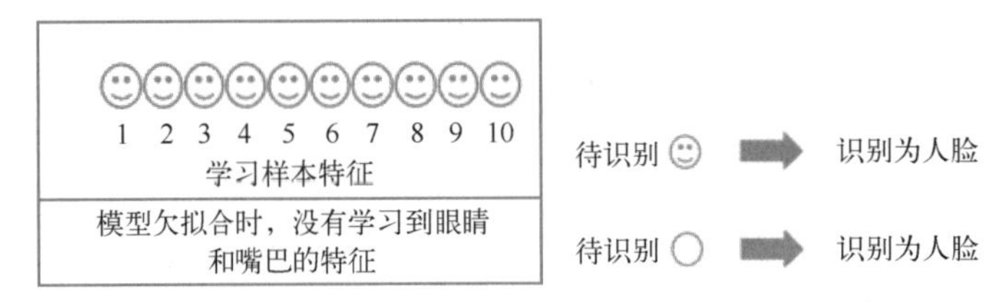

● 图 3-27 模型欠拟合

第三个，模型学习到的特征适应性不够，很多特征并不能用于识别其他数据，以至于模型在训练数据上表现良好，而在其他数据上表现太差，这被称为过拟合，比如要识别一个图像是猫还是狗，若把身上有毛作为区分猫狗的特征，很显然是无法获得良好结果的。

识别人脸时，帽子也作为人脸特征了，导致模型过拟合，如图 3-28 所示。

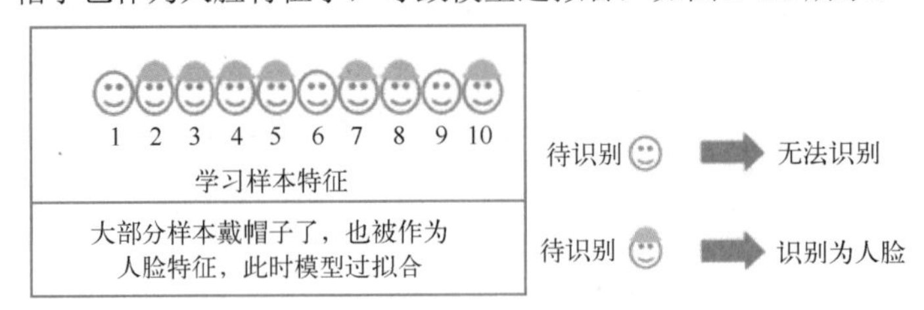

● 图 3-28 模型过拟合

从数学意义上来说，欠拟合和过拟合不仅与预测结果同真实结果之间的偏差 bias 有关，而且也与训练得到的函数同真实预测函数之间的偏差有关，这个偏差可以用方差 σ^2 来表示。

一般来说，有如下结论。

1）偏差越低，预测值越接近真实值，即预测准确率越高；方差越低，模型越稳定，即泛化能力越强。

2）模型欠拟合时，预测结果不准，偏差较大；但对于不同训练集，训练得到的模型都差不多（对训练集不敏感），此时的预测结果差别不大，方差也就比较小。如果以准确率作为性能指标，模型的训练集得分及验证得分均会比较低。

3）模型过拟合时，模型含有训练集的信息，预测的准确度一般不高，偏差较大。此时模型对训练集敏感，在与总体同分布的相同大小的不同训练样本上训练得到的模型，在验证集上的表现不一，预测结果相差大，方差也就比较大。由于模型含有训练集的信息，此时的训练得分很高，但验证得分不高（偏差大）。

4）如果模型复杂度低，需要的训练集数据量相对较少。如果模型复杂度高，需要的训练集数量大。

上述关系见表 3-10。

表 3-10　欠拟合和过拟合的区别

名称	欠拟合	过拟合	备注
偏差	一定大	较大	针对验证集
方差	一定小	一定大	针对验证集
训练集得分	低	一定高	一般指判定系数、准确率等
验证集得分	低	总体较低，方差大	一般指判定系数、准确率等
模型复杂度	可能低	高	
训练集数据量	可能少	多	

【某互联网公司面试题 3-87：如何判断一个模型是欠拟合还是过拟合】

答案：如何判断一个模型是欠拟合还是过拟合呢？

可以通过增加训练样本量来区分一个模型是发生了欠拟合还是过拟合。随着训练样本量的增加，训练集的正确率和验证集的正确率越来越接近，并且接近一致，那么可以判断模型欠拟合，如果训练集的正确率和验证集的正确率差别较大，那么就可以判断模型过拟合。

通过上面的解析，可以看出通过增加训练集的样本量可以防止欠拟合，但是对于防止过拟合可能效果不太好。

除此之外，由于模型出现欠拟合的时候通常是因为特征项不够导致的，因而可以通过添加其他特征项来很好地解决。例如，“组合”“泛化”“相关性”三类特征是特征添加的重要手段。还有“上下文特征”“平台特征”“多项式特征”【注释：例如将线性模型通过添加二次项或者三次项使模型泛化能力更强】，以及减少正则化参数的方法。

防止过拟合的方法主要有数据集扩增、简化模型、提前终止训练、剪枝方法、随机森林以及正则化方法。下面讲解正则化方法。

3.8.5　正则化方法

在机器学习中，我们经常会提到正则化，正则化的主要目的就是为了防止过拟合（如图 3-29 所示）。

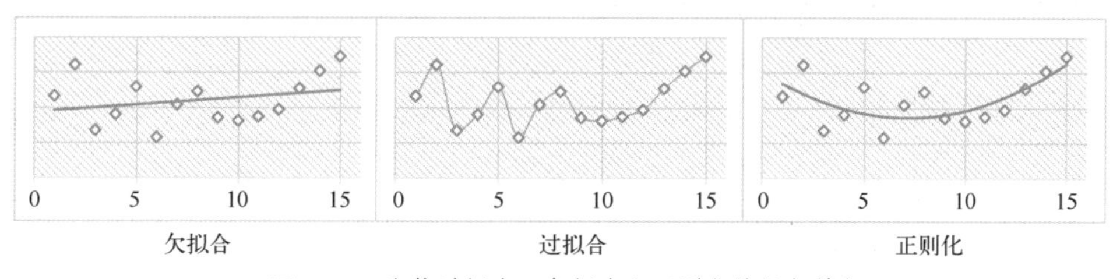

● 图 3-29　比较过拟合、欠拟合和正则化的几何特征

正则化即为对学习算法的修改，旨在减少泛化误差而不是训练误差。在足够多的训练次数下，以及足够复杂的表达形式下，训练误差可以无限小，但是这并不意味着泛化误差的减小。通常情况下，反而会导致泛化误差的增大。

一个常见的例子是：真实数据的分布符合二次函数，欠拟合往往将模型拟合成一次函数，而过拟合往往将模型拟合成高次函数。奥卡姆剃须原则指出：在尽可能地符合数据原始分布的基础上，更加平滑、简单的模型往往符合数据的真实特征。因此，采用某种约束显得非常必要，这就是正则化约束。

在实践中，过于复杂的模型不一定包含数据的真实的生成过程，甚至也不包括近似过程，这意味着控制模型的复杂程度不是一个很好的方法，或者说不能很好地找到合适的模型的方法。实践中发现最好的拟合模型通常是一个适当正则化的大型模型。

正则化的策略如下。

1）约束和惩罚被设计为编码特定类型的先验知识。

2）偏好简单模型。

3）其他形式的正则化，如：集成的方法，即结合多个假说解释训练数据。

【某互联网公司面试题 3-88：为什么通过正则化能够防止过拟合呢】

答案：为什么通过正则化能够防止过拟合呢？

过拟合时，由于模型考虑了样本里的每一个点，即使是噪声点也要考虑，导致原本平滑的拟合曲线会变得波动很大，这就意味着函数在某些小区间里拟合函数的导数值（绝对值）非常大，由于自变量值可大可小，所以只有系数（参数）足够大，才能保证导数值很大。正则化以一种回归的形式将参数估计朝零的方向进行约束，使它不要太大，但是这样一来，目标函数加上正则项后，也就会变大，此时得到的参数就不是最优解了。

换句话说，正则化就是对损失进行惩罚，加了正则化项之后，使得损失不可能为 0，而且正则化系数λ越大惩罚越大，λ太大时，使损失值集中于正则化的值上，λ较小时，正则化的约束小，有可能仍存在过拟合。

也许有人认为，加了正则化后模型变复杂了，其实不然，正则化其实降低了模型复杂度。因为当我们让参数减小的时候，即意味着忽略了噪声点，从而减小了模型的复杂度。

从贝叶斯的角度来分析，正则化是为模型参数估计增加一个先验知识，先验知识会引导损失函数最小值过程朝着约束方向迭代。其中 L1 正则是拉普拉斯先验，L2 是高斯先验。

如果把整个最优化问题可以看作是一个最大后验估计，那么正则化项对应后验估计中的先验信息，损失函数对应后验估计中的似然函数，两者的乘积即对应贝叶斯最大后验估计。

这样一来，我们的算法就由两项内容组成的函数：一个是损失项，用于衡量模型与数据的拟合度，另一个是正则化项，用于衡量模型复杂度。

【某互联网公司面试题 3-89：L1 正则化和 L2 正则化有何区别】

答案：L1 正则化和 L2 正则化的说明如下：

L1 正则化是指权值向量 $\boldsymbol{w}$ 中各个元素的绝对值之和，通常表示为：

$$\|\boldsymbol{w}\|_1=|\boldsymbol{w}|_1+|\boldsymbol{w}|_2+\cdots\cdots+|\boldsymbol{w}|_n。$$

假设初始损失函数为 C_0，此时，带 L1 正则项的损失函数为：

$$C=C_0+\frac{\lambda}{n}\sum_{i=1}^{n}|\boldsymbol{w}_i|。$$

L2 正则化是指权值向量 $\boldsymbol{w}$ 中各个元素的平方和然后再求平方根，通常表示为：

$$\|\boldsymbol{w}\|_2^2=\boldsymbol{w}_1^2+\boldsymbol{w}_2^2+\cdots+\boldsymbol{w}_n^2。$$

假设初始损失函数为C_0，此时，带 L2 正则项的损失函数为：

$$C = C_0 + \frac{\lambda}{2n}\sum_{i=1}^{n} \boldsymbol{w}_i^2。$$

其中C_0代表原始的代价函数，后面那一项就是 L2 正则化项，它是这样来的：所有参数 $\boldsymbol{w}$ 的平方的和，除以训练集的样本大小 n。λ就是正则项系数，就是权重衰减系数，用于权衡正则项与C_0项的比重。另外还有一个系数 1/2，主要是为了后面求导的结果方便。

可见 L1 降低的是权重而 L2 降低的是权重的平方。使用梯度下降法的时候，我们会对损失函数求导，如果对 L1 求导得到的是一个非 0 常数，L2 求导得到的是 2 倍权重。从而，我们可以这样去理解正则化是如何来降低权重的：L1 是每次从权重值中减去一个常数，最终可能导致权重值下降到小于 0，通常按照算法的要求，这个小于 0 的权重值会被强制更新为 0；L2 是每次从权重值中减去一个固定比例，因而永远不可能使权重为 0。

下面举个例子，如下

假设某线性模型有如下权重值：

$$\boldsymbol{w}_1 = 0.1，\ \boldsymbol{w}_2 = 0.5，\ \boldsymbol{w}_3 = 4，\ \boldsymbol{w}_4 = 0.25，\ \boldsymbol{w}_5 = 0.75。$$

计算得到 L2 正则化项为 16.885。我们发现 $\boldsymbol{w}_2$ 权重的平方值为 16，几乎贡献了全部的复杂度。有可能数据里存在离群点，加入了 L2 正则后，离群点对模型的负面影响将有会有所降低。

最后总结一下正则化的作用和缺点。

模型加入正则化后，数值上更容易求解，当特征数目太大时可以降低模型的复杂度，提升其光滑性，让模型更简单、更稳定，从而让模型的泛化能力更强。

L2 正则的一个明显缺点就是模型的可解释性较差。它将把不重要的预测因子的系数缩小到趋近于 0，但永不达到 0。也就是说，最终的模型会包含所有的预测因子。但是，在 L1 正则中，如果将调整因子 λ 调整得足够大，L1 范数惩罚可以迫使一些系数估计值完全等于 0。因此，L1 正则可以进行特征选择，产生稀疏模型，稀疏的模型除了计算量上的好处之外，更重要的是更具有可解释性。

L2 范数可以使得权重比较小，防止过拟合的同时，有效提升模型的抗扰动能力。

3.8.6　剪枝方法

数据中可能存在噪声、离群点等，这些数据形成的分类是不能在分类器中被使用的。剪枝后形成的树更小（如图 3-30 所示），复杂度也低一些，用它去对未知数据进行分类，比未剪枝的更快，更容易被理解。

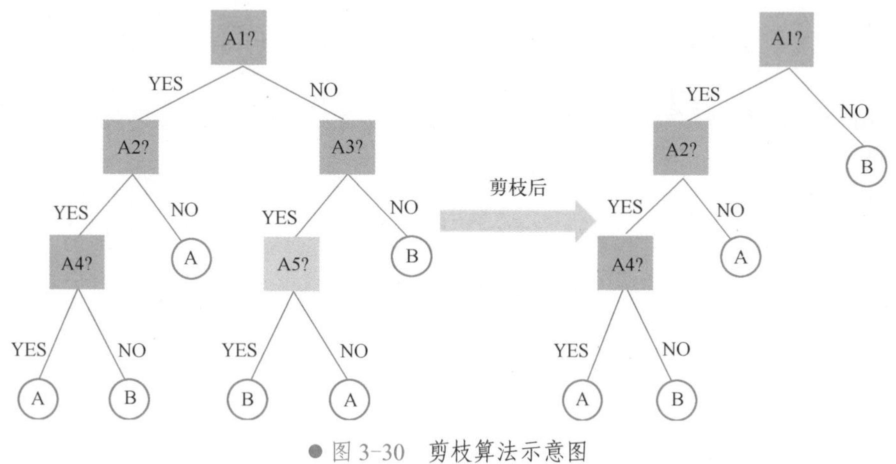

图 3-30　剪枝算法示意图

通常有两种剪枝方法，一种叫“先剪枝”，另一种叫“后剪枝”。

（1）先剪枝方法

“先剪枝”是在构造树的过程中，由于某个节点不满足事先设定的阈值（比如信息增益太小），而停止从该节点继续进行分裂，于是这个节点就成为“树叶”。

停止决策树生长的方法如下。

1）定义一个高度，当决策树达到该高度时就停止决策树的生长

2）达到某个节点的实例具有相同的特征向量，及时这些实例不属于同一类，也可以停止决策树的生长。这个方法对于处理数据冲突问题比较有效。

3）定义一个阈值，当达到某个节点的实例个数小于阈值时就可以停止决策树的生长

4）定义一个阈值，通过计算每次扩张对系统性能的增益，并比较增益值与该阈值大小来决定是否停止决策树的生长。

预剪枝使得很多分支没有展开，这不仅降低了过拟合的风险，还显著减少了决策树的训练时间开销和测试时间。但是，有些分支虽当前不能提升泛化性，甚至可能导致泛化性暂时降低，但在其基础上进行后续划分却有可能导致显著提高。因此预剪枝的这种贪心本质，给决策树带来了欠拟合的风险。

（2）后剪枝方法

“后剪枝”是在树的构造完成后，删除不满足条件节点的子树，并由该节点的树叶来代替它的位置，且树叶必须是该节点下所有树叶中最符合要求的那个。

后剪枝首先构造完整的决策树，并允许树过度拟合训练数据，然后对那些置信度不够的结点子树用叶子结点来代替，该叶子的类标号用该结点子树中最频繁的类标记。相比于先剪枝，这种方法更常用，正是因为在先剪枝方法中精确地估计何时停止树增长很困难。

显然这两种方法具有较大的差异，“先剪枝”对阈值的依赖性很大，过高的阈值，会导致树枝较少，过低的阈值会导致树枝太多。一旦设定好阈值后，就不能再去调整剪枝的程度了，而设定合理的阈值又比较困难，所以“先剪枝”方法的实用价值不太高。“后剪枝”可以在保存树的情况下，对树进行各种试探性剪枝，直到达到要求为止。

关于上面提到的“阈值”，在较为简单的场景里，可以使用类里面的元素数量、信息增益量大小等来度量。这里再提出一种方法，叫“代价复杂度”。

代价复杂度可以看作是树叶节点个数和树的错误率（错误率是树误分类的记录所占百分比）的函数。从树的底部开始，对于每个内部节点 N，计算 N 处的子树的代价复杂度和该子树被剪枝后的代价复杂度，如果剪枝后的代价复杂度较小，那么剪去该子树，否则就保留。

一般来说，一棵理想的决策树要么叶子节点数最少，要么叶子节点深度最小，或者二者兼而有之。

接下来讲解后剪枝的三个方法：REP（错误率降低剪枝）、PEP（悲观错误剪枝）和 CCP（代价复杂度剪枝)。

1）REP 方法

REP 方法是一种比较简单的后剪枝的方法，在该方法中，可用的数据被分成两个样例集合：一个训练集用来形成学习到的决策树，一个分离的验证集用来评估这个决策树在后续数据上的精度，确切地说是用来评估修剪这个决策树的影响。

这个方法的思想是：即使学习器可能会被训练集中的随机错误和巧合规律所误导，但验证集不大可能表现出同样的随机波动。所以验证集可以用来对过度拟合训练集中的虚假特征提供防护检验。该剪枝方法考虑将树上的每个节点作为修剪的候选对象，决定是否修剪这个结点，由如下步骤组成。

① 删除以此结点为根的子树。

② 使其成为叶子结点。

③ 赋予该结点关联的训练数据的最常见分类。

④ 当修剪后的树对于验证集合的性能不会比原来的树差时，才真正删除该结点。

因为训练集合的过拟合，使得验证集合数据能够对其进行修正，反复进行上面的操作，从底向上的处理结点，删除那些能够最大限度地提高验证集合的精度的结点，直到进一步修剪有害为止（有害是指修剪会减低验证集合的精度）。

REP是最简单的后剪枝方法之一，不过由于使用独立的测试集，与原始决策树相比，修改后的决策树可能偏向于过度修剪。这是因为一些不会再测试集中出现的很稀少的训练集实例所对应的分枝在剪枝过如果训练集较小，通常不考虑采用REP算法。

尽管REP有这个缺点，不过其仍然作为一种基准来评价其他剪枝算法的性能。它对于两阶段决策树学习方法的优点和缺点提供了了一个很好的学习思路。由于验证集合没有参与决策树的创建，所以用REP剪枝后的决策树对于测试样例的偏差要好很多，能够解决一定程度的过拟合问题。

2）PEP方法

PEP是根据剪枝前后的错误率来判定子树的修剪。该方法引入了统计学上连续修正的概念弥补REP 中的缺陷，在评价子树的训练错误公式中添加了一个常数，假定每个叶子结点都自动对实例的某个部分进行错误的分类。

把一棵子树（具有多个叶子节点）的一个分类用一个叶子节点来替代的话，在训练集上的误判率肯定是上升的，但是在新数据上不一定。于是我们需要把子树的误判计算加上一个经验性的惩罚因子。对于一棵叶子节点，它覆盖了N个样本，其中有E个错误，那么该叶子节点的错误率为$(E+0.5)/N$，这个0.5就是惩罚因子。一棵子树，它有L个叶子节点，那么该子树的误判率估计为：

$$\left(\sum E_i + 0.5 * L\right) / \sum N_i$$

这样的话，我们可以看到一棵子树虽然具有多个子节点，但由于加上了惩罚因子，所以子树的误判率计算不会产生很大负面影响。

剪枝后内部节点变成了叶子节点，其误判个数j也需要加上一个惩罚因子，变成j+0.5。那么子树是否可以被剪枝就取决于剪枝后的误判数j+0.5是否在标准误差内。对于样本的误差率e，可以根据经验来估计它的概率分布模型，比如正态分布等。

对于二分类问题，一棵树对一个样本的分类结果只有两种情况：正确或者错误。我们指定当这棵树错误分类时值为1，正确分类时值为0，那么树的误判次数就服从伯努利分布。假设该树的误判率为e，e为分布的固有属性，可以通过统计得出来。据此可以估计出该树的误判次数均值和标准差：

剪枝前误判次数均值E(子树错误个数)=$N*e$。

剪枝前误判次数标准差var(子树错误个数)=$\sqrt{N*e*(1-e)}$。

把子树替换成叶子节点后，该叶子的误判次数也是一个伯努利分布，其概率误判率e'为$(E+0.5)/N$，因此叶子节点的误判次数均值为E(叶节点错误个数)= $N*e'$。

使用训练数据，子树总是比替换为一个叶节点后产生的误差小，但是使用校正后有误差计算方法却并非如此，当子树的误判个数大于对应叶节点的误判个数一个标准差之后，就决定剪枝：

$$E(\textit{子树错误个数})-var(\textit{子树错误个数})>E(\textit{叶节点错误个数})。$$

这个条件就是剪枝的标准。当然并不一定非要大一个标准差，可以给定任意的置信区间，设定一定的显著性因子，就可以估算误判次数的上下界。

【某互联网公司面试题 3-90：举例说明 PEP 剪枝方法】

答案：举个例子，有一棵决策树如图 3-31 所示。

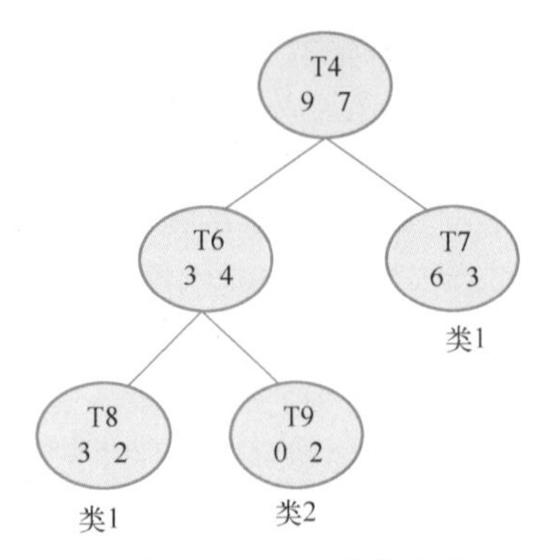

● 图 3-31　PEP 剪枝说明

树中每个节点有两个数字，左边的代表正确，右边代表错误。比如 $T4$ 这个节点，说明覆盖了训练集的 16 条数据，其中 9 条分类正确，7 条分类错误。

我们先来计算替换标准不等式中，关于子树的部分：子树有 3 个叶子节点，分别为 $T7$、$T8$、$T9$，因此 L=3，子树中一共有 16 条数据（三个叶子相加），所以 N=16。子树一共有 7 条错误判断，所以 E=7。

$T4$ 这棵子树的误差率为：

$$\frac{7+0.5*3}{16}=\frac{8.5}{16}=0.53。$$

根据二项分布的标准差公式，子树误差率的标准误差为：

$$\sqrt{16*0.53*(1-0.53)}=1.96。$$

子树的错误数为“所有叶子实际错误数+0.5 调整值” $=7+0.5\times3=8.5$。

把子树剪枝后，只剩下 $T4$，$T4$ 的错误数为 7+0.5=7.5，而 8.5−1.96<7.5，因此不满足剪枝标准，不能用 $T4$ 替换整个子树。

【某互联网公司面试题 3-91：PEP 剪枝方法的缺点是什么】

答案：悲观错误剪枝的准确度比较高，但是会存在以下的问题。

1）PEP 算法是从上而下的剪枝策略，这种剪枝会导致和预剪枝同样的问题，造成剪枝过度。

2）PEP 剪枝会出现剪枝失败的情况。

3）CCP 方法

CCP 算法为子树 T_t 定义了代价（cost）和复杂度（complexity），以及一个可由用户设置的衡量代价与复杂度之间关系的参数α，其中，代价指在剪枝过程中因子树 T_t 被叶节点替代而增加的错分样本，复杂度表示剪枝后子树T_t减少的叶节点数，α则表示剪枝后树的复杂度降低程度与代价间的关系，定义为：

$$\alpha=\frac{C(t)-C(T_t)}{|T_t|-1}。$$

其中各参数含义如下。

$|T_t|$：子树 Tt 中的叶节点数。

$C(t)$：节点 t 的错误代价，计算公式为 $C(t)=r(t)*p(t)$。

$r(t)$为结点 t 的错分样本率，$p(t)$为落入结点 t 的样本占所有样本的比例。

$C(T_t)$：子树T_t错误代价，计算公式为 $C(T_t)=\sum C(i)$，i 为子树T_t的叶节点。

CCP 剪枝算法分为如下两个步骤。

1）对于完全决策树 T 的每个非叶结点计算 α 值，循环剪掉具有最小 α 值的子树，直到剩下根节点。在该步可得到一系列的剪枝树｛T_0，T_1，$T_2...T_m$｝，其中 T_0 为原有的完全决策树，T_m 为根结点，T_{i+1} 为对 T_i 进行剪枝的结果；

2）从子树序列中，根据真实的误差估计选择最佳决策树。

3.8.7　模型选择

【某互联网公司面试题 3-92：好数据和好模型哪个更重要】

答案：所谓好的数据是指能够充分反映总体各项特征，且噪声较少的数据。但是这并不是一个精确的定义，因为大多数情况我们不知道总体有多少特征，也无法给噪声的数量规定一个阈值，所以才会对模型提出严格的要求，希望模型能适应数据，在总体特征较少，噪声较多的情况下具有较强的鲁棒性和较高的准确率，而且还需要模型具有足够高的运算效率，并把这样的模型称为好模型。好模型和好数据是相辅相成的，好的数据才能训练出好的模型，好的模型才能体现出数据的价值，重要特征丢失的残缺不全的数据很难训练出好的模型，而如果模型天生对噪声敏感，少许的噪声就会对结果产生巨大的影响，这样的模型是很难满足预期目标的。

【某互联网公司面试题 3-93：同一个问题可以用多个候选模型来解决，如何进行模型选择】

答案：世界上几乎不存在所有情况下通用的模型，每一个模型都只能用来解决某一类或者某几类特定的问题。反过来说，对于同一个问题，能够采用的模型可能有好几个，这些模型的性能各异，该如何选择呢？

一般来说，随着模型复杂度的增加，训练误差会逐渐减小，而测试误差的波动会越来越大，但是可能存在一个可接受的平衡点，在这点上训练误差较小，而且测试误差波动处于可接受的极限。然而随着模型复杂度的增加，模型的过拟合风险也会逐步被提升。

因此，我们需要尝试使用不同复杂度的模型在训练集上进行训练，在验证集上验证模型的性能，然后通过对训练误差和测试误差做出分析判断，从而来对模型做出选择，也就是模型选择实际上是要对模型的复杂度做出选择。

需要指出的是，一般在模型选择阶段并不会去调整模型的超参数，比如步长、迭代次数等。

3.9 本章总结

在所有的数据挖掘算法中，聚类算法特别是 Kmeans 算法是最为基本的算法，这个算法最大的特点是无监督特性，用该算法得出的分类结果具有一定的客观性，问题在于，如果聚类过程中使用的变量过多，很难对聚类的结果做出合理的解释。

相比而言，像决策树、朴素贝叶斯这样的有监督分类算法具有很好的解释性，前提是需要使用人工分类后的样本先进行学习。由于人工识别的主观性较强，同一个样本，不同的人可能会得出不同的分类结果，这会导致模型预测结果准确率不高。而且这些单一的分类算法往往只在低维数据上表现良好，在高维上的表现却不太理想，这是因为单一算法往往只能抓住样本的某一部分特征。因此，单一的分类算法常常是用来作为集成学习算法的基学习器。

由于单一分类算法的这些缺点，人们又提出来各种集成学习方法。总的来说，集成学习方法有 3 种思想：装袋、提升和模型融合。装袋和提升使用的是同质基学习器，模型融合使用的是非同质基学习器。这 3 种思想各有优缺点，并不能一定说哪种方法更优秀。

装袋法的重点在于获得一个方差比其组成部分更小的集成模型，而提升和模型融合则将主要生成偏置比其组成部分更低的强模型，同时方差也可以被减小。

装袋算法的最大优点是可并行能够适应大规模数据，然而其需要一个较强的基学习器，才能保证准确率。提升算法的准确率比装袋有高一些，但是很难并行。

在 Kaggle 数据科学竞赛中，像 Stacking 这样的技术常常赢得比赛。例如，赢得奥托（Otto）集团产品分类挑战赛的第一名所使用的技术是集成了 30 多个模型的 Stacking，它的输出又作为 3 个元分类器的特征：XGBoost、神经网络和 Adaboost。

除了上述的聚类和分类算法，在数据挖掘中还有一个很大的领域，被称为模式识别，而关联规则算法是模式识别中一种非常基础的算法——即频繁模式挖掘。虽然“啤酒和尿布”的故事已经深入人心，但是相比分类算法，关联规则算法在实战中用到的还是少之又少，其中一个原因可能是算法的效率不够高，另外一个原因是，这个算法的实战性并不太强，很多时候可以用人工模式识别来代替。尽管如此，面试者还是有很大的概率遇到相关面试题的。

面试过程中，有关数据挖掘算法的知识点是常考的内容。鉴于有关数据挖掘算法原理的资料比较容易获取到，因此本章没有以大篇幅来讲解这些内容，只是选取了一些最为常用的数据挖掘算法，尽量简短地讲解了其原理和实现步骤，同时将重点放在了有关算法的特点解析、算法的评估、算法的优化方面，这些知识点都具有很强的实战性，面试官也最看重对这些知识点的考察。

第4章 大数据技术解析

本章知识点思维导图

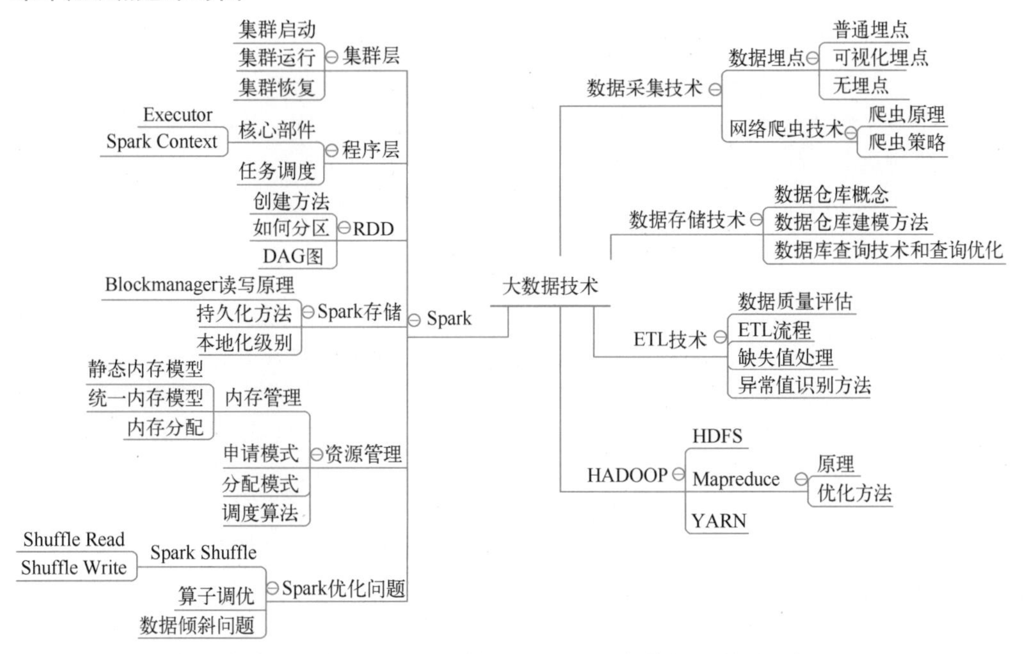

我们正处在一个“大数据时代”，也正面临如何处理“大数据”的难题。

“数据中蕴含着价值”已经被人们普遍认同，各种传感器、数据采集设备技术的发展日新月异，数据的产生量已经越来越大，速度越来越快，种类越来越多，传统的以小规模关系型数据库为技术核心的数据处理技术已经越来越不能满足商业需求了，于是“大数据技术”应运而生。

大数据技术的体系庞大且复杂，基础的技术包含数据的采集、数据预处理、分布式存储、NoSQL数据库、数据仓库、机器学习、并行计算、可视化等各种技术范畴和不同的技术层面。

不同的技术手段的实现成本往往差别较大。有些业务需要处理大量数据，但可以接收离线式慢速处理，普通的硬盘，即使较低的内存往往也可以满足要求；而有些业务需要实时的快速数据处理能力，必须在CPU、内存、硬盘方面加大成本投入。

在具体的“数据处理链条”各环节的效率优化方面，由于要考虑成本的问题，往往从硬件方面去优化比较难，通常是从系统架构、算法思想、代码方面进行逐级优化，这种优化通常实现成本更低。比如数据库加索引和不加索引的区别；数据降维和不降维的区别；臃肿代码和简洁代码的区别。我们如何在数据处理速度、算法精确度以及数据处理成本三者之间进行权衡，这些对相关人员的专业水平要求是很高的。

如果数据分析师不了解大数据技术，很有可能在遇到大数据时，感觉束手无策，或者使用不恰当的工具去处理数据，甚至提出错误的数据分析规划方案。

本章将会详细讲解如何利用适当的手段和工具去获取数据、存储数据、处理数据，并对一些较为常用的技术做深入讲解。数据分析人员通过深入了解数据的产生机制和处理机制，可以避免在数据分析的过程中掉入各种数据“坑”中，比如数据异常有可能不是业务现象，很有可能是数据采集时或者处理时产生的人为差错。

4.1 数据埋点技术

【某互联网公司面试题 4-1：为什么需要埋点？】

答案：所谓埋点是数据领域的专业术语，也是互联网应用里的一个俗称。它的学名应该称为事件追踪，对应的英文是 Event Tracking，主要是针对特定用户行为或事件进行捕获、处理和发送的相关技术及其实施过程。

埋点就是为了对产品进行持续追踪，通过深度数据分析不断优化产品。好比去医院体检，医生测了你身体的各个健康指标，以此来判断你的健康状况。埋点的目的，其实就是随时或者定期监测当前产品的“健康”状况。

埋点数据的需求通常基于两方面的驱动因素。

一方面，任何一个系统在设计初始阶段只关心核心业务的功能，等到系统上线以后，数据分析师对用户行为分析时会发现缺少很多数据，此时需要采用埋点的方法进行采集需要的数据。

另一方面，大多数时候，业务人员主要通过自有或第三方的数据统计平台了解产品的概览性数据指标，包括新增用户数、活跃用户数等。这些指标能帮助企业宏观了解用户访问的整体情况和趋势，从整体上把握产品的运营状况，但很难基于这些指标直接得到切实的产品改进策略。

而埋点可以将产品数据分析的深度下钻到流量分布和流动层面，通过对产品中的用户交互行为的统计分析，对宏观指标进行深入剖析，发现指标背后的问题，寻找人群的行为特点和关系，洞察用户行为与提升业务价值之间的潜在关联，了解组成特定数据现象的原因，并据此构建产品优化迭代和运营策略。

对于产品来说，用户在你的产品里做了什么、停留了多久、有什么异样，都是需要关注的。比如用户点击率怎么样？用户在核心使用路径上是否顺畅？有没有得到用户的认可？有没有因为设计按钮过多导致用户行为无效？用户希望有什么样的功能更新等问题都可以通过埋点的方法实现。

埋点做好才能用来进行数据驱动产品和精细化运营。而埋点质量的好坏也直接影响了产品运营的质量。因此它贯穿了产品的整个生命周期，为产品优化指明了方向。所以说，好的数据埋点，就成功了一半。

4.1.1 技术原理

【某互联网公司面试题 4-2：埋点技术的原理是什么？】

答案：我们通过一幅图（如图 4-1 所示）总体看一下数据收集的基本原理。

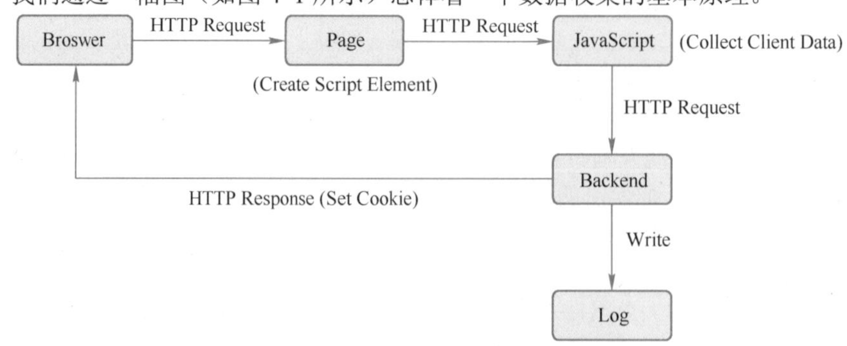

● 图 4-1　网络爬虫数据收集原理图

我们以记录用户打开某个网页为例来说明这个记录的流程。

相关开发人员会写一段埋点 JS 脚本用来进行这个记录。当用户打开网页时，他的行为会触发一个 HTTP 请求，然后，网页会被打开，会触发运行页面中的埋点 JS 脚本，这个 JS 脚本往往就是真正的数据收集脚本，然后这个脚本会将收集到的数据通过 HTTP 参数的方式传递给网站后端系统（可能是用 JAVA 或者 PHP 开发的），后端有专门的代码来解析这些参数并按固定格式记录到访问日志，同时可能会在 HTTP 响应中给客户端种植一些用于追踪的 Cookie。

【某互联网公司面试题 4-3：当前埋点技术存在哪些问题？】

答案：目前埋点技术来主要分为以下几种：代码埋点、可视化埋点和无埋点技术。但不管是哪种埋点技术，本质上的原理都一样类似，只不过表现方式有所不同。

从已有的埋点技术来说，获得用户某个单独行为的数据并不困难，仅需要对网页上相应的元素进行标记即可，比如我们要获取某个按钮的点击次数，那么只需要针对这个按钮进行记录即可。然而，对于一些较为复杂的网站，在实际的数据分析中，经常需要知道访问某个网页的上游页面或者下游页面，也就是用户访问路径分析，那么就要对该页面的上游页面和下游页面同时进行监控，更细节的分析有时候要知道点击某个图片前用户干了什么，点击后又干了什么，记录这些数据往往不存在技术困难，困难的是需要考虑记录时由于传参对网站安全和性能带来的各种影响。

记录页面或者页面上某元素被访问或点击的次数有时并不能满足数据分析的需要，很多时候，数据分析师需要了解被访问页面或者页面元素的具体用户是谁，如果将访问的具体用户全部记录下来，当网站很复杂，而且用户量庞大时，这种记录方法带来的数据存储量也是成几何级数增长的，这一方面增加了存储费用，另一方面，由于数据量庞大，也会带来数据处理的困难。

↗4.1.2 代码埋点

【某互联网公司面试题 4-4：请简要说明代码埋点的工作机制】

答案：在需要统计数据的关键部位植入若干行代码，追踪用户的关键行为，得到想要的数据。可以在前端进行代码埋点，也可以在后端进行代码埋点。由于它是手动编码产生的，因此，这种方式自由度高、功能强大，企业可以自定义事件和属性、精准控制监控对象以及传输丰富的数据内容。

这个技术的优点是采集的数据比较具有针对性，我们可以控制数据的采集粒度和采集时间，非常适合精细化数据分析。

这个技术的缺点是每一个控件的埋点都需要添加相应的代码，工作量巨大，而且每一次产品迭代，都需要更新埋点方案，最大的弊端是限制了必须开发人员才能完成，需要极大的沟通成本和排期成本，特别是对于 APP 这种需要通过各个应用市场进行分发的，有的用户不一定更新，这样你就获取不到这批用户数据。

这个技术主要适用于有具体的业务分析需求，通用的埋点方法无法解决这种数据需求。

↗4.1.3 可视化埋点

【某互联网公司面试题 4-5：请简要说明可视化埋点的工作机制】

答案：可视化埋点具有良好的交互性能，数据需求人员可以按需在可视化数据采集配置页面进行数据采集配置，极大地减少了沟通成本。它通过把核心代码和配置、资源分开，利用部署在产品上的基础代码对产品的所有交互元素进行解析，并在可视化页面对埋点区域和事件进行设定，从而在用户有所操作时，对其操作行为进行记录。

这个技术的优点是不需要懂代码，数据需求人员可以在界面上进行圈选来配置数据采集需求，也不需要等待发布新的版本，即时生效，而且所有新老版本都能生效，并不是像代码埋点那样，必须等待发布新版本，用户更新新版本后才能生效。

它的缺点是覆盖的功能有限，目前并不是所有控件操作都可以通过这种方案进行定制；不能自定义交互事件属性，无法对具体事件设置参数；也不支持可以不断加载的内容瀑布流交互；只能获取到非业务数据，对于内存数据或者接口数据只能通过代码埋点。

因此，这种方式主要适用于分析或统计需求简单，不需要对埋点事件进行传参等自定义属性设置的场景，特别是一些需要频繁迭代版本的应用，以及项目上线后，可以动态调整埋点的场景，非常适合使用这种方法。

↗4.1.4 无埋点技术

【某互联网公司面试题 4-6：请简要说明无埋点技术的工作机制】

答案：无埋点又称为全埋点，它是在 App 中嵌入 SDK，做统一的“全埋点”，将应用 App 中尽可能多的数据采集下来，通过界面配置的方式对关键行为进行定义，对定义的数据进行采集分析。

这个技术的优点是可以在系统上线后使用，支持基于全量的数据回溯，因为无埋点在你部署 SDK 时数据就一直在收集，可帮助进行启发式、探索式的数据分析。而且因为无埋点对页面所有元素进行埋点，那么这个页面每个元素被点击的概率你也就知道，对点击概率比较大的元素可以进行深入分析。

这个技术的缺点是只能应付一些通用型的数据需求，由于是对所有的元素数据都收集，会给数据传输和服务器带来较大的压力。而且往往这种数据采集技术是非业务导向的，所以一些采集的数据不能很好地契合数据分析人员的需求，需要进行二次计算或处理。

↗4.1.5 埋点需求分析

如果把“数据埋点”当作一个项目来看，那么需要明确几个问题。

第一，如何梳理我们的数据需求。一般来说，数据需求要具有整体性和前瞻性，且具有清晰的目标，最好能用具体案例来解释。太过随意的提需求，可能导致重复的数据埋点工作，甚至导致埋点工作结果南辕北辙。

第二，提数据需求时，不能总想着大而全，而应该从实用的角度出发，排好数据需求的优先级，需求属于长期性的还是临时性的，这将决定项目的实施周期和维护周期。

第三，提需求时，要保证数据口径前后一致，同样的数据，不要在不同的时期使用不同的数据统计口径，这样会导致数据混乱。

第四，数据埋点结束后，应该反复测试，验证数据传输的稳定性和正确性，需要明确这个工作由谁来做比较合适。

第五，应该能清晰了解数据需求的技术实现手段，是自行开发，还是使用第三方统计工具，使用哪种埋点技术，对现有系统会产生什么影响。

【某互联网公司面试题 4-7：当前企业存在哪些共性数据需求】

答案：业务不同，目的不同，获取的数据也不同，下面这些内容可能是绝大多数企业都会面临的数据需求，此处称之为“共性数据需求”。

第一，关于用户的基本信息，企业需要了解用户的兴趣，从而可以针对不同的用户打造不同的产品，使用不同的营销方法。然而用户不会主动告诉我们他或她喜欢什么，根据“兴趣隐藏在行为中”这样一个观点，需要收集关于用户的尽可能多的信息，从而定位用户的兴趣点，实现企业的目标。这些信息除了用户的年龄、性别等自身属性外，还有用户使用的网络设备、网络设备的型号，比如用 iPhone 和用 Android 手机的用户在某些方面可能有着明显的差异，IP 地址指示出来的用户所在地域信息可能也能体现出用户的某些习惯等。

第二，网站的用户来自不同的流量渠道，可能是来自搜索引擎网站，也可能是来自社交网站，还有可能来自信息流媒体网站，不同的网站汇聚着不同的网民，这些网民大体上都遵循着“人以群分”的规则，企业需要对自己的用户进行渠道监测，从渠道的角度去了解用户，从而找到合适的流量渠道去推广自己的产品。

第三，企业通过新动作去影响已有用户和潜在用户，比如研发了一款新产品或者发布了一个新版本再或者变更了广告策略。企业的这些动作会从两个方面去影响客户，一个方面是正面的影响，会带来新的用户，一部分老用户可能因此受益；另一方面是负面的影响，一部分老用户可能不太欢迎新的变化。有的人可能会以各种方式告诉企业自己对于新变化的感受，而绝大部分用户都会“用脚投票”，在数据分析上，我们就用留存分析、流失分析、新增变化等来对这些情况进行监控。

第四，绝大部分以营利为目的的网站，必然存在一个“关键路径转化”的问题，这是使用网站进行营销的必经之路。不管什么网站，必然存在最基本的二步：“流量获取->产品展示”，从流量获取开始往后的每一步，从用户量的角度都会存在一定的转化损失。比如通过“流量获取”步骤得到100个用户，可能有的用户还没有到达产品展示页面就走掉了，假设留下了80个用户，那么这个转化率就是80%。如果从产品展示页往后是交易页面，这中间可能又会走掉40个用户，那么从上一页面到达当前页面的转化率就是50%。随着访问链条的拉长，每一步都会有若干用户因为各种原因走掉，损失的用户越来越多。这就好像一个多级漏斗，每一步都会过滤掉一部分用户，能走到最后的才能称为产品的“忠实拥护者”。这里就要用到一个模型称为“漏斗模型”，这是大部分网站分析都会用到的。

第五，想了解某个重要的页面或某个重要的功能是否被用户喜欢，那么通过了解这个页面或功能的UV、PV，以及用户停留时长、页面跳出率等数据指标就可以大致满足我们的数据需求了。

↗4.1.6　选择部署方式

数据埋点部署的方式有两种：私有化部署和接入第三方服务。

私有化部署即部署在自己公司的服务器上，如果期望提高数据安全性，或者定制化的埋点方案较多，则适合私有部署，并开发一套针对自己公司定制化的数据后台查询系统保证数据的安全性和精确性，缺点是成本较高。

接入第三方服务，比如国内或者国外的统计工具，优点是成本较低，部分基础服务免费，缺点是数据会存在不安全的风险。

一般在业务量不大、公司处于创业初期、数据安全并不是特别重要的情况下，首先应该是接入第三方统计工具。原因有4点：1）接入成本低；2）成熟的第三方统计工具已经具备了较为完整的数据分析体系了，基本能够满足初创企业的数据分析需求；3）初创企业的业务不稳定，且开发团队小，数据需求往往很难固定下来，版本更新迭代快速，可能没有精力去兼顾各种临时性的数据采集需求；4）有些第三方统计工具如腾讯云、百度统计等本身具备一些流量资源，如果本企业又刚好会用上这些流量资源，那么就可以对这些流量进行一些画像分析，这可能是这些第三方工具的一个优势。

如果需要做深度的分析，比如用户行为画像、路径分析等，第三方统计工具很难胜任，即使有这样的功能，也都是一些较为通用的，比如性别、年龄分布等。但是这些深度分析都是要在企业运营较长时间后，具备了一定的数据基础，业务也较为稳定时才值得去做。

目前大部分网站（包括App）都是采用第三方统计工具和自有开发相结合的方式来解决自身的数据需求。

第三方统计工具特别多，比较成熟的有GA、百度统计、腾讯云、友盟统计、GrowingIO、诸葛IO，还有各种各样的在线工具也提供了一定的数据分析功能。这些工具特点各异，企业可以根据自身的需要进行选择。

（1）数据埋点方式

【某互联网公司面试题 4-8：如何选择适合本公司的埋点技术？】

答案：如果从系统的前后端来讲，埋点又分为前端埋点和后端埋点。无埋点是前端埋点，而代码埋点既是前端埋点又是后端埋点。可视化埋点先通过界面配置哪些控件的操作数据需要收集；“无埋点”则是先尽可能收集所有控件的操作数据，然后再通过界面配置哪些数据需要在系统里面进行分析，“无埋点”也就是“全埋点”的意思。

总体来说，无埋点和可视化埋点更侧重结果的展现，对过程追溯少，更适合产品经理分析基础的产品功能流畅度、用户体验、产品路径设置等。代码埋点和后端埋点，不仅能展现结果，也会记录用户行为过程，支持深度的行为分析和偏好洞察，还可将行为数据与业务数据打通，适合产品和运营人员深度使用。

无论采用哪种埋点方式，都应该根据业务场景和产品阶段，梳理和构建数据分析体系。埋点规划混乱、数据采集无序、数据分析断层，最终将会让企业陷入“有数据而无价值”的境地。

那么，该如何选择埋点方式呢？

如果我们的目的是实现深度数据分析，不应该采用与其他企业通用的埋点方法，而是应该采用适合自己的埋点方法。

一般来说，在系统刚上线的初期阶段，可以采用无埋点的方式。因为我们通过 UV、PV、点击率等基本指标即可满足数据分析需求。

如果产品上线时间很长，需要进行深度数据分析则选择代码埋点，它可以帮我们收集需要的属性。另外，埋点既可以在前端实现，也可以在后端实现，通常推荐在后端实现，因为后端数据可以保证数据的准确性。

无论采用哪种埋点方法，一定要慎重，根据需要来设置，最好不要出现错埋或者漏埋的情况。

在数据埋点上，体现的是数据分析师的沟通能力，强大的沟通能力才能保证和技术开发团队实现流畅的配合，从而实现完美的数据采集方案。

（2）埋点流程

不管是自己开发部署埋点系统，还是接入第三方埋点系统，大体流程都比较相似。主要不同在于第三方埋点系统的数据采集代码由第三方开发的，数据存储也都是存在第三方服务器上，可视化界面也是由第三方提供的，而且整个流程都是标准化流程，己方主要任务是把 JS 代码埋入前端代码中。优点是己方研发团队的开发量小，缺点是由于没有定制化埋点代码，在遇到一些需要更深入分析的任务时，这种模式不能胜任，而且一些关键性的敏感数据通常也不允许由第三方采集。

我们以接入第三方统计系统为例解析一个 APP 数据埋点的几个步骤。

1）整理埋点需求。整理需求的目的是明确数据的含义、来源，可以为哪些指标服务。这个过程通常需要和研发同事进行沟通，保证需求可以被满足。

2）注册一家统计网站。可以根据实际需要来选择一个适合的统计平台。建议用公司邮箱或者公用邮箱注册，不要用自己的私人邮箱和手机号码，后续一旦有交接和工作变动时会比较麻烦。

3）获取 Key 和 SDK 代码包。通常统计平台会根据 iOS 和 Android 提供不同的 Key、SDK 包，这个可以让研发同事自己登录到统计平台下载。

4）研发进行开发。研发完成开发后，需要等到新版 APP 上线后才能看到数据。因此，在计划数据埋点项目时，需要考虑新版 APP 预计上线日期，有的 APP 更新速度慢，比如 1 个月更新一次，如果是在上一版 APP 刚提交后提需求，那么要看到埋点数据，就只能等 1 个月了。

4.2 网络爬虫技术

“网络爬虫”是一种自动化程序，可以从网页上抓取各种数据。抓取的数据包括：HTML 文档、Json 格式文本、图片、音频、视频等。

网络爬虫主要有两种：一种为通用爬虫，主要目的是将互联网上的网页下载到本地，形成一个互联网内容的镜像备份，如搜索引擎就是一种通用爬虫程序；另外一种为聚焦爬虫，其主要目的是从网页中自动提取目标数据，是“面向特定主题需求”的一种网络爬虫程序。两者的区别在于：聚焦爬虫在实施网页抓取时会对内容进行处理筛选，尽量保证只抓取与需求相关的网页信息。本节主要阐述聚焦爬虫的原理。

4.2.1　聚焦爬虫工作流程

网络爬虫抓取过程可以理解为模拟浏览器操作的过程。

我们知道，浏览器的主要功能是向服务器发出请求，在浏览器窗口中展示使用者所选择的网络资源，这里需要使用 HTTP 请求，HTTP 是一套计算机通过网络进行通信的规则。

相对于通用网络爬虫来说，聚焦网络爬虫，由于其需要有目的地进行爬取，必须要增加目标的定义和过滤机制，下一步要爬取的 URL 地址的选取等。

聚焦爬虫爬取步骤如下。

1）对爬取目标的定义和描述。在聚焦爬虫中，我们首先要依据爬取需求定义好该聚焦网络爬虫爬取的目标，以及进行相关的描述。

2）获取初始的 URL。

3）根据初始的 URL 爬取页面，并获得新的 URL。

4）从新的 URL 中过滤与爬取目标无关的链接。因为聚焦爬虫对网页的爬取是有目的性的，所以与目标无关的网页将会被过滤掉。同时，也需要将已爬取的 URL 地址存放到一个 URL 列表中，用于去重和判断爬取的进程。

5）将过滤后的链接放到 URL 队列中。

6）从 URL 队列中，根据搜索算法，确定 URL 的优先级，并确定下一步要爬取的 URL 地址。在通用网络爬虫中，下一步爬取哪些 URL 地址，是不太重要的，但是在聚焦爬虫中，由于其具有目的性，故而下一步爬取哪些 URL 地址相对来说是比较重要的。对于聚焦爬虫来说，不同的爬取顺序，可能导致爬虫的执行效率不同，所以我们需要依据搜索策略来确定下一步需要爬取哪些 URL 地址。

7）从下一步要爬取的 URL 地址中，读取新的 URL，然后依据新的 URL 地址爬取网页，并重复上述爬取过程。

8）满足系统中设置的停止条件时，或无法获取新的 URL 地址时，停止爬行。

整个技术流程如图 4-2 所示。

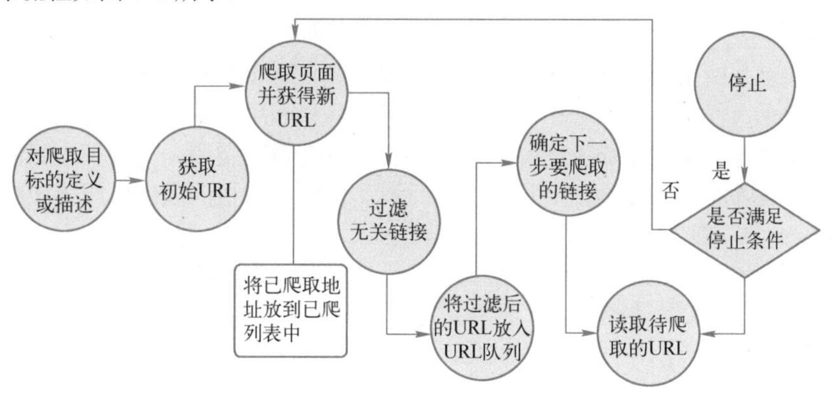

● 图 4-2　聚焦爬虫的基本原理及实现过程

4.2.2 数据解析流程

【某互联网公司面试题 4-9：网络爬虫是如何获得数据的】

答案： 当我们获得目标 URL 后，就要从网页中提取特定数据（包括 URL 和其他数据），此时爬虫程序需要遵循一定的数据解析流程才能获取所需的数据，具体如下。

第一步，发起请求：主要是通过 HTTP 库向目标站点发起请求，即发送一个 Request。Request 可以包含额外的 headers 等信息，等待服务器响应。

第二步，获取响应内容：如果服务器能正常响应，会得到一个 Response。Response 的内容便是所要获取的页面内容，类型可能有 HTML、Json 字符串、二进制数据（如图片视频）等类型。

第三步，解析内容：程序得到的内容可能是 HTML、Json 字符串或者二进制数据等，如果是 HTML，就可以用正则表达式、网页解析库进行解析；如果是 Json，可以直接转为 Json 对象解析；如果是二进制数据，可以做保存或者进一步的处理。

第四步，保存数据：保存形式多样，可以存为文本，也可以保存至数据库，或者保存为特定格式的文件。

4.2.3 爬行策略

【某互联网公司面试题 4-10：如何制定网络爬虫的爬行策略】

答案：在网络爬虫爬取的过程，在待爬取的 URL 列表中，可能有很多 URL 地址，那么这些 URL 地址，爬虫应该先爬取哪个，后爬取哪个呢？

在通用网络爬虫中，虽然爬取的顺序并不是那么重要，但是在其他很多爬虫中，比如聚焦爬虫中，爬取的顺序非常重要，而爬取的顺序，一般由爬行策略决定。本节将为大家讲解一些常见的爬行策略。

爬行策略主要有深度优先爬行策略、广度优先爬行策略、大站优先策略、反链策略、其他爬行策略等。下面将分别进行解析。

假设有一个网站，ABCDEFG 分别为站点下的网页，图 4-3 中箭头表示网页的层次结构。

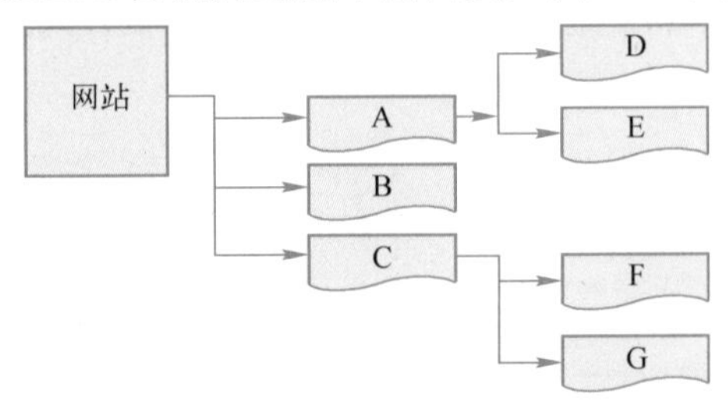

● 图 4-3 某网站的网页层次结构示意图

假如此时网页 ABCDEFG 都在爬行队列中，那么按照不同的爬行策略，其爬取的顺序是不同的。

如果按照深度优先爬行策略去爬取的话，那么此时会首先爬取一个网页，然后将这个网页的下层链接依次深入爬取完再返回上一层进行爬取。所以，若按深度优先爬行策略，上图中的爬行顺序可以是：A→D→E→B→C→F→G。

如果按照广度优先的爬行策略去爬取的话，那么此时首先会爬取同一层次的网页，将同一层次的网页全部爬取完后，在选择下一个层次的网页去爬行。上述的网站中，如果按照广度优先的爬行策略去爬取的话，爬行顺序可以是：A→B→C→D→E→F→G。

除了以上两种爬行策略之外，还可以采用大站爬行策略。我们可以按对应网页所属的站点进行归类，如果某个网站的网页数量多，那么则将其称为大站，按照这种策略，网页数量越多的网站越大，那么优先爬取大站中的网页 URL 地址。

一个网页的反向链接数，指的是该网页被其他网页指向的次数，这个次数在一定程度上代表着该网页被其他网页的推荐次数。所以，如果按反链策略去爬行的话，那么哪个网页的反链数量越多，则哪个网页将被优先爬取。

但是，在实际情况中，如果单纯按反链策略去决定一个网页的优先程度的话，那么可能会出现大量的作弊情况。比如，做一些垃圾站群，并将这些网站互相链接，如果这样的话，每个站点都将获得较高的反链，从而达到作弊的目的。

作为爬虫项目方，当然不希望受到这种作弊行为的干扰，所以，如果采用反向链接策略去爬取的话，一般会考虑可靠的反链数。

除了以上这些爬行策略，在实际中还有很多其他的爬行策略，比如 OPIC 策略、Partial PageRank 策略等。

↗4.2.4　网页更新策略

【某互联网公司面试题 4-11：如何制定网络爬虫的网络更新策略】

答案：一个网站的网页经常会更新，作为爬虫方，在网页更新后，需要对这些网页进行重新爬取，那么什么时候去爬取合适呢？如果网站更新过慢，而爬虫爬取得过于频繁，则必然会增加爬虫及网站服务器的压力，若网站更新较快，但是爬虫爬取的时间间隔较长，则爬取的内容版本会过老，不利于新内容的爬取。

显然，网站的更新频率与爬虫访问网站的频率越接近，则效果越好，当然，爬虫服务器资源有限的时候，此时爬虫也需要根据对应策略，让不同的网页具有不同的更新优先级，优先级高的网页更新，将获得较快的爬取响应。

具体来说，常见的网页更新策略主要有 3 种：用户体验策略、历史数据策略、聚类分析策略等。以下将分别进行解析。

在搜索引擎查询某个关键词的时候，会出现一个排名结果，在排名结果中，通常会有大量的网页，但是，大部分用户都只会关注排名靠前的网页，所以在爬虫服务器资源有限的情况下，爬虫会优先更新排名结果靠前的网页。这种更新策略，称之为用户体验策略。

那么在用户体验策略中，爬虫到底何时去爬取这些排名结果靠前的网页呢？此时，爬取中会保留对应网页的多个历史版本，并进行对应分析，依据这多个历史版本的内容更新、搜索质量影响、用户体验等信息，来确定对这些网页的爬取周期。

历史数据策略主要是依据某一个网页的历史更新数据，通过泊松过程进行建模等手段，预测该网页下一次更新的时间，从而确定下一次对该网页爬取的时间，即确定更新周期。

以上两种策略，都需要历史数据作为依据。有时候，若一个网页为新网页，则不会有对应的历史数据，并且，如果要依据历史数据进行分析，则需要爬虫服务器保存对应网页的历史版本信息，这无疑给爬虫服务器带来了更多的压力和负担。

如果想要解决这些问题，则需要采取新的更新策略。比较常用的是聚类分析策略。那么什么是聚类分析策略呢？

经过大量的研究发现，网页可能具有不同的内容，但是一般来说，具有类似属性的网页，其更新频率类似。这是聚类分析算法运用在爬虫网页的更新上的一个前提指导思想。

有了这种指导思想，我们可以首先对海量的网页进行聚类分析，在聚类之后，会形成多个类，每个类中的网页具有类似的属性，即一般具有类似的更新频率。

聚类完成后，我们可以对同一个聚类中的网页进行抽样，然后求该抽样结果的平均更新值，从而确定对每个聚类的爬行频率。

以上，就是使用爬虫爬取网页的时候，常见的 3 种更新策略，我们掌握了其算法思想后，在后续进行爬虫的实际开发的时候，编写出来的爬虫执行效率会更高，并且执行逻辑会更合理。

4.3 数据仓库技术

通常情况下，没有数据仓库（简称数仓）时，需要直接从业务数据库中取数据来做分析。

众所周知，业务数据库主要是为业务操作服务的，虽然可以用于分析，但因为业务数据库中存在很多问题，需要进行很多数据清洗的操作，才能最终为分析主题所用。主要有如下问题。

（1）结构复杂

业务数据库通常是根据业务操作的需要进行设计的，遵循第三范式，尽可能减少数据冗余。这就造成表与表之间关系错综复杂。在分析业务状况时，储存业务数据的表，与储存想要分析的角度表，很可能不会直接关联，而是需要通过多层关联来达到，这为分析增加了很大的复杂度。

（2）数据混乱

因为业务数据库会接受大量用户的输入，如果业务系统没有做好足够的数据校验，就会产生一些错误数据，比如不合法的身份证号，不应存在的 Null 值和空字符串等。

（3）理解困难

业务数据库中存在大量语义不明的操作代码，比如各种状态的代码、地理位置的代码等，在不同业务中的同一名词可能还有不同的叫法。

这些情况都是为了方便业务操作和开发而出现的，但却给我们分析数据造成了很大负担。各种操作代码必须要查阅文档，如果操作代码较多，还需要了解储存它的表。同义异名的数据更是需要翻阅多份文档。

（4）缺少历史

出于节约空间的考虑，业务数据库通常不会记录状态流变历史，这就使得某些基于流变历史的分析无法进行。比如想要分析从用户申请到最终放款整个过程中，各个环节的速度和转化率，没有流变历史就很难完成。

（5）大规模查询缓慢

当业务数据量较大时，查询就会变得缓慢。

除此之外，我们可能还要面临多数据源融合的问题，还有比较致命的一点是，当业务库的数据变化后，数据分析师们费九牛二虎之力得到的清洗结果很可能不可用，下次使用时，需要重复进行清洗，这无疑大大增加了数据分析师们的工作量，而大部分数据分析师都不太擅长这样的操作，极大挤占了数据分析师们用于真正数据分析的时间，导致工作效率极其低下。

上面的问题，可以通过数据仓库来解决。数据仓库是面向分析的，主要服务于数据分析。

数据仓库是有别于业务数据系统的另一个概念，它是商务智能的基础。在大数据概念还未兴起时，数据仓库主要建立在关系型数据库的基础上，在当下，它还和分布式大数据系统（前述 Hadoop、Spark 等）形成了紧密的联系。

在一些具备一定规模的公司里，数据仓库几乎是大数据分析师日常工作过程中经常要接触的技术，一些初创型的公司在积累了海量的数据后，对于数据系统的规划，最后也必然会走向数据仓库。

4.3.1 数仓名词解析

在数据仓库设计过程中，涉及诸多概念，这里将分别说明，需要提醒读者注意的是，在数据仓库领域并没有这种对概念的分类方法，本文纯粹是从辅助记忆的角度进行的分类。

（1）系统级别概念

1）OLTP 和 OLAP

【某互联网公司面试题 4-12：请简要解释 OLTP 和 OLAP】

答案：数据处理大致可以分成两大类：联机事务处理 OLTP（On-Line Transaction Processing）、联机分析处理 OLAP（On-Line Analytical Processing）。OLTP 是传统的关系型数据库的主要应用，主要是基本的、日常的事务处理，例如银行交易。OLAP 是数据仓库系统的主要应用，支持复杂的分析操作，侧重决策支持，并且提供直观易懂的查询结果。OLTP 系统强调数据库内存效率，强调内存各种指标的命令率、绑定变量和并发操作。OLAP 系统则强调数据分析、SQL 执行时长、磁盘 I/O 和分区等。

2）DM

【某互联网公司面试题 4-13：请简要解释 DM 的用途】

答案：DM（Data Mart）也称数据集市，为了特定的应用目的或应用范围，而从数据仓库中独立出来的一部分数据，也可称为部门数据或主题数据，可以认为是一个局部的数据仓库。DM 主要面向应用。

在数据仓库的建设过程中往往可以从 DM 着手，逐个建设服务不同主题和部门的数据集市，以后再用几个数据集市组成一个完整的数据仓库。

需要注意的是，数据集市是以某个业务应用为出发点而建设的，因而 DM 只关心自己需要的数据，不会全盘考虑企业整体的数据架构和应用。这有可能导致同一含义的字段在不同的 DM 中具有不同的表示方法，可能会给以后实施数据仓库时造成一些麻烦。

DM 仅仅是针对一个业务领域而建立，所以针对性较强，而且容易构建清洗的结构，也容易维护修改。单独的一个 DM 通常数据量不会很大，但是如果给企业所有领域都建立 DM，可能导致冗余加大，数据量激增。

3）DW

【某互联网公司面试题 4-14：请简要解释 DW 的用途】

答案：DW 就是通常所说的数据仓库（企业级数据仓库称为 EDW）。比尔 • 门恩（Bill Inmon）给出了数据仓库这样一个定义：数据仓库是在企业管理和决策中面向主题的、集成的、与时间相关的、不可修改的数据集合。

所谓面向主题是指数据仓库中的数据都能很明确地服务于某个或者某几个主题，和这些主题无关的数据将被排除掉。

所谓集成是指通过 ETL 手段将不同系统的数据源汇总至统一系统之中。

所谓随时间变化是指数据仓库中的数据并不是一成不变的，因为业务随着时间在变化，相应的数据也会随着时间变化。

所谓不可修改是在数据仓库中的数据一旦装载后，一般只对外提供查询操作，而不提供增删改操作。

基于数据仓库可以进行不同粒度、多维的数据分析，而且数据仓库可以从多方面保证这种分析的效率：数据处理效率高、数据质量高、查询速度高。

建立数据仓库的目的通常是为了在面临多样的业务时，提升企业的决策效率，它可以为企业提供一定的 BI（商业智能）能力，指导业务流程改进并监视时间、成本、质量以及控制。具体来说数据仓库有如下用途。

① 整合公司所有业务数据，建立统一的数据中心。

② 产生业务报表，用于进行决策。

③ 为网站运营提供运营上的数据支持。

④ 可以作为各个业务的数据源，形成业务数据互相反馈的良性循环。

⑤ 分析用户行为数据，通过数据挖掘来降低投入成本，提高投入效果。

⑥ 开发数据产品，直接或间接地为公司盈利。

4）ODS

【某互联网公司面试题 4-15：数据仓库中的 ODS 有什么用途】

答案：ODS（Operational Data Store）操作性数据，是作为数据库到数据仓库的一种过渡，ODS 的数据结构一般与数据来源保持一致，便于减少 ETL 的工作复杂性，而且 ODS 的数据周期一般比较短。ODS 存储的是当前的数据情况，给使用者提供当前的状态，提供即时性的、操作性的、集成的全体信息的需求。一般 ODS 中储存的数据不超过一个月，而数据仓库为 10 年或更多。

ODS 存放的是明细数据，数据仓库 DW 或数据集市 DM 都存放的是汇聚数据，ODS 提供查询明细的功能。ODS 中的数据都是业务系统原样拷贝，存在数据冲突的可能，解决办法是为每一条数据增加一个时间版本来区分相同的数据。

一般来说，业务库的数据导入 ODS 时，不应该做太多的清洗，尽量保持原始状态，否则可能导致后期数据溯源困难。

（2）表级别概念

1）全量表

全量表用于存放前一天的全部数据，比如当天是 5 日，那么全量表就存前一天也就是 4 日的所有数据，且所有字段值都是截止到进行数据导入时的最新值，写入数据时，其他日期的数据都需要全部被清除，所以全量表不能记录历史的数据情况。

2）快照表

业务分析人员或者管理者，经常会要看某个特定历史时间点的数据，所以需要对某些表做快照。快照表存放的是所有历史数据，时间截止到导入日期的前一天。由于快照表每天都要做一个快照分区，导致重复数据非常多且非常浪费存储空间，优点是查询效率高。

3）增量表

增量表用于记录每天新增数据的表，比如说，从 4 日到 5 日新增了哪些数据，改变了哪些数据，这些都会存储在增量表里。

4）拉链表

有时候，我们需要了解某些业务字段的变化过程，比如客户在网上下单了一个商品，需要跟踪从下单到收货这中间的所有状态，就可以用拉链表来实现。

相比快照表，拉链表存储的数据量更小，查询效率更快。

拉链表也是分区表，有些不变的数据或者是已经达到状态终点的数据就会把它放在分区里面，分区字段一般为开始时间和结束时间。

5）维度表

维度表可以看成是用户用来分析一个事实的窗口，它里面的数据应该是对事实的各个方面描述，比如时间维度表，它里面的数据就是一些日、周、月、季、年等日期数据，维度表只能是事实表的一个分析角度，也可以把它看成是影响事实的一个因素。通过使用维度表可以使事实表节省很多空间。

6）事实表

事实表的每一条数据都是几条维度表的数据和指标值交汇而得到的。比如一笔交易，其中的核心指标就是交易金额和交易数量，记录的维度信息和业务要求有关，可以记录时间、地理、付款状态等。事实表一般是没有主键的，数据的质量完全由业务系统来把握。比如有个用户下单买一本书，数据库通常有一个字段叫“订单状态”，这个状态可能有很多种，比如“等待付款”“已付款”“正在出库”等，而对应与这个状态，事实表只有一个订单号可以作为主键，如果要把这些状态全部记录下来，必须使用多条记录，这就决定了事实表不可能用订单号做主键，不用订单号做主键的后果是极可能导致数据质量问题。

一般的事实表有 4 种类型：粒度事实、周期性快照事实、聚合快照事实、非事实型事实表。

另外，事实表中一条记录所表达的业务细节程度被称之为粒度。通常粒度可以通过两种方式来表达：一种是维度属性组合所表达的细节程度；一种是所表示的业务具体含义。

7）聚合表

数据是按照最详细的格式存储在事实表中，各种报表可以充分利用这些数据。一般的查询语句在查询事实表时，一次操作经常涉及成千上万条记录，但是通过使用汇总、平均、极值等聚合技术可以大大降低数据的查询数量。因此，来自事实表中的底层数据应该事先经过聚合存储在中间表中。中间表存储了聚合信息，所以被称为聚合表。

（3）其他概念

1）维度

维度，可以认为是指标的一个特征，主要用于对事实指标进行过滤和重新组织提供指导。维度具有取值，比如把国家作为一个维度，取值有中国、美国、英国等，维度具有层级，比如地理维度可分为国家、省、市。

维度有很多种类型，基于不同类型的维度，我们对数据会产生不同的理解。主要有渐变维、结构维、信息维、分区维、分类维和特殊维。

有些维度的取值可能会变化，比如员工所属部门，随着员工在公司待的时间越长，可能他/她所属部门会变化多次，称这种属性值可以变化的维度为渐变维度。

信息维是通过计算字段得到的，比如销售主管可能想通过平均利润率来了解不同商品的利润贡献，从而发现商品的潜在增长能力。那么平均利润率就可以看成是信息维度。

分区维有两种情况。一种是度量不同，而维度相同，比如对销售额和销售量这两种不同的度量，可以用相同的维度去分析它们，但是这两个数据分别在不同的数据表里。另一种是度量相同，根据同一维度的维度值进行拆表，比如时间维度，数据量很大时，可能会按年拆分等。

分类维是通过对一个维的属性值分组而创建的，特别是当维的属性值特别多时，非常有必要进行这种操作。比如对收入进行分类，分成高、中、低档甚至更细。

特殊的维主要是在结构上区别于常见的维度，主要有退化维、垃圾维、一致维和父子维。

如果某个字段很重要，我们又没有为它建立单独的维表，那么就称为退化维，比如订单号。退化维的主要作用是提供筛选作用，从而加快查询速度。

一些字段的值非常不规范又比较杂乱，而且我们很难对其进行常规的清洗，平时也很少用到它，但是它在某些时候可能提供一些有价值的数据线索，因此，单独为它建维，即垃圾维。

如果企业有好几个数据集市，但是并没有建立统一的数据仓库，那么建立一致维就可以协助打通不同的数据集市。两个维度一致的意思是，这两个维度要么就是完全相等，要么一个维度是另一个维度的子集。

结构维主要是指具有层次结构的维度，典型的如时间维度和地理维度，可以提供给我们不同粒度的数据洞察。这种层次关系通常用在上下级关系比较稳定的表里，比如年、月、日这样的层级关系。显然，如果我们在一个表里把年字段、月字段、日字段全部加上，那么冗余是很大的，如果其中某些记录的维度信息录入错误，会导致大量的更新操作。

现实中存在一种上下级关系不是那么稳定的结构，比如调换员工的岗位，他所在的部门和领导很可能会变化，部门和领导所属的员工也会有变化，该员工的下属也会变化，按照常规设计，需要将所有层级单独建立一个字段，这种变化会导致大量的更新，甚至表的逻辑混乱。父子维就可以解决这个问题。父子维度基于两个维度表列，这两列一起定义了维度成员中的沿袭关系。一列称为成员键列，标识每个成员，另一列称为父键列，标识每个成员的父代。如果员工更换领导，只需要更新父键列即可。但这也会带来新的问题，就是对于父子维的修改，可能造成整个逻辑关系链的变化。

【某互联网公司面试题 4-16：针对维度数据可以有什么操作】

多个维度的组合就可以形成数据立方体。通过对数据立方体进行操作就可以对一个数据进行全方位的了解，主要有如下 3 种操作。

第一，钻取：通过变换维度的层次，改变粒度的大小。它包括向上钻取（Drill Up）和向下钻取（Drill Down）。向上钻取（也称为上卷）是将细节数据向上追溯到最高层次的汇总数据。向下钻取是将高层次的汇总数据深入到低层的细节数据中。从 SQL 语句的角度来说，在 where 语句和 group by 关键词中增加维度筛选，就是下钻，如果减少维度筛选，就是上卷。

第二，旋转：通过变换维度的方向，重新安排维的位置，例如行列转换。从 SQL 语句的角度来说，仅仅是改变了不同维度的排列顺序而已。

第三，切片和切块：固定一个或者多个维度的取值，分析其他维度上的度量数据。在数据立方体的某一维度上选定一个维成员的操作叫切片，而对两个或多个维执行选择则称为切块。从 SQL 语句的角度来说，如果 where 语句中，除某一个维度外的其他维度的取值仅有一个，那么就是切片，如果其他维度的取值有多个那么就是切块。

2）度量

【某互联网公司面试题 4-17：如何区分度量和维度】

答案：度量是对某种事实存在或者发生的程度一种表示，比如长度、重量、金额等。

维度和度量特别容易混淆，一般来说，维度取值倾向于固定不变，在有些时候，可以把度量转化成维度，比如人们的收入，通常是作为度量来用，但是如果我们想了解不同收入的人群分布，那么就可以把收入进行离散化表示，从而转化成维度。

3）指标

【某互联网公司面试题 4-18：如何区分指标和维度】

答案：指标是指可以按总数或比值衡量的具体维度元素。可以理解为把两个或以上的维度加上至少一个度量计算得到的值。

一般来说，单独去讨论度量或者维度，并不会给我们直接带来对数据深入的洞察，指标就能提供这样一种用途。

例如企业的利润增长率，用本年的利润比上年的利润，这里的维度是企业和年度，度量是利润。

4）代理键

【某互联网公司面试题 4-19：代理键有什么用】

答案：代理键主要是为了消除数据仓库与业务系统（原数据库系统）的耦合性，一般不会直接用业务系统中的主键作为数据仓库的主键，而是用新主键来代替，这种新主键通常都是用数据库的自增字段来实现，这就是代理键。使用代理键有很多好处：1）业务系统的变化对数仓不会有影响；2）可以将关于同一个业务的多个数据源整合在一起；3）可以在数据仓库中发现原来业务系统中不存在的记录；4）可以处理渐变维度的问题；5）可以减少事实表的大小，而且可以提高数据仓库的查询性能。

5）元数据

元数据是数据仓库管理系统的重要组成部分，简单来说，它就是描述数据的数据，类似于数据库管理系统的数据字典，但是元数据包含范围更广泛且结构更复杂。元数据是整个数据仓库系统运行的基础，它把数据仓库系统中各个松散的组件联系起来，组成了一个有机的整体。

元数据的内容如图 4-4 所示。

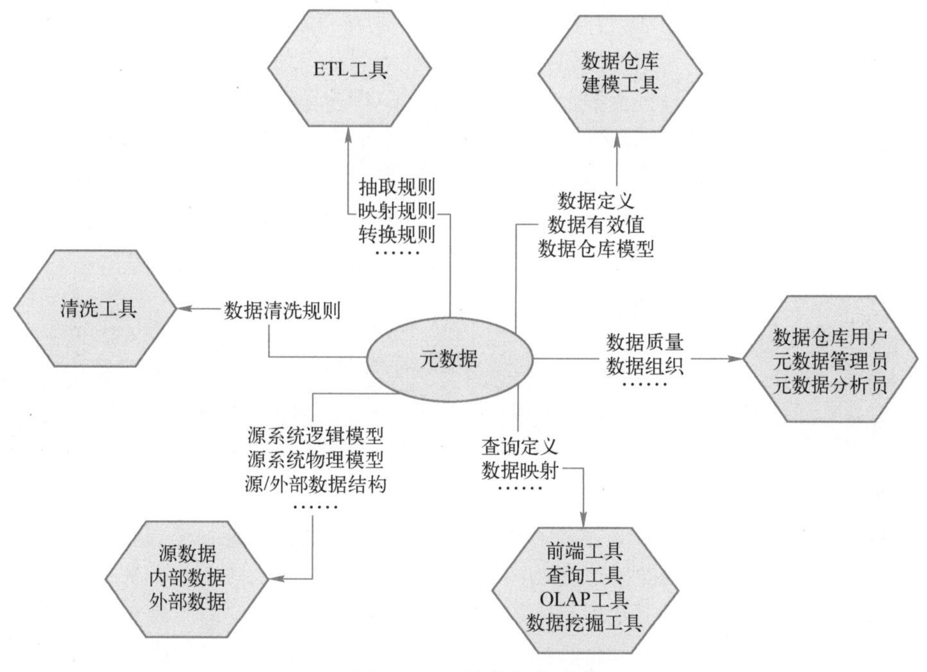

● 图 4-4　元数据包含内容

① 定义构建数据仓库的规则【注释：包括源数据系统到数据仓库的映射、数据转换的规则、数据仓库的逻辑结构、数据清洗与更新规则、数据导入历史记录以及装载周期等相关内容，这些内容主要是给技术人员使用】。

② 解释数据【注释：从业务角度描述数据，包括商务术语、数据仓库中有什么数据、数据的位置和数据的可用性等，帮助业务人员更好地理解数据仓库中哪些数据是可用的以及如何使用】。

③ 记录数据仓库的使用规则【注释：比如访问权限等】。

④ 记录数据仓库中产生的变化【注释：包括构建规则的变化、数据的变化和使用规则的变化】。

⑤ 记录数据被访问的情况。

⑥ 记录数据质量的有关情况。

6）ETL

ETL 是 Extract-Transform-Load 的缩写，用来描述将数据从来源迁移到目标的几个过程。包括以下几个过程。

- Extract（数据抽取）：把数据从数据源读出来。
- Transform（数据转换）：把原始数据转换成期望的格式和维度。如果用在数据仓库的场景下，Transform 也包含数据清洗，即清洗掉噪音数据。
- Load（数据加载）：把处理后的数据加载到目标处，比如数据仓库。

4.3.2　数据建模方法

数据建模方法主要有 3 种，分别是范式建模、维度建模和实体建模。这 3 种方法各有优缺点，适用于不同的场景。

（1）范式建模

【某互联网公司面试题 4-20：请简要介绍数据库设计的范式】

答案：关系数据库有多种范式：第一范式（1NF）、第二范式（2NF）、第三范式（3NF）、第四范式（4NF）、第五范式（5NF）、第六范式（6NF）、BC 范式和 DK 范式。

各范式的特点不同，第一范式要求每个属性都不可再分；第二范式要求实体的属性完全依赖于主关键字；第三范式要求解决数据冗余过大、插入异常、修改异常、删除异常的问题；第四范式主要任务是在满足第三范式的前提下，消除多值依赖；第五范式是要消除连接依赖，并且必须保证数据完整。

一般来说范式越高，数据库性能就会越差。在保证数据完整性基础上，通常达到 3NF 就足够了。

数据仓库建模使用第三范式建模是由 Inmon 提出的，这是一种自上而下（EDW-DM）的数据仓库架构。

所谓自上而下是指先建 EDW，再建 DM。主要思路是：通过 ETL 将业务库的数据抽取转换和加载到数据仓库的 ODS 层，然后通过 ODS 的数据，利用三范式建模方法建 EDW，由于这个方法建立的 EDW 不是多维格式的，不方便上层应用做数据分析，所以需要通过汇总建设成多维格式的数据集市层。

使用第三范式建模的优势是容易建模，只需要基于业务系统的数据模型进行一些修改即可，易于维护，但是这种建模方法使得数据库高度集成，限制了整个数据仓库模型的灵活性和性能等，特别是考虑到数据仓库的底层数据向数据集市的数据进行汇总时，需要进行一定的变通才能满足相应的需求。

在三范式情况下，表和表之间的关系能够体现业务逻辑，且很少有宽表出现，基本上是能拆的尽量都拆成小表了。

三范式的数据模型示意如图 4-5 所示。

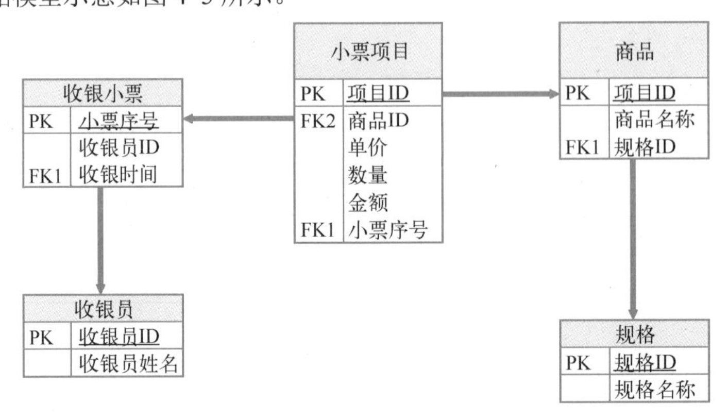

● 图 4-5　三范式数据模型

（2）维度建模

【某互联网公司面试题 4-21：请简要介绍维度建模】

答案：凡是建设数据仓库，一定会提到维度建模方法。这一方法是 Kimball 最先提出的一种自下而上（DM-DW）的数据仓库架构。

这种方法是先建 DM，再建 DW。主要思路是：通过 ETL 将业务库的数据抽取转换和加载到数据仓库的 ODS 层，然后通过 ODS 的数据，利用维度建模方法建设一致维度的数据集市。通过一致性维度可以将数据集市联系在一起，由所有的数据集市组成数据仓库。

采用维度建模构建出来的数据库结构表更加符合普通人的直觉、易于被普通人所理解，从而有利于数据的推广使用。

这个方法遵循的是从简单到复杂的原则，因而能很快看到建设成果，缺点是结构复杂，尤其是到后期要将数据集市集成为数据仓库时，可能会遇到很多难点。

维度建模的一个突出特点是，它将关系模型的层次结构进行展开平铺，提高系统的耦合性，形成宽表，再从宽表上衍生出很多小的维表出来，这很难体现业务逻辑。

维度建模法的优点是建模过程非常直观，不需要很高的抽象处理，直接围业务模型进行建模，相比范式建模来说，更贴近业务。缺点是由于业务库为范式建模，因而需要进行大量的数据预处理，而且一旦维度需要重新定义时，往往需要重新进行维度数据的预处理。维度建模很难保证数据来源的一致性和准确性，在数据仓库的底层，不是特别适用于维度建模的方法。

维度建模最大的作用其实是为了解决数据仓库建模中的性能问题。

维度模型示意如图 4-6 所示。

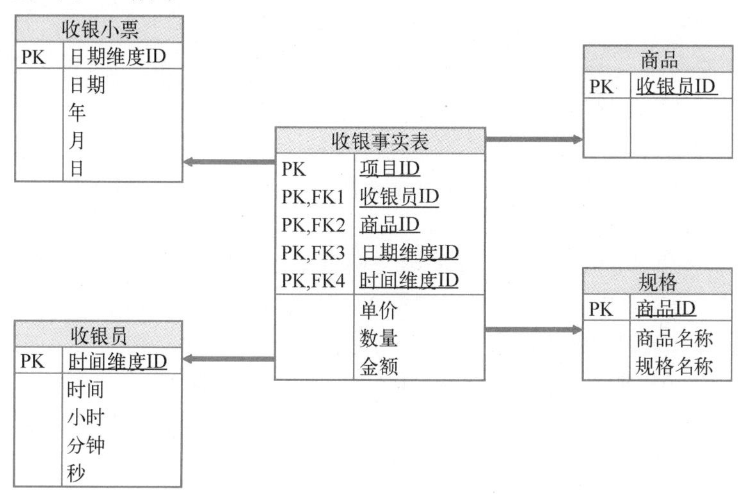

● 图 4-6 维度模型

一般认为，如果数据库要开发给业务人员用，那么就可以使用维度建模，否则应该使用范式建模。基于这种考虑，可以在明细层使用范式建模，而在 DM 层使用维度建模。

这是因为，一般业务人员更喜欢简单的数据模型，而且使用数据集市进行数据分析已经足够。而对于技术人员来说，一方面要保证明细层数据的一致性、唯一性、正确性，以尽量少的代价与源数据保持数据同步，另一方面技术人员在面对分析需求时，可以很容易地将需求和事实表进行对应。

【某互联网公司面试题 4-22：请简要介绍星型结构和雪花型结构异同】

答案：关于维度建模，目前有两种流行的结构，一种是星型结构，另一种是雪花型结构。

星型结构的特点是维度表直接和事实表相连。它的优点是：数据模型简单易理解；容易定义层级结构；可以减少 join 次数。它的缺点是：从事实表查询时，由于维度太多导致执行效率太低；可能导致信息不一致；数据冗余较多；模型的灵活性较差。

雪花型结构实际上是星型结构的扩展，它的特点是有些维度表不直接和事实表相连，而是通过其他维表和事实表相连，这会导致和它相连的维表可以扩展为小事实表。雪花型结构是一种中庸的建模方式，它既不像范式建模那样，追求表的极简模式，减少冗余，也不像星型结构那样用大量的冗余来提升查询性能。它的优点是：数据完整性较好；冗余小；可以提高应用系统的灵活性。它的缺点是：结构复杂，构建难度大；表数量较多，增加了管理的复杂性；如果维表间发生 join 会导致执行效率低下。

（3）实体建模

实体建模法主要是把业务抽象成实体、事件和说明三个元素。其中实体主要指业务关系的对象，事件主要指特定的业务过程，说明是针对实体和事件的特殊说明。

该建模方法主要运用在业务建模阶段和领域概念建模阶段，不适合逻辑建模阶段和物理建模阶段。

（4）建模步骤

【某互联网公司面试题 4-23：数据建模需要经过哪些基本步骤】

答案：建模阶段的工作主要有四步：业务建模、概念建模、逻辑建模和物理建模。

第一步，业务建模，主要是理清业务部门之间的关系，对业务工作进行界定，对业务流程以及相关细节进行梳理，并建立业务模型，将整个业务流程标准化。

业务建模是按照自上而下的层级逐层展开的，依次是整体业务模型、业务块模型、业务流程、业务环节。

第二步，概念建模，也称领域建模，主要是对业务进行抽象并划分主题域，抽象出业务实体、事件、说明等抽象的实体，从而找出业务抽象后抽象实体间的关联性，这能保证数据仓库中的数据按照数据模型所能达到的一致性和关联性。

概念模型关注的是实体和实体之间的关系，是一对一、一对多，还是多对多，而对于实体的属性没有做过多考虑。概念模型的设计结果将直接指导接下来的逻辑模型和物理模型设计，可以说概念模型是在整个模型设计过程中最重要的一环。

第三步，逻辑建模，逻辑建模主要是将概念模型实体化，并考虑业务实体、事件和说明的属性。主要任务是对主题域进行分析、划分粒度层次、确定数据域以及定义关系模型。

第四步，物理建模，物理建模阶段是整个数据建模的最后一个过程，这个过程其实是将前面的逻辑数据模型落实的一个过程。主要流程是生成建表脚本->根据数据集市的需要，生成事实表和维度表->进行各种技术测试和性能调整。需要注意的是，在这个步骤，我们需要给数据仓库中的数据加入时间主键，以及根据需要加入不同级别粒度的汇总数据以及派生数据。

↗4.3.3 数仓建设原则

（1）数据分层原则

【某互联网公司面试题 4-24：如何对数据进行分层】

答案：总体来说，数据仓库总共可以分为 5 层，分别是数据源层、ODS 层、DW 层、DM 层和 APP 层。其中 DW 层又可以细分成 DWD 层、DWM 层、DWS 层。

数据的流动路径如下：数据源层一般不做处理，直接进入 ODS 层，ODS 层的数据被清洗后进入 DWD 层，DWD 的数据经轻度聚合（对一些核心数据做聚合）后进入 DWM 层，对 DWM 层的数据进行各种整合后会形成 DWS 层，DWS 层的特点是有很多宽表。DW 层中的数据按照主题经过各种组合形成 DM 层，DM 层的数据就可以为 APP 层服务了。

从数据储存的角度来说，ODS、DW、DM 层的数据一般都存放在 Hive 和 Hbase 中，以便于和大数据处理技术做对接，而 APP 层的数据往往要考虑响应速度的问题，一般都放在 MySQL、PG、Redis 中。

一般来说，我们希望大部分需求都能在 DWS 层来解决，解决不了的可以从 DWM 和 DWD 层来解决，这是因为我们在 DWS 层耗费了很大的人力和物力，如果 DWS 层不能解决大部分需求，那么它存在的意义就没那么大了。

（2）总体建库原则

为了保证数仓高效运行和便于后期维护，数仓建设应该遵循一定的原则和规范。

从总体设计来看，主要包括以下几点。

1）遵循高内聚和低耦合的原则。主要是要将业务相关的数据放入到一个数据模型中，同时要尽可能将高频访问数据放在一起，不相关的业务数据和低频访问数据要分开存储。

2）遵循核心模型与扩展模型分离原则。核心模型通常对应核心业务，因而核心模型中的字段主要用于支持核心业务，非核心业务需要的字段尽量放在扩展模型中，这样使得核心模型更容易被维护。

3）统一命名规范。数据仓库体系很庞大，有很多的分区、库、表、视图、字段、存储过程，其他各种程序代码等，必须要有统一的命名规范，并且清晰、可理解，这样才能保证顺利的实施数据仓库，数据仓库也能显得更为易用，这也为后期维护带来很多便利。

（3）事实表设计原则

《大数据之路：阿里巴巴大数据实践》一书总结了以下 8 点事实表的设计原则。

原则 1：尽可能的包含所有与业务过程相关的事实。

事实表设计的目的是为了度量业务过程，所以分析哪些事实与业务过程有关是设计中非常重要的关注点。在事实表中应该尽量包含所有与业务相关的事实，即使存在冗余，但是因为事实通常为数值类型，带来的存储开销也不会很大。

原则 2：只选择与业务过程相关的事实。

在选择事实时，应该注意只选择与业务相关的事实。比如在订单的下单这个业务事实表设计中，不应该存在支付金额这个表示支付过程的事实。

原则 3：分解不可加性事实为可加的组件。

对于不具备可加性的事实，需要分解为可加的组件，比如订单的优惠率，应该分解为订单的原价与订单优惠金额两个事实存储在事实表中。

原则 4：在选择维度和事实之前必须声明粒度。

粒度的声明是在事实表设计中不可忽略的重要一步，粒度用于确定事实表中一行所表示业务的细节层次，决定了维度模型的扩展性，在选择维度和事实之前必须先声明粒度，且每个维度和事实必须与所定义的粒度保持一致。

原则 5：在同一个事实表中不能有多种不同粒度的事实。

事实表中的所有事实需要与表定义的粒度保持一致，在同一个事实表中不能有多种不同粒度的事实。

原则 6：事实的单位要保持一致。

对于同一个事实表中事实的单位应该保持一致。比如订单的金额、订单优化金额、订单运费金额这三个事实，应该采用一致的计量单位，统一为元或者分，方便使用。

原则 7：对事实的 null 值要处理。

对于事实表中事实度量为 null 值的处理，因为在数据库中 null 值对常用数字型字段的 SQL 过滤条件都不生效，比如大于、小于、等于……建议用零值填充。

原则 8：使用退化维度提高事实表的易用性。

这样设计的主要目的是为了减少下游用户使用时关联多个表进行操作。直接通过退化维度实现事实表的操作。通过增加存储的冗余，提高计算的速度，以达到空间置换时间的效果。

（4）维度表设计原则

关于维度表的设计主要遵循以下 10 个原则。

1）每个维表必须有而且只有一个最明细层作为该维表的颗粒度。

2）任何一个维表若被多个事实表使用，该维表应作为公共维表来设计。

3）除非出于性能考虑，否则每一个非键属性应只出现在一张维表里。

4）需要记录属性变化的维的主键应该是使用代理键，并使用具有业务含义，业务用户可识别的代码作为自然键。业务系统自带的代理键不能成为维表的主键。

5）维表应尽量保存业务使用的代码和 ID，以及描述信息。

6）维表的主键（代理键）应成为事实表的外键包含在事实表内。

7）每个维表中要有相应的行记录来处理特殊的情形来避免在事实表中置空值。如记录不存在，以及推迟记录的维记录。

8）通常情况下，一个维度模型不应该有超过 10 到 15 个及以上的维度，否则需要将维度合并以提升查询性能。

9）尽量不要进行规范化处理，规范化处理带来的空间节约，可能导致查询性能的降低。

10）大维度的退化处理。

所谓的大维度，是指维度数据量特别大，比如现在互联网的 URL 维度可能达几十万上百万，还有客户、产品等。一个大的企业客户维度往往有上百万条记录，每条记录又有上百个字段。而大的个人客户维度则会超过千万条记录，这些个人客户维度有时也会有十多个字段，但大多数时候比较少见的维度也只有不多的几个属性。

这些维度的处理往往采用把大属性转为小属性、退化处理，增加更多的不同分类字段等特殊处理。

4.3.4 SQL 查询

（1）基本查询

寻找数据挖掘分析行业的工作，SQL 是最需要的技能之一，不论是申请数据分析工作、数据引擎工作、数据挖掘分析或者其他工作。在 O'Reilly 发布的数据科学从业者薪酬报告中，有 70%的受访者证实了这一点，表示他们需要在专业环境中使用 SQL。所以在数据挖掘分析领域，SQL 是必备技能。

以下将以 MySQL 数据库为例深入讲解 sql 查询语句的编写。

SQL 全称为 Standard Query Language，中文含义就是“标准化的查询语言”。因此，从中文含义可以看出 SQL 语句是标准化的语句，通常是由如 select、from、where 等关键词加上表名、字段名、数学符号组成的一个语句。

1）比如我们要从一个名为 user 的表里（假设表中有用户的名字 user_name，年龄 age，性别 gender，注册时间 regtime 等 4 个字段）查询一个名叫“小红”的用户，其中字段 user_name 中存有用户的名字，sql 语句通常如下：

```
select * from user where user_name='小红'
```

SQL 中 from 是一个关键词，表示从哪个表中获取上述字段信息，因此，其后通常跟随一个表名。

SQL 中 where 也是一个很重要的关键词，主要用于对表中的字段信息进行筛选，上述例子就是要从 user 表中筛选出名叫“小红”的用户。如果不加 where 筛选条件，就是默认查询出表里的所有数据，表里总共有 10 条数据，查询结果就会显示 10 条，表里总共有 1 亿条数据，查询结果就会显示 1 亿条，此时对服务器的性能将会产生严峻的考验，极端情况可能导致服务器崩溃。因此，本文强调 where 语句的重要性。

SQL 中=在里属于字段值的范围界定符号，即我们查询的信息只包含一种情况，对于本例而言，就是名字等于“小红”的用户。

2）上面语句中的 select 是一个关键词，表示要从表 user 中选取若干个字段显示，后面通常会跟着字段名（字段名之间用逗号隔开），如果是选择表里的所有字段，就用*号来代替。因此，上述语句等价于下面这个语句：

```
select user_name, age, gender, regtime from user where user_name='小红'
```

3）如果还要同时显示名字叫“小明”的用户怎么办，还有另外一种范围界定符 in，写法如下：

```
select * from user where user_name in ('小红', '小明')
```

理论上 in()语句可以有无数个选项，当然如果 in()语句中的选项过多，会造成 SQL 效率低下，通常改用其他 SQL 语句进行实现。

4）有时候，where 条件可能是数值型的，比如我们想查询年龄范围在 25 岁（不含）～30 岁（含）的用户，此时 SQL 语句如下：

```
select * from user where age >25 and age<=30
```

即可以用一组>，<号来对求值范围进行界定。

这里出现了 and 关键词，表示 age >25 和 age<=30 两个条件同时满足的意思。

5）此外，还有 or 关键词，表示两个条件只需满足一个，理论上，in 语句可以改写成 or 语句，比如：

```
select * from user where user_name='小红' or user_name='小明'
```

6）如果需要限定显示查询结果的行数，可以使用 limit 关键字，如下：

```
select * from user where age=25 limit 10
```

这个语句表示只显示 10 行。

7）如果需要对结果进行排序，则使用 order by 字段名（desc/asc）关键字：

```
select * from user where age >25 and age<=30 order by age desc
```

这个语句表示按 age 字段降序排列。

（2）分组查询

有时候，我们面临的需求是这样的：查询出 2018 年各月的注册用户数。这个时候就需要用到分组查询了，主要使用 group by 关键词，大多数情况下，该关键词都和聚合函数配对使用。上述语句可以这样写：

```
select from_unixtime(regtime, '%Y-%m'),count(1) from user
   where from_unixtime(regtime, '%Y')='2018'
   group by from_unixtime(regtime, '%Y-%m')
```

从这个语句可以看出，不仅 group by 后面需要紧跟分组字段，select 后面也需要紧跟分组字段，而且必须和 group by 后面的分组字段完全一样。

需要进一步说明的是 group by 关键词后可以同时跟多个字段进行分组查询。

有时候，需要对分组后的结果，进行二次筛选，这个时候，使用 having 子句是非常方便的。比如想知道“2018 年注册用户数过万的月份是哪些及注册数？”，语句可以这样写：

```
select from_unixtime(regtime, '%Y-%m'),count(1) from user
   where from_unixtime(regtime, '%Y')='2018'
   group by from_unixtime(regtime, '%Y-%m') having count(1)>=10000
```

having 关键词后跟的是分组查询结果字段，及对字段值范围的界定。

（3）多表联合查询

当我们需要的数据分布在多个表内时，使用前文这种简单形式的 select 语句是无法完成数据需求任务的。比如某公司是卖商品的，管理层想知道到底上个月（假设为 2018-09）新注册的用户总共贡献了多少订单量。通常从数据库的设计上来说，不可能把用户的注册信息和用户的订单信息放在一个表内，通常会有一张订单表（表名 order）来记录用户的下单行为。此时，要做这个数据统计，就要同时用到 user 表和 order 表，MySQL 就提供了 join 关键字来连接表和表。

表和表之间要建立连接关系，就必须有相同的字段信息，或者通过某种转换能达到相同的字段，否则表和表是无法建立连接关系的，如果强行连接，就是全连接。全连接将会导致查询结果条数为两个表数据条数的乘积，如果两个表各有 1000 条记录，那么查询结果就是 1 百万条记录，这样的查询通常没有很大意义，而且可能会严重影响服务器的正常运行。

订单表中通常存有用户的 id 信息（user_id），与此对应，user 表中必然也存有用户的 id 信息（user_id）。因此上述查询语句可以这样写：

```
select count(1) from order a left join user b on a.user_id=b.user_id
    where from_unixtime(b.regtime, '%Y-%m')='2018-09'
```

这个语句和前面见过的语句有很大差别。

每个表后面跟了一个别名，order 表的别名为 a，user 表的别名为 b，别名可以根据需要任意取。

1）表名之间用了 left join，意思是两个表连接时，order 表在左边，user 表在右边，这样安排的原因是一个用户可能有多个订单，这个用户在 order 表中就会有多条记录，而该用户在 user 表中只有一条记录，数据库在对两表进行匹配时，是按照左表来匹配的，对于左表中的任意一个 user_id 都会从 user 表中找一条具有同样 user_id 的用户信息来与之匹配，这样就不会遗漏。与之对应的还有 right join，含义与之相反。

2）查询中出现了 on 语句，这是在使用 join 关键词时必须出现的，用于指定两个表按照哪个或者哪些字段进行匹配，如果是多个条件就需要用 and 来连接。

3）所有的字段前面都必须带上表的别名，否则查询语句可能分不清到底使用哪个表的字段，此时会报语法错误。

也许，有时候我们的需求比这更复杂，比如“上月新注册的用户中有多少人在网站上进行了消费？”。

这个时候就需要更多的表来参与，因为订单表中可能不会包含商品的信息，另外有一张表记录了订单中商品的信息叫 order_goods 表，它和 order 表通过 order_id 进行连接，而且 order_goods 表里只有商品的 id 号（goods_id），商品的名称可能在一个叫 goods 的表里，它和 order_goods 表通过 goods_id 来连接，我们来演示下这个语句的写法：

```
select count(distinct a.user_id) from order a
    left join user b On a.user_id=b.user_id
    left join order_goods c on a.order_id=c.order_id
    left join goods d on c.goods_id=d.goods_id
    where from_unixtime(b.regtime, '%Y-%m')='2018-09'
```

上述语句中多了两个 left join …on …，写法和此前很类似，只需要把匹配的两个表按照同样的语法格式写出来即可，无论连接多少个表，都可以按照这种方式进行扩展。

需要解释的是 count(distinct a.user_id)，distinct 是去重关键字，这是因为 order 表中的 user_id 不唯一，一个用户可能会有多个订单，在 order 表里就会形成多条记录，如果不去重，直接计数，结果可能会对一个用户重复计算多次，不符合业务需求。

很多时候，distinct 关键字很有用，因为数据库中的数据往往不像我们想象中的那么干净，技术研发人员在设计数据库时，往往主要考虑总体程序运行的效率，会故意设计数据冗余，数据分析人员对此没有足够的认识的话，查询出来的数据很可能和实际情况有很大的偏差，特别是在连表查询后，极有可能造成结果数据的重复，因此数据去重很重要。

此外，还有一个常见关键字 union。当某个数据库表太大时，可能研发人员需要对表进行切分，以便程序能够更快的运转。比如订单表太大，需要把历史订单和当前订单分开，通常的做法有可能是按月切分，比如每个月都生成一个新的订单表（带类似 201807 的年月后缀），而数据分析人员可能既需要查历史订单，也需要查当前订单。

【某互联网公司面试题 4-25：写一个 SQL 语句求查最近 3 个月内注册用户的订单数】

答案：比较笨拙的做法是写 3 条类似的查询语句，查出结果后，人工拼凑结果，而高效一点的做法就是使用 union 关键字。如下：

```
select count(1) from (select user_id,order_id from order_201810
   union select user_id,order_id from order_201811
   union select user_id,order_id from order_201812) a
   left join user b on a.user_id=b.user_id
where from_unixtime(b.regtime,'%Y-%m') in ('2018-10','2018-11','2018-12')
```

从上述语句可以看出，union 连接的是 select 查询语句，并且 select 后紧跟的字段名是相同的，这也是 union 语句能够被正常执行的条件之一。

需要特别注意的是，union 语句有自动去重的功能，如上查询出来的以 user_id,order_id 为字段的新表 a 中是不会存在完全相同的两条记录的。

此外，上述用 union 连接起来的语句被用括号括起来了，这并不是使用 union 语句的必要条件，也就是如果把括号前后的语句全部去掉，这个 SQL 仍然可以正常执行，实际上该 SQL 是作为全部语句的一个子查询存在的。

除了以上讲解的两表连接方式以外，还有 right join 和 inner join，它们和 left join 比较像。区别是 left join 保持左表的行数不变，右表和左表按照 on 后字段的值匹配上的才显示，主要起到过滤右表的效果，right join 与之相反，主要起到过滤左表的效果。inner join 显示的是两表的 on 后字段值的交集，即都存在的才会显示。

（4）SQL 函数

大多数时候，当我们的查询需求很明确时，使用前文所述的 select 语句就可以查询需要的数据信息，然而有时候数据库的字段值并不是我们所熟知的形式，比如 user 表中没有存用户的年龄，而是存的用户的出生日期（字段名 birth），查年龄范围在 25 岁（不含）～30 岁（含）的用户时，需要使用 year()这样的函数对出生日期进行转换后，再用当前年份（假设为 2019）减去这个转换后的数值之后再查询，查询语句如下：

```
select * from user where 2019-year(birth) >25 and 2019-year(birth)<=30
```

读者可以看出，由于业务数据需求和数据库的数据存储形式不一致，导致需要对数据库的里的数据字段进行转换之后才能进行查询，这就使得 SQL 语句变复杂了。

再比如，想查询上述用户的注册日期，而数据库里的 regtime 是时间戳形式（比如 2018-11-17 的时间戳为 1542470000）的，就需要用 from_unixtime()这个函数来进行转换，语句如下：

```
select from_unixtime(regtime, '%Y-%m-%d') from user
   where 2019-year(birth) >25 and 2019-year(birth)<=30;
```

其实，上述业务需求并不复杂，然而，由于需求数据和存储数据不一致，导致了查询语句需要写得很复杂，作为数据分析师，就需要有这样一种变通的能力。MySQL 数据库提供了很多这样的转换函数。除此之外，MySQL 数据库还提供了很多数学函数，当业务上需求的不是详细信息，而是对数据的汇总时，往往需要使用各种数学函数，比如计数、求和、求最大值、求方差等。

【某互联网公司面试题 4-26：写一个 SQL 语句求 2018 年 9 月注册的用户有多少人】

答案：这里需要用到 count 函数，语句如下：

```
select count(1) from user where from_unixtime(regtime,'%Y-%m')= '2018-09'
```

以上 count(1)就表示对满足 where 条件的用户进行计数，函数括号中的 1 是一种提高查询效率的写法，也可以写成任意一个字段名甚至*号。

4.3.5 SQL 查询优化

前文讲解的查询技术可以解决绝大多数场景下的问题，但是在数据量极其庞大时，而又没有大数据平台技术支持时，写一个优美的 SQL 语句是很有必要的。

为什么有的 SQL 语句看起来很简单，但是运行起来很费劲，而有的 SQL 语句很复杂，却很好使。这不得不说到 SQL 的查询优化。

数据库查询过程中，最引人关注的事情莫过于对数据库查询速度的关注，我们总是希望数据查询快速。

为此，首先需要搞清楚是什么导致 MySQL 查询变慢了呢？

对于 MySQL，衡量查询开销有 3 个指标：响应时间、扫描的行数、返回的行数。

这 3 个指标大致反映了 MySQL 在内部执行查询时需要访问多少数据，并可以大概推算出查询运行的时间。

绝大部分查询慢的原因基本都是：用户的不合理操作导致查询的数据过多。

常见原因有以下几种。

1）查询不需要的记录。

2）多表关联时返回全部列。

3）总是取出全部列。

4）错误的运用过滤关键字，过滤条件应该尽量放 where 不要放 having。

5）没有很好的运用索引，distinct 语句使得索引失效，应该用 goup by 来优化。

6）索引失效，主要是因为对索引字段进行了运算、隐式转换【注释：给字段赋值时使用了不同的变量类型值，比如给字符串字段赋数值】、使用了 like、not in 等过滤关键字。

针对这些数据库查询变慢的原因，可以有 3 种措施来进行优化，第一种是尽量给常用字段加索引；第二种是避免全表扫描；第三种是对具体的 SQL 语句进行优化。具体而言，优化方法如下。

1）使用索引。最简单且见效最快的方式就是给过滤条件字段加索引，但是索引的维护是需要耗费资源的，不能把所有的字段都加上索引，应该只给常用字段加索引。

2）避免全表扫描。尽量避免在 where 子句中对字段进行 null 值判断，否则将导致引擎放弃使用索引而进行全表扫描。尽量避免在 where 子句中使用!=或<>操作符，否则将引擎放弃使用索引而进行全表扫描。尽量避免在 where 子句中使用 or 来连接条件，否则将导致引擎放弃使用索引而进行全表扫描。尽量避免使用 in 和 not in，而用具体的字段列表代替，否则会导致全表扫描。避免使用模糊查询，否则会导致全表扫描。

3）关联子查询。MySQL 的子查询实现是非常糟糕的，尽量把子查询改造成 join 语句，比如下面的：

```
select * from book where book_id in (select book_id from author where author_id = 1)
```

改造成：

```
select * from book left outer join author using(book_id) where author.author_id = 1
```

但是要确保 on 或者 using 子句的字段上有索引。

4）最大值和最小值。比如：求最小值时，通常语句都这么写：

```
select min(id) from article where author = 'zero'
```

问题是这样就造成了全表扫描，改造后：

```
select id from article use index(primary) where author = 'zero' limit 1
```

5）count()查询。比如：想统计文章 id 大于 25 的数量，可以如下：

```
explain select count(*) from article where id >25
```

另外一种思路：可以先查询文章总数，减去小于等于 25 的数量。仅仅提供思路，具体效果还是根据具体情况，自己比较后择优选择。

```
explain select (select count(*) from article) - count(*) from article where id <=25
```

还有，如果需要区分不同颜色的商品数量时，可以用如下语句：

```
select count(color = 'blue' or null) as blue,count(color = 'red' or null) as red from items
```

6）group by。如果不加 where 条件，group by 会导致索引失。可以把两个单独的索引合并成一个组合索引，即把 where 条件字段的索引和 group by 的分组字段索引组合成一个。

7）limit 分页。下面这条查询，非常常见，查询从第 51 行开始的 5 条记录：

```
select film_id,description from film order by title limit 50,5;
```

这个语句的问题是没有使用索引，如果这个表很大，偏移量 50 变成 100000，MySQL 就要扫描 100000+5 条数据，然后丢弃 100000 条，仅仅取最后 5 条，效率非常低。

改造后：

```
select film_id,description from film inner join (select film_id from film order by
title limit 50,5) as lim using(film_id);
```

4.4 ETL 技术

当一个公司的业务变得越来越复杂，业务线越来越多时，不可避免地会增加更多的部门，不同的部门对数据的需求各异，对数据的使用方式各异，这使得原先统一的数据系统将变得越来越难以应付不同的需求，于是各部门逐渐形成了自己的数据系统，这些数据系统的结构往往具有很大差异，这种差异造成了彼此之间的数据不能互通，从而造成了“信息孤岛”。

不同业务系统的数据之间主要存在以下 4 种差异。

1）数据存储的结构不同，比如有 Json、XML、CVS、DSV、Binlog 等。

2）同含义的字段，命名却不同，比如用户名，有的系统命名为 user_name，有的系统是 user。

3）相同的业务逻辑，但表结构及主键等却不同。

4）数据的含义部分相同或者完全不同，这类数据无法直接合并。

对于这种不同系统之间的差异，可以有如下解决方法。

1）划分主题域，让不同系统的数据在各主题内进行统一，主题内建立总表来统筹各表的关系。

2）统一命名规范，包括表、字段、存储过程等。

3）不能直接合并的表，采用主从表的设计方式，两表或多表都有的字段放在主表中（主要基本信息），从属修改信息分别放在各自的从表中。

4）通过 ETL 进行数据清洗，对不同的数据进行统一规范化处理。

我们知道 ETL 的任务有 3 个，分别是数据抽取、数据转换和数据加载，目的是将企业中的分散、零乱、标准不统一的数据整合到一起，并同时尽可能提升数据的质量。

数据抽取是指把 ODS 源数据抽取到 DW 中，需要根据业务需要定义抽取频次（是一天一次还是一小时一次）以及抽取的策略（是全量抽取还是增量抽取）。

数据转换过程也称为数据清洗过程，主要是对不符合规范的数据进行规范化，并去掉不需要的数据，这是一个提升数据质量的过程。

数据加载，就是将前两步处理过的数据加载到数据仓库中。

ETL 是 BI 项目重要的一个环节。通常情况下，在 BI 项目中 ETL 会花掉整个项目至少 1/3 的时间。

ETL 过程设计要考虑以下几点：ETL 方案应该能够支持访问不同的数据库和文件系统；注意整个过程的时效性；可以将各种转换方法形成一个工作流；支持增量加载。

↗4.4.1 数据质量评估

当前越来越多的企业认识到数据的重要性，数据仓库、大数据平台的建设如雨后春笋。但数据是一把双刃剑，它能给企业带来业务价值的同时也是组织最大的风险来源。糟糕的数据质量常常意味着糟糕的业务决策，将直接导致数据统计分析不准确、监管业务难、高层领导难以决策等问题。低劣的数据至少会造成以下 3 个方面的问题。

1）错误或不完整数据导致 BI 和 CRM 系统不能正常发挥优势甚至失效。

2）数据分析师的工作效率被严重降低。据统计，数据分析师每天至少有 30%的时间浪费在了辨别数据是否是“坏数据”上。

3）数据过于稀疏，导致预测准确率很低。

可见，数据质量问题已经严重影响了企业业务的正常运营，本节将分析数据质量问题的来源、责任主体等方面，并给出解决数据质量问题的策略。

标准的数据质量评估体系包括 6 个方面。

1）完整性（Completeness）：用于度量哪些数据已丢失或者哪些数据不可用。

2）规范性（Conformity）：用于度量哪些数据未按统一格式存储。

3）一致性（Consistency）：用于度量哪些数据的值在信息含义上有冲突。

4）准确性（Accuracy）：用于度量哪些数据和信息是不正确，或者数据是超期的。

5）唯一性（Uniqueness）：用于度量哪些数据是重复数据或者数据的哪些属性是重复的。

6）关联性（Integration）：用于度量哪些关联的数据缺失或者未建立索引。

鉴于以上 6 点表述过于抽象，为便于理解，本文将数据质量问题归纳为以下 6 个方面，这也是 ETL 程序或者数据分析人员经常要处理的几点。

第一，数据缺失，主要表现为数据记录的缺失【注释：分为两种情况，随机记录缺失和连续记录缺失】、数据字段的缺失【注释：分为关键字段缺失和一般字段缺失】和字段值的缺失【注释：分为业务原因缺失和采集遗漏】，数据缺失通常会导致模型欠拟合。

第二，数据异常，异常数据分 3 种。第一种是不合法数据，指偏离人们常识或者超出值域范围的值，会导致人们的理解障碍，比如人的身高数据里出现一个极端大的 10 米的值或者极端小的 0.1 米的值，这就很难让人理解。第二种是合法但不合理，比如，调查某幼儿园小孩的身高，发现所有小孩的身高全部都是一个值，这也能说明出现了数据异常。第三种，合法也合理，但是明显超出绝大多数值，表现为离群点。数据异常将会导致模型过拟合。

第三，数据稀疏，稀疏数据是指在二维表中含有大量空值或者为零的数据。比如由消费者和商品组成的消费数据矩阵中，有些消费者根本没有买过某些商品，导致矩阵中一些数据是缺失的，这就会导致数据稀疏问题的产生，数据稀疏将会导致数据挖掘困难。

第四，数据字段高度线性相关，比如数据里年龄字段和出生年月同时存在，这会对模型产生一定的干扰。

第五，数据重复问题，同样记录的数据可能出现多条，引起这个问题的原因可能是主键字段缺失或者采集数据时同一条业务信息被记录了多次。

数据重复的一个特例是，多份数据问题，使用不同手段或方法对同一业务进行监测，产生了多份数据，但是数据记录有差异。

第六，逻辑问题，主要包括：不同来源的数据，字段名不统一，甚至缺少字段名称导致数据含义不明；不同来源的数据，字段值的单位不统一，但是表达的含义一致；字段值的类型与定义不符；含义一致的字段值，却使用不同的表达格式，特别是日期类数据；数据中存在无关字段；数据中存在逻辑矛盾，比如年龄数据和出生年月对不上等。

以上 6 类问题中的每一类出现的原因和表现出的问题严重程度都很值得去深究。总体来说，可以归结为 3 个原因。

1）业务层的原因：业务的性质本身就会造成这种问题，比如上面提到的数据稀疏的例子；定义不清晰、定义错误等。

2）技术的原因：在数据的采集、传输、存储、使用和维护等环节都可能导致数据质量问题的产生。比如问卷调查中，有些被调查者对某些问题比较敏感，不愿意回答，从而造成数据缺失；在传输过程中，突然中断后又恢复，有的记录可能没有传输完整；存储的设备损坏；使用和维护环节可能出现误操作，导致数据被破坏。

3）流程和管理上的原因，如果没有良好的数据管理制度和操作流程，数据操作不规范，随意对库表中的数据进行更新，甚至删除，很容易导致各种数据质量问题的发生。

如果数据的质量出现了问题，那么一方面要想办法去补救，主要是通过数据清洗来解决，另一方面还要从源头上堵住产生问题的漏洞，实在解决不了的，只能在数据分析环节进行处理。

↗4.4.2　ETL 流程

（1）数据抽取

【某互联网公司面试题 4-27：ETL 中数据抽取能解决哪些问题】

答案：数据抽取工作需要基于大量的调研，调研的目的是要搞清楚数据是从几个业务系统中来，不同业务系统存在哪些差异等，当收集完这些信息之后才可以进行数据抽取的设计。

数据抽取工作主要分为以下几类。

1）对于与存放 DW 的数据库系统相同的数据源处理方法。

这一类数据源在设计上比较容易。一般情况下，DBMS（SQLServer、Oracle）都会提供数据库链接功能，在 DW 数据库服务器和原业务系统之间建立直接的链接关系就可以写 select 语句直接访问。

2）对于与 DW 数据库系统不同的数据源的处理方法。

对于这一类数据源，一般情况下也可以通过 ODBC 的方式建立数据库链接，如 SQL Server 和 Oracle 之间。如果不能建立数据库链接，可以有两种方式完成：一种是通过工具将源数据导出成.txt 或者是.xls 文件，然后再将这些源系统文件导入到 ODS 中；另外一种方法是通过程序接口来完成。

3）对于文件类型数据源（.txt 和.xls 文件类型），可以培训业务人员利用数据库工具将这些数据导入到指定的数据库，然后从指定的数据库中抽取。

4）增量更新的问题。

对于数据量大的系统，必须考虑增量抽取。一般情况下，业务系统会记录业务发生的时间，可以用来做增量的标志，每次抽取之前首先判断 ODS 中记录最大的时间，然后根据这个时间去业务系统取大于这个时间所有的记录。利用业务系统的时间戳，一般情况下，业务系统没有或者部分有时间戳。

（2）数据清洗

【某互联网公司面试题 4-28：ETL 中数据清洗能解决哪些问题】

答案：一般情况下，数据仓库分为 ODS、DW 两部分。通常的做法是从业务系统到 ODS 做清洗，将脏数据和不完整数据过滤掉，在从 ODS 到 DW 的过程中转换，进行一些业务规则的计算和聚合。

数据清洗的任务是过滤那些不符合要求的数据，将过滤的结果交给业务主管部门，确认是否过滤掉还是由业务单位修正之后再进行抽取。

不符合要求的数据主要是有不完整的数据、错误的数据、重复的数据三大类，可以分别让数据需求方进行确认，不能确认的应该做好备份后按照常规流程处理。

数据清洗是一个反复的过程，不可能在短时间内完成，它是一个不断地发现并解决问题的过程。对于是否过滤，是否修正一般要求客户确认，对于过滤掉的数据，写入 Excel 文件或者将过滤数据写入数据表，在 ETL 开发初期可以每天向业务单位发送过滤数据的邮件，促使他们尽快地修正错误，同时也可以成为将来验证数据的依据。数据清洗需要注意的是不要将有用的数据过滤掉，对于每个过滤规则认真进行验证，并要用户确认。

前面，我们总结了数据可能存在的 6 类问题，对于前 5 类问题，基本都可以靠技术手段去解决或者减轻所带来的负面影响，而对于逻辑问题和多份数据问题，很难依靠技术手段去识别和解决，这类问题通常需要人工和程序结合的方式来解决，而且逻辑问题和多份数据问题往往需要优先于其他问题先着手解决。下面进行详细说明。

进行数据清洗的总流程如下。

1）如果是多份数据，需要人工判断数据的价值，选择数据价值最大的那份进行清洗。

2）初步进行完整性和异常判断，判断数据是否缺少关键字段，或者关键字段值有大量缺失，或者数据记录有大量缺失，或者关键字段的值出现大量异常，从而决定是否进行后续清洗。

3）人工判断，机器辅助矫正数据的逻辑问题，主要是统一字段命名、调整数据的格式、剔除无关字段、归一化。

4）人工判断，数据是否需要进行去重，并进行相应操作（谨慎去重），这一步可以和第 3 步交替进行。

5）进行描述性统计分析，观察数据的完整性、字段值的分布、字段之间的关联性，判断数据缺失和异常的程度，决定是否需要进行后续清洗动作。

6）对缺失值和异常值进行处理。

7）判断数据是否需要进行降维或者升维或者连续值离散化，并进行相应清洗动作。

8）如果是多份数据，可以对所有数据进行上述第 2～7 步的清洗，使用相同的建模方法挖掘数据，看模型效果决定取舍或者多份数据融合。

（3）数据转换

【某互联网公司面试题 4-29：ETL 中数据转换能解决哪些问题】

答案：数据转换的任务主要进行不一致的数据转换、数据粒度的转换，以及一些商务规则的计算。

1）不一致数据转换：该过程是一个整合的过程，将不同业务系统的相同类型的数据统一，比如同一个供应商在结算系统的编码是 XX0001，而在 CRM 中编码是 YY0001，这样在抽取过来之后统一转换成一个编码。

2）数据粒度的转换：业务系统一般存储非常明细的数据，而数据仓库中数据是用来分析的，不需要非常明细的数据。一般情况下，会将业务系统数据按照数据仓库粒度进行聚合。

3）商务规则的计算：不同的企业有不同的业务规则、不同的数据指标，这些指标有的时候不是简单的运算就能完成，这个时候需要在 ETL 中将这些数据指标计算好了之后存储在数据仓库中，以供分析使用。

（4）ETL 日志和警告

ETL 是 BI 项目的关键部分，也是一个长期的过程，只有不断地发现问题并解决问题，才能使 ETL 运行效率更高，为 BI 项目后期开发提供准确与高效的数据。

为了监控 ETL 程序的运行过程，及时发现 ETL 的问题，势必需要 ETL 日志。ETL 日志分为以下 3 类。

第一类是执行过程日志，这一部分日志是在 ETL 执行过程中每执行一步的记录，记录每次运行每一步骤的起始时间，影响了多少行数据，流水账形式。

第二类是错误日志，当某个模块出错的时候写错误日志，记录每次出错的时间、出错的模块以及出错的信息等。

第三类是总体日志，只记录 ETL 开始时间、结束时间是否成功信息。如果使用 ETL 工具，ETL 工具会自动产生一些日志，这一类日志也可以作为 ETL 日志的一部分。

除此之外，如果 ETL 出错，不仅要形成 ETL 出错日志，而且要向系统管理员发送警告。发送警告的方式多种，一般常用的就是给系统管理员发送邮件，并附上出错的信息，方便管理员排查错误。

（5）数据增量同步

1）全表删除插入方式

全表删除插入方式是指每次抽取前先删除目标表数据，抽取时全新加载数据。该方式实际上将增量抽取等同于全量抽取。对于数据量不大，全量抽取的时间代价小于执行增量抽取的算法和条件代价时，可以采用该方式。对于有外键约束的情况不太适合。

2）全表对比

全表比对即在增量抽取时，ETL 进程逐条比较源表和目标表的记录，将新增和修改的记录读取出来。具体方法是通过关联表的主键，唯一键用 left join、right join、inner join 等对比出增量数据，这种方法可以比较出新增记录以及修改记录。

为了提高这种比对效率，还可以使用 MD5 校验码的方式来进行比较，具体方法是：事先为要抽取的表建立一个结构类似的 MD5 临时表，该临时表记录源表的主键值以及根据源表所有字段的数据计算出来的 MD5 校验码；每次进行数据抽取时，对源表和 MD5 临时表进行 MD5 校验码的比对，如有不同，进行 update 操作；如目标表没有存在该主键值，表示该记录还没有，则进行 insert 操作。

优点是因为是在云上 merge 对比，所以对源库无影响。缺点是这个操作仅仅适合表有主键，唯一键或者数据量较小的表，不然海量数据中每条数据的每一列都进行逐一比对，很显然这种频繁的 I/O 操作以及复杂的比对运算会造成很大的性能开销。

3）基于触发器

建立 Insert、update、delete 三种操作的触发器，并由触发器将变更的数据写到库里的临时表里，然后用 ETL 工具直接抽取这张临时表即可。

优点是数据库本身的触发器机制，契合度高，可靠性高，不会存在有增量数据未被捕获到的现象。

缺点是对于源端有较大的影响，需要建立触发器机制，增加运维人员，还要建立临时表、储存临时表、增加储存成本和运维成本。

4）基于系统日志

基于日志文件读取增量数据的方式可以通过读取数据库的归档日志等得到增量数据，然后在目标库或者文档服务器里进行操作。

优点是可以做到数据无误差传输，有回滚机制，有容灾备份的能力。

缺点是开归档会对源端数据库的磁盘造成压力，增加储存成本。此外，大多数数据库的日志都是不对外开放的，只针对数据库本身的工具开放读取，例如 Oracle 的 OGG（ETL 工具与 OGG 结合进行数据增量上云）。

5）日志表方式

可以在源数据库中创建业务日志表，当业务数据发生变化时，用相应的程序来更新维护日志表内容。增量抽取时，通过读日志表数据决定加载哪些数据及如何加载。

6）时间戳方式

这种方式需要在源表上增加一个时间戳字段，系统中更新修改表数据的时候，同时修改时间戳字段的值（SQL Server 数据库支持自动更新时间戳）。抽取时通过比较系统时间与抽取源表的时间戳字段的值来决定抽取哪些数据。

使用时间戳方式可以正常捕获源表的插入和更新操作，但对于删除操作则无能为力，需要结合其他机制才能完成。

优点是数据处理逻辑清楚、速度较快、成本低廉、流程简单。

缺点是此方法要求表的时间字段必须是随表变动，而变动的不为空数据。此外由于是直接读取表数据，该方法无法获取删除类型的数据。

7）Oracle 独有机制

Oracle 在 9i 版本以后引入了 CDC 机制，可以捕获发生变化的数据，而且还提供了闪回查询机制，允许用户查询过去某个时刻的数据库状态。

CDC 同步方式：通过在源数据库中设置触发器来捕获变更的数据。

CDC 异步方式：通过重新设置数据库日志文件，在源数据库发生变更以后，才进行数据捕获。

Oracle 闪回查询方式：将源数据库的当前状态和上次抽取时刻的状态进行对比，快速得出源表数据记录的变化情况。

8）增量同步方法比较

【某互联网公司面试题 4-30：如何选择数据增量同步方法？】

答案：对于大型数据库来说，一般采用基于数据库日志的方法。这是由于大型数据库表数量多，数据更新频率快，对数据传输的准确性和安全性要求通常也会比较高，基于日志的方法能满足这种需求。

对于小型数据库，且未开归档，但数据变更频率快的，由于数据量小，可以采用基于全量对比的方法。

对于含有标准时间戳字段，且应用环境适合，表数量较少的可以采用基于时间字段的方法。

至于触发器，由于需要源端运维成本较大，且对源端存储有压力（既然都是对存储有压力为何不用 OGG），故很少有客户选择这一种。

可见，ETL 在进行增量抽取操作时，有以上各种机制可以选择。现从兼容性、完备性、性能和侵入性几个方面对这些机制的优劣进行比较分析。

从兼容性方面来说，数据抽取需要面对的源系统，并不一定都是关系型数据库系统。某个 ETL 过程需要从若干年前的遗留系统中抽取 Excel 或者 CSV 文本数据的情形是经常发生的。这时，所有基于关系型数据库产品的增量机制都无法工作，时间戳方式和全表比对方式可能有一定的利用价值，在最坏的情况下，只有放弃增量抽取的思路，转而采用全表删除插入方式。

从完备性方面来说，时间戳方式不能捕获 delete 操作，需要结合其他方式一起使用。增量抽取的性能因素表现在两个方面，一是抽取进程本身的性能，二是对源系统性能的负面影响。触发器方式、日志表方式以及系统日志分析方式由于不需要在抽取过程中执行比对步骤，所以增量抽取的性能较佳。全表比对方式需要经过复杂的比对过程才能识别出更改的记录，抽取性能最差。

在对源系统的性能影响方面，触发器方式由于是直接在源系统业务表上建立触发器，同时写临时表，对于频繁操作的业务系统可能会有一定的性能损失，尤其是当业务表上执行批量操作时，行级触发器将会对性能产生严重的影响。同步 CDC 方式内部采用触发器的方式实现，也同样存在性能影响的问题。全表比对方式和日志表方式对数据源系统数据库的性能没有任何影响，只是它们需要业务系统进行额外的运算和数据库操作，会有少许的时间损耗。时间戳方式、系统日志分析方式以及基于系统日志分析的方式（异步 CDC 和闪回查询）对数据库性能的影响也是非常小的。

对数据源系统的侵入性是指业务系统是否要为实现增抽取机制做功能修改和额外操作，在这一点上，时间戳方式值得特别关注，该方式除了要修改数据源系统表结构外，对于不支持时间戳字段自动更新的关系型数据库产品，还必须要修改业务系统的功能，让它在源表执行每次操作时都要显式地更新表的时间戳字段，这在 ETL 实施过程中必须得到数据源系统高度的配合才能达到，并且在多数情况下这种要求在数据源系统看来是比较“过分”的，这也是时间戳方式无法得到广泛运用的主要原因。另外，触发器方式需要在源表上建立触发器，这种在某些场合中也遭到拒绝。还有一些需要建立临时表的方式，例如全表比对和日志表方式。可能因为开放给 ETL 进程的数据库权限的限制而无法实施。同样的情况也可能发生在基于系统日志分析的方式上，因为大多数的数据库产品只允许特定组的用户甚至只有 DBA 才能执行日志分析。闪回查询在侵入性方面的影响是最小的。

各种数据增量抽取机制的优劣性综合分析见表 4-1。

表 4-1 增量抽取机制优劣比较

增量机制	兼容性	完备性	抽取性能	对源系统性能影响	对源系统侵入性	实现难度
异步 CDC 方式	Oracle-9i 以上	高	优	很小	一般	较难
系统日志分析方式	关系型数据库	高	优	很小	较大	难
同步 CDC 方式	Oracle-9i 以上	高	优	大	一般	较难
时间戳方式	关系型数据库	低	较优	很小	大	较容易
闪回查询方式	Oracle-9i 以上	高	较优	很小	无	较容易
日志表方式	关系型数据库	高	优	小	较大	较容易
全表删除插入方式	任何数据格式	高	极差	无	无	容易
全表比对方式	关系型数据库	高	差	小	一般	一般
触发器方式	关系型数据库	高	优	大	一般	较容易

4.4.3 缺失值处理方法

数据缺失是一种常见的现象，而且数据缺失通常对模型有一定的影响。

一般来说，涉及距离计算的模型，比如 KNN 和 SVM，以及线性模型中涉及距离计算的代价函数对缺失值都会比较敏感，而像树模型、神经网络、贝叶斯等对缺失数据不太敏感。

因此，需要在数据清洗阶段对数据缺失问题进行处理。

数据清洗中，主要有如下几种方法来处理失值：重新取数、删除法、填充法等。这几种方法同样适用于对异常值的处理。

（1）重新取数

如果数据缺失情况较多，使用其他缺失值处理方法不能获得满意的效果，而且重新取数的成本较低，就可以舍弃原有的数据来重新取数。重新取数时应该考虑原有取数方案的可行性，以免取到的数据仍然不够理想。

（2）删除法

如果样本数据量充足，就可以使用删除法：1）删除有缺失值的样本；2）删除变量，当某个变量缺失值较多且对研究目标影响不大时，可以将整个变量整体删除；3）改变权重，当删除缺失数据会改变数据结构时，通过对完整数据按照不同的权重进行加权，可以降低删除缺失数据带来的偏差。

（3）简单填充法

在变量十分重要而所缺失的数据量又较为庞大的时候，删除法就遇到了困难，因为许多有用的数据也同时被剔除。这时，可以采用均值、中位数或众数甚至某个经验值填充。

如果缺失值是数值型的，就根据该变量在其他所有对象的取值的平均值来填充该缺失的变量值；如果缺失值是非数值型的，则根据统计学中的众数原理，用该变量在其他所有对象的取值次数最多的值来补齐该缺失的变量值。

均值填充方法的缺点是建立在完全随机缺失（MCAR）的假设之上的，会造成变量的方差和标准差变小，但是对变量的均值不会产生影响。

另一种相似的方法是条件平均值填充，这个并不是直接使用所有对象来计算平均值或者众数，而是使用与该样本具有相同决策属性的对象中去求解平均值或者众数。

（4）热卡填充法

热卡填充也叫近补齐，对于一个包含空值的对象，热卡填充法在完整数据集中找到一个与它最相似的对象，用这个值来填充。

最常见的是使用相关系数矩阵来确定哪个变量（如变量 *Y*）与缺失值所在变量（如变量 *X*）最相关。然后把所有个案按 *Y* 的取值大小进行排序。那么变量 *X* 的缺失值就可以用排在缺失值前的那个个案的数据来代替了。

与简单填充相比，利用热卡填充法填充数据后，其变量的标准差与填充前比较接近。但在回归方程中，使用热卡填充法容易使得回归方程的误差增大，参数估计变得不稳定，而且这种方法使用不便，比较耗时。

（5）基于机器学习填充法

基于机器学习填充法有：KNN 填充、Kmeans 填充、线性回归填充、C4.5 填充。在不完全数据情况下计算极大似然估计、后验分布的迭代算法、EM 算法、PPCA 算法、BPCA 算法。

以 KNN 插补为例，通过使用与其值缺失的属性最相似的属性值来推断缺少的属性值。通过使用距离函数，确定两个属性的相似度。

（6）多重填补法

首先，多重估算技术用一系列可能的值来替换每一个缺失值，以反映被替换的缺失数据的不确定性。

然后，用标准的统计分析过程对多次替换后产生的若干个数据集进行分析。

最后，把来自于各个数据集的统计结果进行综合，得到总体参数的估计值。

由于多重估算技术并不是用单一的值来替换缺失值，而是试图产生缺失值的一个随机样本，这种方法反映出了由于数据缺失而导致的不确定性，能够产生更加有效的统计推断。结合这种方法，研究者可以比较容易地在不舍弃任何数据的情况下对缺失数据的未知性质进行推断。

与单个插补不同，多重插补会多次估计值。虽然单一插补法被广泛使用，但并不能反映随机丢失数据所造成的不确定性。因此，在数据丢失的情况下，多重插补更有利。

（7）其他方法

1）组合完整化方法，用空缺属性值的所有可能的属性取值来试，并从中选择一个最好的属性值。

2）用其他字段构建模型，预测该字段的值，从而填充缺失值（注意：如果该字段也是用于预测模型中作为特征，那么用其他字段建模填充缺失值的方式，并没有给最终的预测模型引入新信息）。

3）如果是分类型数据缺失，可以使用 onehot 编码，将缺失值也认为一种取值。

4）设置哑变量、压缩感知和矩阵补全等。

值得一说的是，在对缺失值进行处理时，有几个原则：第一，备份原始数据，不要在原始数据做任何操作；第二，建议先在小规模数据上进行实验，实验结果可行时，再推广至全量数据；第三，尽量不要去删除数据，除非删除它对全局影响很小。

↗4.4.4　异常值识别方法

异常值是分析师使用的一个术语，是指样本中的个别值，其数值明显偏离所属样本的其余观测值。

对于异常值的处理主要有两个方向：一个是在建模过程中，考虑模型的稳定性，需要去掉异常值，比如 Kmeans 聚类，Adaboost 等对异常值比较敏感；另外一个是通过异常值来发现有价值的信息，比如发现欺诈行为等。

因此有必要对数据的异常值的识别方法进行研究。

有两种类型的异常值，分别是单变量异常和多变量异常。

- 单变量异常：举个例子，做客户分析，发现客户的年平均收入是 100 万元人民币。但是，有两个客户的年收入是 100 元钱和 1000 万元。这两个客户的年收入明显不同于其他人，那这两个观察结果将被视为异常值。
- 多变量异常：举个例子，一个人身高和体重的关系，比如某个人的身高和体重都在正常范围内，然而身高和体重的比值和正常值差别很大，这就会被视为异常。

对于离散型变量异常值可以对字段值进行分类统计计数，通过观察饼图或者柱状图就很容易发现。如果我们了解变量的值域范围，那么直接通过穷举法就可以识别。

对于连续性变量异常值的识别，方法比较多，有基于距离、基于密度，基于分类模型的，还有基于统计检验的，下面主要讲解基于统计检验的方法。

（1）拉依达准则法

【某互联网公司面试题 4-31：请简述拉依达准则法】

答案：拉依达准则法认为，如果值的分布符合正态分布，那么大于均值上下 3 个标准差的就是异常值。这个方法由于是把观测到的标准差认为是总体标准差，因此样本不能太少，一般认为不能少于 10 个样本。

如果实验数据值的总体 x 是服从正态分布的，则异常值的判别与剔除方法如下。

某个值 x_t 与平均值的偏差超过两倍标准差，那么就可以认为是异常值，如果与平均值的偏差超过三倍标准差的测定值，称为高度异常的异常值。在处理数据时，应剔除高度异常的异常值。异常值是否剔除，视具体情况而定。

（2）肖维勒准则法（Chauvenet）

【某互联网公司面试题 4-32：请简述肖维勒准则法】

答案：肖维勒准则法首先要计算观察数据的平均值和标准差。根据可疑数据与平均值的差异，使用正态分布函数（或其表）确定给定数据点处于可疑数据点值的概率。将此概率乘以所采用的数据点数。如果结果小于 0.5，则可以丢弃可疑数据点，即，如果从均值获得特定偏差的概率小于 $1/2n$，则可以拒绝读数。

例如，假设在若干试验中通过实验测量值为 9、10、10、10、11 和 50，平均值为 16.7，标准偏差为 16.34。50 与 16.7 相比有 33.3，稍微超过两个标准偏差。从平均值获取数据超过两个标准偏差的概率大约为 0.05。进行了六次测量，因此统计值（数据大小乘以概率）为 $0.05\times6=0.3$。因为 $0.3<0.5$，根据 Chauvenet 的标准，应该丢弃 50 的测量值。

实际上是改善了拉依达准则，过去应用较多，但它没有固定的概率意义，特别是当测量数据值 n 趋于无穷大时会失效。

（3）Grubbs 检验法

【某互联网公司面试题 4-33：请简述 Grubbs 检验法】

答案：Grubbs 检验法假设原数据 $x_1<=x_2<=x_3\ldots<=x_n$ 服从正态分布，零假设与备择假设分别如下。

H0：数据中没有异常值。

H1：数据中至少有一个 x_t 为异常值。

构建 Grubbs test 统计量：

$$G_t = \frac{\max_t |x_t - \overline{x}|}{S},$$

$$S = \sqrt{\frac{\sum_{i=1}^{N}(x_i - \overline{x})^2}{N-1}}。$$

给定显著性水平 α 下，将 G_t 与查 Grubbs 检验法的临界值表所得的 $G(\alpha,N)$ 进行比较。如果 $G_t<G(\alpha,N)$，那么则认为不存在异常值，如果大于，就认为这个点是异常值。然后剔除这个值，再重复计算 C，直到找不出异常值或者剩下的数据量<= 6 时停止。

这个方法实际上是把正常数据与异常数据混合在一起计算 μ 和 α。

以欺诈交易为例，当你排除了异常值或者风控上线策略规避了这些异常交易后，剩下的新数据集总是能再计算出一对新的 μ 和 α，总是能再找到尾部分布的数值。然而这些尾部分布的交易不一定是异常。

因此，该统计检验方法适用于从一维数据上进行风险判别。在反欺诈领域，用户支付金额、支付频次、购买特定商品次数等领域运用这个方法时，还需要结合其他特征进行综合判断。

（4）狄克逊准则法（Dixon）

【某互联网公司面试题 4-34：请简述 Dixon 检验法的步骤】

答案：狄克逊准则法也称为极差比方法。步骤如下。

步骤一：先把数据按照从小到大的顺序排列 $x_1<x_2<\ldots<x_n$。

步骤二：对于不同的样本容量 n 和显著性水平，计算最大值和最小值的 Q 值。

设可疑数据为最小值 x_1 时的统计量 Q 值为 $Q_{\min}$，可疑数据为最大值 x_n 时的统计量 Q 值为 $Q_{\max}$。

当 $n \in [3,7]$　　$Q_{\min} = \frac{x_2 - x_1}{x_n - x_1}$，$Q_{\max} = \frac{x_n - x_{n-1}}{x_n - x_1}$。

当 $n \in [8,10]$　　$Q_{\min} = \frac{x_2 - x_1}{x_{n-1} - x_1}$，$Q_{\max} = \frac{x_n - x_{n-1}}{x_n - x_2}$。

当 $n \in [11,13]$　　$Q_{\min} = \frac{x_3 - x_1}{x_{n-1} - x_1}$，$Q_{\max} = \frac{x_n - x_{n-2}}{x_n - x_2}$。

当 $n \in [14,30]$　　$Q_{\min} = \frac{x_3 - x_1}{x_{n-2} - x_1}$，$Q_{\max} = \frac{x_n - x_{n-2}}{x_n - x_2}$。

根据 n 次测定和显著性水平 α 从表中查得的临界值，如果将统计量 $Q_{\min}$ 或 $Q_{\max}$ 大于临界值，则判为异常，可以剔除。

若要检出多个异常值，可以将样本本中的异常值剔除后，再进行重新排序，再重复使用上面的方法来发现异常值。

这个方法对数据值中只存在一个异常值时，效果良好。担当异常值不止一个且出现在同侧时，检验效果不好。尤其同侧的异常值较接近时效果更差，易遭受到屏蔽效应。

（5）t 检验法

关于这个方法，可以参考本书第 2 章的假设检验中有关 t 检验的内容。

4.5 Hadoop 技术

前面讲过“大数据”的主要特点是数据体量大。数据体量大带来两个现实的问题：第一，数据不能靠人工一条条细看从而去发现规律；第二，以往数据分析师们擅长的 EXCEL 电子表格、MySQL 等关系型数据库在遇到大体量数据时也可能失效了。这就需要有一种“大数据”处理手段来协助数据分析师处理数据。前面还提到过大数据的低价值密度问题，在讲究投入产出比的商业领域，势必要求“大数据”的处理成本尽可能的低。

于是类似 Hadoop、Spark 等这样成本低廉的大数据处理框架逐步走入了“千家万户”。之所以说它们成本低廉，是因为这两个大数据处理框架可以运行在由普通 PC 组成的集群上，而不需要去购买昂贵的服务器。如果其中一台 PC 坏了，直接替换新 PC 后，集群照样可以完好如初。此外，不管是 CPU、硬盘还是内存条坏了，都可以采用类似的替换策略，不需要替换整台机器，不仅节省了成本，而且也提升了效率。而且，就算其中一台或者几台 PC 坏了，整个集群可以照样运行，除了运行效率受到一定影响外，在集群上的业务仍然可以运行。

如果要深入学习 Hadoop 和 Spark，必须具备一定的编程基础，比如 Java、C、Python、Scala 等。此外对于操作系统 Linux 也必须较为熟悉。但是对于非开发人员来讲，通常不需要非常深入地学习这两个技术，只需要能够理解这两个技术的核心点，以及在实际中如何使用即可，而且大部分情况都是以类 SQL 的方式来从这两个分布式系统中获取和分析数据，极少情况会使用其他复杂的编程方式。比如在 Hadoop 中使用 Hive SQL，在 Spark 中使用 SparkSQL。下面分别以简单且突出重点的方式讲解 Hadoop 和 Spark，因此阅读本文的人不需要非常精通前述的编程技术。

Hadoop 是一个由 Apache 基金会所开发的分布式系统基础架构，它可以使用户在不了解分布式底层细节的情况下开发分布式程序，充分利用集群的威力进行高速运算和存储。

Hadoop 在处理海量数据的应用程序方面的优点如下。

1）高可靠性：按位存储和处理数据的能力值得人们信赖。

2）高扩展性：在可用的计算机集簇间分配数据并完成计算任务，这些集簇可以方便地扩展到数以千计的节点中。

3）高效性：能够在节点之间动态地移动数据，并保证各个节点的动态平衡，因此处理速度非常快。

4）高容错性：能够自动保存数据的多个副本，并且自动将失败的任务重新分配。

5）低成本：与一体机、商用数据仓库以及 QlikView、Yonghong Z-Suites 等数据集市相比，Hadoop 是开源的，项目的软件成本因此会大大降低。

Hadoop 带有用 Java 语言编写的框架，因此运行在 Linux 生产平台上是非常理想的，Hadoop 上的应用程序也可以使用其他语言编写，比如 C++。

Hadoop 的两大核心分别是分布式存储文件系统 HDFS 和分布式并发计算框架 MapReduce。

↗4.5.1　Hadoop 核心之 HDFS

HDFS（Hadoop Distributed File System）是可扩展、容错、高性能的分布式文件系统，异步复制，一次写入多次读取，主要负责存储。

对外部客户端而言，HDFS 就像一个传统的分级文件系统，可以进行创建、删除、移动或重命名文件及文件夹等操作，与 Linux 文件系统类似。

（1）HDFS 结构

HDFS 的架构中包含 3 个特定的节点，分别是 NameNode（名称节点）、DataNode（数据节点）、Secondary NameNode（第二名称节点）。

NameNode 是 Master（主节点），主要负责管理 HDFS 文件系统，一般集群里只有一个 NameNode。为了避免 NameNode 单点故障，可以通过实现热备 HA 的方案来解决。其中一个是处于 STandby 状态，一个处于 Active 状态。

Secondary NameNode 主要是定时对 NameNode 进行数据备份，这样尽量降低 NameNode 崩溃之后，导致数据的丢失，其实所做的工作就是从 NameNode 获得 Fsimage 和 Edits 把二者重新合并然后发给 NameNode，这样，既能减轻 NameNode 的负担又能保险地备份。而且在硬盘没有损坏的情况，可以通过 Secondary NameNode 来实现 NameNode 的恢复。需要注意的是 Secondary NameNode 并非 NameNode 的热备。

DataNode 就是用来存取数据的节点。Hadoop 集群通常包含大量 DataNode。DataNode 通常分布在众多的 PC 上。存储在 HDFS 中的文件会被分成多个块，这些块将被复制到多个 DataNode 中。其中块的大小（一般是 128MB），复制的块数量（默认为 3 个）统一由 NameNode 来控制。

（2）NameNode 内存占用

NameNode 内存主要由 Namespace、BlockManager、NetworkTopology 及其他部分组成。

- Namespace：维护整个文件系统的目录树结构及目录树上的状态变化。
- BlockManager：维护整个文件系统中与数据块相关的信息及数据块的状态变化。
- NetworkTopology：维护机架拓扑及 DataNode 信息，机架感知的基础。

备注：NameNode 常驻内存主要被 Namespace 和 BlockManager 使用，二者使用占比分别接近 50%。其他部分内存开销较小且相对固定，与 Namespace 和 BlockManager 相比基本可以忽略。

【某互联网公司面试题 4-35：请举例说明 NameNode 中元数据是如何占用内存空间的】

答案：假设 30 万个文件目录下有 1000 万个文件，被分成了 1330 万个数据块，由于每个文件名长度为 128 个字节，三副本情况下，文件目录和文件名只占用一份空间，而数据块要占用 3 份空间，也就是数据块实际占用 384 字节。把这些全部加起来，总占用空间量接近 7GB。

可见，如果 HDFS 中数据量特别庞大，NameNode 是需要特别多的内存来作为支撑的。

为了避免 NameNode 内存瓶颈问题，目前新版本的 Hadoop 通过 Federation NameNode 方案来解决单个 NameNode 内存瓶颈的问题，该方案主要是通过多个 NameNode 来实现多个命名空间来实现 NameNode 的横向扩张，从而减轻单个 NameNode 内存问题。

（3）副本存放策略

HDFS 有个机架感知功能，可以知道不同 Node 是否在同一个机架上，从而可以指定副本的存放策略，下面进行详细讲解。

在 NameNode 启动时如果 net.topology.script.file.name 参数配置不为空，表示已启用了机架感知，此时 DataNode 会发送心跳，NameNode 获取到心跳的 IP，将 IP 作为参数传入脚本，获取输出值，将输出信息存放到 DataNode 的对象中。如果没有配置此参数，DataNode 所在的机架为默认值。

【某互联网公司面试题 4-36：请以三副本为例描述 HDFS 的副本存放策略】

答案：以 Hadoop2.7.2，默认三个副本数为例。

第一个副本放置在 client 上的 DataNode 服务器节点上，如果 Client 上没有设置 DataNode，则随机放置在一个有 DataNode 服务器节点上，且会避开负载过重的节点。

第二个副本放置在与第一个 DataNode 相同的机架的不同节点上。

第三个副本放置在不同的机架的随机节点上。

如果还有更多的副本，则在遵循以下限制的前提下随机放置：一个节点最多放置一个副本；如果副本数少于两倍机架数，不可以在同一机架放置超过两个副本。

注意，低版本的 Hadoop 可能和这个机制有所不同，比如第二个副本所在机架和在第一副本所在机架是不同的，而第三副本所在机架和第二副本相同。

这种策略减少了机架间的数据传输，提高了写操作的效率。机架的错误远远比节点的错误少，所以这种策略不会影响到数据的可靠性和可用性。与此同时，因为数据块只存放在两个不同的机架上，所以此策略减少了读取数据时需要的网络传输总带宽。在这种策略下，副本并不是均匀地分布在不同的机架上：三分之一的副本在一个节点上，三分之二的副本在一个机架上，其他副本均匀分布在剩下的机架中，这种策略在不损害数据可靠性和读取性能的情况下改进了写的性能。

我们知道，新版本 HDFS 块的大小一般为 128MB（Block 块的大小主要取决于磁盘传输速率），这个比一般磁盘的块要大，主要目的是为了最小化寻址开销。假如寻址时间为 10ms，文件传输速率为 100MB/s，为了使寻址时间仅占传输时间的 1%，就需要将块设置为 100MB 左右，以此来达到最优占比。但是数据块也不宜设置过大，因为 MapReduce 的 Map 任务每次只处理一个数据块，故如果任务量少于集群的节点数量，作业运行速度就比较慢。

（4）读写删过程

【某互联网公司面试题 4-37：请简要叙述 HDFS 的读写删过程】

答案：假设副本系数设置为 3，当 Client 向 HDFS 文件写入数据的时候，一开始是写到本地的临时文件里，直到这个临时文件累积到一个数据块的大小为 128MB 时，Client 会从 NameNode 获取一个 DataNode 列表用于存放副本，接着开始进行数据传输，这个过程如图 4-7 所示。

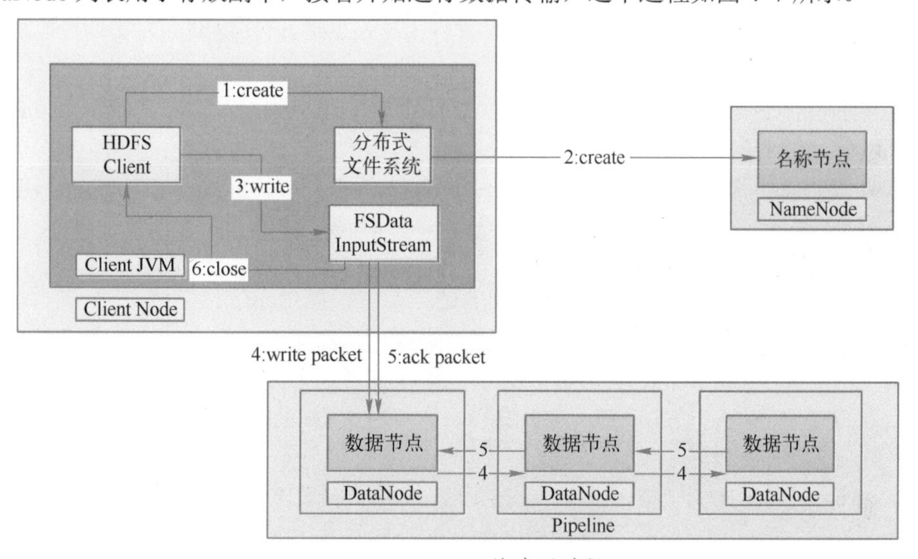

● 图 4-7 HDFS 的读写过程

Client 会建立一个 RPC 调用，形成一个 Pipeline，第一个 DataNode（假设为 A）收到请求后会继续调用第二个 DataNode（假设为 B），然后第二个调用第三个 DataNode（假设为 C），将整个 pipeline 建立完成，逐级返回客户端。

Client 开始往 A 上传第一个 Block（先从磁盘读取数据放到一个本地内存缓存），以 Packet 为单位（一个 Packet 为 64kb）进行写入，在写入的时候 DataNode 会以 Chunk（512byte）为单位计算数据校验和，直到一个 Packet 被写满，Packet 以及校验和都会进入 DataQueue 队列，A 就会把这个 packet 和校验和传给 B，B 进行写入后，B 再传给 C。同时 DataNode 成功存储一个 Packet 后会返回一个 Ack Packet，放入 Ack Queue 中，当 Pipeline 中的所有 DataNode 都提示数据已经写入成功时，就会移除 Ack Queue 中的 Packet。

如果传输过程中，有某个 DataNode 出现了故障，那么当前的 Pipeline 会被关闭，出现故障的 DataNode 会从当前的 Pipeline 中移除，剩余的 Block 会继续在正常的 DataNode 中以 Pipeline 的形式传输，同时 NameNode 会分配一个新的 DataNode，以保持设定的副本数量。

当一个 Block 传输完成之后，Client 再次请求 NameNode 上传第二个 Block 的服务器，如此直到所有数据传输完毕。数据传输完毕后，Client 会给 NameNode 发送一个反馈，告诉 NameNode 当前 Client 上传的数据已经成功。

通过这个过程可以发现，如果要写入 1TB 文件，就需要 3TB 的存储空间以及 3TB 的网络流量。另外即使宕掉一个节点没关系，因为还有其他节点可以备份。

如果一个 DataNode 出错，则回去其他备份数据块的 DataNode 上读取，并且会把这个 DataNode 上的数据块再复制一份以达到备份的效果。

读数据时，HDFS 提供的 Client 会向 NameNode 发出读数据的请求，NameNode 将根据情况返回所请求数据的部分或全部 Block 列表，而且会带有 Block 的 DataNode 地址，Client 会计算哪个节点离自己最近，并选取最近的节点来读取 Block，每读完一个 Block，就关闭与当前 DataNode 的链接，并寻找离下一个 Block 最近的节点读取下一个 Block。每读完一个 Block 都会进行校验和验证，如果读取 DataNode 时出现错误，Client 会通知 NameNode，从下一个拥有该 Block 拷贝的 DataNode 继续读。

删除文件时，一般使用 HDFS 删除命令删除文件，这时 NameNode 只是重命名被删除的文件到/trash 目录，因为重命名操作只是元信息的变动，所以整个过程非常快。

然而，在/trash 中的文件会被保留一定时间（默认是 6 小时），在这期间，文件可以被恢复，恢复只需要将文件从/trash 移出即可。

当指定的时间到达时，NameNode 将会把文件从命名空间中删除，这时文件才会被真正删除，而且 HDFS 文件系统会显示空间增加。

如果要彻底删除文件，可以利用 HDFS 提供的 Shell 命令：bin/Hadoop dfs expunge 清空/trash。

4.5.2 Hadoop 核心之 MapReduce

在讲解 MapReduce 前，先来看一个简单的例子。

假设想知道香港“四大天王”目前在网络上谁最红火，那么一个很自然的操作就是去找最近三年的所有和“四大天王”有关的新闻文章和帖子，统计下“四大天王”各成员出现的次数，我们发现这样的文章数量可能达到了几千万。对于这样一个海量数据问题，在不使用 MapReduce 的情况下，有 3 种解决方案。

方法 1：写一个单机程序，把所有相关新闻遍历一遍，统计各成员的出现次数，最后就可以知道谁被提到的次数最多。但是这个方法显然太慢，于是有了方法 2。

方法 2：写一个多线程程序，并发遍历所有相关新闻。如果机器是多核的，这个问题理论上是可以高度并发的，因为统计一个文件时不会影响统计另一个文件。但是写一个多线程程序要比方法一困难多了，我们必须自己同步共享数据，比如要防止两个线程重复统计文件。如果数据量太大，一台服务器装不下怎么办？于是有了方法 3。

方法 3：使用方法一的程序（或者方法二的程序），人工拷贝到 N 台机器上去，然后把收集到的新闻文章分成 N 份，一台机器分一份。最后把这 N 台机器运行的结果进行整合，为了高效地对运行结果进行整合，可以再写一个程序专门负责结果整合。

以上 3 种方法解决问题的效率是递进的，但是程序的复杂度也逐步上升，因而对技术人员的技术要求也逐步升高，而遇到的问题复杂度并不高。

（1）MR 的工作原理

【某互联网公司面试题 4-38：请简要说明 MapReduce 的工作原理】

答案：通过前面的讲解，可以发现，在海量数据的情况下，由于一台服务器的磁盘空间和内存容量是非常有限的，必然要求数据分布在不同的服务器上，这就让本身简单的问题复杂化了，它要求程序能够在这种分布式集群上运行，那么传统的单机版程序就需要进行复杂的改造，无疑大大降低了开发效率。

MapReduce 就是把一个很大的任务分成很多小任务，完成每个小任务的方法都是相同的，最后将小任务的结果进行汇总从而得到大任务的结果，主要用于解决大数据问题。MapReduce 通常用于离线数据处理，以及非事务请求处理。

MapReduce 的优良性能使得它天然适合在分布式集群上进行计算。引入 MapReduce 框架后，开发人员可以将绝大部分工作集中在业务逻辑的开发上，而将分布式计算中的复杂性交由框架来处理。其实，MapReduce 本质上就是方法 3。

MapReduce 程序运行主要分为 4 大阶段：作业提交阶段、Map 阶段、Shuffle 阶段、Reduce 阶段。

作业提交阶段主要完成 3 件事情，第一是收集运行程序所需要的资源；第二是计算需要完成的任务数量；第三是对任务进行分配。

（2）作业提交阶段

除了前文讲解的 HDFS 文件系统外，MapReduce 程序的运行需要依赖另外 3 个关键组件：JobClient、JobTracker 和 TaskTracker。

JobClient 负责将 MapReduce 程序打成 Jar 包存储到 HDFS，并把 Jar 包的路径提交到 Jobtracker，由 Jobtracker 进行任务的分配和监控。

JobTracker 负责接收 JobClient 提交的 Job，调度 Job 的每一个子 Task 运行于 TaskTracker 上，并监控它们，如果发现有失败的 Task 就重新运行它。

TaskTracker 负责主动与 JobTracker 通信，接收 Job，并直接执行每一个任务。

【某互联网公司面试题 4-39：MapReduce 中 JobClient、JobTracker 和 TaskTracker 是如何配合完成一次 MapReduce 作业的】

答案：MapReduce 中 JobClient、JobTracker 和 TaskTracker 是一种协作机制，从而用于完成一次 MapReduce 作业，整个运行过程如下。

1）提交作业：JobClient 通过 RPC 协议向 JobTracker 请求一个 JobID。JobTracker 检查 Job 后会返回一个新的 JobID 给 JobClient。

2）获取资源：JobClient 将 Job 所需的资源复制到以 JobID 命名的 HDFS 文件夹中。

① 资源包括：程序 JAR 包、配置文件 xml、作业分片数和各种依赖包等。

② job.xml：作业配置，例如 Mapper、Combiner、Reducer 的类型，输入输出格式的类型等。

③ job.jar：JAR 包，里面包含了执行此任务需要的各种类，比如 Mapper、Reducer 等实现。

④ job.split：文件分块的相关信息，比如有数据分多少个块，块的大小（默认 64m）等。

这三个文件在 hdfs 上的路径由 Hadoop-default.xml 文件中的 MapReduce 系统路径 mapred.system.dir 属性+JobID 决定。mapred.system.dir 属性默认是/tmp/Hadoop-user_name/mapred/system。

⑤ 初始化：JobClient 通过 submitJob()向 JobTracker 提交 Job，JobTracker 收到提交的 Job 后，对 Job 进行任务初始化。

初始化主要包括：JobTracker 读取 HDFS 上要处理的文件，计算输入分片（决定该启动多少 Mapper 任务），每一个分片对应一个 TaskTracker。

3）分配任务：TaskTracker 定期向 JobTracker 发送“心跳”，表明自己还活着。在此情况下，TaskTracker 向 JobTracker 领取任务【注释：任务已经在上一步由 JobTracker 好】，对于 Map 任务，JobTracker 会考虑 TaskTracker 的网络位置，选取一个距离其输入分片文件最近的 TaskTracker，对于 reduce 任务，JobTracker 会从 Reduce 任务列表中选取下一个来执行。

4）执行任务：TaskTracker 读取 HDFS 上的 Job 资源到本地，包括 JAR 包、配置文件等，然后创建一个本地工作目录，并新建一个 TaskRunner 实例运行该任务。TaskRunner 启动一个 JVM 子进程运行任务（Map 任务或 Reduce 任务）

【某互联网公司面试题 4-40：请举例说明如何通过 Split 来对 Map 任务进行划分】

答案：假设有两个文件要作为 MapReduce 程序的输入，其中一个 File1 有 600MB，另外一个文件有 400MB，按照 HDFS 的存储规则，File1 占用 5 个 Block，File2 占用 3 个 Block，最后一个 Block 都小于 128MB。分别占用 Block 如下。

File 1：Block1, Block2, Block3, Block4, Block5。

File 2：Block6, Block7, Block8。

如果不指定 Map Tasks 数，默认就是 1，假设在程序中指定 Map Tasks 的个数，比如 Splits =2，在 FileInputFormat 的 GetSplits 方法中，首先会计算总的 Blocks 数，totalBlocks=8，然后会计算 goalNum=totalBlocks/Splits=4。

对于 File1，计算一个 Split 有多少个 Block 是这样计算的。

先指定一个 MinSize【注释：配置文件 mapred.min.split.size 的值】，表示一个 Split 至少包含几个 Block，默认为 1。

再取 goalNum 和 Block 数中的较小值，显然对于 File1 来说，Block 数为 5，而 goalNum 为 4，因而较小值为 4。

最后取 MinSize 和上述较小值中的较大值，显然为 4。

也就是说对于 File1，一个 Split 有 4 个 Block，于是 File1 就要被分成 2 个 Split。

对于 File2，采取同样的计算方法，最终被分成 1 个 Split。

综合起来，虽然用户指定了 Map Tasks 数为 2，但是实际上最终被分成 3 个任务（3 个 Split）了。可以算出，如果指定 100 个 Map 任务，实际最后会被分成 8 个任务。也就是最终任务数的多少和用户指定的任务数量，Minsize 以及 Blocksize 决定的。

另外，需要注意的是，用于指定任务数时，应该尽可能让分片后每个 Split 里的数据量和 Block 的大小一致，否则有可能导致分片跨越多个数据块，当这些数据库分布在 HDFS 的不同节点上时，会增加网络传输负担，降低 MapReduce 的任务效率。

这里有个问题需要解释下。

Block 是 HDFS 物理存储文件的单位（默认是 128MB）。InputSplit 是 MapReduce 对文件进行处理和运算的输入单位，只是一个逻辑概念，每个 InputSplit 并没有对文件实际的切割，只是记录了要处理的数据的位置（包括文件的 Path 和 Hosts）和长度（由 Start 和 Length 决定）。因此以行记录形式的文本，可能存在一行记录被划分到不同的 Block，甚至不同的 DataNode 上去。通过分析 FileInputFormat 里面的 GetSplits 方法，可以得出，某一行记录同样也可能被划分到不同的 InputSplit，但这并不会对 Map 造成影响，尽管一行记录可能被拆分到不同的 InputSplit，但是与 FileInputFormat 关联的 RecordReader 被设计得足够健壮，当一行记录跨 InputSplit 时，其能够到读取不同的 InputSplit，直到把这一行记录读取完成。

（3）Reduce 任务计数

Reducer 的个数可以由用户独立设置的，在默认情况下只有一个 Reducer。它的个数既可以使用命令行参数设置（MapReduce.job.reduces=number），也可以在程序中制定（job.setNumReduceTasks(number)）。

适当增加 Reducer 的数量可以提高执行效率，但是不能过多，因为 Reducer 数量过多，会产生过多的小文件，占用过多的内存。

为了更加高效地完成 Reduce 任务，Reducer 的个数需要依据自己的任务特点和机器负载情况进行选择。Hadoop 权威指南给出的一条经验法则是：目标 Reducer 保持在每个运行 5 分钟左右，且产生至少一个 HDFS 块的输出。而 Apache 的 MapReduce 官方教程中给出的建议是：Reducer 个数应该设置为 0.95 或者 1.75 乘以节点数与每个节点的容器数的乘积。当乘数为 0.95 时，Map 任务结束后所有的 Reduce 将会立刻启动并开始转移数据，此时队列中无等待任务，该设置适合 Reudce 任务执行时间短或者 Reduce 任务在个节点的执行时间相差不大的情况。当乘数为 1.75 时，运行较快的节点将在完成第一轮 Reduce 任务后，可以立即从队列中取出新的 Reduce 任务执行，由于该 Reduce 个数设置方法减轻了单个 Reduce 任务的负载，并且运行较快的节点将执行新的 Reduce 任务而非空等执行较慢的节点，其拥有更好的负载均衡特性。

（4）Map 阶段

调用用户实现的 Map 函数，称为 Mapper，独立且并行地处理每个 Map 任务，返回多个 Key-value 对，这是 Map 阶段的输出。

（5）Shuffle 阶段

【某互联网公司面试题 4-41：请简要说明 Hadoop Shuffle 的流程】

答案：在 Hadoop 中数据从 Map 阶段传递给 Reduce 阶段的过程就叫 Shuffle，这个过程要确保每个 Reducer 的输入都是按键排序的。Shuffle 并不是 Hadoop 的一个组件，只是 Map 阶段产生数据输出到 reduce 阶段取得数据作为输入之前的一个过程（如图 4-8 所示）。Shuffle 机制是整个 MapReduce 框架中最核心的部分。在 Map 产生输出的时候，就已经进入到了 Shuffle 阶段。

Shuffle 阶段分成两部分，一部分称为 Map-Shuffle，另一部分称为 Reduce-Shuffle。

在 Map-Shuffle 阶段主要完成 Collect 和 Spill、Merge 这 3 个过程，在这 3 个过程中 Partition 是贯穿始终的。在 Reduce-Shuffle 阶段，主要完成 Copy、Merge 和 Sort 这 3 个过程（如图 4-8 所示）。

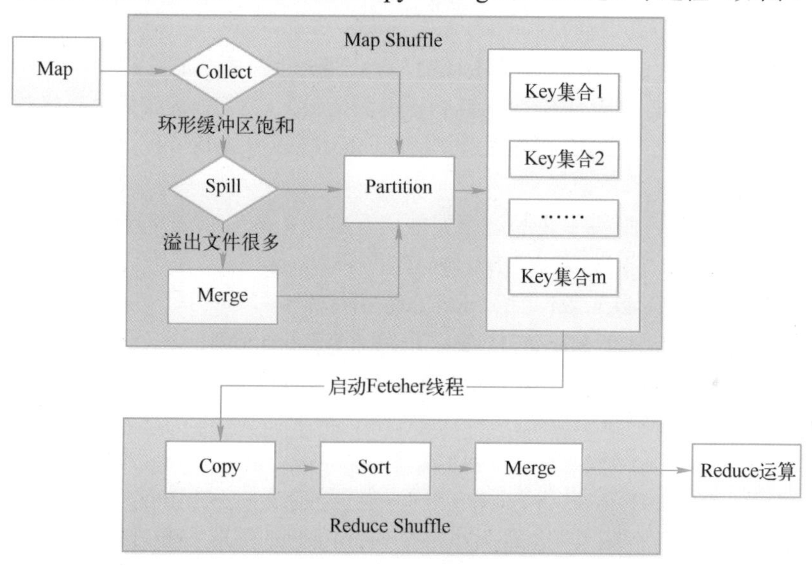

● 图 4-8　Shuffle 流程

1）Collect 阶段：MapTask 会将 Map 方法输出的结果存入到默认大小为 100MB 的环形缓冲区【注释：环形缓冲区适用于写入和读取的内容保持在顺序的情况下，要不然就不能均匀地向前推进】。缓冲区的大小可以通过参数 io.sort.mb 调整。

2）Spill 阶段：当缓冲区达到饱和的时候（默认占比为 0.8）就会溢出到磁盘中形成 1 个 Spill 文件，在将数据写入磁盘之前会按照 Partition 值和 Key 来进行排序，并且如果需要 Combine，那么也会在写入磁盘前进行 Combine 操作。显然，缓冲区越大，磁盘 IO 的次数越少，执行速度就越快。此时 Map 函数还可以继续输出结果，当循环内存缓冲区中的内容写满了，Map 函数就会被阻塞，直到缓冲区的内容全部写完，才会启动。

Combine 是可选的，有点类似 Reduce，主要是对 Map 计算出的中间文件前做一个简单的合并，通过合并重复 Key 值让文件变小，提高网络传输效率，但是 Combiner 操作是有风险的，使用它的原则是 Combiner 的输入不会影响到 Reduce 计算的最终输入。例如：如果计算只是求总数可以使用 Combiner，但是求平均值使用 Combiner 的话，最终的 Reduce 计算结果就会出错。

由于 Combiner 需要一次额外的对于 Map 输出的序列化和反序列化过程，如果聚合不能将 Map 端的输出大幅度减少（20%以上）的话就不适用 Combiner。

3）Merge 阶段：如果 Map 的输出结果很多，则会有多个溢出文件，把所有溢出文件进行一次合并操作，以确保一个 MapTask 最终只产生一个中间数据文件。在合并的过程中也会触发一次 Sort 操作，将单个有序的 Spill 文件合并成最终的有序的文件。当然，如果 Map Task 的结果不大，能够完全存储到内存缓冲区，且未达到内存缓冲区的阈值，那么就不会有写临时文件到磁盘的操作，也不会有这里的合并。

4）Partition：所有 Map Function 产生的 Key 可能有成百上千，经过 Shuffle 组合 Key 的工作之后，依然是相同数目，而负责 Reduce 工作的 Host 可能只有几十个，几百个。Partitioner 负责计算哪些 Key 应当被放到同一个 Reduce 里。Map 输出的时候，会调用 Partition 函数，按照 Key 值将结果分成 R 份，其中每份都有一个 Reducer 去负责，可以通过 job.setPartitionerClass()方法进行设置，默认的使用 hashPartitioner 类。

这里有两点需要注意。

第一点，合并（Combine）和归并（Merge）的区别：两个键值对<"a",1>和<"a",1>，如果合并，会得到<"a",2>，如果归并，会得到<"a",<1,1>>。

第二点，这些 Spill File 存在 Map 所在 Host 的 Local Disk 上，而不是我们之前讲解过的 HDFS。

随着 Map 不断运行，有可能有多个 Spill File 被制造出来。当 Map 结束时，这些 Spill File 会被 Merge 起来（不是 Merge 成一个 File，而是按 Reduce Partition 分成多个）。

至此，Map 端的所有工作都已结束。

对于 MapReduce 来说，最终生成的这个文件也存放在 TaskTracker 够得着的某个本地目录内。每个 ReduceTask 不断地通过 RPC 从 JobTracker 那里获取 Map Task 是否完成的信息，如果 Reduce Task 得到通知，获知某台 Tasktracker 上的 Map Task 执行完成。

对于 YARN 来说，当所有 Map 的任务结束后，ApplicationMaster 通过心跳机制（Heartbeat Mechanism），由它知道 Mapping 的输出结果与机器 Host，所以 Reducer 会定时的通过一个线程访问 Applicationmaster 请求 Map 的输出结果。

接下来启动 Shuffle 的后半段过程。

5）Copy 阶段：ReduceTask 启动 Fetcher 线程到已经完成 MapTask 的节点上复制一份属于自己的数据到内存中，如果内存不够用（内存大小可在 MapReduce.reduce.shuffle.input.buffer.percent 中设置），就会写入磁盘。当内存缓冲区的大小到达一定比例时（可通过 MapReduce.reduce.shuffle.merge.percent 设置）或 Map 的输出结果文件过多时（可通过配置 MapReduce.reduce.merge.inmen.threshold），将会触发合并（Merged）随之写入磁盘。

Reducer 在复制数据的时候只复制与自己对应的 Partition 中的数据。每个 Reducer 会处理一个或者多个 Partition。

而且，由于 MapTasks 有可能在不同时间结束，所以 Reduce Tasks 没必要等所有 MapTasks 都结束才开始。事实上，每个 ReduceTask 有一些 Threads 专门负责从 Map Host Copy Map Output（默认是 5 个，可以通过 mapred.reduce.parallel.copies 参数设置）。考虑网络的延迟问题，并行处理可以在一定程度上提高效率。

6）Merge 阶段：在 ReduceTask 远程复制数据的同时，会在后台开启两个线程（一个是内存到磁盘的合并，一个是磁盘到磁盘的合并）进行合并操作。这个合并过程主要是对不同的节点上的 Map 输出结果进行合并。

7）Sort：在对数据进行合并的同时，会进行排序操作，由于 MapTask 阶段已经对数据进行了局部的排序，ReduceTask 只需保证复制的数据的最终整体有效性即可。

排序并不是一次把所有 file 都排序，而是分几轮。每轮过后产生一个结果，然后再对结果排序。最后一轮就不用产生排序结果了，而是直接向 Reduce 提供输入。这时，用户提供的 Reduce Function 就可以被调用了。输入就是 MapTask 产生的 Key Value Pairs。

总结一下 Shuffle 的大致流程为：MapTask 会不断收集我们的 Map()方法输出的 kv 对，放到内存缓冲区中，当缓冲区达到饱和的时候（默认占比为 0.8）就会溢出到磁盘中，如果 Map 的输出结果很多，则会有多个溢出文件，多个溢出文件会被合并成一个大的溢出文件。在文件溢出、合并的过程中，都要调用 Partitioner 进行分组和针对 Key 进行排序（默认是按照 Key 的 Hash 值对 Partitioner 个数取模），之后 ReduceTask 根据自己的分区号，去各个 MapTask 机器上取相应的结果分区数据，ReduceTask 会将这些文件再进行合并（归并排序）。合并成大文件后，Shuffle 的过程也就结束了，后面进入 ReduceTask 的逻辑运算过程。

注意，Shuffle 中的缓冲区大小会影响到 MapReduce 程序的执行效率，原则上说，缓冲区越大，磁盘 IO 的次数越少，执行速度就越快，正是因为 Shuffle 的过程中要不断地将文件从磁盘写入到内存，再从内存写入到磁盘，从而导致了 Hadoop 中 MapReduce 执行效率相对于 Storm 等一些实时计算来说比较低下的原因。

（6）Reduce 阶段

Shuffle 阶段的结束意味着 Reduce 已将所有的 Map 上对应自己 Partition 的数据下载完成，Reduce task 真正进入 Reduce 函数的计算阶段。Reduce 计算也需要内存作为缓存。

可以用 MapReduce.reduce.input.buffer.percent 来设置 reduce 的缓存。这个参数默认为 0，也就是说，Reduce 是全部从磁盘开始读处理数据。如果这个参数大于 0，那么就会有一定量的数据被缓存在内存并输送给 Reduce。当 Reduce 计算逻辑消耗内存很小时，可以分一部分内存用来缓存数据，从而提升计算的速度。

在 Reduce 阶段，对已排序输出中的每个 Key-Value 都要调用 Reduce 函数，然后再调用 OutputCollector.collect 进行结果输出，可以直接输出到 HDFS，而且这种输出是没有经过排序的。

（7）MapReduce 的缺点

MapReduce 框架看似非常高效，但实际上还有以下三个缺点。

1）MapReduce 的任务都是集中在 JobTracker（在 Namenode 上）里处理的，单点压力过大最多只能支持近 4000 台机器，容易发生单点故障。

2）在 TaskTracker 端，以任务数这种简单的形式来描述和分配资源，而没有考虑 CPU、内存等的占用情况，如果两个资源消耗很大的任务被调度到了一块，很容易出现内存泄漏的问题。

3）在 TaskTracker 端，把资源强制划分为 Map 任务槽和 Reduce 任务槽，当系统中只有 Map 任务或者只有 Reduce 任务的时候，会造成资源的浪费。

为此，对 MapReduce 进行了重构，形成了 YARN（Yet Another Resource Negotiator，另一种资源协调者），可以把 YARN 认为是 MapReduce 的进化版本，但实际上 MapReduce 不过是 YARN 的一个应用。后面会进一步说明 YARN。

（8）Hadoop 特殊任务

【某互联网公司面试题 4-42：如何处理 Hadoop 的长时任务】

答案：Hadoop 中如果某一个任务在某个节点上长时间不完成，可以采用手动干预的方式来处理这种情况。这就用到 Hadoop 中的三种特殊的任务：failed task、killed task 和 speculative task。

failed task 是由于硬件、程序 bug 等原因异常退出的任务，比如磁盘空间不足等。

killed task 是 Hadoop 主动将其杀死的任务，比如一个任务占用过多的内存，为了不影响其他作业的正常运行，Hadoop 需将这种不正常的任务杀死，以保证为所有作业提供一个“和谐”的任务执行环境。failed task 再次调度时不会在那些曾经失败的节点上运行，而 killed task 则可能被再次调度到任何一个节点上（包括曾经失败多的节点）。

因此，如果目测一个作业的任务运行很慢，可以使用 bin/Hadoop job -fail-task xxx 让这个任务换一个节点重新运行，而不是使用 bin/Hadoop job -kill-task xxx。

speculative task 是 Hadoop 针对那些慢任务（慢任务会拖慢一个作业的完成时间），为其额外启动一个备份任务，一起处理同一份数据，哪个先执行完，则采用哪个处理结果，同时将另外一个任务杀死。也就是说，推测执行是 Hadoop 对慢任务的一种优化机制（实际上就是“空间换时间”的经典优化思想），不属于容错调度范畴。

4.5.3 YARN

YARN（Yet Another Resource Negotiator，另一种资源协调者）是一种新的 Hadoop 资源管理器，它是一个通用资源管理系统，可为上层应用提供统一的资源管理和调度，它的引入为集群在利用率、资源统一管理和数据共享等方面带来了巨大好处。

YARN 的基本思想是将 JobTracker 的两个主要功能（资源管理和作业调度/监控）分离，并用 ResourceManager、ApplicationMaster 与 NodeManager 替代原来的 JobTracker 和 TaskTracker。

主要方法是创建一个全局的 ResourceManager 和若干个针对应用程序的 ApplicationMaster。这里的应用程序是指传统的 MapReduce 作业或作业的 DAG（有向无环图）。

（1）YARN 的组成

YARN 总体上是 Master/slaves 结构，整个架构中，ResourceManager 是主节点，NodeManager 是从节点。

总体来说，它由四部分组成：ResourceManager(RM)、ApplicationMaster(AM)、NodeManager(NM)和 Container 组成。

RM 是一个全局的资源管理器，负责整个系统的资源管理和分配。它主要由两个组件构成：调度器（Scheduler）和应用程序管理器（Applications Manager）。

调度器主要负责对整个集群（CPU、内存）的资源进行分配和调度，分配资源以 Container（可以理解为节点上的一组 CPU 和内存资源）的形式分发到各个应用程序中（如 MapReduce 作业），应用程序与资源所在节点的 NodeManager 协作利用 Container 完成具体的任务（如 Reduce Task）。

Applications Manager 主要负责接收 job 的提交请求，为应用分配第一个 Container 来运行 ApplicationMaster，还有就是负责监控 ApplicationMaster，在遇到失败时重启 ApplicationMaster 运行的 Container。

AM 主要是用来管理 YARN 内的应用程序实例，包括启动、恢复应用程序、为应用程序申请运行资源以及监控任务的运行。

用户提交的每一个应用程序都包括一个 AM，主要有以下功能。

1）与 RM 协调器协商以获取资源（用 Container 表示）。

2）将得到的任务进一步分配给内部任务。

3）与 NM 通信以启动/停止任务。

4）监控任务的状态，并在任务失败时重新为任务申请资源以重启任务。

NM 是运行在单个节点上的代理，它管理 Hadoop 集群中单个计算节点，功能包括与 ResourceManager 和 ApplicationMaster 进行交互，管理 Container 的生命周期、监控每个 Container 的资源使用（内存、CPU 等）情况、追踪节点健康状况、管理日志和不同应用程序用到的附属服务等。

Container 是 YARN 中的资源抽象，它封装了某个 NM 节点上的多维度资源，如内存、CPU、磁盘、网络等。当 AM 向 RM 申请资源时，RM 为 AM 返回的资源便是用 Container 表示的。YARN 会为每个任务分配一个 Container，且该任务只能使用 Container 中描述的资源。

Container只是一个动态资源的概念，其实际的大小是可以配置的。使用过程中，可以根据任务的不同类型来修改资源用量。

Container和集群节点的关系是：一个节点会运行多个Container，但一个Container不会跨节点。

（2）Yarn的运行流程

【某互联网公司面试题4-43：请简要叙述yarn的运行流程】

答案：YARN运行流程如下。

1）提交作业：客户端向ResourceManager请求一个新的作业ID，ResourceManager收到后，回应一个ApplicationID。

2）获取资源：计算作业的输入分片，将运行作业所需要的资源（包括jar文件、配置文件和计算得到的输入分片）复制到一个分布式文件系统（HDFS）。

3）初始化：告知ResourceManager作业准备执行，并且调用submitApplication()提交作业，ResourceManager收到对其submitApplication()方法的调用后，会把此调用放入一个内部队列中，交由作业调度器进行调度，并对其初始化。然后为该其分配一个Contain容器，并与对应的NodeManager通信，要求它在Contain中启动ApplicationMaster，ApplicationMaster启动后，会对作业进行初始化，并保持作业的追踪。ApplicationMaster从HDFS中共享资源，接受客户端计算的输入分片为每个分片。

4）分配任务：ApplicationMaster向ResourceManager注册，这样就可以直接通过ResourceManager查看应用的运行状态，并为所有的Map和Reduce任务获取资源。

5）执行任务：ApplicationMaster申请到资源后，与NodeManager进行交互，要求它在Contain容器中启动执行任务。

（3）YARN调度器

YRAN提供了3种调度策略：FIFO、Capacity-Scheduler和Fair-Scheduler，分别解析如下。

1）FIFO（先进先出调度器）

YRAN默认情况下使用的是该调度器，即所有的应用程序都是按照提交的顺序来执行的，这些应用程序都放在一个队列中，只有在前面的一个任务执行完成之后，才可以执行后面的任务，依次执行。

缺点：如果有某个任务执行时间较长的话，后面的任务都要处于等待状态，这样的话会造成资源的使用率不高；如果是多人共享集群资源的话，缺点更是明显。

2）Capacity-Scheduler（容量调度器）

针对多用户的调度，容量调度器采用的方法稍有不同。集群由很多的队列组成（类似于任务池），这些队列可能是层次结构的（因此，一个队列可能是另一个队列的子队列），每个队列被分配有一定的容量。这一点和公平调度器类似，只不过在每个队列的内部，作业根据FIFO的方式（考虑优先级）调度。本质上，容量调度器允许用户或组织（使用队列自行定义）为每个用户或组织模拟出一个使用FIFO调度策略的独立MapReduce集群。相比之下，公平调度器（实际上也支持作业池内的FIFO调度，使其类似于容量调度器）强制池内公平共享，使运行的作业共享池内的资源。

容量调度器具有以下几个特点。

① 集群按照队列为单位划分资源，这些队列可能为层次结构。

② 可以控制每个队列的最低保障资源和最高使用限制，最高使用限制是为了防止该队列占用过多的空闲资源导致其他的队列资源紧张。

③ 可以针对用户设置每个用户的资源最高使用限制，防止该用户滥用资源。

④ 在每个队列内部的作业调度是按照FIFO的方式调度。

⑤ 如果某个队列的资源使用紧张，但是另一个队列的资源比较空闲，此时可以将空闲的资源

暂时借用，可是一旦被借用资源的队列有新的任务提交之后，此时被借用出去的资源将会被释放还回给原队列。

⑥ 每一个队列都有严格的访问控制，只有那些被授权了的用户才可以查看任务的运行状态。

3）Fair-Scheduler（公平调度器）

所谓的公平调度器指的是，旨在让每个用户公平地共享集群的能力。如果是只有一个作业在运行的话，就会得到集群中所有的资源。随着提交的作业越来越多，限制的任务槽会以“让每个用户公平共享集群”这种方式进行分配。

默认情况下，每个用户都有自己的作业池，用户的作业不管时间长短都是放在作业池中的。如果该队列池中只有一个任务的话，则该任务会使用当前池中的所有资源。提交作业数较多的用户，不会因此而获得更多的集群资源。而且这种调度器还可以用 Map 和 Reduce 的任务槽数来定制作业池的最小容量，也可以设置每个池的权重。

公平调度器支持抢占机制。如果一个池在特定的一段时间内未能公平的共享资源，就会终止运行池中得到过多的资源的任务，把空出来的任务槽让给运行资源不足的作业池。

公平调度器还提供了一个基于任务数目的负载均衡机制。该机制尽可能地将任务均匀分配到集群的所有节点上。

4.5.4 WordCount 源码

本文以一个词语数量统计程序 WordCount 来说明 MapReduce 程序的基本构造。只对 MapReduce 原理感兴趣，而对程序开发不感兴趣的读者可以直接略过此部分。

通过前面的讲解我们可以看到 MapReduce（简称 MR）的工作原理是很复杂的，然而写 MR 程序并没有这么复杂，特别是复杂的 Shuffle 过程，完全是 Hadoop 系统提供的。对于一个简单的 MR 程序来说，只需要写好四个部分：第一是把相关的 jar 包引进工程；第二是进行一些基本的参数和路径设置；第三是实现 Map 函数；第四是实现 Reduce 函数。写好的程序作为作业提交给 Hadoop 系统后，系统将会自动去工作产出我们期望的结果。

Map 是映射，负责数据的过滤分类，将原始数据转化为键值对。

Map 函数：接收一个键值对（Key-Value Pair），产生一组中间键值对。MapReduce 框架会将 Map 函数产生的中间键值对中键相同的值传递给一个 Reduce 函数。

Reduce 是合并，将具有相同 Key 值的 Value 进行处理后再输出新的键值对作为最终结果。

Reduce 函数：接受一个键 Key，以及相关的一组值（Value List），将这组值进行合并产生一组规模更小的值（通常只有一个或零个值）。

说明：以下是一个 Java 程序。

（1）程序总结构

```
import java.io.IOException;
import org.apache.Hadoop.conf.Configuration;
import org.apache.Hadoop.fs.FileSystem;
import org.apache.Hadoop.fs.Path;
import org.apache.Hadoop.io.IntWritable;
import org.apache.Hadoop.io.LongWritable;
import org.apache.Hadoop.io.Text;
import org.apache.Hadoop.MapReduce.Job;
import org.apache.Hadoop.MapReduce.Mapper;
import org.apache.Hadoop.MapReduce.Reducer;
import org.apache.Hadoop.MapReduce.lib.input.FileInputFormat;
import org.apache.Hadoop.MapReduce.lib.output.FileOutputFormat;
```

程序总结构如下：

```
public class WordCountMR {
```

```
    public static void main(String[] args) throws Exception {
        ……
    }
    static class WordCountMapper extends Mapper<LongWritable, Text, Text, IntWritable>{
        ……
    }
    static class WordCountReducer extends Reducer<Text, IntWritable, Text, IntWritable>{
        ……
    }
}
```

以下分别详细讲解 Main、Map、Reduce 三个类。

（2）Main 程序

```
/**
 * 该Main方法是当前MapReduce程序运行的入口，其中用一个Job类对象来管理程序运行时所需要的很多参数
 * 比如，指定用哪个组件作为数据读取器、数据结果输出器
 * 指定用哪个类作为Map阶段的业务逻辑类，哪个类作为Reduce阶段的业务逻辑类
 * 指定WordCount Job程序的jar包所在路径
 *   ....
 * 以及其他各种需要的参数
 */
public static void main(String[] args) throws Exception {
  // HDFS配置
  Configuration conf = new Configuration();
  conf.set("fs.defaultFS", "hdfs://Hadoop02:9000");
  System.setProperty("HADOOP_USER_NAME", "Hadoop");
   conf.set("MapReduce.framework.name", "yarn");
  conf.set("yarn.resourcemanager.hostname", "Hadoop04");

   //指定 Job 相关参数
   Job job = Job.getInstance(conf);
   // 设置jar包所在路径
   job.setJarByClass(WordCountMR.class);

   // 指定Mapper类和Reducer类
   job.setMapperClass(WordCountMapper.class);
   job.setReducerClass(WordCountReducer.class);

   // 指定 Maptask 的输出类型
   job.setMapOutputKeyClass(Text.class);
   job.setMapOutputValueClass(IntWritable.class);

   // 指定 ReduceTask 的输出类型
   job.setOutputKeyClass(Text.class);
   job.setOutputValueClass(IntWritable.class);


   // 指定该MapReduce程序数据的输入和输出路径
   Path inputPath = new Path("/wordcount/input");
   Path outputPath = new Path("/wordcount/output");
   FileSystem fs = FileSystem.get(conf);
   if(fs.exists(outputPath)){
     fs.delete(outputPath, true);
   }
   FileInputFormat.setInputPaths(job, inputPath);
   FileOutputFormat.setOutputPath(job, outputPath);

   job.submit();
   // 最后提交任务
   boolean waitForCompletion = job.waitForCompletion(true);
   System.exit(waitForCompletion?0:1);
}
```

（3）Map 程序

```
/**
```

```
 * Mapper<KEYIN, VALUEIN, KEYOUT, VALUEOUT>
 *
 * KEYIN 是指框架读取到的数据的 Key 的类型，在默认的 InputFormat 下，读到的 Key 是一行文本的起始偏移量，
   所以 Key 的类型是 Long
 * VALUEIN 是指框架读取到的数据的 value 的类型，在默认的 InputFormat 下，读到的 value 是一行文本的内容，
   所以 value 的类型是 String
 * KEYOUT 是指用户自定义逻辑方法返回的数据中 Key 的类型，由用户业务逻辑决定，在此 WordCount 程序中，
   输出的 Key 是单词，所以是 String
 * VALUEOUT 是指用户自定义逻辑方法返回的数据中 value 的类型，由用户业务逻辑决定，在此 WordCount 程序中，
   输出的 value 是单词的数量，所以是 Integer
 * 但是，String、Long 等 JDK 中自带的数据类型，在序列化时，效率比较低，Hadoop 为了提高序列化效率，自定
   义了一套序列化框架
 * 所以，在 Hadoop 的程序中，如果该数据需要进行序列化（写磁盘或者网络传输），就一定要用实现了 Hadoop 序列
   化框架的数据类型
 *
 * Long ----> LongWritable
 * String ----> Text
 * Integer ----> IntWritable
 * Null ----> NullWritable
 */
static class WordCountMapper extends Mapper<LongWritable, Text, Text, IntWritable>{
  @Override
  protected void map(LongWritable key, Text value,Context context)
        throws IOException, InterruptedException {

    String[] words = value.toString().split(" ");
    for(String word: words){
       context.write(new Text(word), new IntWritable(1));
    }
  }
}
```

（4）Reduce 程序

```
/**
 * 首先，和前面一样，Reducer 类也有输入和输出，输入就是 Map 阶段的处理结果，输出就是 Reduce 最后的输出
 * ReduceTask 在调用我们写的 Reduce 方法，Reducetask 应该收到了前一阶段（Map 阶段）中所有 MapTask 输
   出的数据中的一部分
 *（数据的 key.hashcode%reducetask 数==本 reductask 号），所以 ReduceTaks 的输入类型必须和 MapTask
  的输出类型一样
 *
 * ReduceTask 将这些收到 kv 数据拿来处理时，是按照如下方式调用我们的 Reduce 方法的
 * 先将自己收到的所有的 kv 对按照 k 分组（根据 k 是否相同）
 * 将某一组 kv 中的第一个 kv 中的 k 传给 Reduce 方法的 Key 变量，把这一组 kv 中所有的 v 用一个迭代器传给
  reduce 方法的变量 values
 */
static class WordCountReducer extends Reducer<Text, IntWritable, Text, IntWritable>{
  @Override
  protected void reduce(Text key, Iterable<IntWritable> values, Context context)
      throws IOException, InterruptedException {

    int sum = 0;
    for(IntWritable v: values){
      sum += v.get();
    }
    context.write(key, new IntWritable(sum));
    }
}
```

4.5.5 MapReduce 优化

除了提升网络和硬件性能外，要提升 MapReduce 程序的运行效率，主要从以下 4 个方面来进行提升：全局参数、数据输入、Map 阶段、Reduce 阶段。下面分别进行阐述。

（1）配置全局参数

1）yarn.scheduler.minimum-allocation-mb 给应用程序 Container 分配的最小内存，默认值为 1024。

2）yarn.scheduler.maximum-allocation-mb 给应用程序 Container 分配的最大内存，默认值为 8192。

3）yarn.scheduler.minimum-allocation-vcores 每个 Container 申请的最小 CPU 核数，默认值为 1。

4）yarn.scheduler.maximum-allocation-vcores 每个 Container 申请的最大 CPU 核数，默认值为 32。

5）yarn.nodemanager.resource.memory-mb 给 Containers 分配的最大物理内存，默认值为 8192。

（2）数据输入优化

输入的文件可能会有两个极端，一个极端是数据量庞大，而全部是由小文件组成的；另一个极端是有大量的超大文件，却不可分割。

我们来看看如何如何针对小文件过多的问题进行优化。

由于每个小文件占用一个 Block（实际占用的物理空间和文件本身的大小一致），这会导致大量的 Block，这些 Block 极有可能分布在不同的 HDFS 节点上，增加网络传输，降低 MapReduce 的效率，甚至导致 namenode 崩溃。

Hadoop 目前还没有一个系统级、通用的解决 HDFS 小文件问题的方案。它自带的 3 种方案，包括 Hadoop Archive、Sequence File 和 CombineFileInputFormat，需要用户根据自己的需要编写程序解决小文件问题。

1）Hadoop Archive 文件系统通常将 HDFS 中的多个文件打包成一个存档文件，减少 namenode 内存的使用。

2）Sequence File 相当于一个容器，可以把很多小文件打包放进去，并可以压缩。Sequence File 由一系列的二进制 Key-Value 组成，如果 Key 为文件名，Value 为文件内容，则可以将大批小文件合并成一个大文件。

3）CombineFileInputFormat 是专门处理小文件的，其核心思想是：根据一定的规则，将 HDFS 上多个小文件合并到一个 InputSplit 中，然后启用一个 Map 来处理这里面的文件，以此减少 MR 整体作业的运行时间。

此外，还可以开启 JVM 重用，对于大量小文件 Job，可以开启 JVM 重用会减少一定的行时间。JVM 重用原理：一个 Map 运行在一个 JVM 上，开启重用的话，该 Map 在 JVM 上运行完毕后，JVM 继续运行其他 Map。具体设置：MapReduce.job.jvmnumtasks 值在 10～20。

（3）Map 阶段优化

这个阶段主要的问题如下。

1）Spill 次数过多。

2）Merge 次数过多。

3）Map 运行时间太长，导致 Reduce 等待过久。

对于第 1 个问题，主要就是减少 Spill 次数：通过调整 MapReduce.task.io.sort.mb 及 MapReduce.map.sort.spill.percent 参数值，增大触发 Spill 的内存上限，减少 Spill 次数，从而减少磁盘 IO。

对于第 2 个问题，主要是减少 Merge 次数：通过调整 io.sort.factor 参数，增大 Merge 的文件数目，减少 Merge 的次数，从而缩短 MR 处理时间。

对于第 3 个问题，可以使用“bin/Hadoop job-fail-task xxx”让某个慢任务换一个节点重新运行。

以下参数是在用户自己的 MR 应用程序中配置就可以生效（mapred-default.xml）

MapReduce.map.memory.mb：一个 MapTask 可使用的资源上限（单位：MB），默认为 1024。如果 MapTask 实际使用的资源量超过该值，则会被强制杀死。

MapReduce.reduce.memory.mb：一个 ReduceTask 可使用的资源上限（单位：MB），默认为 1024。如果 ReduceTask 实际使用的资源量超过该值，则会被强制杀死。

MapReduce.map.cpu.vcores：每个 MapTask 可使用的最多 CPU Core 数目，默认值为 1。

tasktracker.http.threads：控制 Map 端有多少个 Thread 负责向 Reduce 传送 Map Output.本着并行

计算的原则，可以适当调高。

（4）Reduce 阶段优化

这个阶段主要的问题如下。

1）Map 和 Reduce 发生资源竞争。

2）Reduce 等待时间太长。

3）Reduce 任务运行时频繁读写磁盘。

针对第 1 个问题，解决方式是合理设置 Map 和 Reduce 数：两个都不能设置太少，也不能设置太多。太少，会导致 Task 等待，延长处理时间；太多，会导致 Map、Reduce 任务间竞争资源，造成处理超时等错误。

针对第 2 个问题，解决方式是调整 slowstart.completedmaps 参数，使 Map 运行到一定程度后，Reduce 也开始运行，减少 Reduce 的等待时间。

针对第 3 个问题，解决办法是合理设置 Reduce 端的 Buffer。默认情况下，MapReduce.reduce.input.buffer.percent 为 0。当值大于 0 的时候，会保留指定比例的内存读 Buffer 中的数据直接拿给 Reduce 使用。这样一来，设置 Buffer 需要内存，读取数据需要内存，Reduce 计算也需要内存，所以要根据作业的运行情况进行调整。

此外，应该尽量规避使用 Reduce，因为 Reduce 在用于连接数据集的时候将会产生大量的网络消耗。

4.6 Spark 技术

Spark 是一个实现快速通用的集群计算平台。它是由加州大学伯克利分校 AMP 实验室开发的通用内存并行计算框架，用来构建大型的、低延迟的数据分析应用程序。它扩展了广泛使用的 MapReduce 计算模型，高效地支撑更多计算模式，包括交互式查询和流处理。

由于 Apache Spark 基于 RDD 使用了最先进的 DAG 调度程序，查询优化程序和物理执行引擎，实现批量和流式数据的高性能，这使得 Spark 的计算速度大幅度领先于 Hadoop。Spark 和 Hadoop 比较，Spark 运行速度提高约 100 倍。

Spark 的内涵非常丰富，除了核心的 SparkCore 以外，目前其组件还包括操作结构化数据的 SparkSQL、提供实时计算能力的 SparkStreaming、封装了各种分布式机器学习算法的 MLlib、可以进行高效分布式图计算的 GraphX、用于在海量数据进行交互式 SQL 查询的 BlinkDB，以及以内存为中心高容错的分布式文件系统 Tachyon。

在面试中，面试官非常注重对核心原理的考察，因此，本文主要讲解 Spark 的核心原理。读者掌握这些核心原理后，再去学习 Spark 生态里的其他知识，将会非常容易理解。

相对 Hadoop 来说，Spark 的运行机制是很复杂的。为了让读者能够清晰了解，本文将从 5 个层次来解析。

1）集群层：如何部署 Spark 集群、如何启动集群、如何保证集群的稳定运行。

2）程序层：如何提交程序，程序运行时发生了什么事。

3）核心概念层：详细讲解 RDD、存储系统、shuffle 机制等核心概念。

4）资源层：程序运行过程中，内存资源是如何被分配和调度的。

5）Spark 算子：讲解算子的作用和优化方案。

4.6.1 Spark 集群运行

Spark 集群采用的是 Master/Slave 结构。Master 是集群中含有 Master 进程的节点，Slave 是集群中含有 Worker 进程的节点。

Master 是集群的资源管理者和调度者，Master 节点在 Spark 中所承载的作用是分配 Application 到 Worker 节点，维护 Worker 节点中 Driver、Application 的状态，还负责监控整个集群的运行状况。

Worker 在启动之后，就会向 Master 注册，Master 做的第一件事是过滤，将状态为 DEAD 的 Worker 过滤掉，对于状态为 UNKNOWN 的 Worker，清理掉旧的 Worker 信息，替换为新的 Worker 信息。过滤完成后，把 Worker 加入内存缓存中，然后用持久化引擎 PersistenceEngine 将 Worker 信息进行持久化。

Worker 的作用是管理当前节点内存、CPU 的使用状况，接收 Master 分配过来的资源指令，通过 ExecutorRunner 启动程序分配任务，管理分配新进程，做计算的服务，相当于 Process 服务。

（1）集群启动流程

【某互联网公司面试题 4-44：如何启动 Spark 集群】

答案：一般情况下，需要在某个部署了 Spark 安装包的节点上，使用 bin/start-all.sh 这个命令来直接启动 Spark 集群，此时 Master 和 Worker 进程都是自动启动的，流程如下。

1）启动 Master 后，Master 会定时检测 Worker 节点，如果发现 Worker 节点运行异常，就会将其移除。如果 Master 出现异常，Standby 模式会启动另外一个 Master 进程代替原来的 Master 继续对集群进行管理。

2）启动 Worker 节点，Worker 节点启动后，开始向 Master 注册。

3）Master 收到消息之后，会向 Worker 返回 RegisteredWorker 消息。

4）Worker 收到 Master 返回的 RegisteredWorker 消息后，启动轮询发送心跳。

（2）运行模式

根据 Cluster Manager【注释：一个可以获取外部集群各个节点资源使用情况的服务】的不同，Spark 分为 4 种不同的运行模式：Local Cluster、Standalone、Spark On Yarn 和 Spark On Mesos。

这些模式都是 Master（Resource Manager）和 Slave（Node Manager）组成，Master 服务决定哪些 Application 可以运行，什么时候去哪里运行，Slave 服务接收 Master 指令执行 Executor 进程。只要 Spark 程序运行正常，资源管理器就会和各个节点互相通信，监听运行状况。

但是，Spark 应用程序的运行并不依赖于 Cluster Manager，如果应用程序注册成功，Master 就已经提前分配好了计算资源，运行的过程中不需要 Cluster Manager 的参与（可插拔的），这种资源分配的方式是粗粒度的。

1）本地模式

Spark 不一定非要跑在 Hadoop 集群，可以在本地以启用多个线程的方式来指定。将 Spark 应用以多线程的方式直接运行在本地，一般都是为了方便调试，本地模式分 3 类。

local：只启动一个 Executor。

local[k]：启动 k 个 Executor。

local[*]：启动跟 CPU 数目相同的 Executor。

2）Standalone 模式

分布式部署集群，自带完整的服务，资源管理和任务监控是 Spark 自己监控，这个模式也是其他模式的基础。

Spark Standalone 模式中，其节点类型分为 Master 和 Worker。资源调度是由 Master 负责的。

其中 Driver 运行在 Master 中，并且有长驻内存中的 Master 进程守护，Worker 节点上常驻 Worker 守护进程，负责与 Master 节点通信，通过 ExecutorRunner 来控制运行在当前节点上的 CoarseGrainedExecutorBackend，每个 Worker 上存在一个或多个 CoarseGrainedExecutorBackend 进程，每个进程包含一个 Executor 对象，该对象持有一个线程池，每个线程池可以执行一个 Task。

3）Spark On Yarn 模式

分布式部署集群，资源和任务监控交给 Yarn 管理，但是目前仅支持粗粒度资源分配方式，包含 Cluster 和 Client 运行模式。

① Cluster 模式

对于 cluster 模式来说，需要注意以下几点。

- Driver 程序在 Worker 集群中某个节点，而非 Master 节点，但是这个节点由 Master 指定。
- Driver 程序占据 Worker 的资源。
- Cluster 模式下 Master 可以使用 Supervise 对 Driver 进行监控，如果 Driver 挂了可以自动重启。
- Cluster 模式下 Master 节点和 Worker 节点一般不在同一局域网，因此就无法将 Jar 包分发到各个 Worker，所以 Cluster 模式要求必须提前把 Jar 包放到各个 Worker 节点对应的目录下面。

② Client 模式

对于 Client 模式来说，需要注意以下几点。

- Client 模式下 Driver 进程运行在 Master 节点上，不在 Worker 节点上，所以相对于参与实际计算的 Worker 集群而言，Driver 就相当于是一个第三方的 Client。
- 正由于 Driver 进程不在 Worker 节点上，所以不会消耗 Worker 集群的资源。
- Client 模式下 Master 和 Worker 节点必须处于同一片局域网内，因为 Driver 要和 Executor 通信，例如 Drive 需要将 Jar 包通过 Netty HTTP 分发到 Executor，Driver 要给 Executor 分配任务等。
- Client 模式下没有监督重启机制，Driver 进程如果挂了，需要额外的程序重启。

一般来说，如果提交任务的节点 Master 和工作集群 Workers 在同一个网段内，此时 Client 模式比较合适，因为此时 Driver 进程不会占用集群资源，但是如果提交任务的节点和 Worker 集群相隔较远，就会采用 Cluster 模式来最小化 Driver 和 Executor 之间的网络延迟。

在使用 Client 和 Cluster 不同方式提交时，资源开销占用也是不同的。不管 Client 或 Cluster 模式下，ApplicationMaster 都会占用一个 Container 来运行；而 Client 模式下的 Container 默认有 1GB 内存，1 个 CPU 核，Cluster 模式下则使用 Driver-Memory 和 Driver-CPU 来指定。

Cluster 适合生产，Driver 运行在集群子节点，具有容错功能。而 Client 适合调试，Driver 运行在客户端。

4）Spark On Mesos 模式

各种大数据计算框架不断出现，支持离线处理的 MapReduce、在线处理的 Storm、迭代计算框架 Spark 及流式处理框架 S4 等各种分布式计算框架应运而生，各自解决某一类应用中的问题。Mesos 可以在各个框架间进行粗粒度的资源分配，每个框架根据自身任务的特点进行细粒度的任务调度。

Spark 运行在 Mesos 上会比运行在 YARN 上更加灵活和自然。这是很多公司采用的模式，官方也推荐这种模式。

目前在 Spark On Mesos 环境中，用户可选择两种调度模式之一运行自己的应用程序。分别是粗粒度模式（Coarse-grained Mode）和细粒度模式（Fine-grained Mode）。

（3）集群恢复

【某互联网公司面试题 4-45：如何恢复 Spark 集群】

答案：单 Master 节点下，一旦 Master 节点崩溃需要重启时，无法继续对资源调度和分配。虽然可以设置 RecoveryMode 为 FILESYSTEM，用来恢复之前的状态，但是如果没有设置的话，也无法恢复此前的状态。

为了防止这种情况，Spark 设计了 Standby 模式，平常负责主要工作的是主 Master，一旦主 Master 崩溃，Standby 就会担起责任。

极端情况下，会出现 Master 挂掉，Standby 重启也失效的情况。

如 Master 默认使用 512MB 内存，当集群中运行的任务特别多时，就会挂掉，原因是 Master 会读取每个 Task 的 Event Log 日志去生成 Spark ui，内存不足自然会 OOM，可以在 Master 的运行日志中看到，通过 HA 启动的 Master 自然也会因为这个原因失败。

解决方案如下。

1）增加 Master 的内存占用，在 Master 节点 Spark-env.sh 中进行如下设置。

export SPARK_DAEMON_MEMORY 10g

2）减少保存在 Master 内存中的作业信息。

Spark.ui.retainedJobs 500 （默认是 1000）

Spark.ui.retainedStages 500（默认是 1000）

4.6.2 Spark 程序运行

向 Spark 提交完应用程序后，Spark 集群会启动 Driver 和 Executor 两种 JVM 进程。

Driver 为主控进程，不论 Spark 以何种模式进行部署，任务提交后，都会先启动 Driver 进程。Driver 负责创建 SparkContext，提交 Spark Job，并将作业转化为 Task，在各个 Executor 进程间协调任务的调度。

这里涉及 3 个重要的知识点，第 1 个是 Executor，第 2 个是 SparkContext，第 3 个是任务调度。

（1）Executor

Executor 负责在 Worker 节点上执行 Task，并将结果返回给 Driver，同时为需要持久化的 RDD 提供存储功能。

Executor 有两个核心功能。

1）负责运行组成 Spark 应用的任务，并将结果返回给驱动器进程。

2）Executor 通过自身的块管理器（Block Manager）为用户程序中要求缓存的 RDD 提供内存式存储。RDD 是直接缓存在 Executor 进程内的，因此任务可以在运行时充分利用缓存数据加速运算。

【某互联网公司面试题 4-46：请简要叙述 Executors 从启动到消亡的过程】

答案：Executors 持续在整个 Spark 应用的生命周期中，同时并行的多线程中跑多个任务，它从启动到消亡的过程如下。

1）当提交新应用程序或者集群资源的变动时，会调用到 Master 的 Schedule 方法，这个时候会运行 startExecutorsOnWorkers()进行 Executor 的调度和启动。

2）当 Executor 启动后，会向 Driver 发送注册消息，Driver 接收到 Executor 注册消息后，响应注册成功的消息。

3）Executor 接收到 Driver 注册成功的消息后，本进程创建 Executor 的引用对象。

4）Driver 中 TaskSchedulerImp 向 Executor 发送 LaunchTask 消息，Executor 将创建一个线程池作为所提交的 Task 任务的容器。

5）Task 接收到 LaunchTask 消息后，准备运行文件初始化与反序列化，就绪后调用 Task 的 Run 方法，其中每个 Task 所执行的函数是应用在 RDD 中的一个独立分区上。

6）Task 运行完成，向 TaskManager 汇报情况，并且释放线程资源。

7）所有 Task 运行结束之后，Executor 向 Worker 注销自身，释放资源。

在这个过程中，如果有 Executor 节点发生故障或者崩溃，Spark 应用会将出错节点上的任务调度到其他 Executor 节点上继续运行。

（2）SparkContext

SparkContext 是 Spark 功能的主要入口，任何 Spark 程序都是 SparkContext 开始的。Spark-shell 会在启动的时候自动构建 SparkContext，名称为 sc。

具体来说，SparkContext 可以连接多种类型的集群管理器（Mesos、YARN 等），这些集群管理器负责跨应用程序分配资源。一旦连接，Spark 就获得集群中的节点上的 Executors。接下来，它会将应用程序代码发送到 Executors。最后，SparkContext 发送 Tasks 到 Executors 运行。

可以说，SparkContext 在 Spark 应用中起到了 Master 的作用，主要包括任务调度、提交、监控、RDD 管理等关键活动。

SparkContext 的初始化需要一个 SparkConf 对象，其包含了 Spark 集群配置的各种参数。初始化中，需要设置如下两个非常重要的参数：master URL 和 APP name。

```
import org.apache.Spark.SparkConf
import org.apache.Spark.SparkContext
```

注意要导入上面两个包，否则会报错。

```
val conf = new SparkConf().setMaster("local").setAppName("myApp")
val sc = new SparkContext(conf)
```

或者

```
val sc = new SparkContext("local","myApp")
```

第一个参数 Master URL：告诉 Spark 如何连接到集群上。例子中使用 local 可以让 Spark 运行在单机单线程上而无需连接到集群。Master URL 有以下几种。

1）local：本地单线程。

2）local[K]：本地多线程（指定 *K* 个内核）。

3）local[*]：本地多线程（指定所有可用内核）。

4）Spark://HOST:PORT：连接到指定的 Spark standalone cluster master。

5）mesos://HOST:PORT：连接到指定的 Mesos 集群。

6）yarn-client：客户端模式连接到 YARN 集群，需要配置 HADOOP_CONF_DIR。

7）yarn-cluster：集群模式连接到 YARN 集群，需要配置 HADOOP_CONF_DIR。

第二个参数 APP name：例子中使用 myApp。当连接到一个集群时，这个值可以帮助我们在集群管理器的用户界面中找到应用。如果未设置应用程序名称，则将使用随机生成的名称。

除了在程序内指定这两个参数外，还可以通过 Spark shell 来指定，进入 Spark shell 交互界面后，输入如下代码：

```
MASTER=Spark://IP:PORT ./bin/Spark-shell
```

或者

在进入交互前，使用类似如下的命令：./Spark-shell --master local[2]。

使用 Spark shell，无须指定第二个参数。

在 Spark 2.0 之前，SparkContext 是所有 Spark 功能的结构，驱动器（Driver）通过 SparkContext 连接到集群（通过 Resource Manager），因为在 2.0 之前，RDD 就是 Spark 的基础。

如果需要建立 SparkContext，则需要 SparkConf，通过 Conf 来配置 SparkContext 的内容。

从 Spark 2.0 开始，Spark Session 也成为 Spark 的一个入口。Sparksession 同时是 Spark 和 SparkSQL 的入口（未来可能还会支持 SparkStreaming）。SparkSession 实质上是 SQLContext 和 HiveContext 的组合，所以在 SQLContext 和 HiveContext 上可用的 API 在 SparkSession 上同样是可以使用的。SparkSession 内部封装了 SparkContext，所以计算实际上是由 SparkContext 完成的。

也就是，如果想要使用 HIVE、SQL、Streaming 的 API，就需要 Spark Session 作为入口。

典型的初始化代码如下：

```
val SparkSession = SparkSession.builder
                       .master("master")
```

```
                .appName("appName")
                .getOrCreate()
```

或者

```
    SparkSession.builder.config(conf=SparkConf())
```

（3）任务调度

Spark 任务的运行过程如下。

1）构建 Spark Application 的运行环境（启动 SparkContext），SparkContext 向资源管理器（可以是 Standalone、Mesos 或 YARN）注册并申请运行 Executor 资源。

2）资源管理器分配 Executor 资源，并启动监听程序。Executor 运行情况将随着心跳发送到资源管理器上。

3）SparkContext 构建 DAG 图，将 DAG 图分解成 Stage，并把 Taskset 发送给 Task Scheduler。Executor 向 SparkContext 申请 Task。

4）Task Scheduler 将 Task 发放给 Executor 运行，同时 SparkContext 将应用程序代码发放给 Executor。

5）Task 在 Executor 上运行，运行完毕释放所有资源。

整个任务运行的过程中，会涉及两个关键的组件：当 Spark 提交一个 Application 后，Spark 会在 Driver 端【注释：有 SparkContext 端】创建两个对象 DAGScheduler 和 TaskScheduler。

DAGScheduler 是任务调度的高层调度器，是一个对象。DAGScheduler 的主要作用就是将 DAG 根据 RDD【注释：弹性分布式数据集，4.6.3 节将详细解析 RDD 的相关知识】之间的宽窄依赖关系划分为一个个的 Stage【注释：当执行到 Action 算子时开始反向推算，划分 Stage，一个 Job 会被拆分为多组 Task，每组任务被称为一个 Stage】，然后将这些 Stage 以 TaskSet 的形式提交给 TaskScheduler。TaskSet 其实是 Stage 划分完成后，为不同类型 Stage 中的每个 Partition 创建一个 Task【注释：Stage 下的一个任务执行单元】。也就是 Stage 中有多少个 Partition 就有相同数量的 Tasks，它们组成一个 taskSet，也就是 stage 中并行的 task 任务，用 TaskScheduler 来提交。

以上过程中有个隐含的问题，就是有很多 Task，也有很多 Executor，它们的对应关系和数据本地性有关【注释：4.6.4 节解释数据本地性】。

TaskScheduler 是任务调度的低层调度器，TaskSchedule 会遍历 TaskSet 集合，拿到每个 Task 后会将 Task 发送到计算节点 Executor 中去执行（其实就是发送到 Executor 中的线程池 ThreadPool 去执行）。

TaskScheduler 会将 Stage 划分为 Tasksets 分发到各个节点的 Executor 中执行。

Task 在 executor 线程池中的运行情况会向 TaskScheduler 反馈。

当 Task 执行失败时，则由 TaskScheduler 负责重试，将 Task 重新发送给 Executor 去执行，默认重试 3 次。如果重试 3 次依然失败，那么这个 Task 所在的 Stage 就失败了。

Stage 失败了则由 DAGScheduler 来负责重试，重新发送 TaskSet 到 TaskSchdeuler，Stage 默认重试 4 次。如果重试 4 次以后依然失败，那么这个 Job 就失败了。Job 失败了，Application 就失败了。

【某互联网公司面试题 4-47：Spark 中的 Job 和 Task 有什么联系】

答案：Job 包含很多 Task 的并行计算，可以认为是 RDD 里面的 Action，每个 Action 的计算会生成一个 Job。用户提交的 Job 会提交给 DAGScheduler，Job 会被分解成 Stage 和 Task。

如果一个 Application 中有多个 Action，那么就会对应多个 Job，这些 Job 会按照顺序执行，即使后面的失败了，前面的执行完了就结束了，不会回滚。

【某互联网公司面试题 4-48：请解释 Spark 的推测执行机制】

答案：TaskScheduler 不仅能重试失败的 Task，还会重试 Straggling（落后、缓慢）Task（也就是执行速度比其他 Task 慢太多的 Task）。如果有运行缓慢的 Task，那么 TaskScheduler 会启动一个新的 Task 来与这个运行缓慢的 Task 执行相同的处理逻辑。两个 Task 哪个先执行完，就以哪个 Task 的执行结果为准。这就是 Spark 的推测执行机制。在 Spark 中推测执行默认是关闭的。推测执行可以通过 Spark.speculation 属性来配置。

关于推测执行还需要解释如下两点。

1）对于 ETL 类型要入数据库的业务要关闭推测执行机制，这样就不会有重复的数据入库。

2）如果遇到数据倾斜的情况，开启推测执行则有可能导致一直会有 Task 重新启动处理相同的逻辑，任务可能一直处于处理不完的状态（所以一般关闭推测执行）。

4.6.3 Spark RDD

【某互联网公司面试题 4-49：请简要介绍 Spark 是如何利用 RDD 来提升并行计算能力的】

答案：RDD 全称为弹性分布式数据集（Resilient Distributed Dataset），是 Spark 中的核心概念，是 Spark 中最基本的数据抽象，代表一个不可变、可分区、里面的元素可并行计算的集合。RDD 具有数据流模型的特点：自动容错、位置感知性调度和可伸缩性。RDD 允许用户在执行多个查询时显式地将工作集缓存在内存中，后续的查询能重用这些工作集，这极大地提升了查询速度，但代价是占用了很多内存。

RDD 的核心属性可以总结为 5 个方面：分片列表、Compute 函数、依赖、Partitioner 函数、优先计算列表。

我们知道 Block 是 HDFS 的最小存储单位，而 Partition 是 RDD 的最小单元，RDD 是由分布在各个节点上的 Partition 组成的，这就是所谓的分片列表。RDD 的分片机制使得并行计算成为可能，分片的数量决定了并行计算的粒度和并行任务数。同一个 RDD 的 Partition 大小不一，数量不定，是根据 Application 里的算子和最初读入的数据分块数量决定的。

我们还知道在 Hadoop 中 MapReduce 任务往往都不能并行，为了解决这个问题，在 Spark 中引入了 DAG 图，使得处理不同数据的任务也可以并发运行，大大提升了 Spark 处理任务的性能。

DAG 图的核心思想就是依赖。RDD 的核心操作是 Transformation 和 Action，RDD 的父子依赖关系主要就是由 Transformation 产生的。而且 Transformation 操作不需要立即执行，而是等到 Action 操作出现时才开始执行，这就是所谓的惰性计算。由于 Transformation 不需要立即执行，因此设置这些操作时根本不需要真实的数据，也就是在 DAG 图里，所有还没有被真正执行的 Transformation 操作对应的 RDD 都是抽象的，没有实际的数据记录，这就节省了大量的内存空间。

而且 DAG 的出现使得我们不再需要对 RDD 设置副本，即使 RDD 父子链中的某个节点出问题了，比如部分分区数据丢失时，Spark 可以通过这个依赖关系重新计算丢失的分区数据，而不是对 RDD 的所有分区进行重新计算。如果是底层容错的话，使用 HDFS 就够了。

由于 RDD 是抽象的，因而 Partition 也是抽象的，而且 RDD 还具有依赖关系，那要用数据怎么办呢，这就要用到 Compute 函数。一旦进行 Action 操作，Action 操作必然会要求真实的数据源，于是 Compute 函数就会被触发，去找到数据并按照 DAG 图进行转换计算。

为了进一步提升数据处理效率，Spark 还实现了“移动数据不如移动计算”的理念，即 Spark 在进行任务调度的时候，会尽可能地将计算任务分配到其所要处理数据块的存储位置。这就需要存储每个 Partition 的优先位置（Preferred Location），它和数据的本地化级别有关。每个 RDD 都会给出这个优先位置列表，列表中保存着每个分片优先分配给哪个 Worker 节点计算的信息。

这是因为 Spark 在具体计算、具体分片以前，已经清楚地知道任务发生在哪个结点上，也就是说任务本身是计算层面的、代码层面的，代码发生运算之前就已经知道它要运算的数据在什么地方，有具体结点的信息。这就符合大数据中数据不动代码动的原则。

上面只是对 RDD 的属性进行了一个简短的说明，接下来会对各属性进行详细深入的分析。

（1）创建 RDD

进行 Spark 编程时，首先要做的第一件事，就是创建一个初始的 RDD。该 RDD 中，通常就代表和包含了 Spark 应用程序的输入源数据。然后在创建了初始的 RDD 之后，才可以通过 Spark Core 提供的 Transformation 算子，对该 RDD 进行转换，来获取其他的 RDD。

Spark 提供了 4 种创建 RDD 的方式，包括：1）使用程序中的集合创建 RDD；2）使用本地文件创建 RDD；3）使用 HDFS 文件创建 RDD；4）RDD 通过 Transform 操作转换成新的 RDD。使用前 3 种方式创建 RDD 的时候可以指定 Partition 个数。

1）使用程序中的集合创建 RDD

使用程序中的集合创建 RDD，主要用于进行测试，可以在实际部署到集群运行之前，自己使用集合构造测试数据，来测试后面的 Spark 应用的流程。

从 Scala 集合中创建，通过调用 sc.makeRDD()和 sc.parallelize()生成

通过 Scala 集合方式 Parallelize 生成 RDD，如 val rdd = sc.parallelize(1 to 10)。

这种方式下，如果在 Parallelize 操作时没有指定分区数，则 RDD 的分区数 = sc.defaultParallelism。

2）使用本地文件创建 RDD

通过 textFile 方式生成的 RDD，如，valRDD= sc.textFile(“path/file”)。

从本地文件生成的 rdd，操作时如果没有指定分区数，则默认分区数规则为：

rdd 的分区数=max（本地 file 的分片数，sc.defaultMinPartitions）。

针对本地文件的话，如果是在 Windows 上本地测试，Windows 上有一份文件即可；如果是在 Spark 集群上针对 Linux 本地文件，那么需要将文件复制到所有 Worker 节点上。

3）使用 HDFS 文件创建 RDD

Spark 是支持使用任何 Hadoop 支持的存储系统上的文件创建 RDD，比如 HDFS、Cassandra、HBase 及本地文件。

通过调用 SparkContext 的 textFile()方法，可以针对 HDFS 文件创建 RDD。

从 HDFS 分布式文件系统 hdfs://生成的 RDD，操作时如果没有指定分区数，则默认分区数规则为：

RDD 的分区数=max（HDFS 文件的 Block 数目，sc.defaultMinPartitions）。

使用本地文件创建 RDD，主要用于临时性地处理一些存储了大量数据的文件。使用 HDFS 文件创建 RDD，应该是最常用的生产环境处理方式，主要可以针对 HDFS 上存储的大数据进行离线批处理操作。

4）RDD 通过 Transform 操作转换成新的 RDD

Spark 可以通过基本的 Transform 算子将一个 RDD 转换成新的 RDD。

基本的 Transform 算子包括两大类，一类是对单个 RDD 进行操作的算子，另外一类是对多个 RDD 进行操作的算子。具体见表 4-2。

表 4-2　Transformer 算子及说明

序号	Transformer 算子	说明
1	Map	Map 的输入变换函数应用于 RDD 中所有元素，而 MapPartitions 应用于所有分区。区别于 MapPartitions 主要在于调用粒度不同。如 Parallelize（1to10，3），Map 函数执行 10 次，而 MapPartitions 函数执行 3 次
2	Filter（Function）	过滤操作，满足 Filter 内 Function 函数为 True 的 RDD 内所有元素组成一个新的数据集。如 Filter（a==1）
3	FlatMap（Function）	Map 是对 RDD 中元素逐一进行函数操作映射为另外一个 RDD，FlatMap 操作是将函数应用于 RDD 之中的每一个元素，将返回的迭代器的所有内容构成新的 RDD。该操作将函数应用于 RDD 中每一个元素，将返回的迭代器的所有内容构成 RDD。FlatMap 与 Map 区别在于 Map 为“映射”，而 FlatMap “先映射，后扁平化”，Map 对每一次（Func）都产生一个元素，返回一个对象，而 FlatMap 多一步就是将所有对象合并为一个对象

（续）

序号	Transformer 算子	说明
4	MapPartitions（Function）	区于 ForeachPartition（属于 Action，且无返回值），而 MapPartitions 可获取返回值。与 Map 的区别前面已经提到过了，但由于单独运行于 RDD 的每个分区上（Block），所以在一个类型为 T 的 RDD 上运行时，（Function）必须是 Iterator<T>=>Iterator<U>类型的方法（入参）
5	MapPartitionsWithIndex（Function）	与 MapPartitions 类似，但需要提供一个表示分区索引值的整型值作为参数，因此 Function 必须是（int，Iterator<T>）=>Iterator<U>类型的
6	Sample（WithReplacement，Fraction，Seed）	采样操作，用于从样本中取出部分数据。WithReplacement 是否放回，Fraction 采样比例，Seed 用于指定的随机数生成器的种子（是否放回抽样分 True 和 False，Fraction 取样比例为[0,1]。Seed 种子为整型实数）
7	Union（OtherDataSet）	对于源数据集和其他数据集求并集，不去重
8	Intersection（OtherDataSet）	对于源数据集和其他数据集求交集并去重，且无序返回
9	Distinct（[NumTasks]）	返回一个在源数据集去重之后的新数据集，即去重，并局部无序而整体有序返回
10	GroupByKey([NumTasks])	在一个 PairRDD 或（k,v）RDD 上调用，返回一个（k,Iterable<v>）。主要作用是将相同的所有的键值对分组到一个集合序列当中，其顺序是不确定的。GroupByKey 是把所有的键值对集合都加载到内存中存储计算，若一个键对应值太多，则易导致内存溢出。在此，用之前求并集的 Union 方法，将 Pair1、Pair2 变为有相同键值的 Pair3，而后进行 GroupByKey
11	ReduceByKey（Function，[NumTasks]）	与 GroupByKey 类似，却有不同。如(a,1), (a,2), (b,1), (b,2)。GroupByKey 产生中间结果为((a,1), (a,2)), ((b,1), (b,2))。而 ReduceByKey 为(a,3), (b,3)。ReduceByKey 主要作用是聚合，GroupByKey 主要作用是分组（Function 对于 Key 值来进行聚合）
12	AggregateByKey（ZeroValue）（SeqOp，CombOp，[NumTasks]）	类似 ReduceByKey，对 PairRDD 中想用的 Key 值进行聚合操作，使用初始值（SeqOp 中使用，而 CombOpenCL 中未使用）对应返回值为 PairRDD，而区别于 Aggregate（返回值为非 RDD）
13	SortByKey（[Ascending]，[NumTasks]）	同样是基于 PairRDD 的，根据 Key 值来进行排序。Ascending 升序，默认为 True，即升序
14	Join（OtherDataSet，[NumTasks]）	加入一个 RDD，在一个（k，v）和（k，w）类型的 dataSet 上调用，返回一个（k，（v，w））的 Pair DataSet
15	Cogroup（OtherDataSet，[NumTasks]）	合并两个 RDD，生成一个新的 RDD。实例中包含两个 Iterable 值，第一个表示 RDD1 中相同值，第二个表示 RDD2 中相同值（Key 值），这个操作需要通过 Partitioner 进行重新分区，因此需要执行一次 Shuffle 操作。（若两个 RDD 在此之前进行过 Shuffle，则不需要）
16	Cartesian（OtherDataSet）	求笛卡尔乘积。该操作不会执行 Shuffle 操作
17	Pipe（Command，[EnvVars]）	通过一个 Shell 命令来对 RDD 各分区进行“管道化”。通过 Pipe 变换将一些 Shell 命令用于 Spark 中生成的新 RDD
18	Coalesce（NumPartitions）	重新分区，减少 RDD 中分区的数量到 NumPartitions
19	Repartition（NumPartitions）	Repartition 是 Coalesce 接口中 Shuffle 为 True 的简易实现，即 Reshuffle RDD 并随机分区，使各分区数据量尽可能平衡。若分区之后分区数远大于原分区数，则需要 Shuffle
20	RepartitionAndSort WithinPartitions（Partitioner）	该方法根据 Partitioner 对 RDD 进行分区，并且在每个结果分区中按 Key 进行排序

（2）RDD 分区

RDD 是由分布在各个节点上的 Partition 组成的，这就是所谓的分片列表。RDD 的分片机制使得并行计算成为可能，分片的数量决定了并行计算的粒度和并行任务数。同一个 RDD 的 Partition 大小不一、数量不定，是根据 Application 里的算子和最初读入的数据分块数量决定的。

1）分区函数

为了实现 RDD 的分片思想，Spark 需要提供分区功能。

如果 Spark 是从 HDFS 上读数据，那么 Spark 把 HDFS 的 Block 块读到内存，然后一对一抽象成 Spark 的 Partition。

如果需要对输入数据进行分片，可以使用 RDD 的分片函数 Partitioner，它决定了 RDD 的每一条记录应该分到哪一个分区。Partitioner 函数不但决定了 RDD 本身的分片数量，也决定了 Parent RDD Shuffle 输出时的分片数量。

使用 Partitioner 必须满足两个前提：RDD 必须是<Key,Value>形式且发生 Shuffle 操作。

Spark 提供了两种 Partitioner，分别是 HashPartititoner 和 RangePartititoner。

默认情况下使用 HashPartitioner，它分区的原理是，对于给定的 Key，计算其 HashCode，并除以分区的个数取余，如果余数小于 0，则用余数+分区的个数（否则加 0），最后返回的值就是这个 Key 所属的分区 ID。

HashPartitioner 分区的弊端是可能导致每个分区中数据量的不均匀，极端情况下会导致某些分区拥有 RDD 的全部数据。

RangePartitioner 的原理是，将一定范围内的数映射到某一个分区内，尽量保证每个分区中数据量的均匀，而且分区与分区之间是有序的，一个分区中的元素肯定都是比另一个分区内的元素小或大，但是分区内的元素是不能保证顺序的。简单地说，就是将一定范围内的数映射到某一个分区内。

实现过程分为以下两步。

第一步：先从整个 RDD 中抽取出样本数据，将样本数据排序，计算出每个分区的最大 Key 值，形成一个 Array[Key]类型的数组变量 RangeBounds。

第二步：判断 Key 在 RangeBounds 中所处的范围，给出该 key 值在下一个 RDD 中的分区 ID 下标；该分区器要求 RDD 中的 Key 类型必须是可以排序的。

除此之外，Spark 还支持自定义分区。如果数据倾斜是由于 Hash 计算出的 Key 值对应的数据量大小不同导致的，可以通过自定义 Partitioner 来解决。

要实现自定义的分区器，需要继承 org.apache.Spark.Partitioner 类并实现下面 3 个方法。

① numPartitions:Int：返回创建出来的分区数。

② getPartition(Key:Any)：Int:返回给定键的分区编号（0～numPartitions-1）。

③ equals()：Java 判断相等性的标准方法。这个方法的实现非常重要，Spark 需要用这个方法来检查当前的分区器对象是否和其他分区器实例相同，这样 Spark 才可以判断两个 RDD 的分区方式是否相同。

使用自定义的 Partitioner 时，只要把它传给 PartitionBy()方法即可。Spark 中有许多依赖于数据混洗的方法，比如 Join()和 GroupByKey()，它们也可以接收一个可选的 Partitioner 对象来控制输出数据的分区方式。

2）并发数设置

RDD 的分片依赖一个原则和一个参数，原则是 RDD 分片尽可能使得分片的个数等于集群 CPU 核心数目，Spark 的官方建议是每个 CPU Core 对应 2～4 个 Partition 并发。可以通过 Spark.default.parallelism 来设置默认并发数。分片后，Spark 会为每一个 Partition 运行一个 Task 来进行处理。

RDD 的分片参数有 3 种设置方式。

第一种方式：调用 Parallelize()、TextFile()等方法时，可以指定第二个参数，将集合切分成多少个 Partition，比如 Parallelize(arr, 10)。

第二种方式：用 SparkConf.set()方法，配置 Spark.default.parallelism，那么 Spark.default.parallelism 就等于配置的值。

第三种方式：如果不配置 Spark.default.parallelism，按照如下规则进行取值。

① 本地模式。

不会启动 Executor，由 SparkSubmit 进程生成指定数量的线程数来并发。

```
Spark-shell Spark.default.parallelism = 1
Spark-shell --master local[N] Spark.default.parallelism = N （使用 N 个核）
Spark-shell --master local Spark.default.parallelism = 1
```

② 伪集群模式。

假设 x 为本机上启动的 Executor 数，y 为每个 Executor 使用的 Core 数，z 为每个 Executor 使用的内存。

```
Spark-shell --master local-cluster[x,y,z] Spark.default.parallelism = x * y
```

③ YARN、Standalone 等模式。

```
Spark.default.parallelism = max(所有 Executor 使用的 Core 总数，2)
```

④ Mesos 细粒度模式。

```
Spark.default.parallelism = 8
```

经过上面的规则，就能确定 Spark.default.parallelism 的默认值（前提是配置文件 Spark-default.conf 中没有显示的配置，如果配置了，则 Spark.default.parallelism = 配置的值）。

于是就有：

```
sc.defaultParallelism = Spark.default.parallelism
sc.defaultMinPartitions = min(Spark.default.parallelism, 2)
```

确定 sc.defaultParallelism 和 sc.defaultMinPartitions 后，就可以推算 RDD 的分区数了。

此时，分区数的确定分以下两种情况。

第一种情况，从本地文件生成的 RDD，如果没有指定分区数，则默认分区数规则为：

RDD 的分区数=Max（本地 File 的分片数，sc.defaultMinPartitions）。

第二种情况，从 HDFS 生成的 RDD，如果没有指定分区数，则默认分区数规则为：

RDD 的分区数=Max（HDFS 文件的 Block 数目，sc.defaultMinPartitions）。

进一步解析第二种情况。

Spark 读取 HDFS 的过程中，Spark 把 HDFS 的 Block 块读到内存就会抽象成 Spark 的 Partition。

在 Spark 的计算末尾一般需要把数据持久化，可以选择 Hive、HBase、HDFS 等。此处单独说持久化到 HDFS，Spark 的 RDD 调用 save()算子，RDD 中数据就会被保存到 HDFS。这个时候的对应关系比上面要复杂一些，RDD 中的每个 Partition 都会被保存成 HDFS 上的一个文件，如果文件大小小于 128MB，那么相当于 RDD 中的一个 Partition 对应一个 Hadoop 的 Block 块。如果，这个文件大于 128MB，那么这个文件会被切分成多个 Block 块，这样一个 Spark 中 Partition 就会对应 HDFS 上的多个 Block。

在第二种情况中，每个 Partition 中的数据大于 128MB 时，在用 SparkStream 做增量数据累加时一定要记得调整 RDD 的并行度。比如，第一次保存 RDD 时 10 个分区且每个分区为 150MB。那么，这个 RDD 被保存到 HDFS 上就会变成 20 个 Block 块。下一批次重新读取 HDFS 上这个数据到 Spark 时，RDD 就会变成 20。在后续的操作如果有 Union，或者其他操作，导致 Partition 增加，但是程序中又没有 Repartition 或者在 ReduceByKey 的操作中传入并行度，就会导致这块数据 Partition 一直无限期增加，这块增量计算也会被这块小失误击垮。所以，对于需要读取、合并再回写时，在程序开发结束一定要审查需不需要重新调整分区。

需要指出的是，由于 RDD 只是数据集的抽象，分区内部并不会存储具体的数据。Partition 类内包含一个 Index 成员，表示该分区在 RDD 内的编号，通过“RDD 编号+分区编号”可以确定该分区对应的唯一块编号，再利用底层数据存储层提供的接口就能从存储介质（如：HDFS、Memory）中提取出分区对应的数据。

3）重分区函数

【某互联网公司面试题 4-50：Spark 运行过程中任务数和数据量不匹配怎么办】

答案：在使用 Spark 进行数据处理的过程中，常常会使用 Filter 方法来对数据进行一些预处理，过滤掉一些不符合条件的数据。在使用该方法对数据进行频繁过滤或者是过滤掉的数据量过大的情况下就会造成大量小分区的生成。

在 Spark 内部会对每一个分区分配一个 Task 执行，如果 Task 过多，那么每个 Task 处理的数据量很小，就会造成线程频繁在 Task 之间切换，使得资源开销较大，且很多任务等待执行，并行度不高，这会造成集群工作效益低下。

为了解决这一个问题，常采用 RDD 中重分区的函数（Coalesce 函数或 rePartition 函数）来进行数据紧缩，减少分区数量，将小分区合并为大分区，从而提高效率。

Coalesce()方法的参数 Shuffle 默认设置为 false，rePartition()方法就是 Coalesce()方法 shuffle 为 True 的情况。

假设 RDD 有 N 个分区，需要重新划分成 M 个分区。

① 如果 $N<M$：一般情况下 N 个分区有数据分布不均匀的状况，利用 HashPartitioner 函数将数据重新分区为 M 个，这时需要将 Shuffle 设置为 True。因为重分区前后相当于宽依赖，会发生 Shuffle 过程，此时可以使用 Coalesce(Shuffle=True)，或者直接使用 rePartition()。

② 如果 $N>M$ 并且 N 和 M 相差不多（假如 N 是 1000，M 是 100）：那么就可以将 N 个分区中的若干个分区合并成一个新的分区，最终合并为 M 个分区，这是前后是窄依赖关系，可以使用 Coalesce(Shuffle=False)。

③ 如果 $N>M$ 并且两者相差悬殊：这时如果将 Shuffle 设置为 False，父子 RDD 是窄依赖关系，它们同处在一个 Stage 中，就可能造成 Spark 程序的并行度不够，从而影响性能；如果在 M 为 1 的时候，为了使 Coalesce 之前的操作有更好的并行度，可以将 Shuffle 设置为 True。

注意：如果传入的参数大于现有的分区数目，而 Shuffle 为 False，RDD 的分区数不变，也就是说不经过 Shuffle，是无法将 RDD 的分区数变多的。

（3）RDD 依赖关系

1）DAG

在 Hadoop 中，MapReduce 有以下两个局限。

① Hadoop 不能感知后续有些什么任务，用到什么数据，因此它需要把每一步的输出结果，都会持久化到硬盘或者 HDFS 上，在需要迭代的场合，这会造成对硬盘频繁的读写。

② 每一个任务都需要等待上一个任务完成之后才能开始，不能并行，当我们处理复杂计算时，这会浪费很多时间。为此，Spark 引入了 DAG 和 Stage。

在 Spark 里每一个操作生成一个 RDD，RDD 之间连一条边，最后这些 RDD 和它们之间的边组成一个有向无环图，这个就是 DAG。DAG 用来描述任务之间的先后关系。

Spark 会根据 RDD 之间的依赖关系将 DAG 图（有向无环图）划分为不同的阶段（Stage），每个 Stage 由若干任务组成。对于窄依赖，由于 Partition 依赖关系的确定性，Partition 的转换处理就可以在同一个线程里完成，窄依赖就被 Spark 划分到同一个 Stage 中，而对于宽依赖，只能等父 RDD Shuffle 处理完成后，下一个 Stage 才能开始接下来的计算，因此宽依赖是划分 Stage 的依据。

Spark 划分 Stage 的整体思路是：从后往前推，遇到宽依赖就断开，划分为一个 Stage，遇到窄依赖就将这个 RDD 加入该 Stage 中。

Spark 中引入的 DAG 可以解决以下两个问题。

第一，对于相同的 Stage，不需要把中间数据持久化到磁盘，数据是放到内存中进行快速迭代。

第二，可以并行执行不同的 Stage，不同 Stage 之间相互没有影响。

值得说明的是，DAG 的最后一个阶段会为每个结果的 Partition 生成一个 ResultTask，即每个 Stage 里面的 Task 的数量是由该 Stage 中最后一个 RDD 的 Partition 的数量所决定的，而其余所有阶段都会生成 ShuffleMapTask。之所以称之为 ShuffleMapTask 是因为它需要将自己的计算结果通过

Shuffle 传到下一个 Stage 中。

还有，Spark Application 中可以因为不同的 Action 触发众多的 Job，也就是说一个 Application 中可以有很多的 Job，每个 Job 是由一个或者多个 Stage 构成的，后面的 Stage 依赖于前面的 Stage，也就是说只有前面依赖的 Stage 计算完毕后，后面的 Stage 才会运行。

2）依赖

【某互联网公司面试题 4-51：Spark 是如何划分宽依赖和窄依赖的】

答案：RDD 是粗粒度的操作数据集，每个 Transformation 操作都会生成一个新的 RDD，所以 RDD 之间就会形成类似流水线的前后依赖关系。RDD 和它依赖的父 RDD 的关系有两种不同的类型，即窄依赖（Narrow Dependency）和宽依赖（Wide Dependency，也叫 Shuffle Dependency）。

划分规则如图 4-9 所示。

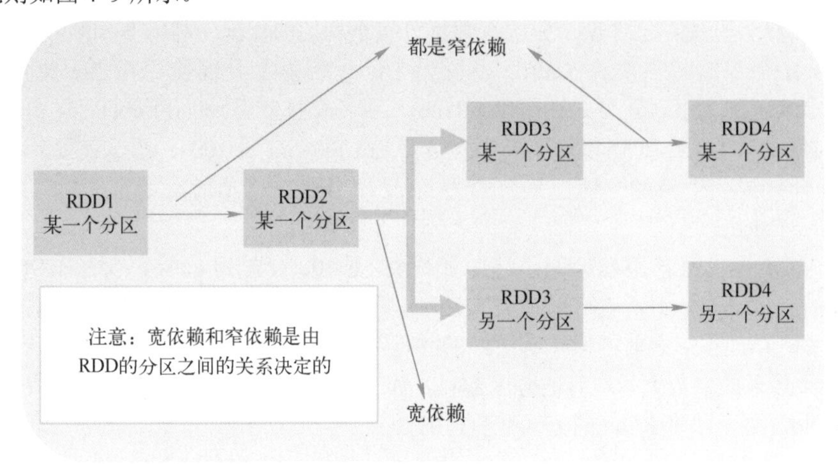

● 图 4-9 RDD 依赖

窄依赖：父 RDD 的每个分区只被子 RDD 的一个分区所使用，分以下两种情况。

① 一个子 RDD 的 Partition 使用其父 RDD 的一个分区，比如 Map、Filter、Union 等算子。

② 如果两个 RDD 在进行 Join 操作时，一个 RDD 的 Partition 和另一个 RDD 中确定个数的 Partition 进行 Join，那么这种类型的 Join 操作就是窄依赖。

窄依赖的函数有：Map、Filter、Union、Join（父 RDD 是 Hash-Partitioned）、MapPartitions 和 MapValues。

宽依赖：父 RDD 的每个分区被子 RDD 的多个分区所使用，也分以下两种情况。

① 父 RDD 的一个分区对应非全部多个子 RDD 分区，比如 GroupByKey、ReduceByKey 和 SortByKey。

② 父 RDD 的一个分区对应所有子 RDD 分区，比如未经协同划分的 Join，需要所有的父分区都是可用的，必须等父 RDD 的 Partition 数据全部 Ready 之后才能开始计算，可能还需要调用类似 MapReduce 之类的操作进行跨节点传递。

宽依赖的函数有：GroupByKey、Join（父 RDD 不是 Hash-Partitioned）和 PartitionBy。

显然，宽依赖是 Shuffle 级别的，数据量越大，那么子 RDD 所依赖的父 RDD 的个数就越多，而窄依赖中子 RDD 的 Partition 对父 RDD 依赖的 Partition 的数量不会随着 RDD 数据规模的改变而改变。

从失败恢复的角度看，宽依赖牵涉父 RDD 的多个 Partition，而窄依赖只需要重新计算丢失的 Parent Partition 即可。而且，窄依赖可以支持在同一个集群 Executor 上，以 Pipeline 管道形式顺序执行多条命令，例如在执行了 Map 后，紧接着执行 Filter。分区内的计算收敛，不需要依赖所有分区的数据，可以并行地在不同节点进行计算。

RDD 真正的计算由 RDD 的 Action 操作触发，对于 Action 操作之前的所有 Transformation 操作，Spark 只记录 Transformation 的 RDD 生成轨迹，即各个 RDD 之间的相互依赖关系。

根据这种依赖关系，可以把 RDD 分成以下两类。

① 源数据 RDD。顶级父 RDD，没有 Dependency。只有数据分片的描述 Partition、Compute 函数和可选的 PreferredLocations 函数。这类的 RDD 有 HadoopRDD、JdbcRDD 和 ParallelCollectionRDD 等。这类 RDD 是对数据源的描述。

② 通过 Transfermation 操作得到的 RDD。它们追溯到最上层的父 RDD 必定是源数据 RDD，有分区 Partition、有 Dependency 描述父 RDD 的 Partition 到当前 RDD 的 Partition 的映射关系、有 Compute 函数来描述父 RDD 的 Partition 通过什么样的函数计算能得到当前 RDD 的 Partition 和可选的 Partitioner 来进行数据分区。这类的 RDD 有 MapPartitionsRDD、UnionRDD 和 ShuffledRDD 等。这类 RDD 描述的是怎么从父 RDD 得到自己。

3）Compute

我们已经知道，RDD 是有父子依赖关系的，而且有持久化操作，缓存机制等操作能把某一步的 RDD 数据存在内存里或者磁盘上。

由于 RDD 是抽象的数据，为了在计算时读取到数据实体（Block），RDD 要求其所有子类都必须实现 Compute 方法。

子 RDD（命名为 RDD_A）的 Compute 方法调用其父 RDD（命名为 RDD_B）的 Iterator 方法去拉取数据，Iterator 经过一系列判断，如果获取到数据，就进行 Action 操作，否则发现获取不到数据，Iterator 又会去调用 RDD_B 的 Compute 方法，RDD_B 的 Compute 方法调用其父 RDD（命名为 RDD_C）的 iterator 方法……如此操作直到获取到数据实体。

对于源数据 RDD，Compute 函数代表对真实存在于 HDFS 文件、数据库里面数据的提取逻辑；对于通过 Transformation 操作得到的 RDD，Compute 函数代表的是父 RDD 分区数据到当前 RDD 分区数据的变换逻辑。

【某互联网公司面试题 4-52：Spark Compute 函数是如何工作的】

答案：以 MapPartitionsRDD 为例来介绍 Compute 函数的工作方法。

MapPartitionsRDD 类的 Compute 方法会调用当前 RDD 内的第一个父 RDD 的 Iterator 方法，该方法的目的是拉取父 RDD 对应分区的数据，Iterator 方法会返回一个迭代器对象，迭代器内部存储的每一个元素即父 RDD 对应分区内的数据记录。

其他 RDD 子类的 Compute 方法与之类似，在需要用到父 RDD 的分区数据时，就会调用 Iterator 方法，然后根据需求在得到的数据上执行相应的操作。

Compute 函数的触发有以下两种情况。

① Compute 函数会在 Action 操作被调用时触发。

② 当调用 RDD 的 Iterator 方法无法从缓存或 CheckPoint 中获取指定 Partition 的迭代器时，就需要调用 Compute 方法来获取。

4）Iterator

RDD 的 Iterator 用来查找当前 RDD Partition 与父 RDD 中 Partition 的血缘关系，并通过 Storage Level 确定迭代位置，直到确定真实数据的位置。

Iterator(split: Partition, context: TaskContext): Iterator[T] 方法用来获取 Split 指定的 Partition 对应的数据的迭代器，有了这个迭代器就能一条一条取出数据来并按 Compute 链来执行 Transform 操作。

Iterator 方法将返回一个迭代器，通过迭代器可以访问父 RDD 的某个分区的每个元素，如果内存中不存在父 RDD 的数据，则调用父 RDD 的 Compute 方法进行计算。

【某互联网公司面试题 4-53：Spark Iterator 是如何工作的】

答案：总体来说，Iterator 先判断 RDD 的 StorageLevel 是否为 NONE。若不是，则尝试从缓存中读取，读取不到则通过 Compute 方法来获取该 Partition 对应的数据的迭代器；若是，则尝试从 CheckPoint 中获取 Partition 对应数据的迭代器，若 CheckPoint 不存在则通过 Compute 方法来获取。

Iterator 方法实现如图 4-10 所示。

① 若标记了有缓存，则取缓存，取不到则进行 ComputeOrReadCheckpoint（计算或读检查点）。完了再存入缓存，以备后续使用。

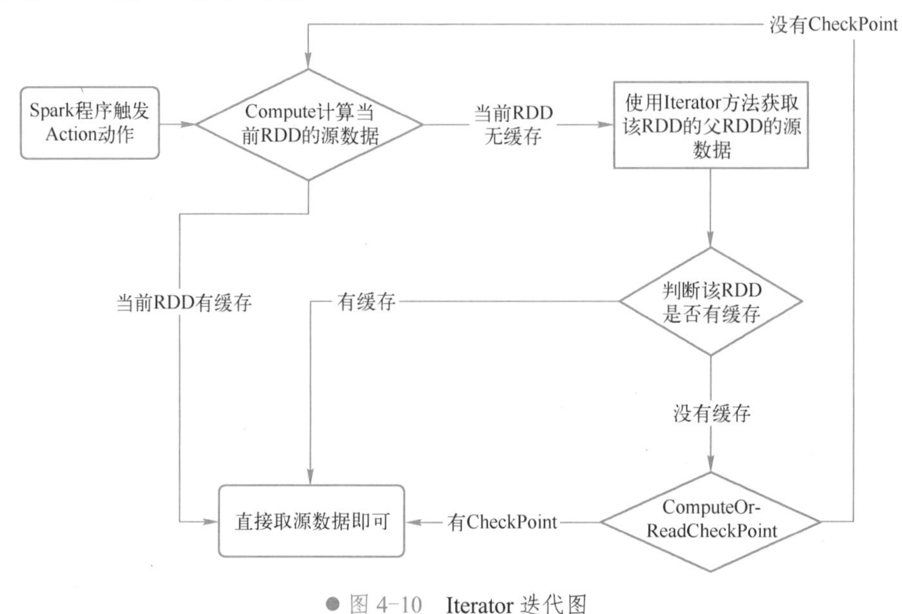

● 图 4-10 Iterator 迭代图

② 若未标记有缓存，则直接进行 ComputeOrReadCheckpoint。

③ ComputeOrReadCheckpoint 这个过程也做两个判断：做过 CheckPoint 则可以读取到检查点数据返回；没有做过 CheckPoint 则调该 RDD 的实现类的 Compute 函数计算。

↗4.6.4 Spark 存储

（1）BlockManager

BlockManager 是一个嵌入在 Spark 中的 Key-Value 型分布式存储系统，采用的是 Master-Slave 结构。RDD-Cache、Shuffle-Output、Broadcast 等都是基于 BlockManager 来实现的。

BlockManager 顾名思义就是管理 Block 的一个 Spark 组件。

Spark 里的 Block 和 HDFS 中的 Block 块有本质的区别。HDFS 中是对大文件分 Block 进行存储，Block 大小固定为 512MB 等。而 Spark 中的 Block 是用户的操作单位，一个 Block 对应一块有组织的内存，一个完整的文件或文件的区间端，每个 Block 大小并不固定。

Driver 节点和所有 Executor 节点都有 BlockManager，主要包括下面几个元素。

BlockmanagerMaster、BlockManagerSlaveEndpoint、MemoryManager、DiskBlockManager、MemoryStore 和 DiskStore。

为了统一管理 BlockManager，在 Driver 上还多了个 BlockManagerMasterEndpoint。BlockManager 负责将本地数据块的状态信息上报给 BlockManagerMaster，同时接收从 BlockManagerMaster 传过来

的执行命令，如获取数据块状态，删除数据块等命令。每个 BlockManager 中都存在数据传输通道，根据需要进行远程数据的读取和写入。

BlockManagerMaster 在 Driver 和 Executor 上都有。

Driver 节点上的 BlockManagerMaster 拥有 BlockManagerMasterEndpoint 的 Actor 和所有 BlockManagerSlaveEndpoint 的 Ref，可以通过这些引用对 Slave 下达命令。

Executor 节点上的 BlockManagerMaster 则拥有 BlockManagerMasterEndpoint 的 Ref 和自身 BlockManagerSlaveEndpoint 的 Actor。可以通过 Master 的引用注册自己。

1）写入数据

【某互联网公司面试题 4-54：Spark BlockManager 是如何写入数据的】

答案：使用 BlockManager 进行写操作时，比如，RDD 运行过程中的一些中间数据，或者手动指定了 Persist()，优先将数据写入内存中，内存大小不够用，会使用自己的算法，将内存中的部分数据写入磁盘。

如果 Persist()指定了要 Replica(副本)，那么，会使用 BlockTransferService 将数据复制一份到其他节点的 BlockManager 上去。BlockTransferService 会通过 ConnectionManager 连接其他 BlockManager，BlockTransferService 进行 Replicate 操作。

BlockManager 在将 Block 数据写入到指定 StoreLevel 时，不管是 PutArray 还是 PutBytes，内部都是调用 DoPut 来完成的，那么我们来看下 DoPut 是如何完成数据的写入的，主要流程如下。

① 先判断该 Block 和 StoreLevel 是否为空。

② 构建 PutBlockInfo 即将 Put 的数据对象。

③ 根据 StoreLevel 判断使用哪种 Blockstore，以及是否返回 Put 操作的值。

④ 开始使用 BlockStore 真正的 Put 数据。

⑤ 如果使用内存来存储数据，则要将溢出的部分添加到 UpdatedBlocks 中。

⑥ 执行 PutBlockInfo.markReady(size)，表示 Put 数据结束，并唤醒其他线程。

⑦ 如果副本个数>1 就开始异步复制数据到其他节点。

RDD 在缓存到存储内存之后，Partition 被转换成 Block，Record 在堆内或堆外存储内存中占用一块连续的空间。将 Partition 由不连续的存储空间转换为连续存储空间的过程，Spark 称之为“展开”（Unroll）。

Block 存在序列化和非序列化两种存储格式，具体以哪种方式取决于该 RDD 的存储级别。

因为不能保证存储空间可以一次容纳 Iterator 中的所有数据，当前的计算任务在 Unroll 时要向 MemoryManager 申请足够的 Unroll 空间来临时占位，空间不足则 Unroll 失败，空间足够时可以继续进行。

对于序列化的 Partition 所需的 Unroll 空间可以直接累加计算，再进行一次申请。

对于非序列化的 Partition 则要在遍历 Record 的过程中依次申请，即每读取一条 Record，采样估算其所需的 Unroll 空间并进行申请，空间不足时可以中断，释放已占用的 Unroll 空间。

如果最终 Unroll 成功，当前 Partition 所占用的 Unroll 空间被转换为正常的缓存 RDD 的存储空间。

2）读取数据

【某互联网公司面试题 4-55：Spark BlockManager 是如何读取数据的】

答案：从 BlockManager 读数据时，比如 Shuffle Read 操作，如果能从本地读取数据，那么利用 DiskStore 或者 MemoryStore 从本地读取数据。如果本地没有数据的话，会用 ConnectionManager 与有数据的 BlockManager 建立连接，然后用 BlockTransferService 从远程 BlockManager 读取数据。

在 Task 执行过程中，读取广播变量的时候，第一次读取广播变量的时候，BlockManager 中是没有广播变量的值的，需要 BlockManager 去 Driver 端拉取。

BlockManager 在读取 Block 数据时，数据可能存在本地，也可能存在其他节点上，分别对应使用两个方法 DoGetLocal 和 DoGetRemote，DoGetRemote 方法中主要是使用 BlockTransferService 从其他节点获取数据。DoGetLocal 方法解析如下。

① 检查 Block 是否存在。

② 如果有其他的线程正在往这个块中写数据，则将该 Block 块改为只读状态。

③ 如果 Block 使用的是 Memory，则使用 MemoryStore 获取数据。

④ 如果 Block 使用的 Offheap，则使用 ExternalBlockStore 获取数据。

⑤ 如果 Block 使用的是 Disk，则使用 DiskStore 获取数据。在这里需要说一下，如果数据存放在 Disk 中，那么 Spark 会再次判断该 Block 是否能够存入 Memory 中，如果可以则将 Block 数据放入 Memory 中，以便再下一次使用的时候可以直接从 Memory 中获取以提高效率。

3）应用场景

【某互联网公司面试题 4-56：Spark BlockManager 在哪些地方会被用到】

答案：BlockManager 典型的几个应用场景如下。

Spark Shuffle 过程的数据就是通过 BlockManager 来存储的。

Spark Broadcast 将 Task 调度到多个 Executor 的时候，BroadCast 底层使用的数据存储就是 BlockManager。

对一个 RDD 进行 Cache 的时候，Cache 的数据就是通过 BlockManager 来存放的。

Spark Streaming 一个 ReceiverInputDStream 接收到的数据也是先放在 BlockManager 中，然后封装为一个 BlockRDD 进行下一步运算。

（2）RDD 持久化

Spark 所有复杂一点的算法都会有 Persist 的身影，Spark 默认数据存放在内存，很多内容也都是存放在内存的，非常适合高速迭代。100 个步骤只有第一个输入数据，中间不产生临时数据，但分布式系统风险很高，所以容易出错，也就要容错，RDD 出错或者分片可以根据依赖关系算出来，如果没有对父 RDD 进行 Persist 或者 Cache 的话，就需要重头做。为了数据安全和保证高效率，所以需要对其进行持久化。

具体来说，以下场景会使用 Persist 持久化。

① 某个步骤计算非常耗时，需要进行 Persist 持久化。

② 计算链条非常长，重新恢复要算很多步骤，最好使用 Persist。

③ CheckPoint 前要持久化，写个 RDD.cache 或者 RDD.persist，将结果保存起来，再写 CheckPoint 操作，这样执行起来会非常快，不需要重新计算 RDD 链条。

④ Shuffle 之前进行 Persist，Spark 默认将数据持久化到磁盘，这个是 Spark 自动执行的。

⑤ Shuffle 之后需要持久化，因为 Shuffle 的代价很大，要进行网络传输，风险很大，数据丢失重来，恢复代价很大。

RDD 持久化可以调用两种方法：Persist 和 Cache，后文将进一步解析。

1）Persist

Persist 方法可以自由地设置存储级别【注释：Storage Level 是 RDD 持久化的存储级别】，默认是持久化到内存。

算上级别值为 None 的话，目前 RDD 开放了 12 个存储级别，分别解析如下。

① MEMORY_ONLY

这是默认的持久化策略，使用 Cache()方法时，实际就是使用的这种持久化策略。

使用未序列化的 Java 对象格式，将数据保存在内存中。如果内存不够存放所有的数据，则有些分区的数据就不会进行持久化。那么下次对这个 RDD 执行算子操作时，那些没有被持久化的分区数据，需要从源头处重新计算一遍。

② MEMORY_AND_DISK

使用未序列化的 Java 对象格式，优先尝试将数据保存在内存中。如果内存不够存放所有的数据，会将数据写入磁盘文件中，下次对这个 RDD 执行算子时，持久化在磁盘文件中的数据会被读取出来使用。

③ MEMORY_ONLY_SER

基本含义同 MEMORY_ONLY。唯一的区别是，会将 RDD 中的数据进行序列化，RDD 的每个 Partition 会被序列化成一个字节数组。这种方式更加节省内存，从而可以避免持久化的数据占用过多内存导致频繁 GC。

但是在读取的时候，由于需要进行反序列化，所以会占用一定量的 CPU。

④ MEMORY_AND_DISK_SER

基本含义同 MEMORY_AND_DISK。唯一的区别是，会将 RDD 中的数据进行序列化，RDD 的每个 Partition 会被序列化成一个字节数组。这种方式更加节省内存，从而可以避免持久化的数据占用过多内存导致频繁 GC。

可见，它的作用与 MEMORY_ONLY_SER 类似，但是会把超出内存的 Partition 保存在 Disk 上，而不是每次需要的时候重新计算。

⑤ DISK_ONLY

使用未序列化的 Java 对象格式，将数据全部写入磁盘文件中。

⑥ 1-5 的副本模式，MEMORY_ONLY_2、MEMORY_AND_DISK_2、MEMORY_ONLY_SER_2、DISK_ONLY_2、MEMORY_AND_DISK_SER_2 等。

与 1-5 的存储级别含义类似，它会将每个持久化的数据，都复制一份副本，并将副本保存到其他节点上。这种基于副本的持久化机制主要用于进行容错。假如某个节点挂掉，节点的内存或磁盘中的持久化数据丢失了，那么后续对 RDD 计算时还可以使用该数据在其他节点上的副本。如果没有副本的话，就只能将这些数据从源头处重新计算一遍。

⑦ OFF_HEAP

以序列化的格式存储 RDD 到 Tachyon 中，相对于 MEMORY_ONLY_SER、OFF_HEAP 减少了垃圾回收的花费，允许更小的执行者共享内存池，这使其在拥有大量内存的环境下或者多并发应用程序的环境中具有更强的吸引力。

【某互联网公司面试题 4-57：Spark 如何选择持久化策略】

答案：默认情况下，当然是选择性能最高的 MEMORY_ONLY，但前提是内存必须足够大到可以绰绰有余地存放下整个 RDD 的所有数据。

因为不进行序列化与反序列化操作，就避免了这部分的性能开销。对这个 RDD 的后续算子操作，都是基于纯内存中的数据的操作，不需要从磁盘文件中读取数据，性能也很高。而且不需要复制一份数据副本，并远程传送到其他节点上。但是这里必须要注意的是，在实际的生产环境中，恐怕能够直接用这种策略的场景还是有限的，如果 RDD 中数据很庞大时，直接用这种持久化级别，会导致 JVM 的 OOM 内存溢出异常。

如果使用 MEMORY_ONLY 级别时发生了内存溢出，那么建议尝试使用 MEMORY_ONLY_SER 级别。该级别会将 RDD 数据序列化后再保存在内存中，此时每个 Partition 仅仅是一个字节数组而已，大大减少了对象数量，并降低了内存占用。这种级别比 MEMORY_ONLY 多出来的性能开销主要就是序列化与反序列化的开销，但是后续算子可以基于纯内存进行操作，因此性能总体还是比较高的。但可能发生 OOM 内存溢出的异常。

如果纯内存的级别都无法使用，那么建议使用 MEMORY_AND_DISK_SER 策略，而不是 MEMORY_AND_DISK 策略。因为既然到了这一步，就说明 RDD 的数据量很大，内存无法完全放下，序列化后的数据比较少，可以节省内存和磁盘的空间开销。同时该策略会优先尽量尝试将数据缓存在内存中，内存缓存不下才会写入磁盘。

通常不建议使用 DISK_ONLY 和后缀为_2 的级别，因为完全基于磁盘文件进行数据的读写，会导致性能急剧降低。后缀为_2 的级别，必须将所有数据都复制一份副本，并发送到其他节点上，数据复制以及网络传输会导致较大的性能开销。

2）Cache

Cache 方法是将 RDD 持久化到内存，Cache 的内部实际上是调用了 Persist 方法，由于没有开放存储级别的参数设置，所以是直接持久化到内存。

Spark 默认的 Cache()操作以 MEMORY_ONLY 的存储等级持久化数据。这意味着如果缓存新的 RDD 分区时空间不够，旧的分区就会直接被删除。

当用到这些分区数据时，再进行重新计算。所以有时以 MEMORY_AND_DISK 的存储等级调用 Persist()方法会获得更好的效果，因为在这种存储等级下，内存中放不下的旧的分区会被写入磁盘，当再次需要用到的时候再从磁盘上读取回来。这样的代价有可能比重新计算各分区要低很多，也可以带来更稳定的性能表现。当 RDD 分区的重算代价很大时，这种设置尤其有用。

对于默认缓存策略的一个改进是缓存序列化后的对象而非直接缓存。可以通过 MEMORY_ONLY_SER 或者 MEMORY_AND_DISK_SER 的存储等级来实现这一点。缓存序列化后的对象会使缓存过程变慢，因为序列化对象也会消耗一些代价，不过这可以显著减少 JVM 的垃圾回收时间，因为很多独立的记录现在可以作为单个序列化的缓存而存储。垃圾回收的代价与堆里的对象数目相关，而不是和数据的字节数相关。这种缓存方式会把大量的对象序列化为一个巨大的缓存区对象。如果需要以对象的形式缓存大量数据，或者是注意到了长时间的垃圾回收暂停，可以考虑配置这个选项。这些暂停时间可以在应用界面中显示的每个任务的垃圾回收时间那一栏看到。

【某互联网公司面试题 4-58：Spark 使用 Cache 方法的注意事项】

答案：使用 Cache 有以下 3 点需要注意。

1）Cache 可以接其他算子，但是接了算子之后，起不到缓存应有的效果，因为会重新触发 Cache。

2）Cache()和 Persist()的使用是有规则的：必须在 Transformation 或者 Textfile 等创建一个 RDD 之后，直接连续调用 Cache()或者 Persist()才可以，如果先创建一个 RDD，再单独另起一行执行 Cache()或者 Persist()，是没有用的，而且会报错，导致大量的文件会丢失。而且，并不是这两个方法被调用时立即缓存，而是触发后面的 Action 时，该 RDD 将会被缓存在计算节点的内存中，并供后面重用。

3）与 RDD 不同的是，DataFrame 里 Cache()依然调用的 Persist()，但是 Persist 调用 CacheQuery，而 CacheQuery 的默认存储级别为 MEMORY_AND_DISK，这点和 RDD 是不一样的。

（3）RDD 缓存

CheckPoint 是 Spark 提供的一种缓存机制，当 RDD 依赖链非常长，又想避免重新计算之前的 RDD 时，可以对 RDD 做 CheckPoint 处理，检查 RDD 是否被物化或计算，并将结果持久化到磁盘或 HDFS 内。CheckPoint 会把当前 RDD 保存到一个目录，要触发 Action 操作的时候才会执行它。

在 CheckPoint 之前，应该先做持久化（Persist 或者 Cache）操作，否则就要重新计算一遍。

这是因为 CheckPoint 的工作机制，是 Lazy 级别的，在触发一个作业的时候，开始计算 Job，Job 算完之后，如果 Spark 的调度框架发现 RDD 有 CheckPoint 标记，Spark 又基于这个 CheckPoint 再提交一个作业，CheckPoint 会触发一个新的作业，如果不进行持久化，进行 CheckPoint 的时候会重算，如果第一次计算的时候就进行了 Persist，那么进行 CheckPoint 的时候速度会非常的快。

也就是，如果某个 RDD 成功执行了 CheckPoint，它前面的所有依赖链会被销毁。

CheckPoint 的好处显而易见，比如做 1000 次迭代，在第 999 次时做了 CheckPoint，如果第 1000 次的时候，只要重新计算第 1000 即可，不用从头到尾再计算一次。

尽管当一个 RDD 出现问题可以由它的依赖（也就是 Lineage 信息）用来故障恢复，但对于那些 Lineage 链较长的 RDD 来说，这种恢复可能很耗时，使用 CheckPoint 无疑可以加快这种恢复。

【某互联网公司面试题 4-59：Spark Persist、Cache 和 CheckPoint 方法有什么区别】

答案：Persist、Cache 和 CheckPoint 的区别如下。

Cache 缓存数据由 Executor 管理，若 Executor 消失，它的数据将被清除，RDD 需要重新计算。CheckPoint 将数据保存到磁盘或 HDFS 内，Job 可以从 CheckPoint 点继续计算。

Persist 时，如果使用级别为 StorageLevel.DISK_ONLY，相当于 Cache 到磁盘上，这样可以使 RDD 第一次被计算得到时就存储到磁盘上，但一旦作业执行结束，Cache 到磁盘上的 RDD 会被清空；而 CheckPoint 将 RDD 持久化到 HDFS 或本地文件夹，如果不被手动 Remove 掉，则会一直存在。

（4）RDD 本地化级别

【某互联网公司面试题 4-60：Spark 如何实现数据不动代码动的思想的】

答案：要想提升整个分布式系统的运行效率，最好的就是程序去找数据，而且数据最好在内存中，这就是数据不动代码动的最高境界。

Spark 从两个方面来解决这个问题：一方面，在进行任务调度时会尽可能地将任务分配到处理数据的数据块所在的具体位置；另一方面，在分布式数据系统中，让程序尽可能地去访问离自己近的数据。

数据有可能就在本地内存中，也有可能在 HDFS 上，因此，Spark 需要对 RDD 的本地化级别（Locality Level）进行评估，总共分为 5 级，级别越高，访问数据的速度越快。

本地化级别导致的数据访问性能从优到差排序如下。

PROCESS_LOCAL > NODE_LOCAL > NO_PREF > RACK_LOCAL>ANY。

解释如下。

1）PROCESS_LOCAL：进程本地化。

Task 要计算的数据在同一个 Executor 中，数据和 Task 在同一个 Executor JVM 中，最优的就是这种本地化级别。

2）NODE_LOCAL：节点本地化。

代码和数据在同一个节点上。

情况一：Task 要计算的数据是在同一个 Worker 的不同 Executor 进程中，此时数据需要在进程间进行传输。

情况二：数据就在节点上的某个 Block 上，而 Task 在该节点上的某个 Executor 中运行。

如果数据来源于 HDFS，那么最好的数据本地化级别就是 NODE_LOCAL。

3）NO_PREF：无优先级。

数据从哪里访问都一样快，不需要位置优先。比如 SparkSQL 读取 MySQL 中的数据。

4）RACK_LOCAL：机架本地化。

数据在同一机架的不同节点上。需要通过网络传输数据及文件 IO，比 NODE_LOCAL 慢。

情况一：Task 计算的数据在另一个 Worker 的 Executor 中。

情况二：Task 计算的数据在另一个 Worker 的磁盘上。

5）ANY：数据在不同机架上。

跨机架，数据在非同一机架的网络上，速度最慢。

综上所述，可以看出，Spark 数据的本地性可以分为两个层面：Executor 层面的数据本地性和 Task 层面的数据本地性。

在两种本地性中，Task 层面的数据本地性是由 Spark 本身决定的，而 Executor 的分发则是 Cluter Manager 控制的。

并不是每个 RDD 都有所谓的优先位置列表，比如从 Scala 集合中创建的 RDD 就没有，而从 HDFS 读取的 RDD 就有。

4.6.5 Spark 内存管理

Spark 是基于内存进行计算的，但是这并不意味着其必须把所有待计算的数据同时加载到内存。为了高效地利用内存，Spark 对内存进行了专门的规划。

在执行 Spark 的应用程序时，Spark 集群会启动 Driver 和 Executor 两种 JVM 进程，其中 Executor 的内存管理相对复杂，以下主要介绍 Executor 的内存管理。

在 Spark 1.5 版本及以前，Spark 采用静态内存管理模型，但在 Spark 1.6 版本推出以后，其采用了统一内存管理模型。1.6 版本之前采用的静态管理（Static Memory Manager）方式仍被保留，可通过配置 Spark.memory.useLegacyMode 参数启用，如果参数值为 True 那么就是静态内存管理模式，否则就是统一内存管理模式。

以下主要讨论默认情况下的内存分配。

（1）静态内存管理

在静态内存管理模型中，Spark 把一个 Executor 中的内存分为 3 块：Execution 内存、Storage 内存和 Other 内存。

默认情况下，其中 Storage 占 60%，Execution 占 20%（其中 Shuffle 聚合内存占 Execution 的 80%，防止 OOM 占 Execution 的 20%），Other 占 20%。

Storage 主要用于 RDD 缓存数据，Execution 主要用于程序的执行，Other 是程序执行时预留给自己的内存。

在静态内存管理机制下，存储内存、执行内存和其他内存 3 部分的大小在 Spark 应用程序运行期间是固定的，但用户可以在应用程序启动前进行配置。

以上被称为 Java-Heap 内存，也被称为堆内内存。堆内内存的大小，由 Spark 应用程序启动时 Spark.Executor.Memory 参数配置。

【某互联网公司面试题 4-61：Spark 静态内存管理有什么缺点】

答案：静态内存分配会遇到以下问题。

1）Shuffle 占用内存比例为 0.2*0.8，内存分配这么少，可能会将数据 Spill 到磁盘，频繁的磁盘 IO 是很大的负担。

2）默认情况下，Task 在线程中可能会占满整个内存，分片数据特别大的情况下就会出现这种情况，其他 Task 没有内存了，剩下的 Cores 就空闲了，这是巨大的浪费。而且一个 Task 获得全部的 Execution 的 Memory，其他 Task 过来就没有内存了，只能等待。

3）MEMORY_AND_DISK_SER 的 Storage 方式，获得 RDD 的数据是使用 Iterator 的方式一条条获取。这个过程会有 Unroll 的参与，这就需要足够的内存，只有拥有足够的内存才能保证获取数据的过程不中断。Unroll 的内存是从 Storage 的内存空间中获得的。Unroll 失败，就会直接将数据放到磁盘。

4）默认情况下，Task 在 Spill 到磁盘之前，会将部分数据存放到内存上，如果获取不到内存，就不会执行，变为永无止境的等待，从而消耗 CPU 和内存。

这种内存管理方式的缺陷，即 Execution 和 Storage 内存即使在一方内存不够用而另一方内存空闲的情况下也不能共享，造成内存浪费，为解决这一问题，Spark 提出了统一内存管理方法。

（2）统一内存管理

所谓统一内存管理是指 Storage 和 Execution 共享一个统一的内存区域，默认情况下 Storage 和 Execution 各占该空间的 50%，在适当时候可以借用彼此的 Memory。在一方空闲，另一方内存不足的情况下，内存不足一方可以向空闲一方借用内存。也就是这种内存分配是动态的，这样就提升了内存的使用效率。

当 Execution 空间不足而且 Storage 空间也不足的情况下，Storage 空间如果曾经使用了超过默认 50%（这个阈值可以设定）空间的话，则超过部分会被强制 Drop 掉一部分数据，用来解决 Execution 空间不足的问题。但是 Storage 永远不会驱逐 Execution。这是因为执行（Execution）是比缓存（Storage）更重要的事情。Drop 后数据会不会丢失主要看在程序设置的 Storage_Level 来决定是 Drop 到哪里，可能 Drop 到磁盘上。

这种设计保证了几个理想的性能。

1）不使用缓存的应用程序可以将整个空间用于执行，从而避免不必要的磁盘溢写。

2）使用缓存的应用程序可以保留最小的存储空间（R），其中数据块不受驱逐。

3）这种方法为各种工作负载提供了合理的开箱即用性能，而不需要用户掌握内部如何分配内存的专业知识。

统一内存管理的动态性还体现在 Task 间的 Execution 内存分配是动态的，如果没有其他 Tasks 存在，则 Spark 允许一个 Task 占用所有可用 Execution 内存。

由于 Spark 对于内存的控制的最小粒度是 Task，一个 Executor 能同时执行多少个 Task 除了受到 CPU 的影响，还受到竞争内存资源的影响。

通常情况下，Task 首先会去尝试获取 Execution 内存，每个 Task 对 Execution 内存占用大小被限制在一个范围内，最大值是 Execution 能平均分给每个 Task 的内存，最小值是最大值的一半。

当获取不到内存时，Spark 会让请求的 Task 等待，直到有其他 Task 释放资源，然后该 Task 再去抢占资源。

在计算比较复杂的情况下，使用统一内存管理会取得更好的效率，但是如果计算的业务逻辑需要更大的缓存空间，此时使用老版本的静态内存管理（StaticMemoryManagement）效果会更好。

【某互联网公司面试题 4-62：请简要描述 Spark 统一内存管理是如何对内存区域进行划分的】

答案：统一内存管理模式下，默认情况，Spark 仅仅使用了堆内内存。Executor 端的堆内内存区域大致可以分为以下 4 大块，如图 4-11 所示。

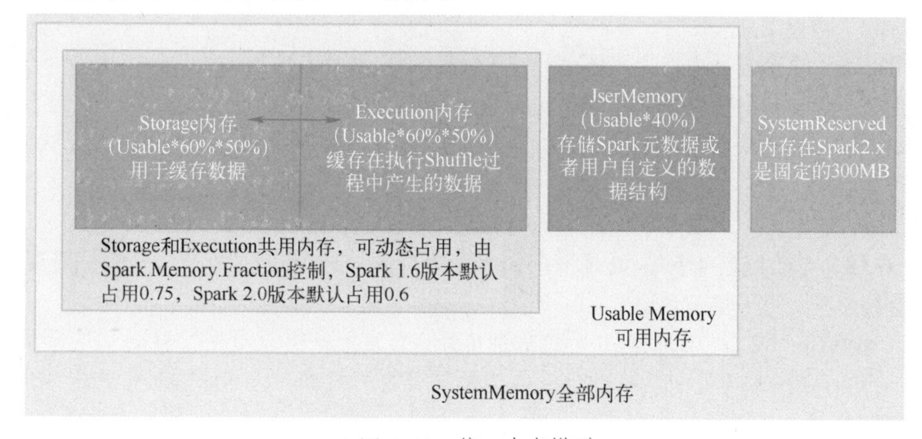

● 图 4-11　统一内存模型

Execution 内存主要用于存放 Shuffle、Join、Sort、Aggregation 等计算过程中的临时数据。

Storage 内存主要用于存储 Spark 的 Cache 数据，例如 RDD 的缓存、Unroll 数据。

用户内存（User Memory）主要用于存储 RDD 转换操作所需要的数据，例如 RDD 依赖等信息。

预留内存（Reserved Memory）为系统预留内存，用来存储 Spark 内部对象。

对图 4-11 进行以下说明。

SystemMemory = Runtime.GetRuntime.MaxMemory，其实就是通过参数 Spark.Executor.Memory 配置的。

ReservedMemory 在 Spark 2.x 中是写死的，其值等于 300MB，这个值是不能修改的（如果在测试环境下，可以通过 Spark.Testing.ReservedMemory 参数进行修改）。

UsableMemory = SystemMemory -ReservedMemory，这个就是 Spark 可用内存。

Storage Memeory 和 Execution Memory 合起来称为 Spark Memeory，它们占用的内存空间为：

(Java Heap – ReservedMemory) * Spark.Memory.Fraction。

在 Spark 1.6.1 版本中，默认为(Java Heap - 300MB) * 0.75。

在 Spark 2.2.0 版本中，默认为(Java Heap - 300MB) * 0.6。

（3）堆外内存

【某互联网公司面试题 4-63：请简要描述 Spark 堆外内存的用途】

答案：为了进一步优化内存的使用以及提高 Shuffle 时排序的效率，从 Spark 1.6 版本开始引入了堆外（Off-Heap）内存，使之可以直接在工作节点的系统内存中开辟空间，存储经过序列化的二进制数据。除了没有 Other 空间，堆外内存与堆内内存的划分方式相同，所有运行中的并发任务共享存储内存和执行内存。这种模式不在 JVM 内申请内存，而是直接向操作系统申请内存。由于这种方式不经过 JVM 内存管理，所以可以避免频繁的 GC，这种内存申请的缺点是必须自己编写内存申请和释放的逻辑。

堆外内存可以被精确地申请和释放，而且序列化的数据占用的空间可以被精确计算，所以相比堆内内存来说降低了管理难度，也降低了误差。

在默认情况下堆外内存并不启用，可以通过 Spark.Memory.OffHeap.Enabled 来启用堆外内存。还可以通过 Spark.Memory.OffHeap.Size 来设置堆外内存大小。如果是 Yarn 的提交模式，堆外内存可以通过 Spark.Yarn.Executor.MemoryOverhead 来设置。

如果堆外内存被启用，那么 Executor 内将同时存在堆内和堆外内存，两者的使用互不影响，这个时候 Executor 中的 Execution 内存是堆内的 Execution 内存和堆外的 Execution 内存之和，同理，Storage 内存也一样。

默认情况下，这个堆外内存上限是每一个 Executor 的内存大小的 10%。

堆外内存分为两部分，分别是 Storage 内存和 Execution 内存，其中 Storage 内存由 Spark.Memory.StorageFraction 决定，默认是 50%，即上述两部分内存各占 50%。

（4）内存分配

1）内存需求

【某互联网公司面试题 4-64：请解释在 Spark 集群上处理 1TB 的数据，是否就需要 1TB 的内存甚至更多】

答案：Spark 本身对内存的要求并不是特别苛刻。官方网站推荐内存在 8GB 之上即可。

Spark 对内存的消耗主要分为 3 部分：数据集中对象的大小、访问这些对象的内存消耗和垃圾回收 GC 的消耗。

其中，数据对内存的消耗并没有想象中的那么大，原因如下。

理论上，某个 MapPartitionsRDD 里实际在内存里的数据只是一些元数据信息，占用内存是个非常小的数值。

NewHadoopRDD 则会略多些，因为属于数据源。假设读取文件的 Buffer 是 1MB，那么最多也就是 Partition 数*1MB 数据在内存里。

SaveAsTextFile 也是一样的，往 HDFS 中写文件，需要 Buffer，最多数据量为 Buffer*Partition 数。

如果用户没有要求 Spark Cache 该 RDD 的结果，那么 RDD 占用的内存是很小的，一个元素处理完毕后就落地或扔掉了（概念上如此，实现上有 Buffer），并不会长久地占用内存（如图 4-12 所示）。只有在用户要求 Spark Cache 该 RDD，且 Storage Level 要求在内存中 Cache 时，Iterator 计算出的结果才会被保留，通过 Cache Manager 放入内存池。

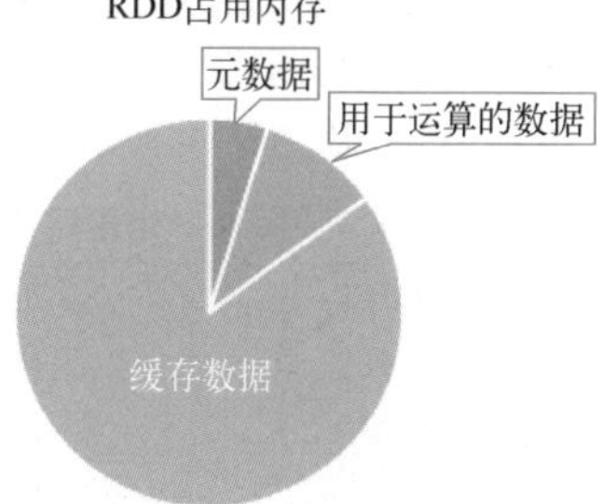

● 图 4-12　RDD 内存占用

也就是，如果有 TB 级的数据，并不是都需要装进内存。

假设如果有 10 台 Worker 机器，每台机器规划给 Spark Job 的内存为 20GB，每个机器规划给 Spark Job 的内核数为 8。假设任务的数量可以为分配内核数的 4 倍。这样的配置可以分析多大的文件呢？

静态内存管理模式下，Executor 中可用于存放 RDD 的阈值设定为：

Spark.storage.memoryFraction=0.6。

这样用于分析的文件大小为：10 节点*20GB*0.6*4=480GB。

在内存和内核数不够的情况下，GC 时间比较长，还可加大任务数量，从而分析更大的文件，当然，分析时间也会相应增加。

动态内存管理下，由于 Storage 内存和 Execution 内存可以互借，所以可以分析更大的文件。

2）内存申请

在 Spark-YARN 模式下，Spark Executor 都是装载在 Container 里运行的，Container 默认的内存是 1GB。Executor 向 YARN 申请的内存为(Executor-Memory+1GB)*Executors 数。而且，Spark 在给 Driver 和 Executor 分配内存时，会在用户设定的内存值上溢出 384MB 或 10%。

YARN 在给 Container 分配内存时，遵循向上取整的原则（由参数 yarn.scheduler.increment-allocation-mb 指定 YARN 分配资源给 Container 时，内存增长的步长，默认值为 1024MB），所以实际分配的内存为 1GB 的整数倍。

原则上，计算出来的作业使用资源只要不超过集群总资源即可。但是实际场景中，操作系统、HDFS 和 EMR 服务等都需要使用 Core 和内存资源，所以如果把资源全部分给作业，会导致性能下降，甚至无法运行。

举例来说：

如果 ApplicationMaster 申请 512MB 内存，分配的时候除了这 512MB 内存，还会多余分配堆外内存用于额外开销。

分配的堆外内存的量为 Max(${Spark.yarn.am.memory}* 0.1, 384) = max(51.2MB, 384MB) = 384MB，于是应该分配给 ApplicationMaster 512(程序申请) + 384(系统分配的堆外内存) = 896MB 内存。

而且，实际分配的内存量还要在此基础上做规整，yarn-Site.xml 中的这个配置 yarn.scheduler.increment-allocation-mb=1024(默认)，这个值的意思是：实际分配的内存应该是这个值的整数倍，于是 896MB 又被提升为 1024MB，即 1GB，因此，实际给 ApplicationMaster 分配了 1GB 内存。

当然用户可以自己配置 ApplicationMaster 和 Executor 使用的堆外内存量，当用户自定义后，就不会再用以上的公式去计算堆外内存的大小。

3）内存不足

【某互联网公司面试题 4-65：Spark 内存不足会带来什么严重后果】

答案：当内存不足的时候，会引起一些严重后果，主要有以下 3 种情况。

① 如果用于存储 RDD 的空间不足，先存储的 RDD 的分区会被后存储的覆盖。当需要使用丢失分区的数据时，丢失的数据会被重新计算。

② 如果 Java 堆或者永久代的内存不足，则会产生各种 OOM 异常，Executor 会被结束。Spark 会重新申请一个 Container 运行 Executor。失败 Executor 上的任务和存储的数据会在其他 Executor 上重新计算。

③ 如果实际运行过程中 ExecutorMemory+MemoryOverhead 之和（JVM 进程总内存）超过 Container 的容量。YARN 会直接杀死 Container。Executor 日志中不会有异常记录。Spark 同样会重新申请 Container 运行 Executor。

鉴于面试中经常会提到 OOM 的相关问题，以下着重解析 OOM 异常。

【某互联网公司面试题 4-66：出现错误：Executor Lost、Task Lost、Shuffle Fetch 失败、Task 失败重试等】

答案：分析原因如下。

原因一：Executor 挂掉了，通常是 Map Task 所运行的 Executor 内存不足导致的。这时，Executor 里面的 BlockManager 肯定也挂掉了，进一步导致 ConnectionManager 不能用，也就无法建立连接，从而不能拉取数据。

原因二：Executor 并没有挂掉，有以下 3 种情况。

① BlockManage 之间的连接失败（Map Task 所运行的 Executor 正在 GC）。

② 建立连接成功，Map Task 所运行的 Executor 正在 GC。

③ Reduce Task 向 Driver 中的 MapOutputTracker 获取 Shuffle File 位置的时候出现了问题。

解决办法如下。

① 默认申请的堆外内存是 Executor 内存的 10%，真正处理大数据的时候，这里都会出现问题，导致 Spark 作业反复崩溃，无法运行。因此应该增大 Executor 内存和堆外内存。

② 相同资源下，增加 Partition 数可以减少内存问题。原因如下：通过增加 Partition 数，每个 Task 要处理的数据少了，同一时间内，所有正在运行的 Task 要处理的数量少了很多，所有 Executor 占用的内存也变小了。这可以缓解数据倾斜以及内存不足的压力。

③ 关注 Shuffle Read 阶段的并行数。例如 Reduce、Group 之类的函数，其实它们都有第二个参数，即并行度（Partition 数），只是大家一般都不设置。不过出了问题再设置一下也不错。

④ 给一个 Executor 核数设置的太多，也就意味着同一时刻，在该 Executor 的内存压力会更大，GC 也会更频繁。一般会控制在 3 个左右。然后通过提高 Executor 数量来保持资源的总量不变。

【某互联网公司面试题 4-67：Map 过程产生大量对象导致内存溢出】

答案：分析原因如下。

这种溢出的原因是在单个 Map 中产生了大量的对象导致的，例如：rdd.map(x=>for(i <- 1 to 10000) yield i.toString)，这个操作在 RDD 中，每个对象都产生了 10000 个对象，这肯定很容易产生内存溢出的问题。

解决方案如下。

针对这种问题，在不增加内存的情况下，可以通过减少每个 Task 的大小，以便达到每个 Task 即使产生大量的对象 Executor 的内存也能够装得下。具体做法可以在会产生大量对象的 Map 操作之前调用 Repartition 方法，分区成更小的块传入 Map。例如：rdd.repartition(10000).map(x=>for(i <- 1 to 10000) yieldi.toString)。

对这种问题不能使用 rdd.coalesce 方法，这个方法只能减少分区，不能增加分区。

【某互联网公司面试题 4-68：Coalesce 调用导致内存溢出】

答案：分析原因如下。

因为 HDFS 中不适合存储小文件，所以 Spark 计算后如果产生的文件太小，我们会调用 Coalesce 合并文件再存入 HDFS 中。但是这会导致一个问题，例如在 Coalesce 之前有 100 个文件，这也意味着能够有 100 个 Task，现在调用 Coalesce(10)，最后只产生 10 个文件，因为 Coalesce 并不是 Shuffle 操作，这意味着 Coalesce 并不是按照原本想的那样先执行 100 个 Task，再将 Task 的执行结果合并成 10 个，而是从头到尾只有 10 个 Task 在执行，原本 100 个文件是分开执行的，现在每个 Task 同时一次读取 10 个文件，使用的内存是原来的 10 倍，这导致了 OOM。

解决方案如下。

解决这个问题的方法是让程序按照我们想的先执行 100 个 Task 再将结果合并成 10 个文件，这个问题同样可以通过 Repartition 解决，调用 Repartition(10)，因为这就有一个 Shuffle 的过程，Shuffle 前后是两个 Stage，一个 100 个分区，一个是 10 个分区，就能按照之前的想法执行。

【某互联网公司面试题 4-69：Shuffle 后内存溢出】

答案：分析原因如下。

Shuffle 内存溢出的情况可以说都是 Shuffle 后，单个文件过大导致的。

解决方案如下。

在 Spark 中，Join、ReduceByKey 这一类型的过程，都会有 Shuffle 的过程。在 Shuffle 的使用过程中，需要传入一个 Partitioner。大部分 Spark 中的 Shuffle 操作，默认的 Partitioner 都是 HashPatitioner，默认值是父 RDD 中最大的分区数，这个参数通过 Spark.default.parallelism 控制(在 Spark-SQL 中用 Spark.sql.shuffle.partitions)，这个参数只对 HashPartitioner 有效，所以如果是别的 Partitioner 或者自己实现的 Partitioner 就不能使用这个参数来控制 Shuffle 的并发量了。如果是别的 Partitioner 导致的 Shuffle 内存溢出，可以从 Partitioner 的代码增加 Partition 的数量。

【某互联网公司面试题 4-70：Standalone 模式下资源分配不均匀导致内存溢出】

答案：分析原因如下。

在 Standalone 的模式下如果配置了--total-executor-cores 和 --executor-memory 这两个参数，但是没有配置--executor-cores 这个参数的话，就有可能导致每个 Executor 的 memory 是一样的，但是 Cores 的数量不同，那么在 Cores 数量多的 Executor 中，由于能够同时执行多个 Task，就容易导致内存溢出的情况。

解决方案如下。

这种情况的解决方法就是同时配置--executor-cores 或者 Spark.executor.cores 参数，确保 Executor 资源分配均匀。

【某互联网公司面试题 4-71：Spark Executor 内存溢出】

答案：分析原因如下。

OOM 是内存里堆的数据信息太多了。

解决方案如下。

① 增加 Job 的并行度，即增加 Job 的 Partition 数量，把大数据集切分成更小的数据，可以减少一次性 Load 到内存中的数据量。

② Spark.storage.memoryFraction

管理 Executor 中 RDD 和运行任务时的内存比例，如果 Shuffle e 比较小，只需要一点点 Shuffle Memory，那么就调大这个比例。默认是 0.6：1

③ Spark.executor.memory 如果还是不行，那么就要加 Executor 的内存了，改完 Executor 内存后，这个需要重启。

【某互联网公司面试题 4-72：Reduce 阶段发生内存溢出】

答案：分析原因如下。

Reduce Task 去 Map 端获取数据，Reduce 一边拉取数据一边聚合，Reduce 端有一块聚合内存（Executor Memory * 0.2），也就是这块内存不够。

解决方案如下。

① 增加 Reduce 聚合操作的内存的比例。

② 增加 Executor Memory 的大小，即将 Executor Memory 加大为 5GB。

③ 减少 Reduce Task 每次拉取的数据量（设置 Spark.reducer.maxSizeInFlight），这样拉取的次数就多了，带来的问题是建立连接的次数增多，有可能会连接不上（正好赶上 Map Task 端进行 GC）。

4.6.6 Spark 资源分配

（1）资源申请模式

资源申请是在 SparkContext 初始化之前完成的。

SparkContext 向资源管理器（可以是 Standalone、Mesos 或 YARN）注册并申请运行 Executor 资源，由资源管理器分配 Executor 资源，并启动监听程序，Executor 运行情况将随着心跳发送到资源管理器上。

【某互联网公司面试题 4-73：请解释 Spark 资源申请的两种模式】

答案：资源申请有两种模式，分别如下。

1）粗粒度模式

每个应用程序的运行环境由一个 Driver 和若干个 Executor 组成，其中，每个 Executor 占用若干资源，内部可运行多个 Task。应用程序的各个任务正式运行之前，需要将运行环境中的资源全部申请好，且运行过程中要一直占用这些资源，即使不用，也要等到最后程序运行结束后，回收这些资源。

举个例子，提交应用程序时，指定使用 5 个 Executor 运行应用程序，每个 Executor 占用 5GB 内存和 5 个 Core，每个 Executor 内部设置了 5 个 Slot，则 Mesos 需要先为 Executor 分配资源并启动它们，之后开始调度任务。另外，在程序运行过程中，Mesos 的 Master 和 Slave 并不知道 Executor 内部各个 Task 的运行情况，Executor 直接将任务状态通过内部的通信机制汇报给 Driver，从一定程度上可以认为，每个应用程序利用 Mesos 搭建了一个虚拟集群自己使用。

优点：在 Application 执行之前，所有的资源都申请完毕，每一个 Task 直接使用资源就可以了，不需要 Task 在执行前自己去申请资源，这样就可以加快 Task 的启动速度，提高 Task 的执行效率。

显然，粗粒度模式会浪费很多资源。

2）细粒度模式

应用程序启动时，先会启动 Executor，但每个 Executor 资源仅仅是自己运行所需的资源，不需要考虑将来要运行的任务，之后 Mesos 会为每个 Executor 动态分配资源，单个 Task 运行完之后可以马上释放对应的资源。每个 Task 会汇报状态给 Mesos Slave 和 Mesos Master，便于更加细粒度管理和容错，这种调度模式类似于 MapReduce 调度模式，每个 Task 完全独立。

模式的优点是可以充分利用的集群资源，Application 执行之前不需要先去申请资源，而是直接执行，让 Job 中的每一个 Task 在执行前自己去申请资源，Task 执行完成就释放资源。缺点是 Task 自己去申请资源，Task 启动会变慢，Application 的运行相应的也会变慢。

（2）资源分配模式

Spark 程序的运行是需要一定的硬件资源来作为支撑的，其集群上有很多节点，每个节点都拥有一批 Core 和内存，Spark 可以使用静态或者动态的方法对资源进行分配。

静态分配需要在提交任务的时候设置，Spark 程序启动时即一次性分配所有的资源，运行过程中固定不变，直至程序退出。这是一种简单可靠的分配策略，建议使用这种策略，除非非常确定这种方式无法满足需求。

动态分配需要根据数据的大小、需要的运算能力来设置，便于以后类似任务的重用。运行过程中可以不断调整分配的资源，可以按需增加或减少。这意味着程序可能会在不使用资源的时候把资源还给集群，在需要的时候再向集群申请，这个特性在多个程序共享集群资源的时候特别有用。这比静态分配复杂得多，需要在实践中不断调试才能达到最优。

【某互联网公司面试题 4-74：举例说明 Spark 是如何对资源进行分配的】

答案：用以下例子先来说明静态分配（如图 4-13 所示）。假设有 6 个节点，每个节点包含 16 个 Cores 和 64GB RAM。

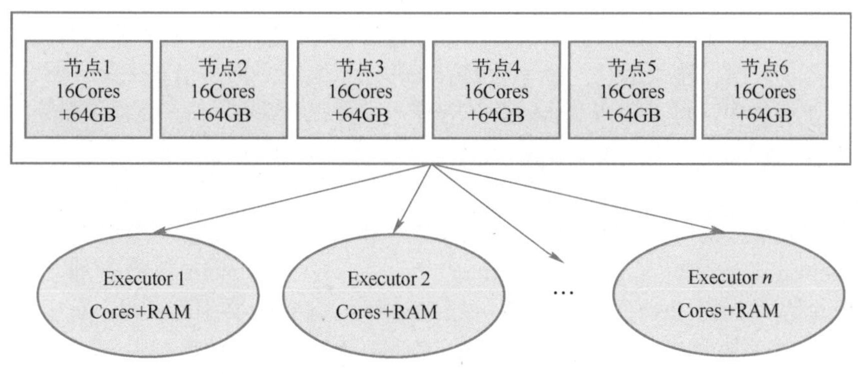

● 图 4-13　Spark 如何分配计算机资源

首先，假设每个节点将有 1 个 Core 和 1GB 内存用于操作系统和 Hadoop 的守护进程，因此每个节点还剩下 15 个 Cores 和 63GB 内存。

先从 Core 的数量选择开始，Core 的数量意味着一个 Executor 能同时执行的 Tasks 数量，研究表明超过 5 个并行任务会使性能下降，所以选择将 Core 的数量设置为 5 个。

那么每个节点可以跑 15/5=3 个 Executors，在有 6 个节点的情况下，将会有 3*6=18 个 Executors，其中一个将会被 YARN 的 Application Master 占用，所以最终可用于 Spark 任务的有 17 个 Executors。

由上可推出每个 Executor 将会占用 63/3=21GB，但是这其中包含了 Overhead Memory、Overhead Memory=Max(384MB, 0.1*21GB)=2.1GB，因此最终每个 Executor 的内存约等于 21-2.1=18.9GB。

所以，在该例中，共有 17 个 Executors，每个 Executor 有 5 个 Cores 和 18.9GB 的内存。

如果每个节点提升为 32 个 Cores，那么每个节点就有 32/5=6 个 Exectuors，共有 6*6-1=35 个 Exectuors，每个 Executor 占内存 63/6=10GB，Overhead Memory 约为 0.1*10GB=1GB，所以最终每个 Executor 的内存为 9GB。

仍然采用最初的硬件条件，如果根据数据量和计算过程能大致算出每个 Executor 所需的内存，比如 Executor 不需要 19GB 这样大的内存，仅 10GB 就够了。此时可以通过减少 Cores 数，来增加每个节点的 Executors，比如将 Cores 数改为 3，那么每个节点将会有 5 个 Executors，总共 5*6-1=29 个 Executors，内存约为 63/5=12GB，算上 Overhead Memory，最终将会得到 29 个 Executors，3 个 Cores，内存约为 12-12*0.1=10.8GB。

再说动态分配。

当 Spark.dynamicAllocation.enabled=true 时，就是动态分配模式，这意味着在提交 Spark 任务时就不需要明确 Executors 的数量了，也就是在动态分配模式下，Executor 的数量没有上限，所以 Spark 应用可能使用掉所有的资源，如果集群中还运行了其他的程序，应该注意资源的分配问题。

因此应该为不同的用户设置不同的队列资源上限和下限，以保证不同的应用可以在 YARN 上正常运行。

Spark 将通过以下参数进行动态设置。

Spark.dynamicAllocation.initialExecutors 用于设置初始化 Executor 的数量。随后，根据任务的执行等待情况，Executor 的数量将在 Spark.dynamicAllocation.minExecutors 和 Spark.dynamicAllocation.maxExecutors 范围内变化。

当有任务超过 Spark.dynamicAllocation.schedulerBacklogTimeout 设置的等待时间时会申请新的 Executor 资源，且申请的资源将成指数增长，直到达到最大值。

当一个 Executor 的执行时间达到 Spark.dynamicAllocation.executorIdleTimeout 时将释放资源。

如果想更好地控制 Spark 任务的执行时间，监控任务的执行情况，应该选择静态分配模式。如果选择动态分配模式，资源分配将不再透明，且有可能影响集群上其他任务的执行。

需要注意的是，目前所有模式下都没有在不同 Spark 程序之间提供内存共享的能力。如果想使用这种方式来共享数据，建议运行一个单独的服务程序来响应不同的情况去查询同一个 RDD。在 Spark 1.6 及以上版本中，可以使用 In-Memory 存储系统，比如 Tachyon，会提供另外的方式在不同的程序之间共享 RDD。

（3）资源调度算法

每当集群资源发生变化时，Master 进程（Active Master）就会为所有已注册的并且没有调度完毕的 Application 调度 Worker 节点上的 Executor 进程。而每个 Executor 上都分布了大量的 Task，Executor 是一个进程，而 Task 是一个线程。在 YARN 资源管理器中，Executor 中包含了大量的 Container。Container 就是资源，Container 包含了 Core，内存等资源信息。

Master 资源调度算法有两种，一种是 SpreadOutApps，另一种是非 SpreadOutApps。

SpreadOutApps 算法中，是以 Round-Robin 方式，轮询的在 Worker 节点上分配 Executor 进程。会将每个 Application 要启动的 Executor 都平均分配到各个 Worker 上去。比如有 10 个 Worker，20 个 Core 要分配，那么实际会循环两遍 Worker，每个 Worker 分配一个 Core，最后每个 Worker 分配了 2 个 Core。

非 SpreadOutApps 会将每个 Application 尽可能分配到尽量少的 Worker 上去。比如总共有 10 个 Worker，每个有 10 个 Core，APP 总共要分配 20 个 Core，其实只会分配到两个 Worker 上，每个 Worker 占满 10 个 Core，其余 APP 只能分配到下一个 Worker。

↗4.6.7 Spark Shuffle 机制

Spark 中的一些操作会触发一个称之为 Shuffle 的事件，Shuffle 是 Spark 用来重新分配数据，使其用来分组到不同的分区的一种机制。这种机制通常涉及 Executor 和机器之间复制数据，因此 Shuffle 是一种复杂而昂贵的操作。

Spark 根据 Shuffle 类算子进行 Stage 的划分，当执行某个 Shuffle 类算子（ReduceByKey、Join）时，算子之前的代码被划分为一个 Stage，之后的代码被划分为下一个 Stage。当前 Stage 开始执行时，它的每个 Task 会从上一个 Stage 的 Task 所在的节点通过网络拉取所需的数据。

Shuffle 过程由 ShuffleManager 负责。它是连接 Map 和 Reduce 之间的桥梁，Map 的输出要到达 Reduce 就必须经过 Shuffle 这个环节，Shuffle 的性能高低直接影响了整个程序的性能和吞吐量。因为在分布式情况下，Reduce Task 需要跨节点去拉取其他节点上的 Map Task 结果。这一过程将会产生网络资源消耗和内存，磁盘 IO 的消耗。

【某互联网公司面试题 4-75：Spark 的哪些算子可以触发 Shuffle】

答案：可以触发 Shuffle 操作的算子如下。

- Repartition 算子：如 Repartition、RepartitionAndSortWithinPartitions 和 Coalesce。
- ByKey 算子（除了 countByKey）：如 GroupByKey、ReduceByKey、SortBeyKey。
- Join 算子：如 Cogroup、Join。

通常 Shuffle 分为两部分：Map 阶段的数据准备和 Reduce 阶段的数据拷贝处理。一般将在 Map 端的 Shuffle 称之为 Shuffle Write，在 Reduce 端的 Shuffle 称之为 Shuffle Read。

（1）Shuffle Write

在 Shuffle Write 阶段，每个 Task 处理的数据按 Key 进行“分类”并保存在不同的磁盘文件中。在存入磁盘前，数据先写入内存缓冲区，缓冲区满，溢出到磁盘文件。最终，相同 Key 被写入同一个磁盘文件，创建的磁盘文件数量=当前 Stagetask 数量*下一个 Stage 的 Task 数量。

Shuffle Write 有两种算法 Hash-Based 和 Sort-Based，而且每个算法还有改进版，下面分别进行解析。

1）Hash-Based Shuffle

早期版本的 Spark 假定大多数情况下 Shuffle 的数据不需要排序（例如 Word Count），强制排序反而会降低性能。在 Reduce Task 阶段不做排序操作，如果需要合并操作的话，使用聚合（Aggregator）来对数据进行合并。因此使用了 Hash-Based Shuffle 这种不具有排序的 Shuffle。

在 MapTask 运行过程中每个 MapTask 会为每个 Reduce Task 生成一个文件，这会导致产生大量的文件。如果有 M 个 MapTask，每个 MapTask 对应 R 个 Reduce Task，那么就会产生 $M*R$ 个中间文件，如图 4-14 所示。

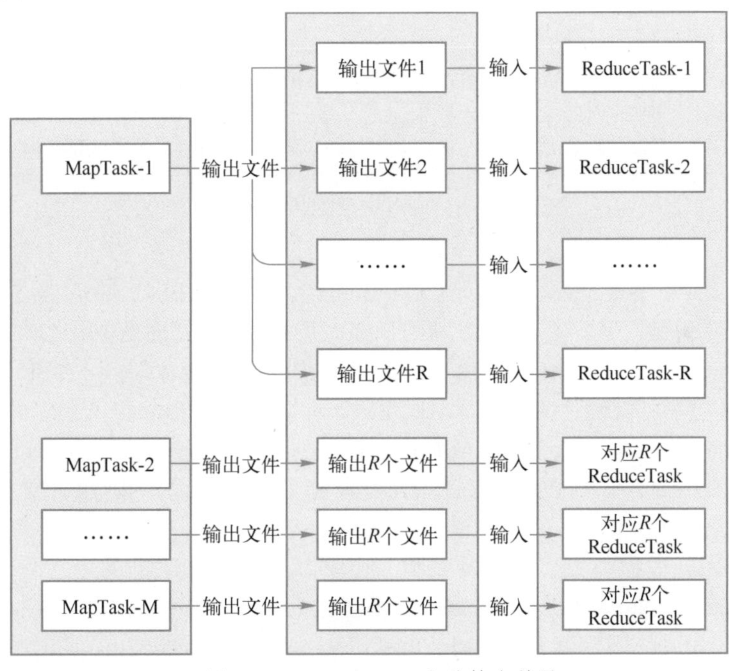

● 图 4-14　hash-shuffle 文件输出数量

MapTask 阶段的工作过程是这样的：会将数据写入 Buffer 中，这个 Buffer 的大小为 32KB，如果 Buffer 满了，就会 Spill 到磁盘，最终所有的数据都会以文件的形式存在磁盘中，特别是当内存不够大的时候，这种 Spill 会很频繁，造成频繁的磁盘 IO。除此之外，还会造成以下问题。

其一，海量的小文件带来的是大量的耗时的磁盘 I/O。同时内存为了保存这些文件的元信息也会消耗掉相当大的内存。

其二，Reduce 端读取 Map 端数据时，由于小文件很多，就需要打开很多网络通道读取，很容易造成 Reduce 通过 Driver 去拉取上一个 Stage 数据的时候，说文件找不到，其实不是文件找不到而是程序不响应，因为正在 GC。

为了解决这种海量文件导致的性能问题，Spark 对 Hash Shuffle 进行了优化，称为 ConsolidatedShuffle，该 Shuffle 主要以 Executor 为单位，进行文件的处理。把同一个 Executor 内的 Task 产生的文件合并在一起，这样不管有多少个 MapTask，只会产生数量等于 ReduceTask 个数（*R* 个）的文件。最终生成的文件数量是 Executor 数* ReduceTask 数，如图 4-15 所示。

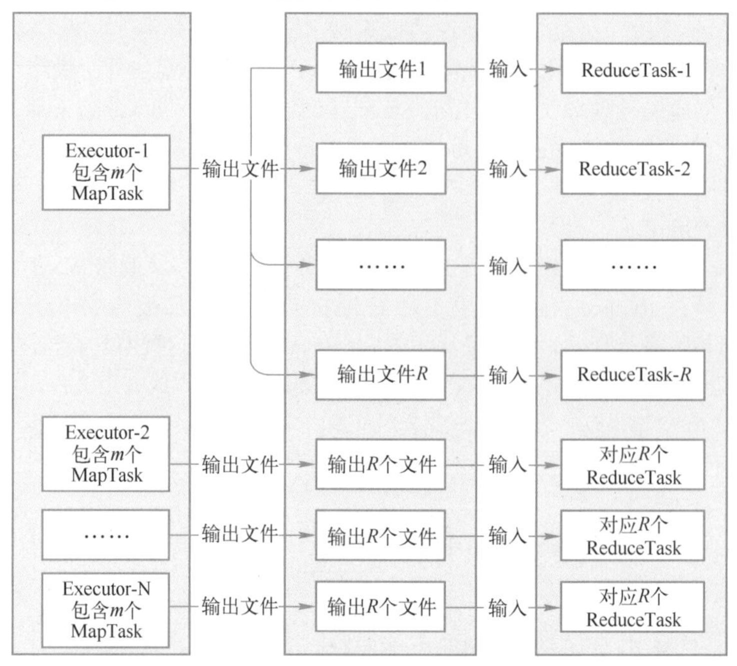

● 图 4-15　ConsolidatedShuffle 文件数量

合并文件的过程如下。

Executor 中的第一个 Task 运行时，会创建 *R* 个 Buffer 和磁盘文件 Block File，当这个 Task 任务运行结束下一个 Task 运行的时候，那么不会再创建新的 Buffer 和 Block File，而是复用之前的 Task 已经创建好的 Buffer 和 Block File。同一个 Executor 里所有 Task 都会把相同的 Key 放入相同的 Buffer 缓冲区中。

在实际生产环境下可以通过设置 Spark.shuffle.consolidateFiles=true 来开启这种 Shuffle 模式。

虽然优化之后解决了 MapTask 过多造成的文件数量太多，但是这并不能解决 ReduceTask 数量过多造成的影响，当任务的并发度特别高的时候 ReduceTask 数量就会很大，同样引起文件数量过多的问题。

2）Sort-Based Shuffle

为了缓解 Shuffle 过程产生文件数过多和 Writer 缓存开销过大的问题，Spark 引入了类似于 Hadoop Map-Reduce 的 Shuffle 机制，即 Sort-Based Shuffle。

该机制的原理如下，每一个 ShuffleMapTask 不会为后续的 ReduceTask 创建单独的数据文件，而是会将一个 Task 生成的所有结果写入同一个数据文件，并且对应生成一个索引文件。也就是 *M* 个 MapTask 输出的数据写到 *M* 个文件中，并生成 *M* 个索引文件，这就产生了 2*M* 个文件，这相比 Hash Shuffle 文件数量少了很多，如图 4-16 所示。

数据文件中的记录首先是按照 Partition Id 排序，每个 Partition 内部再按照 Key 进行排序，MapTask 运行期间会顺序写每个 Partition 的数据，同时生成一个 Index 文件记录每个 Partition 的大小和偏移量。也就是这个算法机制要求数据有序（普通机制）。排序的直接好处就是小文件可以合并在一个大文件中，不影响后续 ReduceTask 获取数据。

【某互联网公司面试题 4-76：大数据情况下，如何对数据进行排序】

答案：数据量巨大，有可能内存装不下，数据可以通过 SortShuffleWriter 来进行排序。

接下来举例子说明 SortShuffleWriter 中排序的实现。

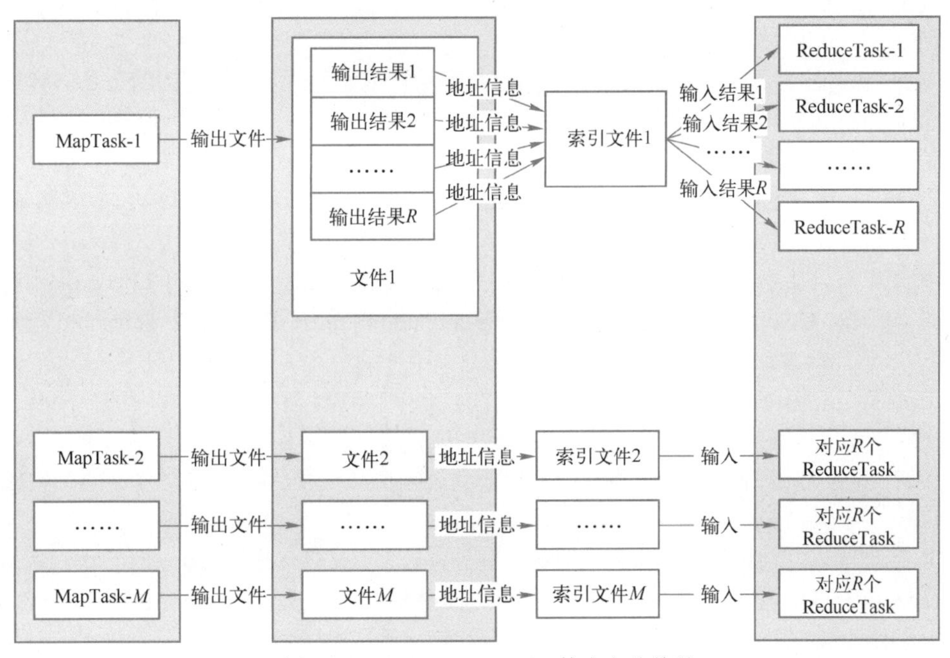

● 图 4-16　sort-based shuffle 输出文件数量

假如有 100 亿条数据，内存只有 1MB，但是磁盘很大，现在要对这 100 亿条数据进行排序，是没法把所有的数据一次性装进内存进行排序的，这就涉及一个外部排序的问题。

假设 1MB 内存能装进 1 亿条数据，每次能对这 1 亿条数据进行排序，排好序后输出到磁盘，总共输出 100 个文件，最后把这 100 个文件进行 Merge 成一个全局有序的大文件，这是归并的思路。

每个文件（有序的）都可以取一部分头部数据成为一个 Buffer，并且把这 100 个 Buffer 放在一个堆里面，进行堆排序，比较方式就是对所有堆元素（Buffer）的 Head 元素进行比较大小，然后不断地把每个堆顶的 Buffer 的 Head 元素 Pop 出来输出到最终文件中，然后继续堆排序，继续输出。如果哪个 Buffer 空了，就去对应的文件中继续补充一部分数据。最终就得到一个全局有序的大文件，如图 4-17 所示。

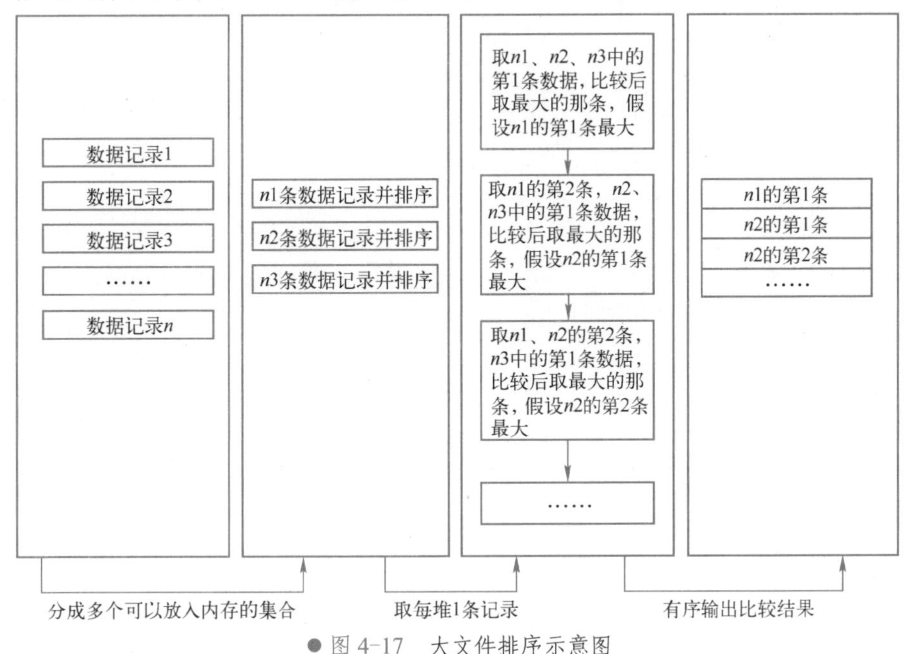

● 图 4-17　大文件排序示意图

Sort-Based Shuffle 具体流程如下。

① Map Task 的计算结果会写入到一个内存数据结构里面，内存数据结构默认是 5MB（Spark.shuffle.spill.initialMemoryThreshold）。

② 在 Shuffle 的时候会有一个定时器，每写入 32 条数据就去估算这个内存结构的大小，当内存结构中的数据超过 5MB 时，比如现在内存结构中的数据为 5.01MB，那么它会申请 5.01*2-5=5.02MB 内存给内存数据结构。

③ 如果申请成功不会进行溢写，这时候会发生溢写磁盘。或者数据包含的 Records 数超过一个指定值时，也会发生溢写。这个值由 Spark.shuffle.spill.numElementsForceSpill Threshold 指定（该值默认大小为 Long.MaxValue）。

④ 在溢写之前内存结构中的数据会进行排序分区。

⑤ 然后开始溢写磁盘，写磁盘是以 Batch 的形式去写，一个 Batch 是 1 万条数据。

⑥ Map Task 执行完成后，会将这些磁盘小文件合并成一个大的磁盘文件，同时生成一个索引文件。

⑦ ReduceTask 去 Map 端拉取数据的时候，首先解析索引文件，根据索引文件再去拉取对应的数据。ReduceTask 拉取数据做 Combine 时不再是采用 HashMap，而是采用 ExternalAppendOnlyMap，该数据结构在做 Combine 时，如果内存不足，会溢写磁盘，这在很大程度上保证了鲁棒性，避免大数据情况下出现异常问题。

显然这种算法在节省内存方面相比 Hash Shuffle 有较强的优越性，但是这个排序操作是一个消耗 CPU 的操作，代价是会消耗很多的 CPU 资源。在一些不需要排序的场景下，这也是一种资源浪费，因此，Spark 又提出了 ByPass 机制。

ByPass 机制的启动条件为，当 Shuffle Read Task 的数量小于等于 Spark.shuffle.sort.bypassMerge Threshold 参数的值时（默认为 200），就会启用 ByPass 机制。即当 Read Task 不是那么多的时候，采用 ByPass 机制是更好的选择。

在 ByPass 机制下，Shuffle Write 的流程大大简化了。中间没有类似 PartitionedAppendOnlyMap 那样的缓存（因为没有 Map 端预聚合），也没有数据方面的排序，直接按分区写一批中间数据文件（因为分区数会小于阈值 Spark.shuffle.sort.bypassMergeThreshold，不会产生过多），然后将它们合并。这种方式实际上是借鉴了 Hash Shuffle，只不过对 ReduceTask 任务数量加了限制（默认不能超过 200 个），而且对一个 Task 生成的小文件进行了合并，然后对这个大文件里的数据进行了索引，索引中标出了各数据所对应的分区号，以便 ReduceTask 根据这个分区号获取数据。

3）钨丝计划

从 Spark 1.5.0 版本开始，就开启了钨丝计划（Tungsten），目的是优化内存和 CPU 的使用，进一步提升 Spark 的性能。由于使用了堆外内存，而它基于 JDK Sun Unsafe API，故 Tungsten-Sort Based Shuffle 也被称为 Unsafe Shuffle。

它的做法是将数据记录用二进制的方式存储，直接在序列化的二进制数据上 Sort 而不是在 Java 对象上，这样一方面可以减少内存的使用和 GC 的开销，另一方面避免 Shuffle 过程中频繁的序列化以及反序列化。

在排序过程中，它提供 Cache-Efficient Sorter，使用一个 8bytes 的指针，把排序转化成了一个指针数组的排序，极大地优化了排序性能。

但是使用 Tungsten-Sort Based Shuffle 有几个限制，Shuffle 阶段不能有 Aggregate 操作，分区数不能超过一定大小（2^24-1，这是可编码的最大 Parition Id），所以像 ReduceByKey 这类有 Aggregate 操作的算子是不能使用 Tungsten-Sort Based Shuffle，它会退化采用 Sort Shuffle。

【某互联网公司面试题4-77：请简要叙述钨丝计划是如何提升Spark性能的】

答案：由于Spark运行在JVM平台，JVM的GC机制限制了Spark，所以Tungsten聚焦于CPU和Memory使用，对分布式硬件进行更为合理的资源分配，从而极大地提升Spark平台的整体性能。

① 对Memory的使用，Tungsten使用了堆外内存，使得Spark实现了自己的独立的内存管理，就避免了JVM的GC引发的性能问题。而且，由于Tungsten的内存管理机制独立于JVM，所以Spark操作数据的时候具体操作的是Binary Data，而不是JVM Object，还免去了序列化和反序列化的过程。

② 对于Memory管理方面一个至关重要的内容Cache，Tungsten提出了Cache-Aware Computation，也就是说使用对缓存友好的算法和数据结构来完成数据的存储和复用。

③ 对于CPU而言，Tungsten提出了CodeGeneration，其首先在Spark SQL使用，通过Tungsten要把该功能普及到Spark的所有功能中。

（2）Shuffle Read

在Shuffle Read阶段，从上游Stage的所有Task节点上拉取属于自己的磁盘文件，每个Reduce Task会有自己的Buffer缓冲，每次只能拉取与Buffer缓冲相同大小的数据，然后聚合，聚合完一批后拉取下一批，而且是边拉取边聚合。

Shuffle读是由Reduce这边发起的，它需要先到临时文件中读，一般这个临时文件和Reduce不在一台节点上，它需要跨网络去读。当然也不排除在一台服务器。不论如何它需要知道临时文件的位置，这个是谁来告诉它的呢？它有一个BlockManager的类。这里就知道将来是从本地文件中读取，还是需要从远程服务器上读取。

BlockManager中封装了临时文件的位置信息，ResultTask先通过BlockManager，就知道要从哪个节点拿数据。如果是远程，它就是发起一次Socket请求，创建一个Socket链接。然后发起一次远程调用，告诉远程的读取程序，读取哪些数据。读到的内容再通过Socket传过来。

那么Shuffle Read发送的时机是什么？是要等所有ShuffleMapTask执行完，再去Fetch数据吗？

理论上，只要有一个ShuffleMapTask执行完，就可以开始Fetch数据了。实际上，Spark必须等到父Stage执行完，才能执行子Stage，所以，必须等到所有ShuffleMapTask执行完毕，才去Fetch数据。Fetch过来的数据，先存入一个Buffer缓冲区，所以这里一次性Fetch的FileSegment不能太大，当然如果Fetch过来的数据大于每一个阈值，也是会Spill到磁盘的。

Fetch的过程过来一个Buffer的数据，就可以开始聚合了，这里就遇到一个问题，每次Fetch部分数据，怎么能实现全局聚合呢？

以Word Count的ReduceByKey为例，假设单词Hello有10个，但是一次Fetch只拉取了2个，那么怎么全局聚合呢？

Spark的做法是用HashMap，聚合操作实际上是map.put(key,map.get(key)+1)，将Map中的聚合过的数据Get出来相加，然后Put回去，等到所有数据Fetch完，也就完成了全局聚合。当这个HashMap存储满了之后会全部写入到磁盘，清空HashMap，然后继续映射操作。映射完成之后将所有的数据进行归并排序，在进行全局的聚合操作。最终得到需要的RDD，就可以进行数据的输出、存储等操作了。

读数据时有两种方式，一种是一条条读数据，另一种是一块块读数据。如果是一条条读取的话，实时性好且性能低下。如果一块块读取的话，性能高，但是实时性不好。

不管是Hash-Based Shuffle还是Sort-Based Shuffle，其Shuffle Read实现都是相同的。Shuffle Read通过网络从每个MapTask产生的数据中拉取需要的部分进入自己的Buffer内存。在拉取的过程中会进行归并排序，所以每个Pasrition的数据是有序的。获取到数据之后会进行数据的聚集Aggregator操作。

4.6.8 Spark 的算子调优

【某互联网公司面试题 4-78：请说明 Map 和 MapPartitions 的区别】

答案：Map()是每次处理一条数据，而 MapPartition()每次处理一个分区的数据，这个分区的数据处理完后，原 RDD 中分区的数据才能释放，可能导致 OOM。当内存空间较大的时候建议使用 MapPartition()，以提高处理效率。

使用 Map 有以下两个弊端。

第一，如果对一个 RDD 调用大量的 Map 类型操作的话，每个 Map 操作会产生一个到多个 RDD 对象，这虽然不一定会导致内存溢出，但是会产生大量的中间数据，增加了 GC 操作。

第二，RDD 在调用 Action 操作的时候，会触发 Stage 的划分，但是对每个 Stage 内部可优化的部分是不会进行优化的，例如 rdd.map(_+1).map(_+1)，这个操作在数值型 RDD 中是等价于 rdd.map(_+2)的，但是 RDD 内部不会对这个过程进行优化。

对于 Map 的这两个弊端可以使用 MapPartitions 进行优化，MapPartitions 可以同时替代 rdd.map、rdd.filter、rdd.flatMap 的作用，所以在长操作中，可以在 MapPartitons 中将 RDD 大量的操作写在一起，避免产生大量的中间 RDD 对象。另外，MapPartitions 在一个 Partition 中可以复用可变类型，这也能够避免频繁地创建新对象。使用 MapPartitions 的弊端就是牺牲了代码的易读性。

类似的，可以用 Foreach 代替 ForeachPartitions

【某互联网公司面试题 4-79：请说明 ReduceByKey 和 GroupByKey 的区别】

答案：两者之间的联系在于它们都可以用于某些聚合操作，比如 Sum，但是此时的性能可能截然不同。而这之间的区别在于 GroupByKey 可以完成许多 ReduceByKey 不能完成的工作，比如按照 Key 分组。这里重点关注两者之间的联系，既为什么它们在用于 Sum 时，性能差距截然不同。

如果进行 Sum 操作，那么有两种做法：第一种先使用 GroupByKey 按照 Key 分组，然后再对每一个 Key 所对应的组内的数据进行求和；第二种直接使用 ReduceByKey 进行求和。在第一种方法中，会为每一个不同的 Key 创建一个内存缓存用来保存组内的数据，然后再对遍历组内的数据进行求和。可以发现其内存的占用非常大，如果某一个 Key 的内存缓存太小，还会出现内存溢出异常。而在第二种做法中，就不需要使用为 Key 创建一个内存缓存了。

ReduceByKey 相较于普通的 Shuffle 操作一个显著的特点就是会进行 Map 端的本地聚合，Map 端会先对本地的数据进行 Combine 操作，然后将数据写入给下个 Stage 的每个 Task 创建的文件中，也就是在 Map 端，对每一个 Key 对应的 Value，执行 ReduceByKey 算子函数。

使用 ReduceByKey 对性能的提升如下。

1）本地聚合后，在 Map 端的数据量变少，减少了磁盘 IO，也减少了对磁盘空间的占用。

2）本地聚合后，下一个 Stage 拉取的数据量变少，减少了网络传输的数据量。

3）本地聚合后，在 Reduce 端进行数据缓存的内存占用减少。

4）本地聚合后，在 Reduce 端进行聚合的数据量减少。

基于 ReduceByKey 的本地聚合特征，应该考虑使用 ReduceByKey 代替其他的 Shuffle 算子，例如 GroupByKey。

GroupByKey 不会进行 Map 端的聚合，而是将所有 Map 端的数据 Shuffle 到 Reduce 端，然后在 Reduce 端进行数据的聚合操作。由于 ReduceByKey 有 Map 端聚合的特性，使得网络传输的数据量减小，因此效率要明显高于 GroupByKey。

【某互联网公司面试题 4-80：如何让 Filter 算子运行更有效率】

答案：通常对一个 RDD 执行 Filter 算子过滤掉 RDD 中较多数据后（比如 30%以上的数据），建议使用 Coalesce 算子，手动减少 RDD 的 Partition 数量，将 RDD 中的数据压缩到更少的 Partition

中去。因为Filter之后，RDD的每个Partition中都会有很多数据被过滤掉，此时如果照常进行后续的计算，其实每个Task处理的Partition中的数据量并不是很多，有一点资源浪费，而且此时处理的Task越多，可能速度反而越慢。因此用Coalesce减少Partition数量，将RDD中的数据压缩到更少的Partition之后，只要使用更少的Task即可处理完所有的Partition。在某些场景下，对于性能的提升会有一定的帮助。

【某互联网公司面试题4-81：什么是分区排序算子】

答案：RepartitionAndSortWithinPartitions是Spark官网推荐的一个算子。官方建议，如果是需要在Repartition重分区之后还要进行排序，就可以直接使用RepartitionAndSortWithinPartitions算子。因为该算子可以一边进行重分区的Shuffle操作，一边进行排序。Shuffle与Sort两个操作同时进行，比先Shuffle再Sort来说，性能可能是要高的。

4.6.9 数据倾斜问题解析

【某互联网公司面试题4-82：请解释数据倾斜问题产生的原因和解决方案】

答案：无论使用Hadoop还是Spark，数据倾斜是一种非常常见的问题。

当大量相同的Key被Partition分配到一个分区里后，MapReduce程序执行时，Reduce节点大部分执行完毕，但是有几个Reduce节点运行很慢，导致整个程序的处理时间很长，这是因为某一个Key的条数比其他Key多很多（有时是百倍或者千倍之多），这条Key所在的Reduce节点所处理的数据量比其他节点就大很多，从而导致某几个节点迟迟运行不完。原因分析如下。

（1）数据倾斜原因分析

从理论上说，数据的分布理论上都是倾斜的，按照某一属性划分数据，数据有可能存在极端现象，比如某个字段的唯一值非常少或者非常多。

从操作上来说，日常使用过程中，容易造成数据倾斜的原因可以归纳为几点：使用Group By进行分组时，Group By维度过小，某值的数量过多，导致处理某值的Reduce非常耗时；使用Distinct进行去重时，特殊值过多，导致处理此特殊值的Reduce耗时；使用Join时其中一个表较小，但是Key集中导致分发到某一个或几个Reduce上的数据远高于平均值，或者大表与大表Join，分桶的判断字段0值或空值过多，导致这些空值都由一个Reduce处理，非常慢。

当大量相同的Key被Partition分配到一个分区里后，MapReduce程序执行时，Reduce节点大部分执行完毕，但是有几个Reduce节点运行很慢，导致整个程序的处理时间很长，这是因为某一个Key的条数比其他Key多很多（有时是百倍或者千倍之多），这条Key所在的Reduce节点所处理的数据量比其他节点就大很多，从而导致某几个节点迟迟运行不完。

当我们使用Partition对数据进行分区时，会把相同的Key分配到同一个分区，一些Key对应的数据记录数特别多，这可能会导致少数分区里被分配了大量的数据，即数据向少数分区进行了倾斜，这些分区对应的Reducer节点将需要处理比其他Reducer节点多得多的数据量，将直接导致这几个节点运行时间被拉长，而其他节点早早就运行完了，从而导致整个任务需要很长时间才能完成（因为整个MapReduce作业的运行进度是由运行时间最长的那个Task决定的），甚至出现节点崩溃的情况，这是一种违背MapReduce设计初衷的情况，因此需要进行改善。

进一步分析发现有两种情况会导致数据倾斜的发生。

1）唯一值非常少，极少数值有非常多的记录值（唯一值少于几千）。

2）唯一值比较多，这个字段的某些值又远远多于其他值的记录数，但是它的占比也小于百分之一或千分之一。

（2）发现倾斜

1）数据倾斜只会发生在Shuffle中，下面是常用的可能会触发Shuffle操作的算子：Distinct、

GroupByKey、ReduceByKey、AggregateByKey、Join、Cogroup、Repartition 等。出现数据倾斜时，可能就是代码中使用了这些算子的原因。

2）通过观察 Spark UI 的节目定位数据倾斜发生在第几个 Stage 中，如果是用 YARN-Client 模式提交，那么本地是可以直接看到 Log 的，可以在 Log 中找到当前运行到了第几个 Stage。如果用 YARN-Cluster 模式提交，可以通过 Spark Web UI 来查看当前运行到了第几个 Stage。此外，无论是使用了 YARN-Client 模式还是 YARN-Cluster 模式，都可以在 Spark Web UI 上深入看一下当前这个 Stage 各个 Task 分配的数据量，从而进一步确定是不是 Task 分配的数据不均匀导致了数据倾斜。

3）根据之前所学的 Stage 的划分算法定位到极有可能发生数据倾斜的代码，查看导致数据倾斜的 Key 的分布情况。

① 如果是 Spark SQL 中的 Group By、Join 语句导致的数据倾斜，那么就查询一下 SQL 中使用的表的 Key 分布情况。

② 如果是对 Spark RDD 执行 Shuffle 算子导致的数据倾斜，那么可以在 Spark 作业中加入查看 Key 分布的代码，比如 RDD.CountByKey()。然后对统计出来的各个 Key 出现的次数，Collect/Take 到客户端打印一下，就可以看到 Key 的分布情况。

（3）解决方案

1）调优参数。

2）在 Key 上面做文章，在 Map 阶段将造成倾斜的 Key 先分成多组，例如 aaa 这个 Key，Map 时随机在 aaa 后面加上 1、2、3、4 这 4 个数字之一，把 Key 先分成四组，先进行一次运算，之后再恢复 Key 进行最终运算。

3）能先进行 Group 操作的时候先进行 Group 操作，把 Key 先进行一次 Reduce，之后再进行 Count 或者 Distinct Count 操作。

4）Join 操作中，使用 Map Join 在 Map 端就先进行 Join，免得到 Reduce 时卡住。

以上 4 种方式，都是根据数据倾斜形成的原因进行的一些变化。要么将 Reduce 端的隐患在 Map 端就解决，要么就是对 Key 的操作，以减缓 Reduce 的压力。总之了解了原因再去寻找解决之道就相对思路多了些，方法肯定不止这 4 种。

1）少数 Key 导致数据倾斜

如果发现是少数几个 Key 导致了数据倾斜。比如 99%的 Key 对应 10 条数据，但只有一个 Key 对应 100 万数据。

若判断少数几个数据量特别多的 Key 对作业的执行和计算结果不是那么特别重要，可以直接过滤掉那几个 Key。如在 Spark SQL 中就可以使用 Where 语句过滤掉这些 Key，或者在 Spark Core 中对 RDD 执行 Filter 算子过滤掉这些 Key。如果需要每次作业执行时，动态判定哪些 Key 的数据量最多然后过滤，可以使用 Sample 算子对 RDD 进行采样，然后计算每个 Key 的数量，取数据量最多的 Key 过滤即可。

这个方法的缺点适用场景不多，大多数情况下，导致倾斜的 Key 还是很多的，并不是只有少数几个。

2）大量 Key 导致数据倾斜

重新设计 Key，有一种方案是在 Map 阶段时给 Key 加上一个随机数，有了随机数的 Key 就不会被大量的分配到同一节点（小概率），待到 Reduce 后再把随机数去掉即可。

对 RDD 执行 ReduceByKey 等聚合类 Shuffle 算子或者在 Spark SQL 中使用 Group By 语句进行分组聚合时，比较适用这种方案。

这个方案的核心实现思路就是进行两阶段聚合。第一次是局部聚合，先给每个 Key 都打上一个随机数，比如 10 以内的随机数，此时原先一样的 Key 就变成不一样的了，比如(hello, 1) (hello, 1) (hello, 1) (hello, 1)，就会变成(1_hello, 1) (1_hello, 1) (2_hello, 1) (2_hello, 1)。接着对打上随机数后的数据，执行 ReduceByKey 等聚合操作，进行局部聚合，那么局部聚合结果，就会变成了(1_hello, 2) (2_hello, 2)。然后将各个 Key 的前缀给去掉，就会变成(hello,2)(hello,2)，再次进行全局聚合操作，就可以得到最终结果了，比如(hello, 4)。

这个方案的优点是对于聚合类的 Shuffle 操作导致的数据倾斜，效果是非常不错的。通常都可以解决掉数据倾斜，或者至少是大幅度缓解数据倾斜，将 Spark 作业的性能提升数倍以上。

这个方案的缺点是仅仅适用于聚合类的 Shuffle 操作，适用范围相对较窄。如果是 Join 类的 Shuffle 操作，还得用其他的解决方案。

3）少数 Key 导致 Join 倾斜

两个 RDD 表进行 Join 的时候，如果数据量都比较大则会出现数据倾斜，发现原因是其中某一个 RDD 表中的少数几个 Key 的数据量过大，而另一个中的所有 Key 都分布比较均匀，那么采用以下解决方案。

对包含少数几个数据量过大的 Key 的那个 RDD，通过 Sample 算子采样出一份样本来，然后统计一下每个 Key 的数据量，找出数据量最大的那几个 Key。

将这几个 Key 对应数据从原来的 RDD 中拆分出来，形成一个单独的 RDD，并给每个 Key 打上 n 以内的随机数作为前缀，相当于打散成 n 份，而不会导致倾斜的大部分 Key 形成另外一个 RDD。

接着将需要 Join 的另一个 RDD，也就是过滤出来的那几个倾斜 Key 对应的数据合并成一个单独的 RDD，将每条数据膨胀成 n 条数据，这 n 条数据都按顺序附加一个 $0\sim n$ 的前缀，不会导致倾斜的大部分 Key 也形成另外一个 RDD。

此时一共生存了 4 个 RDD：两个 Key 有倾斜的 RDD，两个正常 RDD。

再将附加了随机前缀的独立 RDD 与另一个膨胀 n 倍的独立 RDD 进行 Join，此时就可以将原先相同的 Key 打散成 n 份，分散到多个 Task 中去进行 Join。

另外两个正常的 RDD 就照常 Join 即可。

最后将两次 Join 的结果使用 Union 算子合并起来即可。

4）大量 Key 导致 Join 倾斜

重新设计 Key，有一种方案是在 Map 阶段时给 Key 加上一个随机数，有了随机数的 Key 就不会被大量的分配到同一节点（小概率），待到 Reduce 后再把随机数去掉即可。

首先查看 RDD/Hive 表中的数据分布情况，找到造成数据倾斜的 RDD/Hive 表，比如有多个 Key 都对应了超过数万条数据。

然后将该 RDD 的每条数据都打上一个 n 以内的随机前缀。

同时对另外一个正常的 RDD 进行扩容，将每条数据都扩容成 n 条数据，扩容出来的每条数据都依次打上一个 $0\sim n$ 的前缀。

最后将两个处理后的 RDD 进行 Join 即可。

这个方案的原理是将原先一样的 Key 通过附加前缀变成不一样的 Key，然后就看可以将这些处理后的“不同的 Key”分散到多个 Task 中哪个去处理，而不是让一个 Task 去处理大量相同的 Key。此方法与方法 6 的区别在于，有大量倾斜 Key 的情况，没法将部分 Key 拆分出来单独处理，因此只能对整个 RDD 进行数据扩容，对资源要求很高。

这个方案的缺点是更多的是缓解数据倾斜，而不是彻底避免，而且需要对整个 RDD 进行扩容，对内存资源要求较高。

5）Broadcast 代替 Join

两个 RDD 需要进行 Join 操作时，如果其中一个 RDD 数据量很小，可以使用 Broadcast 变量代替 Join 算子，从而从最大程度上避免数据倾斜，因为使用 Broadcast 时，不需要进行 Shuffle。

做法是将较小 RDD 中的数据直接通过 Collect 算子拉取到 Driver 端的内存中来，然后对其创建一个 Broadcast 变量。接着对另外 RDD 执行 Map 类算子，在算子函数内，从 Broadcast 变量中获取较小 RDD 的全量数据，与当前 RDD 的每一条数据按照连接 Key 进行比对，如果连接 Key 相同的话，那么就将两个 RDD 的数据用所需的方式连接起来。

将小 RDD 进行广播时，Driver 和每个 Executor 内存中都会驻留一份小 RDD 的全量数据，会比较消耗内存资源。因此，这种方案只适合小 RDD 的情况。

在 Hadoop 系统中，遇到这种情况可以这样操作。

两份数据中，如果有一份数据比较小，小数据全部加载到内存，按关键字建立索引。大数据文件作为 Map 的输入，对 Map()函数每一对输入，都能够方便地和已加载到内存的小数据进行连接。把连接结果按 Key 输出，经过 Shuffle 阶段，Reduce 端得到的就是已经按 Key 分组的，并且连接好了的数据。

这种方法，要使用 Hadoop 中的 DistributedCache 把小数据分布到各个计算节点，每个 Map 节点都要把小数据加载到内存，按关键字建立索引。

Join 操作在 MapTask 中完成，因此无须启动 ReduceTask。适合一个大表，一个小表的连接操作。

6）提高任务并行度

在对 RDD 执行 Shuffle 算子时，给 Shuffle 算子传入一个参数，如 ReduceByKey(1000)，该参数设置了这个 Shuffle 算子执行时 Shuffle Read Task 的数量。对于 Spark SQL 中的 Shuffle 类语句，如 GroupBy、Join 等需要设置一个参数，即 Spark.sql.shuffle.partitions。该参数代表了 Shuffle Read Task 的并行度，默认值是 200。

这个方案的原理是增加 Shuffle Read Task 的数量，可以让原本分配给一个 Task 的多个 Key 分配给多个 Task，从而让每个 Task 处理比原来更少的数据。举例来说，如果原本有 5 个 Key，每个 Key 对应 10 条数据，这 5 个 Key 都是分配给一个 Task 的，那么这个 Task 就要处理 50 条数据。而增加了 Shuffle Read Task 以后，每个 Task 就分配到一个 Key，即每个 Task 就处理 10 条数据，那么自然每个 Task 的执行时间都会变短了。实现起来比较简单，可以有效缓解和减轻数据倾斜的影响。

这个方案的缺点是只缓解了数据倾斜而已，没有彻底根除问题，根据实践经验来看，其效果有限。

增加 Reduce 的个数，这适用于第二种情况（唯一值比较多，这个字段的某些值又远远多于其他值的记录数，但是它的占比也小于百分之一或千分之一），这种情况下，最容易造成的结果就是大量相同 Key 被 Partition 到一个分区，从而一个 Reduce 执行了大量的工作，而如果增加了 Reduce 的个数，这种情况相对来说会减轻很多，毕竟计算的节点多了，就算工作量还是不均匀的，那也要小很多。

7）使用 Combiner 操作

在 Hadoop 系统中，使用 Combiner 合并，Combinner 是在 Map 阶段且 Reduce 之前的一个中间阶段，在这个阶段可以选择性地把大量相同的 Key 数据先进行一个合并，可以看作是 Local Reduce，然后再交给 Reduce 来处理，这样做的好处很多，即减轻了 Map 端向 Reduce 端发送的数据量（减轻了网络带宽），也减轻了 Map 端和 Reduce 端中间的 Shuffle 阶段的数据拉取数量（本地化磁盘 IO 速率），推荐使用这种方法。

8）其他方案

① 通过提升硬件水平来解决数据倾斜问题。

② 在 Spark 中容易发生倾斜的数据处理任务放在其他系统中进行预处理，从而最大化 Spark 系统的运行效率。

③ 观察业务端的数据采集系统是否有异常，从而导致数据倾斜的发生。

④ 自定义分区，基于输出键的背景知识进行自定义分区。例如，如果 Map 输出键的单词来源于一本书，并且其中某几个专业词汇较多。那么就可以自定义分区将这些专业词汇发送给固定的一部分 Reduce 实例，而将其他的都发送给剩余的 Reduce 实例。

⑤ 如果不知道如何分区，可以通过对原始数据进行抽样得到的结果集来预设分区边界值。

9）Hive 倾斜解决方案

由于 Hive 所处的平台特性，导致 Hive 程序在运行时，非常容易发生数据倾斜，主要是 Key 分布不均匀、业务数据本身的特点、建表时考虑不周、某些 SQL 语句本身就有数据倾斜等原因造成的 Reduce 上的数据量差异过大。

技术解决方案通常有以下两个。

方案一，参数调节。

```
hive.map.aggr = true
hive.groupby.skewindata=true
```

有数据倾斜的时候进行负载均衡，当选项设定位 True，生成的查询计划会有两个 MR Job。第一个 MR Job 中，Map 的输出结果集合会随机分布到 Reduce 中，每个 Reduce 做部分聚合操作并输出结果，这样处理的结果是相同的 Group By Key 有可能被分发到不同的 Reduce 中，从而达到负载均衡的目的。第二个 MR Job 再根据预处理的数据结果按照 Group By Key 分布到 Reduce 中（这个过程可以保证相同的 Group By Key 被分布到同一个 Reduce 中），最后完成最终的聚合操作。

方案二，SQL 语句调节。

① 选用 Join Key 分布最均匀的表作为驱动表。做好列裁剪和 Filter 操作，以达到两表做 Join 的时候，数据量相对变小的效果。

② 大小表 Join：使用 Map Join 让小的维度表（1000 条以下的记录条数）先进内存。在 Map 端完成 Reduce。

③ 大表 Join 大表：把空值的 Key 变成一个字符串加上随机数，把倾斜的数据分到不同的 Reduce 上，由于 Null 值关联不上，处理后并不影响最终结果。

④ Count Distinct 大量相同特殊值：Count Distinct 时，将值为空的情况单独处理，如果是计算 Count Distinct，可以不用处理而直接过滤，在最后结果中加 1。如果还有其他计算，需要进行 Group By，可以先将值为空的记录单独处理，再和其他计算结果进行 Union。

4.7 本章总结

本章所讲解的内容是互联网数据从业者所要接触的主流技术，主要包含了 3 个方面的内容：数据采集技术、数据存储技术和数据处理技术。这 3 个方面的内容是作为一名数据开发工程师必须掌握的内容。

尽管本部分内容比较偏向程序开发，但是其中涉及很多方法论，数据分析师和数据挖掘工程师也会用到。如果能够了解这些技术原理，数据分析师和数据挖掘工程师在提数据需求时更有的放矢，甚至可以代替数据开发工程师做一些简单的技术开发，从而能够大大提升工作效率。

从数据采集技术来说，埋点技术主要用于采集公司自有网站里的用户行为数据，而网络爬虫技术主要用于采集外部网站上的非用户行为数据。

从数据存储的角度来说，只要是互联网公司，必然要和数据库打交道，当公司的数据规模较小时，是没有必要进行数据仓库建设的，尤其是在公司业务打磨还没有完成的时候，贸然建设数据仓库将会得不偿失，如果需要进行较为深度的数据分析，实际上有数据集市就够了，等到业务发展趋于成熟后，数据集市远远不能满足数据需求时，才有必要去建设数据仓库。数据仓库的建设者不仅仅是数据开发工程师，数据分析师和数据挖掘工程师也同样扮演了至关重要的角色。

从数据处理的角度来说，只要有数据需求，必然就有 ETL 的过程，这是作为数据分析师和数据挖掘工程师尤其要关注的，即拿到任何一份数据都需要知道 ETL 过程是什么样的，从而避免踩坑。

从分布式数据处理技术的角度来说，Hadoop 和 Spark 是最为基本的两套技术，其中 Hadoop 主要用作离线数据的处理，Spark 技术可用作准在线数据的处理，这两个技术的优点在于可以对大规模数据进行处理，在对数据实时性处理要求非常高的场景，大多会用 Spark-Streaming（秒级延迟）、Storm（毫秒级延迟）、Flink（毫秒级延迟）等技术，这些实时性技术的缺点在于每次只能处理小批量数据。

第5章 数据可视化

本章知识点思维导图

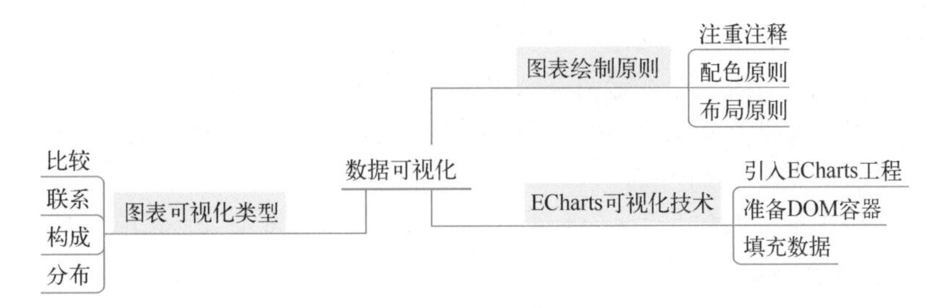

图表是数据分析师向业务方传达自己思想最有效率的方式，所谓“一图胜千言”，但是如果不能掌握图表的一些使用原则和规律，可能会表述不清，甚至和自己想表达的意思出现严重的背离。

5.1 图表类型

如何用合适的图表表达数据，很多人都对此进行了深入的总结，有人将数据的展示分成比较、联系、分布、构成4种。基于这4种类型，国外可视化专家Andrew Abela给出了一个关于图表选择的思维导图（如图5-1所示）。

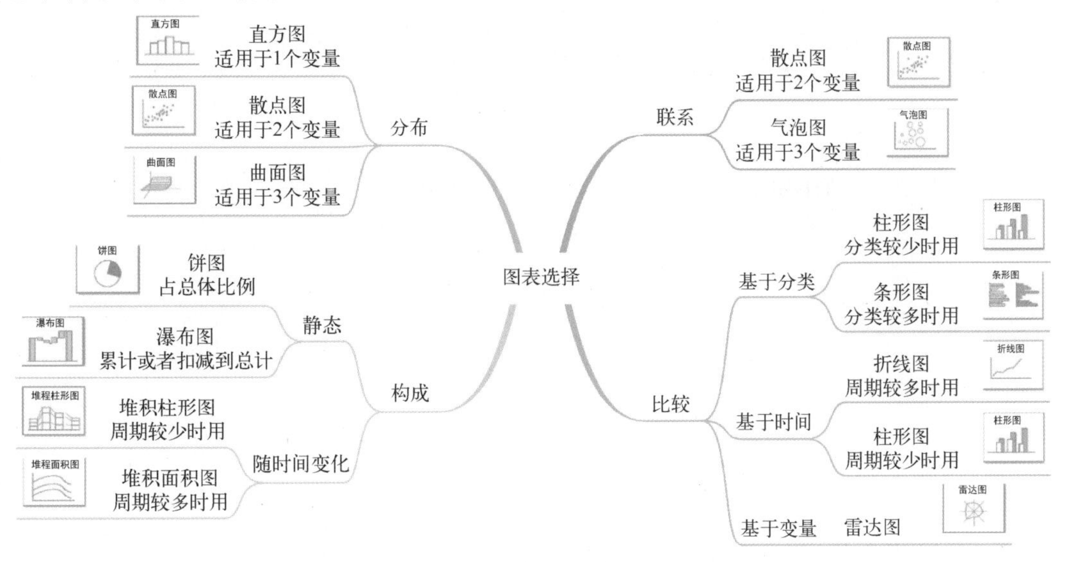

● 图 5-1 如何进行图表选择

- 比较：分成不同场景，如和目标的比较，进度完成情况；项目与项目比较；地域间数据比较。
- 序列：连续、有序类别的数据波动（折线图、面积图、柱状图）；各阶段递减过程（漏斗图）。
- 构成：占比构成（展现不同类别数值相对于总数的占比情况）；多类别部分到整体；展示各成分分布构成情况。
- 描述：关键指标描述；数据分组差异描述；数据分散描述；数据相关性描述；人物或是事物之间关系描述。

结合笔者的实践，本文从实战的角度来分析各类图表的用途。从结果呈现的角度来说，常用的基本数据分析的方法和对应的图表可以总结为以下几点。

1）趋势分析，发现业务的走势波动特性，是呈稳定、上升还是下降趋势。

折线图、面积图和柱状图都可以用于趋势分析。

区别在于，折线图适合表现时间趋势，面积图适合体现多组数据之间的差异，柱状图更适合表现集中趋势。从可视化效果方面来看，面积图效果是最好的，折线图显得比较单调，特别是当有多组数据比较的时候，看上去非常凌乱。

下面分别用 3 种图形（如图 5-2～图 5-4 所示）来表达某地区不同月份的降水量和蒸发量。

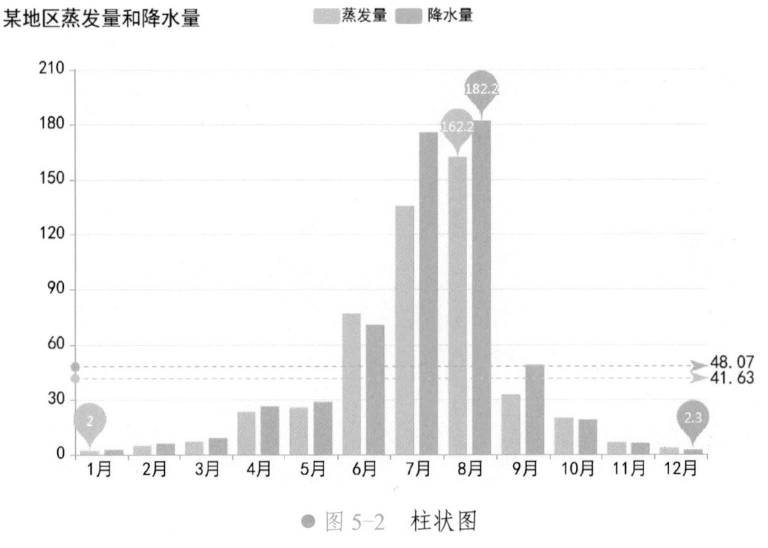

● 图 5-2　柱状图

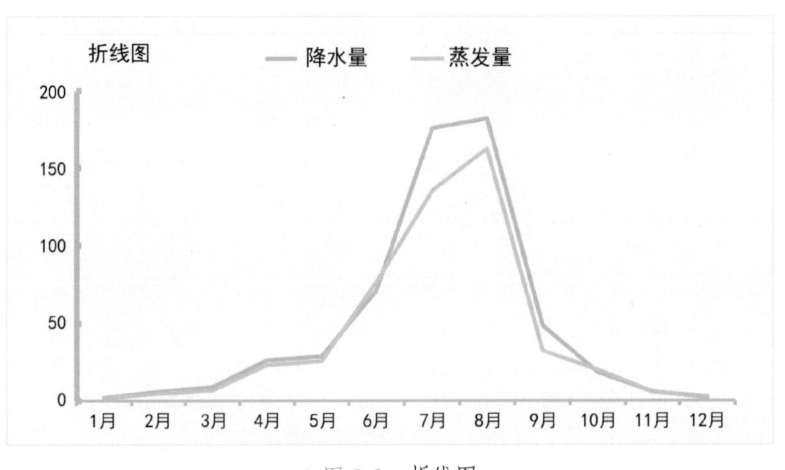

● 图 5-3　折线图

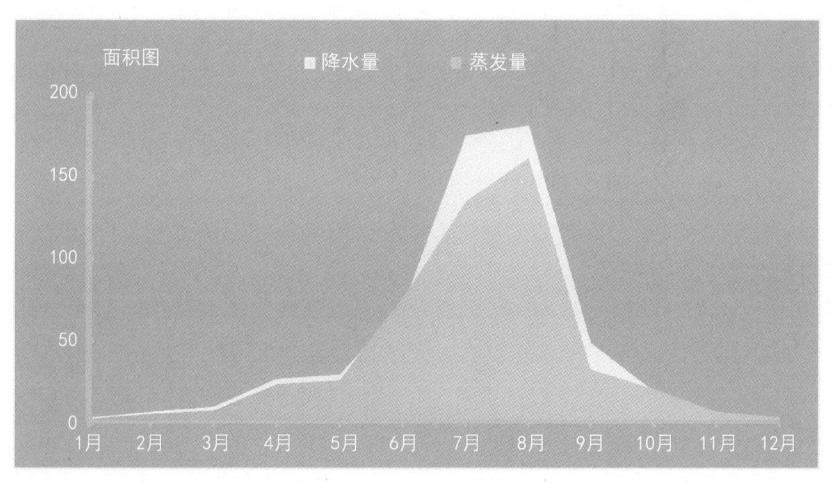

图 5-4 面积图

2）发现业务的空间特点，比如地域分布分析。

对于那些涉及地理范围特别广泛的业务，运用地图可视化可以很容易发现一些特点，比如南北差异、城市和乡村的差别等。

地图的可视化有多种做法，比如通过颜色的深浅或者叠加柱状图来揭示某个区域人口密度的大小，或者通过动态虚线图来揭示两个区域之间的联系等，如图 5-5 所示。

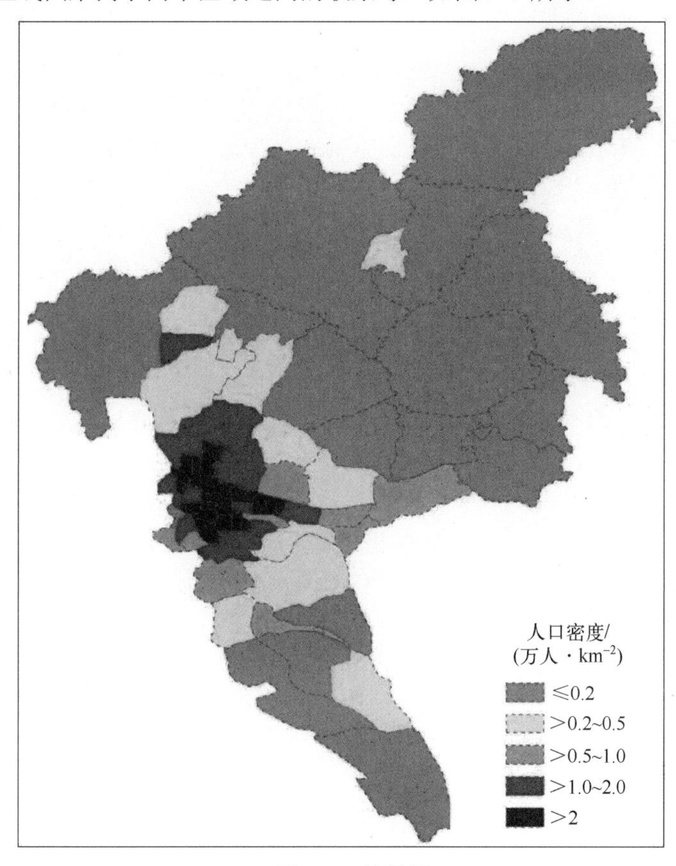

图 5-5 地理图

3）竞争对比分析，对不同的业务进行对比分析。

这里所说的不同业务包括同一公司不同的业务或品牌线，也包括不同公司之间具有竞争关系的业务。比如不同业务的总量对比、市场份额对比、成本投入对比等。

对于这种对比分析，使用柱状图或者条形图是最为合适的，也有使用饼图的。通常而言，如果不是构成分析，不建议使用饼图。

柱状图要做得有美感，除了颜色的选择外，柱子之间的缝隙不能过宽或过窄，一般认为柱子的间隔最好调整为宽的1/2。

还有，如果对数据的分类进行排序不影响人们的习惯表达，可以在作图前，先对数据分类进行升序或者是降序排列，之后再作图，这样可以大大提高图表的可读性，如图5-6所示。

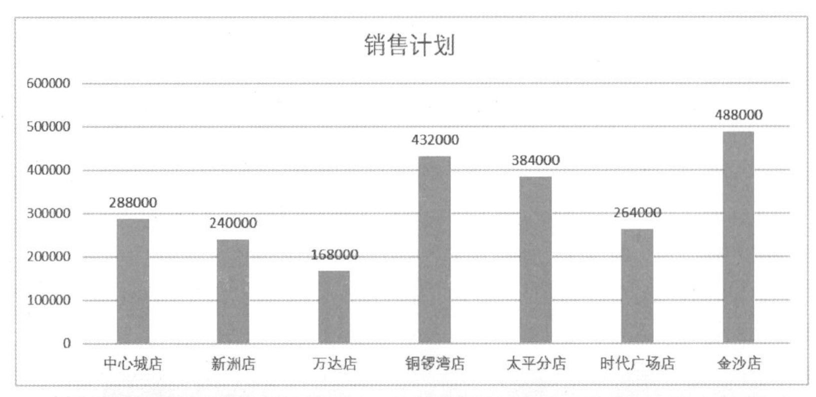

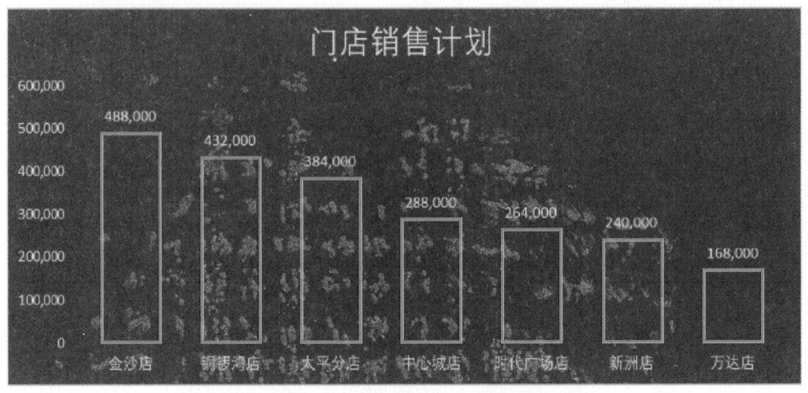

● 图5-6　不同的柱状图绘图方式对比

4）转化分析，通过数据分析发现影响转化的关键点。

一些业务为了达成最终目标，往往设置了多个层级的子目标，这些子目标有时可以形成上下游的关系，比如电商网站某商品的转化，往往需要经过展现->点击->访问->咨询->订单等一系列步骤才能转化为订单，在上述的每一个步骤，用户都可能会因为各种原因而放弃购买。假设一开始有100个用户，最终能付款成功的，可能也就几个用户。这时需要对整个转化率进行分析，发现问题的症结所在。

转化分析的直观表示就是漏斗图或者倒金字塔图，如图5-7所示。

漏斗图适用于业务流程比较规范、周期长、环节多的流程分析，通过漏斗各环节业务数据的比较，能够直观地发现和说明问题所在。

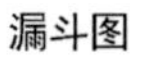

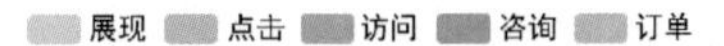

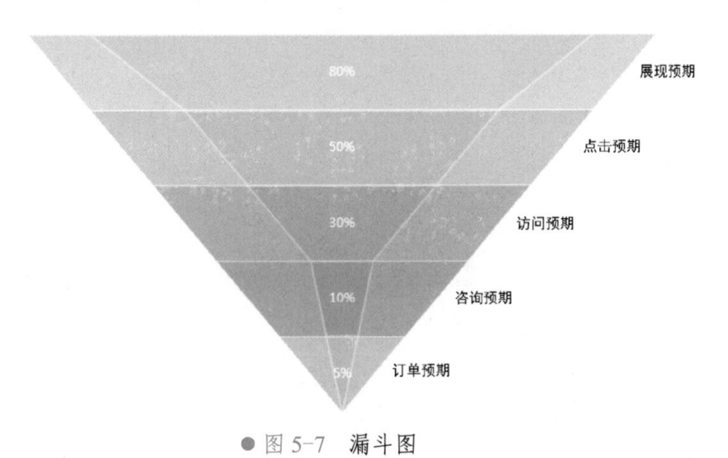

● 图 5-7　漏斗图

5）构成分析，发现业务元素的组成或者导致当前业务状况的因素构成（如图 5-8 所示）。

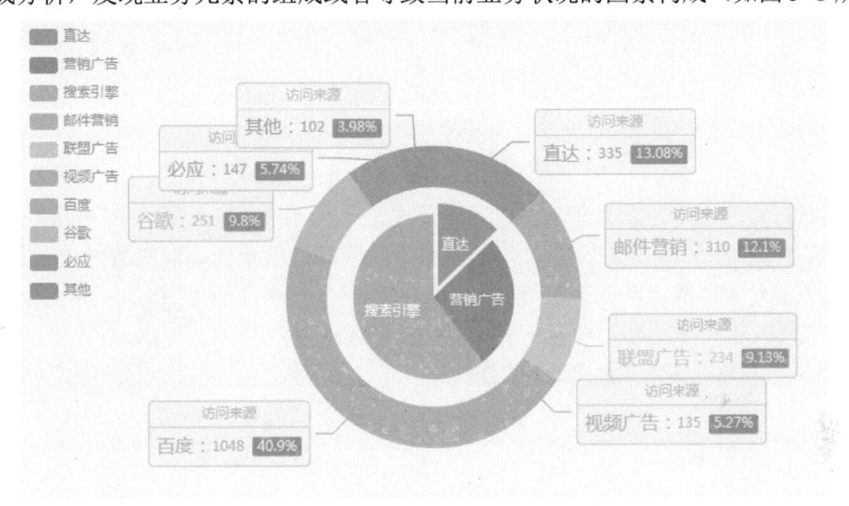

● 图 5-8　饼图

在分析业务的构成时，人们往往会想到饼图，但是有经验的分析师其实会发现饼图的使用场景是非常具有局限性的。

首先，饼图构成部分超过 5 个时，可能导致有些块被划分得太小，很难看清楚，此时饼图将会极其难看。现实情况是，业务的构成部分往往超过 5 个，有时甚至达到几十个。

其次，饼图只能给人们一个模糊的认识，即使在饼图上注明数字，人们的关注点仍然在饼图的面积大小上，如果各个块的面积大小差异不大时，人们将无法从饼图中获得对业务的深刻的理解。

最后，饼图通常只能反应某个时点的情况，而业务往往是动态变化的，其构成元素所占的比例不会一成不变，除非业务极其稳定。

总之，饼图最适合的场合就是反应某个时点上，部分占总体的比例。除此之外，最好用柱状图来代替需要饼图来揭示各部分之间的差异的地方。

6）关联分析，通过数据分析可以发现事物之间隐藏的关联特性或者影响业务的变量之间的关系。

通常用 XY 散点图来表示两个变量之间的关系（如图 5-9 所示），特别当两个变量都是连续性变量时，更应该用散点图而不是折线图，必要时可以辅以趋势线来引导读者。

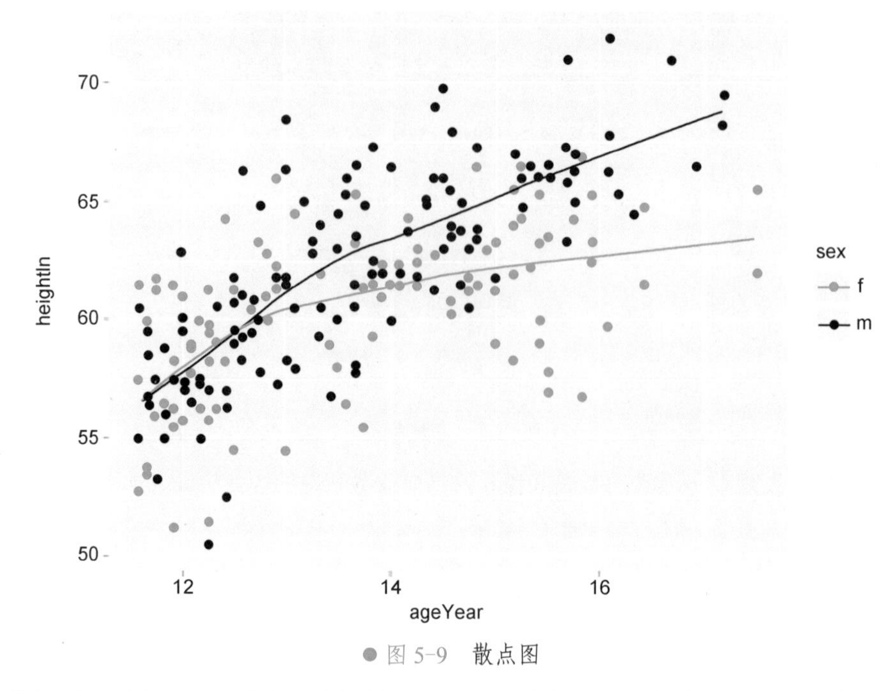

● 图 5-9　散点图

加趋势线时，要注意一定是有理有据的，而不是通过肉眼观察去感觉，因为趋势线起到的是引导作用，而不是主要作用，如果对变量之间的关系不太明确，就不应该加趋势线。

气泡图可以算是 XY 散点图的升级版，可以对成组的 3 个数值进行比较，其中第 3 个数值用来确定气泡数据点的大小，如图 5-10 所示。

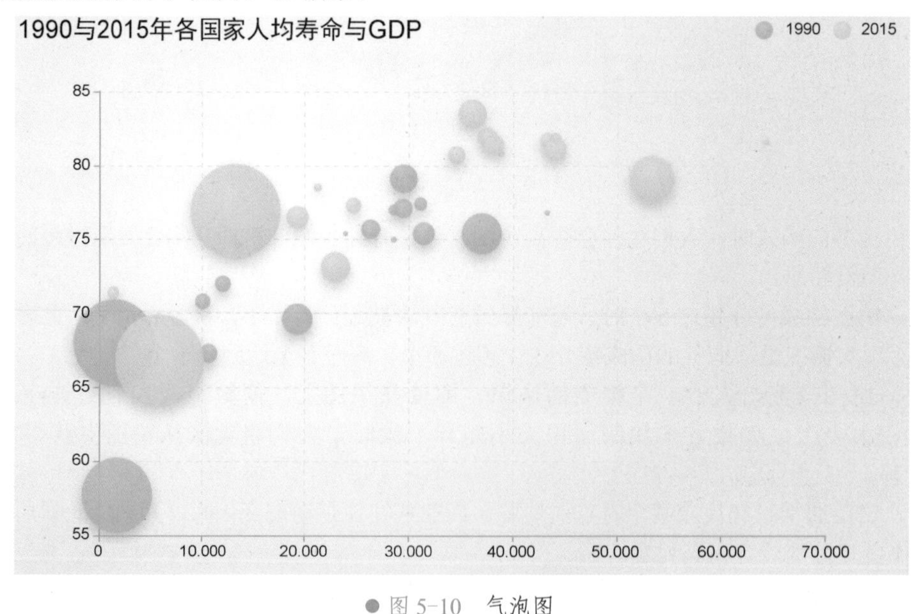

● 图 5-10　气泡图

7）影响因素分析，对业务发生变化或者和竞争对手之间出现差异的原因进行深入洞察，找出最有影响力的因素或指标。

通常用雷达图（如图 5-11 所示）来表示各因素对业务影响的强弱关系，但是必须保持各因素的量纲一致，比如有的指标值从0～10变化，有的指标从5～100变化，这两个指标对业务的影响力就无法比较，应该对它们做归一化处理，统一到0～1之间，然后再比较。

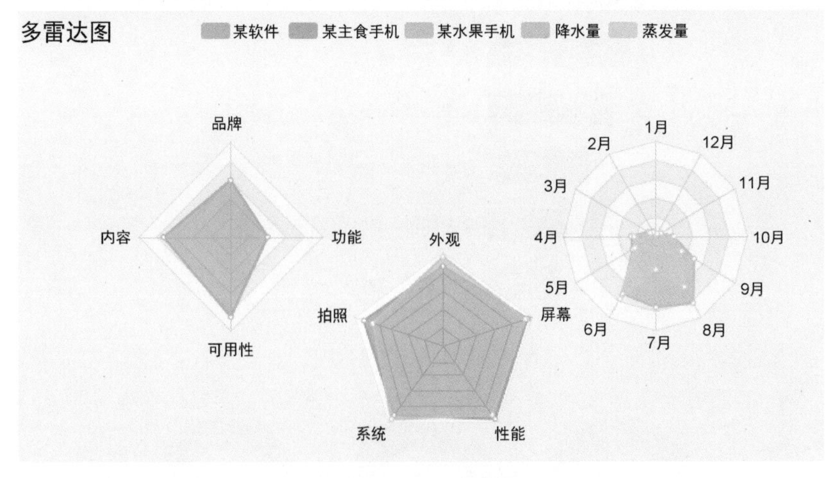

● 图 5-11　雷达图

需要指出，类似饼图、雷达图也对数据量有要求，雷达图上比较的指标不宜超过6个。

5.2 绘图原则

前文着重讲解了7种基本图形的适用场景。这些图形在实际应用中，还会有一些变种，主要是为了更加清晰地表达业务。比如堆积柱状图可以对比不同业务的内部构成，将柱状图改造成瀑布图，则可以更加直观地反映数据受某些因素影响产生的增减过程并进行分析（比如我们需要了解公司每年的资产变动情况），如图5-12所示。

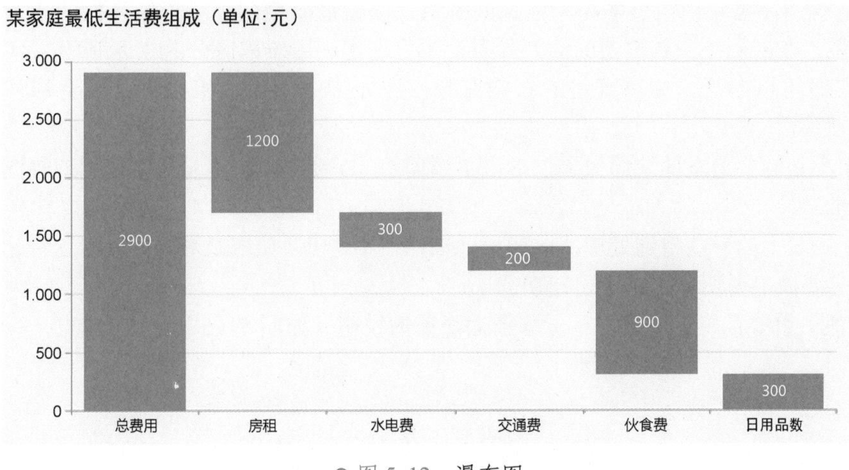

● 图 5-12　瀑布图

将两个柱状图并列成“非”字形状（条形图的变种），适合于对同一个业务进行分类分析（比如分析两类人群的消费习惯），如图5-13所示。

把实心饼图改造成空心饼图（也称环状饼图），从而可以在中间空白区域进行注释，或者用多个环进行嵌套，如图5-14所示。

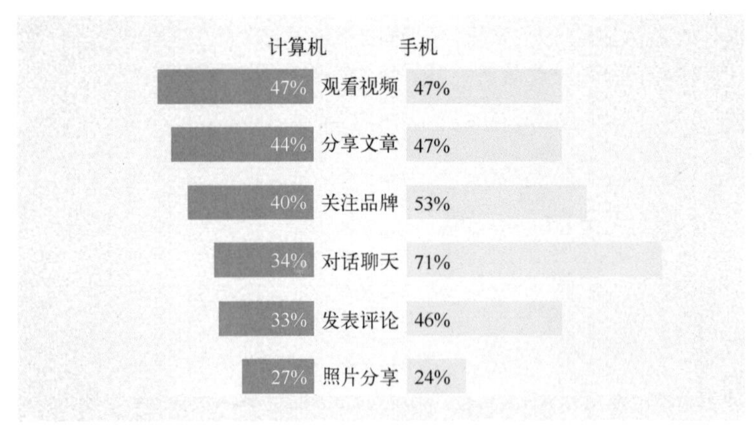

● 图 5-13 条状图对比

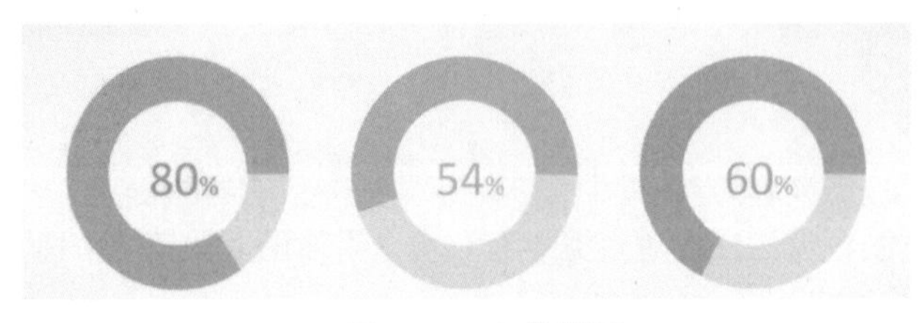

● 图 5-14 环状饼图

不管我们对基础图形进行何种改造，主要目的都是为了让看图表的读者们更容易地理解，减少认知成本。

除了选用合适的图表来表示数据外，作图还需要遵循一些准则，主要有以下几点。

1）简洁并突出重点，通过颜色、形状等辅助手段揭示出重点数据，引起人们的关注。

2）做适当的简短注释，比如标注权威的数据来源，度量单位和图表所要表达的主题。

3）风格统一，不要使用过多不同色系的颜色，图表过于艳丽则会分散人们的注意力，更不要随机采用颜色，在展示不同数据之间的差异时，不宜使用肉眼难以区分的相近颜色。

4）必要时可以参考一些格式塔的布局原理，比如接近原则、相似原则、简单原则、封闭原则、连续原则等。

5）如果不是需要追求酷炫的效果，尽量不要使用 3D 图形，也尽量不要使用双轴图表，这些会增加认知困难。

6）对于图表上的一些特殊处理，比如坐标轴原点不是 0、使用对数坐标轴等这种超出常人认知的图表，一定要做出说明，否则会引起误会。

鉴于配色的重要性，这里再进行一些较为简单的说明（如图 5-15 所示）。

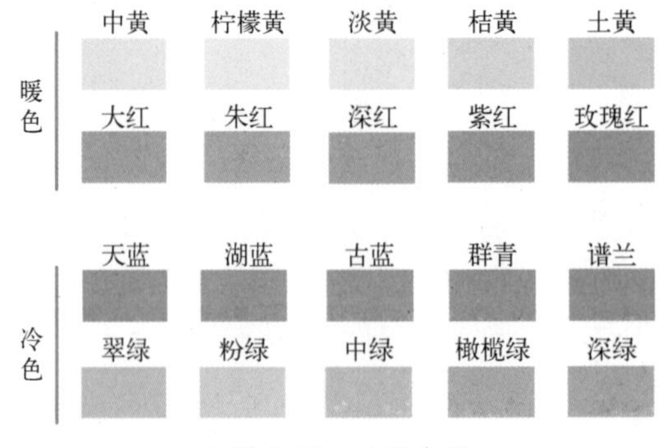

● 图 5-15 冷暖色系

不管你是否相信，不同的颜色具有不同的心理暗示效果，比如红色具有明显的警示效果，绿色会给人一种轻松的感觉。

数据分析师用图表对数据进行可视化的同时，也是在传递自己的思想，恰当的配色方案能增强自己和图表使用者的认同感。因此，数据分析师有必要了解一些颜色对心理的影响。

基于人们的自然和社会的体验，心理学认为颜色容易对人的心理产生这样或那样的影响，比如冷暖、远近、轻重等。

基于人们对光的体验，红橙黄等色被称为暖色，这是因为它们像太阳和烈火，能带给人们温暖的感觉。蓝绿青紫等让人们觉得寒冷，从而被称为冷色。

因为血液是红色的，看到红色，就会让人们联想到流血，可以刺激和兴奋神经系统，增加肾上腺素分泌和增进血液循环。而同样是红色，鲜红色引申为革命，暗红色引申为暴力，如图 5-16a 所示。因为植物的主色调是绿色，因此绿色代表着活力、生长、宁静、青春，如图 5-16b 所示。因为天空和海洋的颜色是蓝色，所以蓝色能给人静止、平缓、安定、忧郁等感觉，如图 5-16c 所示。因为黑色来自黑暗体验，使人感到神秘、恐怖、空虚、绝望，有精神压抑感，同时一直以来人类对黑暗有所敬畏，所以黑色有庄重肃穆感，如图 5-16d 所示。

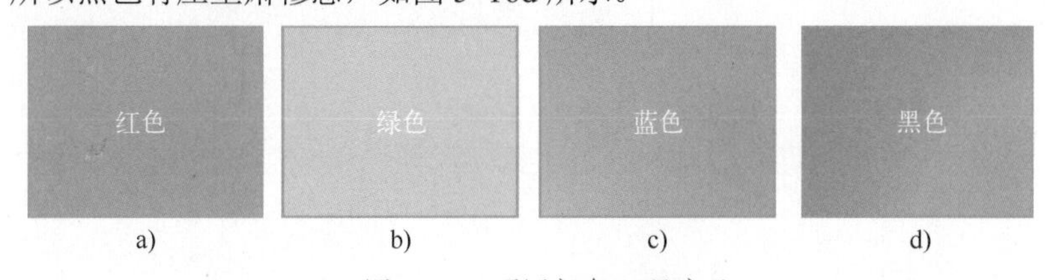

● 图 5-16　不同颜色心理暗示

在绘画中有个基本手法，叫近山浓抹、远树轻描，这实际上也是来自人们的生活经验，颜色越深，给人的感觉越近，比如远山呈现浅蓝色。同时暖色能给人以向前方突出的感觉，被称为进色；冷色向后方退入，被称为褪色，如图 5-17 所示，蓝色让人联想到远处的天空，而黄色让人联想到近处的大地，绿色是连接天边和大地的一个中间草原地带。

● 图 5-17　颜色的远近暗示

根据心理学家的研究，颜色的深浅还能给人以轻重的感觉。浅色让人感到轻松些。这是由颜色对神经的刺激度不同，对精神的压迫感不同引起的。所以，如果你想在图表中表现出小清新的感觉，就应该多多使用浅色。图 5-18 所示右侧的黑色方块相对左侧的浅色方块让人觉得更沉重。

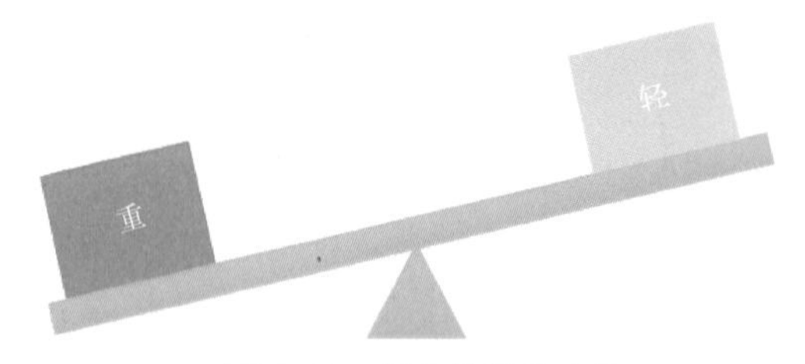

● 图 5-18　颜色的轻重暗示

关于色系的搭配，一般来说，在同一份数据报告中不要出现超过 3 种以上的颜色，主要分为一种主色、一种配色和一种强调色。

尽管我们已经知道了这些配色的知识，然而做出来的图还是不尽如人意，这是为什么呢？

1）使用背景色，会对同样的色块产生不同的明暗效果。

我们对事物颜色的判断会受其周围颜色的影响，换句话说，视觉系统对颜色的感知是相对的，而不是绝对的。如图 5-19 所示，由于背景色采用了渐变色，导致右边的柱状图已经快看不清了。

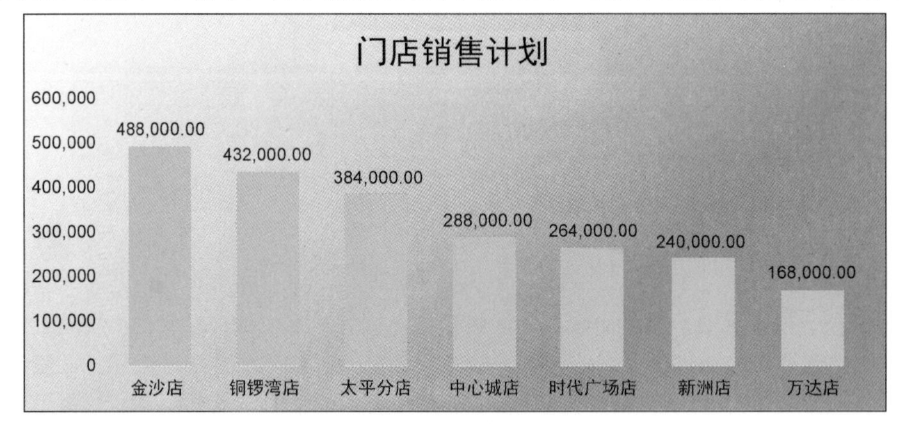

● 图 5-19　背景色对主要信息的干扰

可实际上这些柱状图的 RGB 值是完全相同的。因此在绘制图表时，背景一般采用纯色，否则背景色会干扰读者对图片主体信息的读取。

2）在数据可视化的过程中，常常通过使用配色让图表可以更好地表达信息。然而，在许多图表中，配色却没有被合理使用。

许多时候，我们容易首先考虑设置多彩的颜色去达到外观的酷炫效果，而没有考虑这些颜色是否有实际的意义，如图 5-20 所示。

● 图 5-20　在图表中使用多彩色并没有带来特别的含义

显然，多彩的图表可能有助于广告效果，却分散了读者对于真正有价值的数据本身的注意力。对图 5-19 和图 5-20 进行改进后，效果如图 5-21 所示。

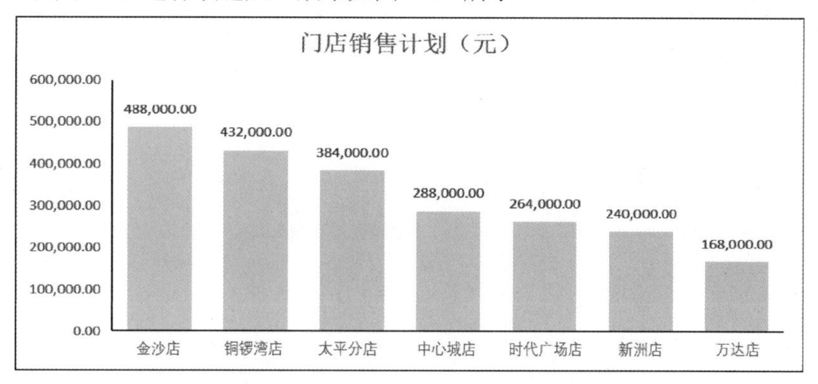

● 图 5-21　单色方案更容易让人抓住数据规律

3）虽然我们了解了配色的基本知识，在配色过程中，力求遵循配色原理，但有时挑选了喜欢的颜色，搭配出来的效果却不如人意。

图 5-22 左图看似有点不对劲，实际上该图并无不妥，它的色彩明亮，看起来更小清新一点，而右图的颜色偏暗，更稳重一些，比较偏重商务风。对于数据分析人员来说，应该着重掌握商务配色。

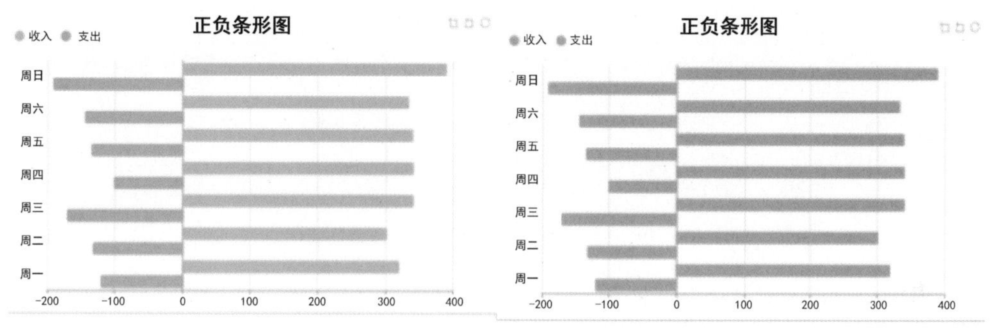

● 图 5-22　不同饱和度图表的颜色对比

5.3 ECharts 快速上手

ECharts 是一个纯 JavaScript 的图表库，可以流畅地运行在 PC 和移动设备上，兼容当前绝大部分浏览器（IE8/9/10/11、Chrome、Firefox、Safari 等)，底层依赖轻量级的 Canvas 类库 ZRender，提供直观、生动、可交互、可高度个性化定制的数据可视化图表。

如果你正在进行一个数据可视化的项目，ECharts 可能会给你带来惊喜。

ECharts 4.8.0 版提供了 37 大类图表，覆盖了绝大部分场景中需要的图表，一些在 Excel 中很难制作的桑基图、旭日图、关系图，在 ECharts 中会很容易就实现了。

下面，带大家使用 ECharts 快速制作一个图表。

5.3.1 ECharts 引入

ECharts 的引入方式非常简单，下面是相关引入的代码。

```
<!DOCTYPE html>
<html>
```

```
        <head>
            <meta charset="utf-8">
            <!-- 引入 ECharts 文件 -->
            //如果没有下载源码，可以使用 CDN 提供的线上版本
            <script src=" https://cdn.bootcdn.net/ajax/libs/echarts/4.8.0/echarts-en.common.js">
</script>
        </head>
        </html>
```

5.3.2 准备 DOM 容器

为 ECharts 准备一个有一定宽和高的 DOM 容器，代码如下。

```
        <body>
            <!-- 为 ECharts 准备一个具备大小（宽高）的 DOM -->
            <div id="main" style="width: 600px;height:400px;"> </div>
        </body>
```

5.3.3 柱状图示例

通过使用 ECharts.init 方法来初始化一个 ECharts 实例和使setOption方法生成一个简单的柱状图，完整的代码如下。

```
            <!DOCTYPE html>
        <html>
        <head>
            <meta charset="utf-8">
            <title>ECharts 入门演示</title>
                  <!-- 引入 echarts.js -->
            <script   src="https://cdn.bootcdn.net/ajax/libs/echarts/4.8.0/echarts-en.common.js"
rel="external nofollow" ></script>
        </head>
        <body>
            <!-- 为 ECharts 准备一个具备大小（宽高）的 Dom -->
            <div id="main" style="width: 600px;height:400px;"></div>
            <script type="text/javascript">
                  // 基于准备好的 DOM，初始化 ECharts 实例
                  var myChart = echarts.init(document.getElementById('main'));
                  // 指定图表的配置项和数据
                  var option = {
                        title: { text: 'ECharts 入门示例' },
                        legend: { data:['销量'] },
                        //画 X 轴
                        xAxis: {
                              type: 'category',
                              data: ["衬衫","羊毛衫","雪纺衫","裤子","高跟鞋","袜子"]
                        },
                        //画 Y 轴
                        yAxis: {
                              type: 'value'
                        },
                        //指定图表类型和柱状图的值、背景、颜色等
                        series: [{
                              name: '销量',
                              data: [5, 20, 36, 10, 10, 20],
                              type: 'bar'
                        }]
                  };
                  //使用刚指定的配置项和数据显示图表
                  myChart.setOption(option);
            </script>
        </body>
        </html>
```

生成图如图 5-23 所示。

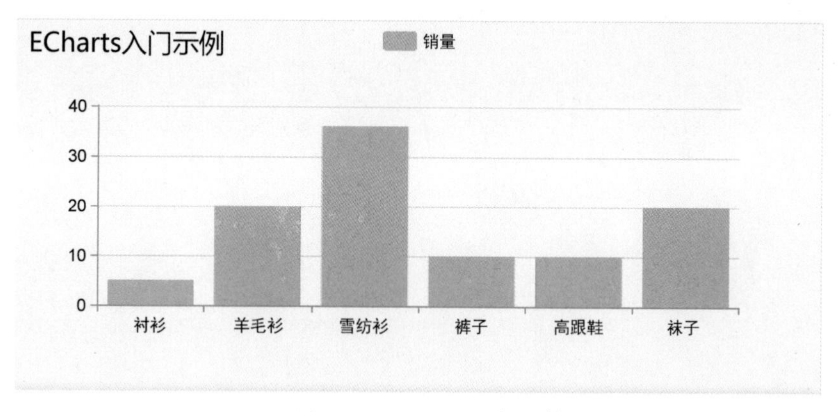

● 图 5-23 ECharts 入门示例

5.4 本章总结

数据可视化在数据分析过程中扮演了非常重要的角色。好的可视化图表是会“讲故事”的，它可以向人们展示数据背后的规律。很多人都能认识数据可视化的重要性，但缺乏数据可视化方面的专业技能。从数据分析的工作流程来看，数据可视化只是数据分析过程中的一个环节，数据分析师可能将更多精力花费在了获取数据、清洗或整理数据、分析数据、建立模型等环节，但在最终的可视化上却显得力不从心。常见的情况是，如果有一个优秀的数据分析思路和模型，但是由于数据可视化呈现方式的不佳，很可能导致一个糟糕的数据分析结果。

使用类似 ECharts 这种可视化编程的方式来实现可视化，无疑可以达到非常好的效果，但是数据可视化如果完全靠开发人员一行行敲代码来实现的话，那工程量将变得巨大且重复。对于数据分析师来说，除了掌握 Excel 这种常用的数据可视化工具外，最好还能掌握 Tableau、PowerBI、帆软报表、Python 和 R 等工具，这样可以大幅度提高数据可视化相关工作的效率。

附　　录

附录 A　笔面试真题

第 一 套 题

一、填空题

1）在一轮狼人杀游戏中，4 个人互相投票，每个人投一票，有一个人被其他 3 个人一起投出局的概率是________（假设每个人都不会投自己，投其他每个人是等概率）。

2）假如一个盒子里面有红黑共 10 个球，每次有放回的取出，取了 10 次，结果为 7 次黑球，3 次红球。拿出黑球的概率是________。

3）RFM 模型的三个模型的关键参数是________、________和________。

4）Spark RDD 里最小的存储单元为________。

5）Spark 里用于数据过滤的算子为________。

二、选择题

1）在 Excel 中的多条件求和公式为（　　）。

A．SUM 函数　　B．SUMIF 函数　　C．SUMIFS 函数

2）下面哪个算法需要先对数据排序（　　）。

A．Kmeans 算法　　B．KNN 算法　　C．C 4.5 算法

3）下面哪些方法是属于对缺失值的处理方法（　　）。

A．直接删除有缺失值的变量

B．使用 Kmeans 方法进行填充

C．设置哑变量

D．压缩感知方法

4）关系型数据库中，避免全表扫描的方法有（　　）。

A．在 where 子句中对字段进行 null 值判断，使得查询结果不包含 null 值

B．应该在 where 字句中多用 or 来连接条件

C．尽量不要使用 not in

D．尽量不要使用 like 模糊查询

5）懒执行算子不包括（　　）。

A．Map　　B．GroupBy　　C．Persist　　D．Foreach

三、判断题

1）主成分分析方法可以用于数据降维。（　　）

2）ETL 主要用于识别数据的异常值。（　　）

3）Hadoop 是一种用于加快大数据处理的技术，其核心是运用了单机多线程技术。（　　）

4）Spark 中要尽量把数据分布在不同的计算节点中，某个计算节点需要数据时，可以从其他节点拉取数据，从而达到提升系统运算效率的目的。（　　）

四、问答题

1）如果次日用户留存率下降了 5%该怎么分析？

2）如果你打算发 100 万封营销活动邮件。应该怎么去优化发送？又应该怎么优化反应率？能把这两个优化分开吗？

3）某电商公司，管理层想知道到目前为止，上个月（假设为 2018 年 9 月）新注册的用户总共贡献了多少订单量。请写出 SQL 语句。

其中，用户表 user 的字段为 user_id,user_name,reg_time，订单表 order 的字段为 order_id, user_id, order_time。

五、计算题

某教育局想估计两所中学的学生高考时的英语平均分数之差，为此，在两所中学独立抽取了两个随机样本，测得如下参数。

甲中学样本量为 n_1=46，均值 $\bar{x}_1 = 86$，标准差 S_1=5.8。

乙中学样本量为 n_2=33，均值 $\bar{x}_2 = 78$，标准差 S_2=7.2。

请建立两所中学高考英语平均分数之差 95%的置信区间。

第一套题答案

一、填空题

1）解答：用古典概型。

先求基本事件总数：假设为甲、乙、丙、丁互相投票，每个人都可以投其他 3 个人，就是 3 种可能，一共有 4 个人，那么就是 3×3×3×3=81 个基本事件。

再求投中的基本事件数：每个人同时被其他 3 个人投中时算 1 个基本事件，总共 4 个人，那么就包含 1+1+1+1=4 个基本事件。

因此：$P(A)=4/81$。

2）解答：极大似然原理。

假设拿出黑球的概率为θ，写出似然函数为 $P(A)=\theta^7(1-\theta)^3$。

函数取得极大值的方法：求导，并令导数为 0。

但是，这是个高次函数，求导后也很难求解，因此，可以先对函数取对数，然后求导。

所以，步骤如下。

第一步，写出似然函数：

$$f(x_0 \mid \theta)=\theta^7(1-\theta)^3。$$

第二步，写出对数形式：

$$7\ln(\theta)+3\ln(1-\theta)=\ln(f(x_0 \mid \theta))。$$

第三步，求导，并令结果为 0：

$$7/\theta-3/(1-\theta)=0。$$

解得θ=0.7。

3）解答：最近一次消费（Recency）、消费频率（Frequency）、消费金额（Monetary）。

4）解答：Partition。

5）解答：Filter。

二、选择题

1）解答：选 C。Excel 单条件求和公式为 SUMIF，多条件求和公式为 SUMIFS。

2）解答：选 B。KMeans 和 C 4.5 对数据是否有序没有要求。

3）解答：选 ABCD。详情见本书第 4 章 4.4 节的缺失值处理方法。

4）解答：选 CD。详情见本书第 4 章 4.3 节内容。

5）解答：选 D。Foreach 是行动算子。

三、判断题

1）解答：对。主成分分析可以利用变量间的共线性对多个变量进行综合，综合的结果通常是新变量数少于原始变量数，这就对数据进行了降维。

2）解答：错。ETL 是数据抽取、数据清洗转换、数据加载的英文缩写，这其中可能会包含识别数据的异常值，但不是其主要功能。

3）解答：错。Hadoop 主要特点是多台计算机联合起来进行分布式运算，其核心是 HDFS 和 MapReduce。

4）解答：错。Spark 采用的是“移动数据不如移动计算”的理念来提升系统运算效率。

四、问答题

1）解答：首先采用“两层模型”分析：对用户进行细分，包括新老、渠道、活动、画像等多个维度，然后分别计算每个维度下不同用户的次日留存率。通过这种方法定位到导致留存率下降的用户群体是谁。

对于目标群体次日留存下降问题，具体情况具体分析。具体分析可以采用“内部-外部”因素考虑。

① 内部因素分为获客（渠道质量低、活动获取非目标用户）、满足需求（新功能改动引发某类用户不满）、提活手段（签到等提活手段没达成目标、产品自然使用周期低导致上次获得的大量用户短期内不需要再使用等）。

② 外部因素采用 PEST 分析（宏观经济环境分析），涉及政治（政策影响）、经济（短期内主要是竞争环境，如对竞争对手的活动）、社会（舆论压力、用户生活方式变化、消费心理变化、价值观变化等偏好变化）、技术（创新解决方案的出现、分销渠道变化）等。

2）解答：从发送成功率来说，需要对邮件地址进行仔细筛选，去掉可能接收不到邮件的邮箱地址，以及不太可能对邮件内容感兴趣的邮箱，尽量减少发送压力。然后制订详细的发送计划，包括选用一个良好的批量发送平台，分多少次发完全部邮件，以及 IP 地址轮换，避免邮件受到反垃圾邮件规则的阻拦，从而提升发送成功率。从反馈率来看，主要是提升发送邮件的质量，即邮件的标题具有吸引力，邮件的内容要契合用户的兴趣等。当然这两种优化并不是独立的，提升反馈率和提升发送成功率是相互促进的。

3）解答：SQL 语句如下。

```
select count(1) from order a left join user b
   On a.user id=b.user id
   where  FROM UNIXTIME(b.regtime, '%Y-%m')='2018-09'
```

五、计算题

解答：根据题意，服从正态总体、已知方差、满足大样本，因此直接用独立样本公式即可。
查表：$z_{\alpha/2}=1.96$。

将题中各参数直接代入公式 $(\overline{x}_1-\overline{x}_2)\pm z_{\alpha/2}\sqrt{\frac{\sigma_1^2}{n_1}+\frac{\sigma_2^2}{n_2}}$，即可求得置信区间为[5.03,10.97]。

第二套题

一、填空题

1）某线性模型权重值：w_1=0.1、w_2=0.5、w_3=4、w_4=0.25、w_5=0.76，则计算 L2 正则化项为________。

2）使用 CART 分类决策树时，假设根节点选为是否拖欠贷款，其中 Yes 类为 3 个，No 类为 7 个，则根节点的 Gini 系数为________。

3）PR 曲线上的每一点都代表一个阈值所对应的________和________。

4）请列举 3 种常用的异常值识别方法________、________和________。

二、选择题

1）下面哪个方法不能用于消除 SVM 的噪声（　　）。

A．软间隔化　　B．硬间隔化　　C．加入松弛变量

2）下面哪个算法是无监督算法（　　）。

A．Kmeans 算法　　B．KNN 算法　　C．C 4.5 算法

3）爬虫程序中，常见的网页更新策略主要有以下几种（　　）。

A．用户体验策略　　B．历史数据策略

C．聚类分析策略　　D．决策树策略

4）Spark 集群运行模式有（　　）。

A．Local Cluster（本地模式）　　B．Standalone

C．Spark On YARN　　D．Spark On Mesos

三、判断题

1）指数分布可以用于描述人的寿命。（　　）

2）减少特征数量不仅可以使模型泛化能力更强，还可以减少过拟合。（　　）

3）机器学习中，特征数量越多越好。（　　）

4）Spark 计算过程中不需要硬盘来参与。（　　）

5）Spark 发生数据倾斜是因为数据量太大。（　　）

四、问答题

1）请解释过拟合和欠拟合。

2）请解释 Map 算子和 MapPartitions 算子的区别。

五、计算题

1）假如你在经营一个奢侈品店，生意好的时候一天可能能卖出 6～7 件商品，生意不好的时候可能只能卖出 1 件商品，平均下来也就卖 3～4 件商品，假设我们收集了奢侈品最近一周的销量数据如下表。

星期	周一	周二	周三	周四	周五	周六	周日
销量（件）	1	3	2	5	4	5	8

那么，应该如何进货？

2）抛一枚硬币 10 次，有 10 次正面朝上，0 次反面朝上。问正面朝上的概率 p。

第二套题答案

一、填空题

1）解答：L2 正则化值= $w_1^2 + w_2^2 + \cdots + w_5^2$ =16.885。

2）解答：Gini（是否拖欠贷款）=1－（3/10）^2－（7/10）^2=0.42。

3）解答：查全率和查准率。

4）解答：t 检验法、Grubbs 检验法、峰度检验法、Dixon 检验法、偏度检验法。

二、选择题

1）解答：选 B。A 和 C 的含义是相同的，加入松弛变量就是软间隔化，软间隔是接纳一部分不满足约束条件的噪声样本，但这样的样本不能太多。

2）解答：选 A。KNN 和 C 4.5 都需要通过样本学习到分类规则后才能对数据进行分类。

3）解答：选 ABC。详情见本书第 4 章 4.2 节的相关内容。

4）解答：选 ABCD。详情见本书第 4 章 4.6 节内容。

三、判断题

1）解答：错。指数分布具有无记忆性，和衰老没有关系，而人随着衰老，死亡的风险越来越大。

2）解答：对。模型泛化能力和过拟合问题都和方差有关，减少特征数量可以减小方差，从而使模型泛化能力更强以及减少过拟合。

3）解答：错。不一定，特征越多，计算量越大，过拟合风险越大，但是特征越少，模型欠拟合风险越大。因此，机器学习中，在特征数量很多时，需要做特征选择。

4）解答：错。Spark 是一种高度依赖内存的计算模型，但并不意味着所有的计算和存储都用内存来实现，比如 Shuffle 过程就要硬盘来参与。

5）解答：错。Spark 发生数据倾斜的原因比较复杂，主要是因为 Key 的分布不均匀导致的，数据量太大并不直接导致数据倾斜。

四、问答题

1）解答：模型学习到的特征适应性不够，很多特征并不能用于识别其他数据，以至于模型在训练数据上表现良好，而在其他数据上表现太差，这被称为过拟合。可以通过正则化、降维等手段来防止过拟合。

模型只能学习到部分特征，以至于在识别其他数据时总是出错，这被称为欠拟合。由于模型出现欠拟合的时候通常是因为特征项不够导致的，因而可以通过添加其他特征项来很好地解决。还可以通过减少正则化参数来防止欠拟合。

2）解答：Map()是每次处理一条数据，而 MapPartition() 每次处理一个分区的数据，这个分区的数据处理完后，原 RDD 中分区的数据才能释放，可能导致 OOM。当内存空间较大的时候建议使用 MapPartition()，以提高处理效率。

使用 Map 有以下两个弊端。

第一，如果对一个 RDD 调用大量的 Map 类型操作，每个 Map 操作会产生一个到多个 RDD 对象，这虽然不一定会导致内存溢出，但是会产生大量的中间数据，增加了 GC 操作。

第二，RDD 在调用 Action 操作的时候，会触发 Stage 的划分，但是对每个 Stage 内部可优化的部分是不会进行优化的，例如 rdd.map(_+1).map(_+1)，这个操作在数值型 RDD 中是等价于 rdd.map(_+2)的，但是 RDD 内部不会对这个过程进行优化。

对于 Map 的这两个弊端可以使用 MapPartitions 进行优化，MapPartitions 可以同时替代 rdd.map, rdd.filter,rdd.flatMap 的作用，所以在长操作中，可以在 MapPartitons 中将 RDD 大量的操作写在一起，避免产生大量的中间 RDD 对象。另外，MapPartitions 在一个 Partition 中可以复用可变类型，这也能够避免频繁的创建新对象。使用 MapPartitions 的弊端就是牺牲了代码的易读性。

五、计算题

1）解答：用泊松分布。

计算销量均值λ=4，从而我们可以根据泊松分布的概率分布公式得到一个累积概率分布表。

销量（件）	0	1	2	3	4	5	6	7	>7
概率	0.02	0.07	0.15	0.2	0.2	0.16	0.1	0.06	0.05
累积概率	0.02	0.09	0.24	0.43	0.63	0.79	0.89	0.95	1

从这个表可以看出，该奢侈品店销 7 件以上的概率仅为 5%，属于小概率事件。一般而言，仅需要保证 95%以上的概率就可以保证不缺货了，即使偶尔缺货，也表明本店生意兴隆，这反而有利于品牌宣传。结论是，该店进 7 件货就可以保证大概率不缺货了。

如果没有学过泊松分布，也许会采取平均值进货的方案，这样导致的问题是，库存过低，经常缺货，缺货概率达到 37%；或者采取最大值进货的方案，虽然保证了销量，这样导致的问题是资金浪费，而且即使采取了这个方案，也不能百分百保证不缺货。

2）解答：如果利用极大似然估计可以得到 p=10/10=1.0。显然当缺乏数据时极大似然估计可能会产生严重的偏差。

用极大后验估计如下。

假设硬币出现正面的概率为θ，再假设θ服从$(\alpha,\beta)=(5,5)$的贝塔分布：

$$f(\theta;\alpha,\beta)=\frac{1}{B(\alpha,\beta)}\theta^{\alpha-1}(1-\theta)^{\beta-1}$$

那么，对于这个函数 $P(x_0\mid\theta)P(\theta)=\theta^{10}(1-\theta)^0\dfrac{1}{B(\alpha,\beta)}\theta^{\alpha-1}(1-\theta)^{\beta-1}$，取对数：

$$10\ln(\theta)+(\alpha-1)\ln(\theta)+(\beta-1)\ln(1-\theta)=\ln(P(x_0\mid\theta)P(\theta))$$

求导，并令导数为 0

$$\frac{10+4}{\theta}-\frac{4}{1-\theta}=0$$

解得θ=0.778。

第 三 套 题

一、填空题

1．Spark 对资源的划分是以________为单位的。

2．平均数差异显著性检验中，单样本情况下，总体呈正态分配，方差已知，应该用的检验方法是________。

3．EM 算法的两个步骤分别是________和________。

4．数据仓库中 ODS 的中文含义是________。

二、选择题

1）下面哪种图形最适合表现业务的构成占比（　　）。

A．折线图　　B．面积图　　C．饼图

2）统一内存管理中，默认情况下 Storage 和 Execution 各占内存空间的百分比为（　　）。

A．Storage 和 Execution 各占该空间的 50%

B．Storage 占 60%和 Execution 占该空间的 40%

C．Storage 占 40%和 Execution 占该空间的 60%

3）DW 层可以细分成（　　）。

A．DWD 层　　B．DWM 层　　C．DWS 层　　D．DM 层

4）剪枝方法包括（　　）。

A．错误率降低剪枝　　B．悲观错误剪枝

C．代价复杂度剪枝　　D．先剪枝

5）以下哪种方法是 Oracle 独有的增量更新方法（　　）。

A．CDC 同步方式　　B．CDC 异步方式

C．时间戳方法　　D．Oracle 闪回查询方式

三、判断题

1）无埋点就是不用代码埋点的意思。（　　）

2）MapReduce 程序必须要实现 Map 类和 Reduce 类，才能保证程序正常运行。（　　）

3）Spark 中 GroupByKey 会导致 Shuffle。（　　）

4）当实验次数 n 很大时，泊松分布可作为二项分布的近似。（　　）

5）使用 SVD 算法进行物品推荐时，需要先对缺失值进行填充。（　　）

四、问答题

如何解决 Shuffle 后内存溢出的问题。

五、计算题

Spark 集群中硬件资源如下：6 个节点，每个节点 16 个 Cores 和 64GB RAM，请合理规划每个 Executors 占用的 Cores 和内存。假设堆外内存设置为 7%。

第三套题答案

一、填空题

1）解答：Spark 对资源的划分是以 Executor 为单位的，而 YARN 是以 Container 为单位划分资源。

2）解答：用 Z 检验。

3）解答：EM 算法的两个步骤分别是 E 步和 M 步。

4）解答：ODS 层存储的是操作性数据，也就是明细数据。

二、选择题

1）解答：选 C，一般用饼图来描述业务的构成和占比。

2）解答：选 A。

3）解答：选 ABC。DM 是数据集市，不属于 DW 的某一层。

4）解答：选 ABCD。

5）解答：选 ABD。

三、判断题

1）解答：错。无埋点又被称为全埋点，它是在 App 中嵌入 SDK，做统一的“全埋点”，将应用 App 中尽可能多的数据采集下来，通过界面配置的方式对关键行为进行定义，对定义的数据进行采集分析。

2）解答：错。MapReduce 程序可以只包含 Map 类。

3）解答：对。Spark 中有很多算子都会导致 Shuffle，具体参考第 4 章 4.4 节相关内容。

4）解答：错。泊松分布适用于稀有事件，因此还需要一个条件，其中一个结果出现的概率极小。

5）解答：对。以用户对物品评分为例，当物品数量很庞大时，大部分用户可能只对少数物品进行评分，这就导致由用户和物品构成的评分矩阵中有很多空值。需要对这些空值进行填充，否则无法对矩阵进行运算，如果直接舍弃，会导致大量信息的丢失，预测准确率将大大降低。

四、问答题

解答：Shuffle 内存溢出的情况可以说都是 Shuffle 后，单个文件过大导致的。

解决方案：在 Spark 中，Join、ReduceByKey 这一类型的过程，都会有 Shuffle 的过程。在 Shuffle 的使用过程中，需要传入一个 Partitioner。大部分 Spark 中的 Shuffle 操作，默认的 Partitioner 都是 HashPatitioner，默认值是父 RDD 中最大的分区数，这个参数通过 Spark.default.parallelism 控制（在 Spark-SQL 中用 Spark.sql.shuffle.partitions），这个参数只对 HashPartitioner 有效，所以如果是别的 Partitioner 或者自己实现的 Partitioner 就不能使用这个参数来控制 Shuffle 的并发量了。如果是别的 Partitioner 导致的 Shuffle 内存溢出，可以从 Partitioner 的代码增加 Partition 的数量。

五、计算题

解答：首先，假设每个节点将有 1 个 Core 和 1GB 内存用于操作系统和 Hadoop 的守护进程，因此每个节点还剩下 15 个 Cores 和 63GB 内存。

从 Core 的数量选择开始，Core 的数量意味着一个 Executor 能同时执行的 Tasks 数量，研究表明超过 5 个并行任务会使性能下降，所以选择将 Core 的数量设置为 5 个。

那么每个节点可以跑 15/5=3 个 Executors，在有 6 个节点的情况下，将会有 3×6=18 个 Executors，其中一个将会被 YARN 的 Application Master 占用，所以最终可用于 Spark 任务的有 17 个 Executors。

由上可推出每个 Executor 将会占用 63/3=21GB，但是这其中包含了 Overhead Memory，Overhead Memory 等于 384MB 与 0.07*Spark.executor.memory，在此题中则为 Max(384MB, 0.07*21GB)=1.47GB，因此最终每个 Executor 的内存约等于 21-1.47=19GB。

所以，共有 17 个 Executors，每个 Executor 有 5 个 Cores 和 19GB 的内存。